基于上限法的地下工程破坏机理及应用

张　箭　丰土根　梁　禹　陈子昂 等　著

科学出版社

北　京

内 容 简 介

本书针对浅埋隧道围岩稳定性课题，以极限分析上限法作为主要手段，系统研究复杂环境下隧道失稳极限荷载和破坏机制等问题。全书共 6 章，介绍了岩土塑性力学极限分析基本理论，提出节点位置自适应调整的刚体平动运动单元上限有限元法和基于网格自适应加密的塑性变形单元上限有限元法实现流程，采用上述方法系统分析了隧道在均质地层、上软下硬地层、注浆加固情况下的稳定性与破坏模式的变化规律，并提出了适用于复杂环境的隧道稳定性刚性滑块上限分析方法。

本书结合工程实际，研究体系科学全面，可供地铁、水利、矿山、国防等系统从事岩土与地下工程的科技人员及相关专业院校师生参考。

图书在版编目（CIP）数据

基于上限法的地下工程破坏机理及应用 / 张箭等著. 北京 ： 科学出版社, 2025. 3. -- ISBN 978-7-03-080219-4

Ⅰ. TU94

中国国家版本馆 CIP 数据核字第 2024KE5269 号

责任编辑：黄　梅/责任校对：郝璐璐
责任印制：张　伟/封面设计：许　瑞

科学出版社出版
北京东黄城根北街 16 号
邮政编码：100717
http://www.sciencep.com
北京富资园科技发展有限公司印刷
科学出版社发行　各地新华书店经销
*
2025 年 3 月第　一　版　开本：720×1000　1/16
2025 年 3 月第一次印刷　印张：15 3/4
字数：317 000

定价：169.00 元

（如有印装质量问题，我社负责调换）

编写委员会

主任委员：张　箭　丰土根　梁　禹　陈子昂

副主任委员：史海欧　董冰岩　汪　波　赵　奎

顾　　问：阳军生　杨　峰

编　　委：孙　锐　郑响凑　张　飞　邓通发　王　峻　崔　佳
余雪娟　石钰锋　王树英　傅金阳　张　聪　魏　纲
宗晶瑶　戚瑞宇　舒　爽　温树杰　刘祥鑫　袁志强
杨黎明　王　伟　刘国宁　朱双厅　林志军　任国平
张宏伟　郑　彬　王海波　史江伟　黄大维　刘守花

主编单位：河海大学
江西理工大学
中山大学
广州地铁设计研究院股份有限公司
西南交通大学

参编单位：中南大学
江苏省交通工程建设局
深圳大学
华东交通大学
浙大城市学院
中建三局集团有限公司
中国电建集团华东勘测设计研究院有限公司

序

隧道施工过程中，工程师主要基于已有施工经验确定隧道初始施工参数，并根据洞内外反馈信息（如水平收敛和拱顶沉降等），实时调整施工参数，以达到地层变形控制的目的。然而施工环境复杂多变，易因施工参数调整不当引发地层塌陷等灾害。大量的工程事故案例表明，隧道施工引发的地层塌陷破坏具有随机性、不可预料性和高危害性等特征，不仅造成严重的经济损失和恶劣的社会影响，甚至威胁人民的生命安全。本质上，隧道失稳引发的地层塑性流动变形是地层塌陷破坏产生的主要原因。隧道开挖破坏了地层初始受力平衡状态，使得周围地层产生向洞内松胀变形的趋势，引起隧道周边一定范围内土层的应力重新调整，如果调整过程中土层应力超过其极限承载能力，岩土体进入塑性流动破坏状态，进而引发局部区域土层滑移，这种变形传递到地表则形成破坏状态对应的地表沉降槽。实际工程中，若能根据已有的施工参数，提前识别潜在的土层滑动面位置、地表塌陷形态及地层破坏影响关键区域，并采取合理的预注浆、预加固桩及桩基补强等预防措施，则可有效降低事故概率，提高隧道施工风险分析和控制水平。

目前，极限分析上限理论是研究隧道围岩稳定问题的有效方法之一，可用于极限荷载的求解和地层破坏模式的确定，但仍存在三个方面的不足：①由于盾构隧道失稳诱发的地层塑性流动发生在地面以下，洞内或地表的施工技术人员均难以实时监测地层相互滑动动态过程，往往无法及时预警地层塌陷事故；②现有的隧道稳定性极限分析上限方法大多基于岩土材料关联流动法则，高估了岩土体自稳性能，计算的极限荷载偏于危险；③因隧道所承受荷载的复杂性、隧道尺寸的多样性以及所处介质的多变性，对盾构隧道失稳引起的地层塌陷灾变机制仍缺乏系统性认识。

该书提出了基于自适应策略的上限有限元分析方法，完善了刚性滑块上限分析法，系统揭示了复杂环境隧道失稳地层破坏机制及地层破坏关键区域。该书内容翔实、论证充分，理论与实践并重，提高了现场施工人员对隧道失稳地层塌陷灾变机制的认识和地层塌陷事故预警能力。该书非常值得隧道及地下工程领域从事设计、施工和科研相关工作的技术人员及院校师生参考和品读，衷心希望该书的出版能够推进我国隧道施工风险分析和控制水平！

中国工程院院士 何川

前　言

21 世纪以来，我国城市现代化建设过程中逐步加大了对地下空间的开发力度，涌现了城市公路隧道、轨道交通隧道、综合管廊隧道及电力电缆隧道等多种类型城市隧道，并向网络化和深层化发展。然而，由于选线、施工技术和经济成本等因素限制，隧道不可避免遇到上覆土层厚度较薄的情况，考虑到地表高层建筑物、车辆等荷载复杂多变，易因施工参数调整不当引发地层失稳破坏，特别是在上软下硬、上硬下软和土石交互等强度差异明显的复合地层中。隧道围岩稳定性的评价及失稳破坏状态的研究可为施工方案优化、地层加固方案制定等提供理论支持。极限分析方法避免复杂的岩土体本构关系，理论基础严格，被广泛应用于围岩稳定性研究。其中，结合有限元方法的极限分析方法可以快速求解岩土体的稳定性并给出清晰的土体塑性流动特征，是研究围岩稳定性的有效手段。

本书以浅埋隧道围岩稳定性为对象，以基于自适应算法的极限分析上限法为主要研究手段，通过理论研究、程序编制和计算分析等工作，探讨了复杂环境下隧道失稳极限荷载和破坏机制等问题。首先，介绍了岩土塑性力学极限分析基本理论，提出了节点坐标自适应调整的刚体平动运动单元上限有限元法，基于少量单元建立了非线性规划模型；其次，阐述了常应变率和高阶塑性变形单元上限有限元基本理论，嵌入了单元自适应加密算法，构建了线性规划和二阶锥规划模型，实现了高应变区域单元自适应追踪、加密和更新机制；利用上述上限有限元方法对复杂环境下隧道稳定性开展系统的计算分析，结合工程实例研究了均质地层、上软下硬地层和注浆加固等多种因素对隧道稳定性的影响，并提出了适用于复杂环境的隧道稳定性刚性滑块上限分析方法；最后，考虑到岩土体剪胀的影响，进一步分析讨论了非关联流动性法则在极限分析上限法中的应用。本书理论与实际并重，研究成果为地下工程围岩稳定性研究提供了更为准确的研究手段以及更符合实际的定量评价指标，可供地下工程领域从事设计、施工和科研相关工作的技术人员使用，亦可供高等院校相关专业师生参考。

本书是研究团队成员共同完成的成果。所述的相关研究工作，得到了国家自然科学基金项目(项目编号 52178386 和 51808193)的支持。科学出版社黄梅编辑对于本书的出版给予了很多帮助，在此一并表示感谢。

鉴于作者水平所限，书中难免存在不足之处，敬请读者批评指正。

作　者

前 言

目　录

第1章　绪　　论

近年来，我国的交通基础设施得到大力发展，但在覆盖范围、网络密度等方面仍未达到经济社会发展的需求。为完善基础交通网、快速交通网和城际城市交通网，形成便捷高效的综合交通网络，国家加快了交通基础设施建设步伐，根据《加快建设交通强国五年行动计划》[1]目标，到 2027 年，全国铁路营业里程达到 17 万 km，其中高速铁路 5.3 万 km 左右，“八纵八横”高速铁路主通道基本建成，普速铁路 11.7 万 km 左右，瓶颈路段基本消除；国家高速公路里程达到约 13 万 km，新增约 1.1 万 km，普通国道里程 11.7 万 km 左右，新增约 1 万 km。为保证项目按时按质按量完成，对土木工程专业技术人员的设计和施工水平提出了很高的要求。

地下工程中的隧道作为交通基础设施项目中重要组成部分，其变形和稳定性一直是工程师重点关注的问题。为克服地形障碍、改善线路平顺性，高速公路和高速铁路常需穿越山区和丘陵地带，因此修建的隧道埋深通常较深。隧道爆破开挖过程中会对周边围岩产生扰动，当遇到断层、破坏带及软弱夹层等特殊地质条件时，围岩易发生塑性流动大变形，引发仰拱隆起开裂或隧道顶部塌方等事故[2-11]。由于山岭隧道围岩具有一定的自稳能力，隧道拱顶发生塌落破坏时塑性变形一般集中在其上方附近，未延伸至地表。图 1-1 为山岭隧道中仰拱隆起开裂和拱顶塌方的图片。

(a) 仰拱隆起开裂事故

(b) 拱顶塌方事故

图 1-1　山岭隧道事故

与公路和铁路山岭隧道不同，城市隧道建设以盾构机开挖为主，由于选线、施工技术和成本等因素限制，城市地下隧道上覆土层厚度大多较薄，隧道施工中易出现地表构筑物不均匀沉降或地表塌陷等事故。实际工程中，工程师们主要基于已有施工经验确定盾构初始施工参数，并根据洞内外反馈信息，实时调整盾构施工参数，以达到地层变形控制的目的。然而，地表高层建筑物、车辆荷载及地层条件等复杂多变，盾构施工过程中参数控制难度较大，容易因隧道支护力不足出现开挖面局部失稳、地表塌陷破坏事故[12-21]，图 1-2 为深圳和长沙地铁施工中引发的地面塌陷图片。与深埋隧道相比，浅覆隧道地面塌陷破坏往往具有随机性和不可预料性，容易导致严重的经济损失和不良的社会影响，甚至直接威胁到人民的生命安全。若能根据理论计算获取潜在的滑移面及破坏影响范围，则能够预先在可能发生滑动的位置采用合适的预防措施，降低围岩发生失稳破坏的风险。因此，开展浅覆隧道围岩失稳地层破坏机制的研究，对于隧道开挖控制、地层预处理及防范塌陷破坏等方面均具有重要意义。

(a) 深圳地铁

(b) 长沙地铁

图 1-2　盾构施工引起的地表塌陷破坏

目前，极限分析上限法已成为研究地下工程稳定性问题的主要手段之一，其可避免考虑岩土体复杂的应力-应变关系，而是根据塑性力学中流动法则，直接求解地下结构破坏时极限荷载和相应的破坏模式。然而，传统的假定破坏模式的上限法计算结果的精度受限于破坏模式的合理程度，同时，当模型具有复杂边界条件时，构造符合实际的破坏模式难度较大，且公式推导过程繁琐。基于有限元技术的上限法能克服上述不足，其在求解过程中可自动搜索并获取内能耗散最小情况下极限荷载及潜在的破坏滑移面，对复杂条件下地下结构围岩稳定性分析仍具有良好的适用性。然而，常规的上限有限元法主要采用常应变单元离散模型，优化过程中单元间变形存在相互挟制作用，计算结果精度具有较强的网格依赖性，且精细化的破坏模式难以捕捉，从而导致对地层破坏机制缺乏细致的研究。

网格自适应技术是网格由粗糙到精细的数值加工过程，其能够在较小规模单元自适应调整基础上，获得更高精度的破坏荷载上限解和更精细的地层破坏模式，可有效地改善传统极限分析上限法的上述不足。因此，以极限分析上限法为理论主线，开展浅覆隧道地层破坏机制自适应上限有限元法研究，不仅丰富了极限分析理论的内涵，而且拓宽了该方法在隧道工程领域中的研究思路。研究成果可为浅覆隧道安全施工和风险控制提供理论基础和方法指导，对提高隧道设计和施工水平具有十分重要的意义。

1.1　地下工程围岩稳定性理论研究现状

一般来说，地下工程围岩稳定性研究方法主要有：极限平衡法、滑移线法、有限元法和极限分析法。

1. 极限平衡法

极限平衡法是研究稳定性课题的经典力学方法之一，最早由Coulomb[22]应用于岩土工程中。该法假定破坏区域由若干刚体块体构成，并通过建立破坏区域静力平衡方程求解外荷载或安全系数。极限平衡法概念清晰、计算简单，已形成瑞典圆弧法、条分法等稳定分析方法[23-26]。考虑到该法在边坡稳定性课题分析中的优点，该理念逐渐被引用到太沙基土压力计算、浅埋隧道围岩压力计算、开挖面极限支护力计算等隧道课题中[27-31]。然而，对于特定问题，事先假定的破坏区域形态和滑移面位置具有人为主观性，通过试算获得的计算结果精确度有限，特别是针对不规则结构、复杂地层和荷载等情况，如何构造一个合理的破坏模式是稳定性分析课题需要解决的难题。

2. 滑移线法

滑移线法是指塑性区各点在满足屈服准则和特定的应力边界条件的前提下，通过建立静力平衡方程求解极限荷载或安全系数。采用滑移线法研究均匀地层稳定性时，可获得较为清晰的滑移线[32,33]。滑移线法不考虑岩土体应力-应变本构关系，仅通过平衡条件和屈服条件求解平面应变问题，然而实际问题中模型往往包含应力和位移两种边界条件，常规的滑移线法无法保障模型速度场满足相应的位移边界条件，因此需要根据工程经验判断滑移线场的合理性。

3. 有限元法

有限元法最初主要被用于分析弹性、弹塑性地层变形特性，随着计算机和有限元软件的迅猛发展，才逐渐被用于岩土工程稳定性研究。不同于极限平衡法，有限元法不仅可以满足力的平衡条件，还可嵌套高级的土体本构模型，并综合考虑地层的各向异性、不均匀性、非关联流动法则、应变硬化和应变软化等特性。同时，有限元法能够研究结构与地层接触面等复杂结构，且能进行大变形、流固耦合和动力等复杂地层响应分析。在稳定性课题研究中，研究者主要通过不断加载或卸载的方式以逼近塑性流动临界状态，从而获取极限荷载。目前，国内外已有大量学者采用有限元法对各种外在环境因素作用下岩土工程稳定性进行了研究。1968 年，Zienkiewicz 等[34]首次采用有限元法研究了地下电站和隧道等岩土工程算例。随后，Zienkiewicz 等[35]提出将有限元法和强度折减法结合来评价岩土体的稳定性。由于当时的计算机硬件和软件设备落后，计算耗时大，未引起岩土工程界重视。随着计算机运行速度的提高和许多大型商业有限元软件的出现，研究者们可以较为容易地构建出复杂的岩土工程分析模型，推动了有限元法在边坡、路基、土坝和隧道围岩稳定性分析中[36-42]的应用，并取得了一些有益的研究成果。

虽然有限元法针对复杂环境下岩土工程稳定性研究优势明显，但在实际应用过程中仍存在制约其发展的一些难题：①强度折减法岩土体参数折减问题。常规有限元强度折减法仅对岩土体内摩擦角和黏聚力折减，且折减比例一致。然而，内摩擦角和黏聚力对地层稳定性贡献不同，且弹性模量和泊松比对地层破坏模式亦有影响。②极限平衡状态判据问题。目前应用较多的失稳判据主要有数值计算不收敛、监测点变形突变、塑性区贯通等 3 种。然而，影响数值计算不收敛的因素较多，采用数值计算不收敛为失稳判据得到的结果通用性较差；以监测点变形突变为判据时，选取不同监测点获得的极限荷载可能不同，且同一监测点变形-荷载曲线中临界点确定标准具有一定的人为主观性；当塑性区贯通时地层尾部处于破坏状态，还需确定塑性应变是否具有继续发展的趋势，因此，以塑性区贯通为失稳判据时所得结果偏于保守。总而言之，上述的不足对有限元法在岩土工程稳定性分析中计算精度具有较大的影响，同时需要通过大量迭代计算获得最终结果，因此，有限元法不是岩土工程稳定性课题研究的最佳方法。

4. *极限分析法*

塑性力学中极限分析法可通过构造运动许可的速度场和静力许可的应力场，分别从上、下限求解岩土体失稳临界状态对应的极限荷载和破坏模式。稳定性课题中岩土体的稳定性、安全程度和地层破坏模式是研究者重点考虑的问题，而岩土体内部位移场和应力场等具体数值不是研究者最关心的。极限分析法假定材料为理想刚塑性体，且忽略岩土体复杂的弹塑性过程，对岩土体稳定性分析具有较好的适用性。不同于极限平衡法和滑移线法，极限分析法构建的破坏模式除满足静力平衡条件和屈服条件外，还通过流动法则将应力-应变关系引入岩土体稳定性分析中，因此，计算结果具有严格的理论基础。

20世纪50年代极限分析上、下限定理被证实后，Drucker针对稳定材料提出了与屈服条件相关联的流动法则。随后，Drucker等[43,44]通过构建速度场和应力场，建立了完整的塑性极限分析理论，即经典的上、下限定理，并研究了理想弹塑性模型平面和空间问题。1975年，Chen[45]在其专著中详细地阐述了极限分析理论基本原理，并介绍了其在地基承载力、边坡和土压力等结构稳定性分析中的应用，推动了极限分析理论在岩土工程稳定性课题研究中的发展。然而，人为构造运动许可的速度场和运动许可的应力场难度较大，部分学者开始将有限元技术引入极限分析法中，使得优化过程中可自动搜索最优破坏模式。因此，本书以极限分析上限有限元法为主要研究手段，对浅覆地层隧道失稳破坏机制进行研究。

1.2　极限分析法在隧道工程中研究现状

1.2.1　假定破坏模式的极限分析法

极限分析理论最初主要用于边坡、土压力和地基承载力等问题的稳定性分析，后被推广用于研究隧道围岩压力和围岩稳定性，并取得了大量有意义的研究成果。其中，假定破坏模式极限分析法是常用的研究手段之一，该法需预先构建合理的破坏模式，推导模型中各点之间的几何、速度及应力等关系，最终基于数学规划模型获得极限荷载(或安全系数)的上、下限解。

Atkinson 和 Potts 等[46]通过构造运动许可的速度场和静力许可的应力场，采用极限分析刚性滑块法推导了无黏性土地层圆形隧道极限支护力上、下限解公式，并通过模型试验结果验证其合理性。Davis 等[47]基于极限分析上限定理和下限定理，通过横向和纵向平面应变问题的分析，对不排水条件下隧道开挖面稳定问题进行研究，并提出四种多刚性块体的浅埋圆形隧道破坏模式(图 1-3)，相较于Atkinson 和 Potts 的单块体楔形破坏，其上限解精度更高。随后，Sloan 和 Assadi[48]通过增加边墙位置的刚性块体数目，采用7个刚性滑块构建浅埋隧道破坏模式。

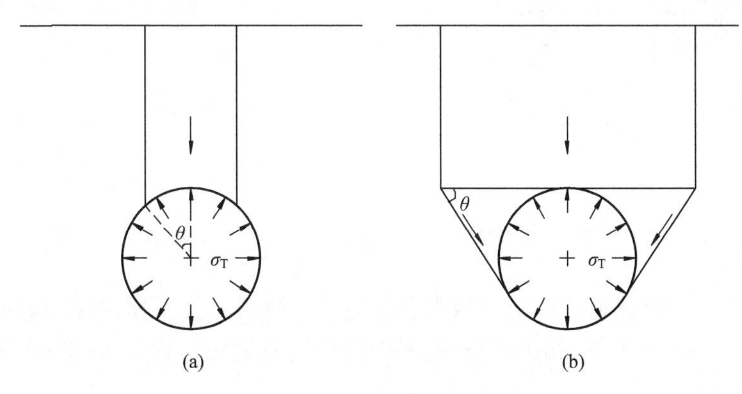

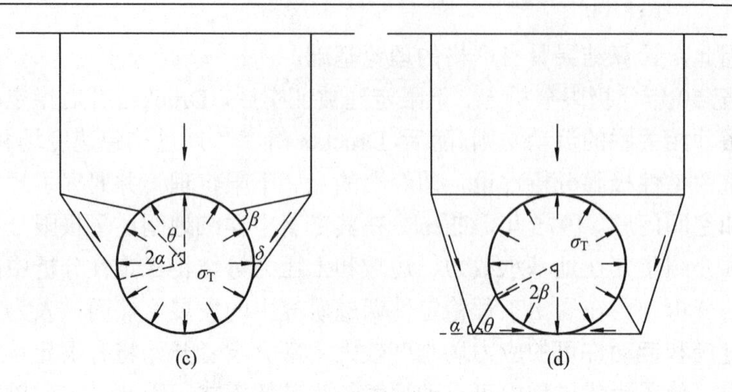

图 1-3 Davis 等[47]提出的黏性土不排水条件下浅埋圆形隧道破坏模式

为了进一步提高极限荷载的计算精度，杨峰和阳军生[49]将圆形隧道简化为矩形隧道，提出两种由 n 个刚性滑块构成的破坏模式(图 1-4)，并探讨了一般岩土体地层(c-ϕ 地层)下浅埋隧道极限围岩压力计算方法。王成洋等[50]将圆形隧道简化为矩形隧道进行计算，构建非饱和浅埋隧道环向开挖面的破坏模式及相容速度场，得到围岩压力的最优上限解，并分析了非饱和土体参数对浅埋隧道围岩压力和破裂面的影响。黄茂松等[51]采用多刚性滑块的破坏模式，推导了黏性地层隧道围岩稳定支护压力，并基于简化的破坏模式获取极限支护力上限解简化表达式，并与离心试验对比检验。于丽等[52]基于已有的直线型多块体破坏机制，采用极限分析上限法求解隧道整体安全系数的上限解的方法，构建浅埋黄土隧道的二维有限多块体平动破坏模式，求得隧道整体安全系数的上限解及对应的滑裂面。

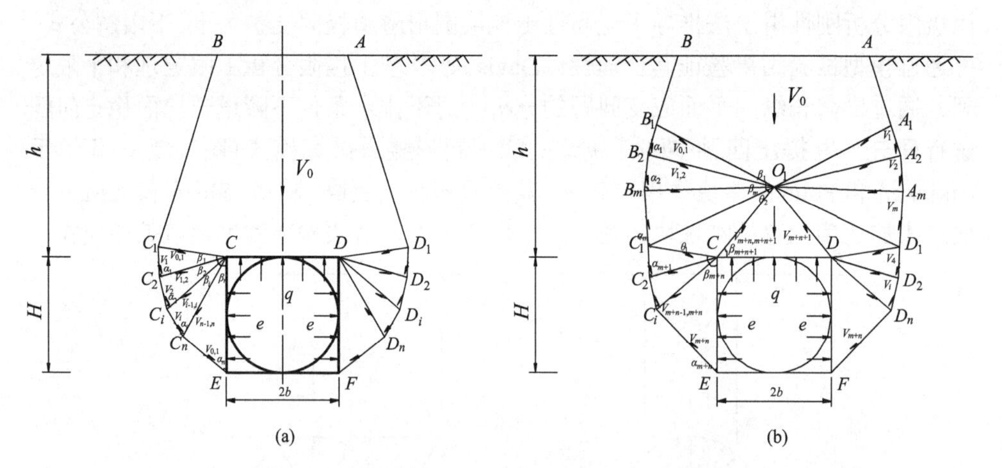

图 1-4 杨峰和阳军生[49]提出的 c-ϕ 地层下浅埋圆形隧道破坏模式

上述极限分析理论的应用领域主要针对浅埋隧道，为了探讨深埋隧道地层破坏机理，Guarracino 和 Fraldi [53,54]假定深埋隧道发生失稳时破坏区域仅限于隧道上方局部区域，即地层形成有效坍落拱。图 1-5 示意了深埋矩形隧道破坏模式，其假定隧道上方一定区域围岩轮廓线符合 $f(x)$ 曲线方程，并通过变分法获得最终的围岩塌落曲线方程。随后，在 Fraldi 和 Guarracino 的基础上，Huang 等[55,56]以外力的形式引入孔隙水压力的因素，探讨了其对深埋隧道围岩稳定性的影响。孙闯等[57]基于极限分析上限定理和非线性 Hoek-Brown 破坏准则，考虑了孔隙水压力作用，建立了深埋隧道三维渐进性塌落机制，推导了塌方全过程塌落体曲面解析解，绘制了拱顶渐进性塌落形态三维曲面图。类似地，何瑞冰等[58]考虑孔隙水压力作用下，根据极限分析上限法和非线性 Mohr-Coulomb 准则，构建了隧道顶部为矩形的深埋隧道的三维塌落机制，获取矩形深埋隧道塌落范围及塌落土体重力的精确解，并得出不同参数对塌落范围和塌落土体重力的影响规律。

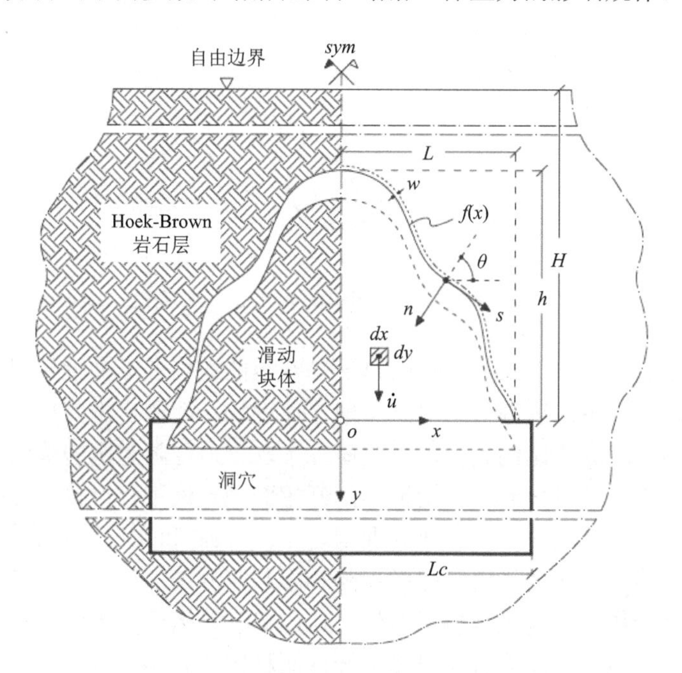

图 1-5 Fraldi 和 Guarracino[53]提出的深埋矩形隧道破坏模式

虽然上述刚性滑块法可用于获取隧道塌陷荷载及相应的破坏机制，但人为构造的破坏模式与实际地层变形形态差别较大，且无法反映临界状态地中和地表位移场。因此，Osman 等[59,60]基于预测隧道地表沉降的 Peck 公式，提出一种地层连续变形破坏模式的上限法分析思路，该方法不仅可以评价隧道破坏机制，还可揭示黏土地层不同深度的地层变形特征。图 1-6 为 Osman 等[59]提出的隧道发生塑性流动时地层连续变形破坏模式。其假定滑移面外侧区域为刚性体，仅滑移面之间发生相容的塑性流动变形。同时，Osman 假定除地表沉降变形符合高斯分布外，地中沉降形态也与地表沉降类似，可由与深度相关的沉降槽宽度参数 i_z 表示。基于提出的运动许可连续变形速度场，Osman 针对黏土地层进行了一系列参数分析，获取引发隧道塌陷破坏的极限荷载和相应地表沉降形态，并与 Mair[61]的离心机试验结果对比验证。

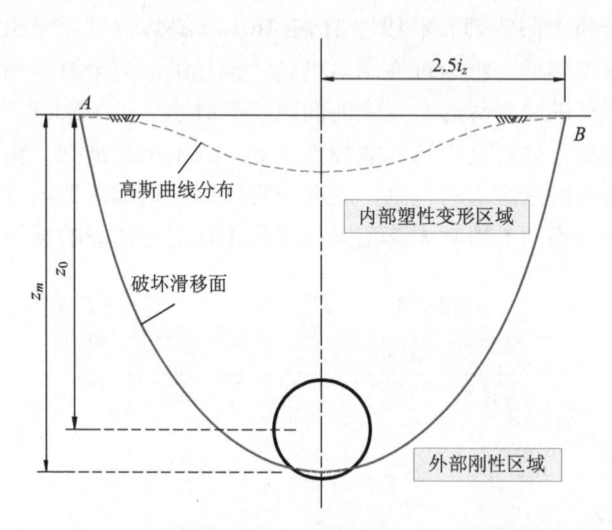

图 1-6　Osman 等[59]提出的连续变形破坏模式

随后，Klar 等[62]将 Verruijt 和 Booker[63]获得的地层变形弹性解引入隧道围岩稳定性上限法分析中，以等效临界状态地层速度场，即假定由弹性解构建的位移场和塑性流动速度场成比例关系，以此研究了软土地层隧道围岩稳定性问题。

上述研究主要针对平面应变隧道环向开挖面稳定性进行讨论，而开挖面稳定也是隧道极限分析领域中重要的研究课题之一。Leca 和 Dormieux[64]采用单个或两个刚性锥体构建了浅埋隧道开挖面塌陷和隆起两种破坏模式，研究了地表超载和土体自重耦合作用下隧道围岩稳定性。Lee 等[65,66]基于两个刚性锥体构建的破坏模式，分析了地下水渗流效应对隧道开挖面稳定的影响，推导了水下隧道支护力上限解，并与数值仿真结果对比验证。虽然 Leca 和 Dormieux 提出的刚性锥体破坏模式被学术界广泛接受和认可，但他们提出的三维破坏模式仅由少量锥体构成，上限解计算精度有限。因此，Sourbra[67,68]对 Leca 和 Dormieux 提出的破坏模式进行改进，将破坏区域分为顶部刚性锥体、底部刚性锥体和中间对数螺旋剪切刚性体三部分，该破坏模式获得的上限解明显优于原有的结果。国内张箭等[69]假定破坏区域由多滑块体构成，对引起隧道开挖面隆起破坏的极限荷载进行参数敏感性分析，并探讨了地层及地表破坏范围的演变规律。随后，Soubra 的课题团队中 Mollon 等[70,71]将可靠度理论引入极限分析上限定理中，采用改进的破坏模式计算了浅埋隧道开挖面失稳对应的极限支护力，并研究了一定支护力作用下隧道开挖面失稳概率。此后，Mollon 等[72]采用空间离散手段，利用“点对点”的方式构建更为灵活的破坏模式，如图 1-7 所示。该破坏模式能够使得隧道开挖面整个圆形区域发生破坏，而不像原方法中的局部椭圆区域破坏，进一步提高了上限解的精度。

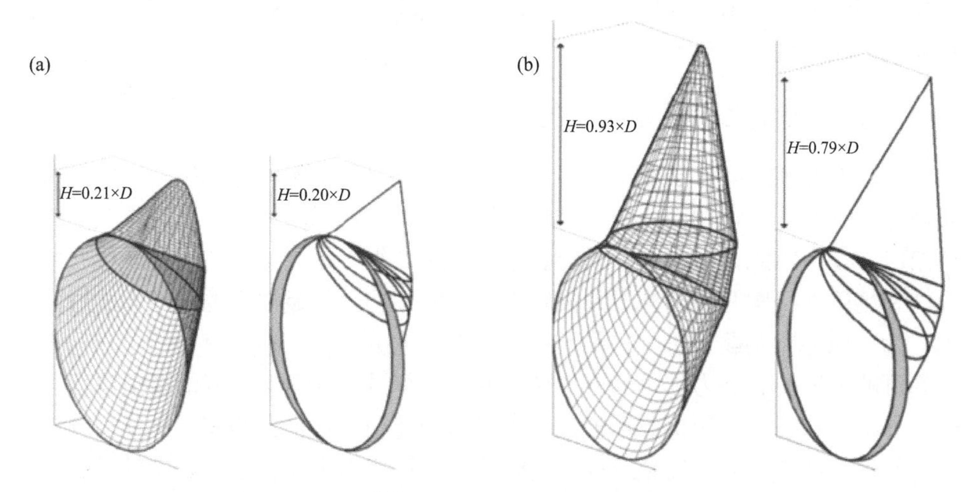

图 1-7　Mollon 等[72]改进的浅埋隧道掌子面三维破坏模式

Subrin 等[73,74]也提出了一种不同于 Soubra 的破坏模式，如图 1-8 所示。Subrin 假定破坏区域类似于“牛角状”，开挖面失稳时土体沿圆滑的滑移面发生旋转变形，通过与数值仿真和模型试验结果对比分析表明，该破坏模式是有效的。

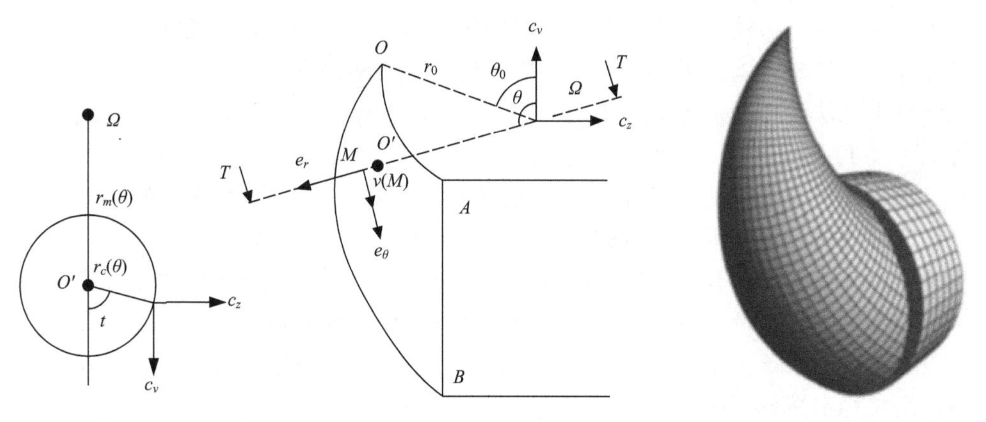

图 1-8　Subrin 等[73,74]给出的类似“牛角状”三维破坏模式

Li 等[75]在极限分析上界定理的基础上，考虑了渗流的影响将水头解析方程引入到三维旋转刚性块体坍塌机理中，评价饱和土中开挖的盾构隧道在稳定渗流条件下的工作面稳定性。Ye 等[76]对抗剪强度随深度线性增加的不排水黏土中矩形盾构隧道的工作面稳定性进行了数值和解析研究，提出了基于刚性块体平移运动和土体连续变形的两种三维破坏机制。Li 等[77]考虑了隧道开挖面纵向倾角的影响，提出了同时考虑隧道纵向倾斜和开挖面局部破坏的三维旋转平移机制，对开挖面被动破坏模式进行了研究。

1.2.2　基于有限元技术的极限分析法

上述的文献主要基于极限分析上、下限法，研究了不同影响因素对极限荷载及破坏机制的影响，然而，分析过程中均需预先构建运动许可的速度场或静力许可的应力场，因此，最终计算的上、下限解精度很大程度上依赖于破坏模式的合理性和精确性。同时，当外界因素较为复杂时，构建满足要求的破坏模式难度较大。为克服上述难题，可将有限元技术引入极限分析法，通过三角形单元构建运动许可的速度场和静力许可的应力场，并在计算过程中自动搜索潜在滑移面，获取临界极限状态下的最优破坏模式。考虑到构建极限分析三维有限元模型难度较大，当地下结构纵向长度较长或宽度较宽时，可将地下工程三维稳定性问题近似简化为平面应变问题进行研究。

Lysmer[78]首先基于三节点三角形单元+应力间断线的离散方式，提出了极限分析下限有限元法。为了构建线性规划模型，其采用内接多边形线性化 Mohr-Coulomb 屈服准则，并通过调整多边形的边数控制下限解精度。按照类似的思路，Anderheggen 和 Knöpfel[79]将有限元技术引入上限法理论，提出极限分析上限有限元法。该法采用外接多边形线性化 Mohr-Coulomb 屈服准则，同时为了确保计算结果是运动许可的，其假定单元和速度间断线满足流动法则。极限分析上限有限元法最初用于建筑结构工程中，随后，Pastor 和 Turgeman[80]和 Bottero 等[81]才将其应用于岩土工程中。

极限分析有限元法可充分利用有限元技术优势，对边界较为复杂的问题具有良好的适用性，但受限于当时的优化方法，对单元较多的模型求解效率较低。

为提高极限分析有限元法求解效率，Sloan[82,83]提出一种新颖的算法，其可充分利用约束矩阵中稀疏特性，大大降低数学规划模型求解规模。此后，极限分析有限元法在复杂条件下岩土工程稳定性问题中得到大量应用[84-98]，并逐渐应用到隧道围岩稳定性分析中。

Yamamoto 等[99]考虑地表超载光滑与粗糙两种接触模式，利用极限分析有限元法获得了超载作用下圆形隧道发生失稳的临界荷载上、下限解，分析模型如图 1-9 所示。根据上、下限解平均值，文章给出了计算临界地表超载的经验公式，方便工程应用。同时，为了验证结果的合理性，文章基于 6 种破坏模式，利用刚性滑块上限法进行对比分析。与单洞隧道相比，双洞隧道间距对隧道围岩稳定性影响不容忽视。因此，Yamamoto 等[100]在单洞研究基础上，分析了超载作用下双洞圆形隧道围岩稳定性，主要采用极限分析上、下限有限元法及刚性滑块上限法进行对比分析，并给出了不同条件下临界间距(双洞之间无相互影响最小间距)图表。Vo-Minh 和 Nguyen-Son[101]以及 Zhang 等[102]利用上限有限元法对土体中的双圆隧道进行了研究，得到了土体性质、隧道直径与深度比、水平与垂直间距比以及土体内摩擦角对隧道稳定性的影响[101,102]。

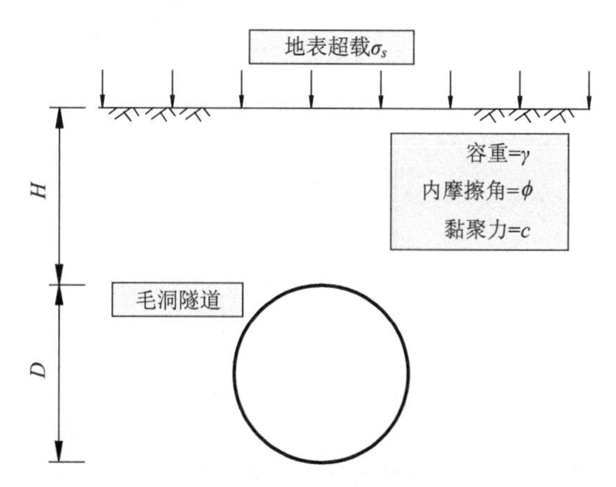

图 1-9　超载作用下圆形隧道围岩稳定性分析模型

Sahoo 和 Kumar[103,104]结合极限分析上限有限元法建立线性规划模型，研究了不排水条件及排水条件下毛洞隧道围岩稳定性。文章考虑地层非均质性，分别分析了单洞和双洞圆形毛洞隧道极限荷载和破坏模式演变规律，并与相关文献对比分析，验证了该方法的合理性。随后，Sahoo 和 Kumar[105]研究了地震荷载作用下隧道围岩稳定性，提出以横向地震加速度的方式考虑伪静态横向地震荷载作用，通过构建上限有限元线性规划模型，对毛洞隧道围岩稳定性进行研究，列出临界重度荷载与埋深比、内摩擦角和水平地震加速度系数关系曲线。此后，Sahoo 和 Kumar[106]采用同样的方法对有支护作用的隧道围岩稳定性进行研究，计算结果表明，地震加速度系数的增加将显著影响隧道内支护力。

除圆形轮廓隧道外，矩形隧道在地下工程中应用也较为广泛，其稳定性及地层破坏机制与圆形隧道存在较大差异，也有学者对其稳定性进行探讨。Sloan 和 Assadi[107]针对黏土地层不排水条件下超载方形隧道围岩稳定性问题进行了研究分析，模型如图 1-10 所示，其考虑土体非均匀性，假定土层剪切强度随深度线性变化，分别采用极限分析上、下限有限元法建立相应线性规划模型，研究了不同工况下方形隧道围岩稳定性，并列出相应的极限荷载图表和破坏速度矢量图。Bhattacharya 和 Sriharsha[108]、Shiau 和 Keawsawasvong[109]、Shiau 等[110]与 Zhang 等[111]针对马蹄形、矩形、椭圆形等不同形状下的隧道稳定性进行研究，并对隧道埋深、土体重度等参数进行研究，分析其破坏机理演变规律。

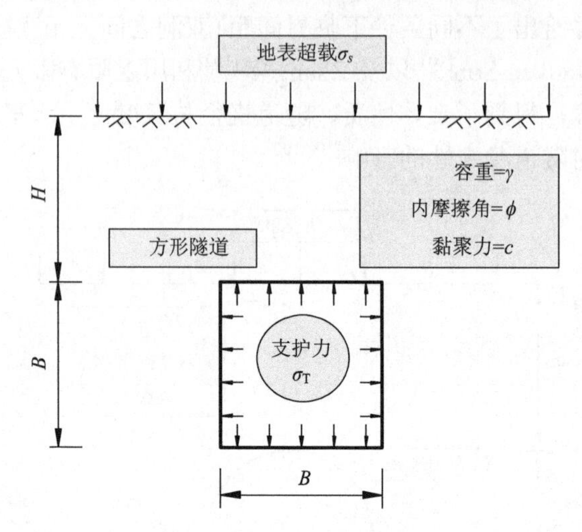

图 1-10　超载作用下方形隧道围岩稳定性分析模型

为获得更为精确的上限解，Yang 和 Yang[112]针对地表超载作用下无支护浅埋矩形隧道的稳定性问题进行了研究。基于构造的矩形隧道边墙破坏模式，利用刚性滑块上限法分析了地层参数与临界支护力之间关系，并揭示了优化后破坏模式。同时，采用上限有限元法验证其合理性。随后，Yamamoto 等[113]扩展了 Yang 和 Yang 的工作，其考虑地表超载的光滑和粗糙两种接触方式，利用极限分析有限元法得到了不同条件下浅埋方形隧道破坏时对应的临界超载上、下限解，并对隧道塌陷破坏模式进行分析，最后，根据上、下限解平均值拟合了极限荷载近似计算公式。

针对跨度较大的矩形隧道，其开挖面稳定性可简化为平面应变问题。如图 1-11 所示，Sloan 和 Assadi[114]利用极限分析有限元法分析了均质地层不排水条件下开挖面支护压力的上、下限值，大大改善了已有的计算结果，并给出了荷载参数的表格。随后，Augarde 等[115]针对黏土地层不排水条件下非均质地层平面应变隧道围岩稳定性进行了研究，其分析了地层非均质性、土体强度和埋深比等因素对隧道围岩稳定性影响，给出了荷载参数极限解表格以供参考查阅。

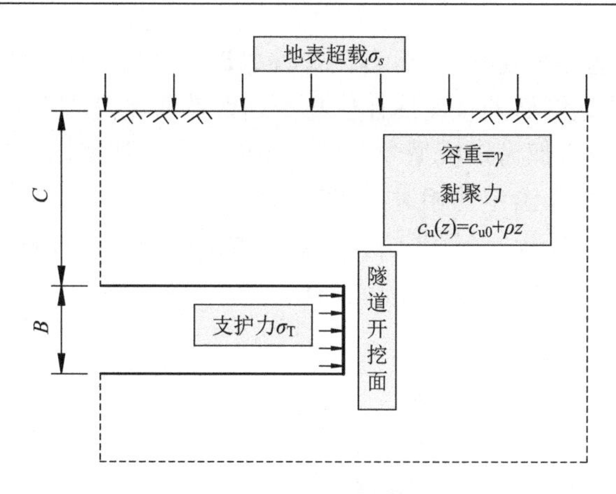

图 1-11 超载作用下隧道开挖面稳定性分析模型

国内杨峰等[116,117]基于结构化网格构建了极限分析上限有限元法线性规划模型，对不排水条件下浅埋圆形隧道环向开挖面稳定性进行研究，给出了极限荷载上限解图表，并分析了临界状态地层速度场特征及隧道轮廓变形特征。屈服准则线性化过程中引入了大量非负塑性乘子决策变量，增加了计算规模。为此，孙锐等[118]引入一种二阶锥线性化方法，降低了线性规划模型的规模，通过条形基础地基承载力及矩形隧道围岩稳定性算例分析，验证了该法的有效性。

1.2.3 基于自适应加密策略的极限分析有限元法

极限分析有限元法可克服预先假定破坏模式的弊端，但地层塑性变形时破坏区域产生的滑移带和塑性区具有较强的网格依赖性，通常需要基于密集网格获取合理的上限解，且精细化的破坏模式难以捕捉。单元自适应加密法能够在变形剧烈的区域实现自动加密，通过较小规模的单元细化，获得较高精度的上限解和更精细化的破坏模式。

自适应加密过程主要由两部分组成——误差估计方法和网格自动划分方法。自适应加密中关键的步骤是根据上一次计算结果评价离散后误差，其中，极限分析中较为常用的是后验误差估计法，即根据上一次网格的计算结果进行误差估计来指示下一步的网格划分。在极限分析中常通过两种形式实现误差估计，即①通过恢复的 Hessian 矩阵求解控制变量的二阶导数获得各网格的误差估计值，以确定单元的剖分或拉伸(Borges 等[119]、Lyamin 等[120])，但恢复 Hessian 的理论基础在极限分析中仍没有严格的论证；②通过计算各网格在上、下限极限值差值中的贡献率进行网格自适应加密，利用单元对差值贡献实现网格自适应加密理论较为严格，但需同时求解上、下限解(Ciria 等[121,122]、Munoz 等[123])，适用于纯黏土或 c-f 材料，但针对纯砂层地层，不能得到可靠的塑性区。

Borges 等[119]基于恢复 Hessian 各向异性的误差估计值的方法，进行网格局部加密。该法主要根据网格的误差估计值与平均误差估计值的比值，确定混合单元的剖分或拉伸，且每次加密以模型中各单元插值误差估计值均匀分布为终止标准。当插值误差估计值小于给定的相对误差时加密停止。

Lyamin 等[120]将 Borges 等[119]的误差估计方法用于下限有限元中，以塑性乘子为控制变量，以模型中各单元全局误差估计值一致为终止标准进行网格的调整(图 1-12)。

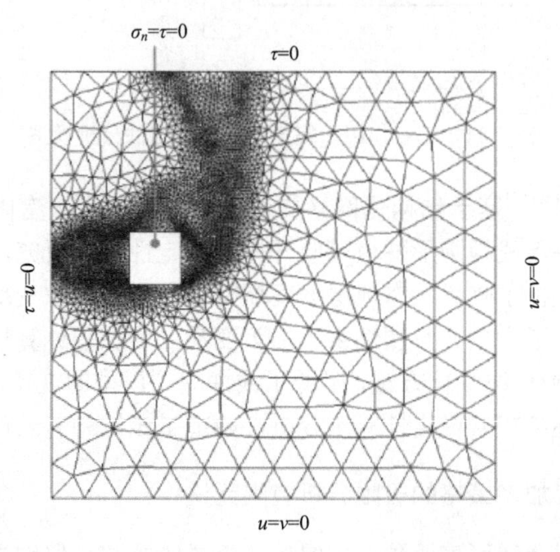

图 1-12　Lyamin 等[120]提出的加密后双洞方形隧道网格形式

Ciria 等[121,122]通过计算各单元在上、下限极限值差值中的贡献率进行网格自适应加密。在此基础上，Munoz 等[123]引入模型内部边界对误差的贡献，并通过径向加密和非嵌入式加密策略克服了不连续表面荷载存在时网格自锁现象。计算结果表明，考虑单元对差值贡献率可获得较好的加密效果。

考虑到上述自适应方法应用于纯砂层地层时不能得到可靠的塑性区，Lyamin 等[124]根据上一步计算的偏应力和应变率获得内部耗散能，以此为网格加密的控制标准，通过全局误差估计值最小值优化求解，对网格的形态和大小进行调整。

Sloan 等[125]基于混合加密策略，提出了考虑静态孔隙水压力影响自适应极限分析方法。首先基于恢复的 Hessian 矩阵误差估计方法确定利于评价孔隙水压力的网格尺寸；其次根据各网格在极限分析上、下限总塑性耗散能差值贡献率反比例调整网格尺寸；若两种加密方法对网格尺寸要求不同，则按照最小网格划分。

李大钟等[126]对于 Mohr-Coulomb 材料，基于屈服残余或等效变形对网格进行剖分加密，以满足极限分析网格局部加密的要求。针对岩土工程中稳定性问题，采用锥约束形式替代 Mohr-Coulomb 屈服准则，获得较为理想的极限解。

Yamamoto 等[127]基于 Lyamin 等[120]提出的局部加密后网格形式(图 1-12)，利用极限分析上、下限有限元法研究了超载作用下双洞方形隧道围岩稳定性，分析了土体强度、埋深比和双洞间距比等参数对隧道围岩稳定性影响，并与刚性滑块上限法所得计算图表和破坏模式进行对比，最后给出了隧道间无相互影响的临界间距图表。

Wilson 等[128]基于 Sloan[129]提出的局部加密网格形式(图 1-13)，分别采用极限分析上、下限有限元法对黏土地层不排水条件下矩形和马蹄形隧道(高度大于跨度)稳定性进行了研究。可以看出，隧道周边可能发生塑性破坏区域网格较其他区域更密，利用该网格形式所得上、下限解接近，缩小了极限荷载精确解范围。

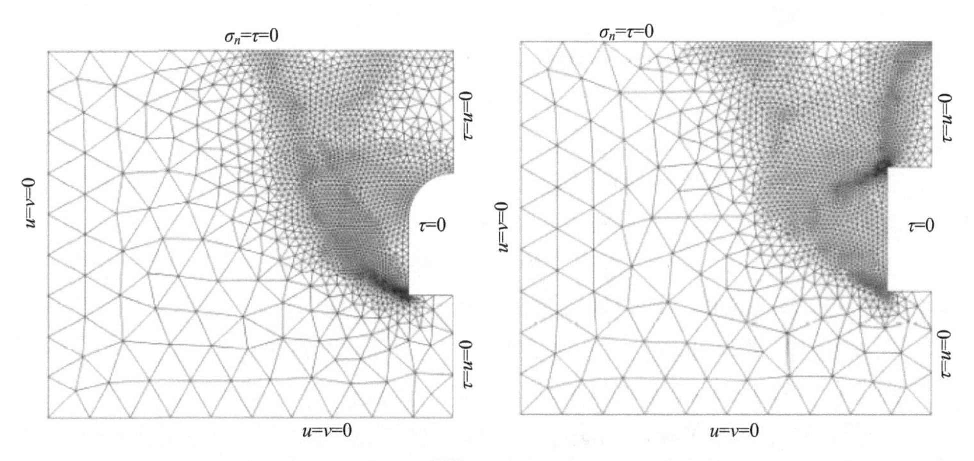

图 1-13　Sloan[129]提出的加密后网格形式

1.2.4　存在不足

目前，采用极限分析上限法研究浅覆隧道围岩稳定性的报道已有很多，也得到了较多有意义的结果，但对复杂环境下隧道围岩失稳地层破坏机制的描述较为粗糙。通过对上述文献的整理分析，总结现有研究的不足如下：

(1) 基于刚性滑块上限法提出的浅覆隧道破坏模式稍显简单，虽可反映隧道失稳临界状态地层变形基本特征，但难以准确、全面地揭示地层的破坏机理，获得的上限解精度偏低，计算结果偏于危险，且对复杂边界条件下地下结构稳定性问题分析适用性较差。

(2) 塑性单元上限有限元法虽然能克服刚性滑块上限法假定破坏模式的缺点，但上限解精度及塑性区范围具有较强的网格依赖性。部分学者通过引入网格自适应加密策略改善了上述的不足，但自适应加密实现过程相对繁琐，且对工程界普遍关注的破坏模式形态特征及影响范围等问题缺乏深入研究。

(3)采用极限分析上限法对平面应变隧道极限支护力和地层破坏滑移面研究较多，但现有研究多局限于均质地层、无衬砌隧道。对于呈轴对称的地下工程围岩稳定性问题、注浆加固隧道、上软下硬地层等复杂边界问题、土体剪胀问题的极限分析以及假定破坏模式方法的报道较少，而对工程师较为关注的临界状态下地表沉降机制的探讨更少。

1.3 本书主要内容

本书以极限分析上限法为理论基础，以隧道围岩稳定性为研究对象，通过理论研究、程序编制、计算分析等工作，探讨了地下空间围岩稳定性问题及破坏模式，并结合工程实际展开进一步研究。主要内容如下:

(1)论述了可实现节点坐标自适应调整的刚体平动运动单元自适应上限有限法，并针对条形基础地基承载力、非圆单洞及双洞隧道围岩稳定性算例进行分析。

(2)提出了两种塑性单元自适应加密算法与基于二阶锥规划的上限有限元数值计算方法，并将算法拓展至轴对称问题的研究。

(3)利用上限有限元对隧道稳定性与破坏模式开展系统的计算分析。考虑了隧道轮廓形状、复合地层、注浆层等多因素对稳定性的影响。

(4)探讨刚性滑块上限法，总结了均质地层、注浆加固隧道的隧道失稳破坏模式与速度场构建方法，提出刚性块体上限法计算流程。

(5)引入岩土体非关联流动法则的影响，应用极限分析上限法及编制的非线性规划极限分析程序，求解考虑岩土体非关联流动特性的隧道失稳破坏问题。

第2章　刚体平动运动单元自适应上限有限元非线性数值求解算法

2.1　引　言

刚性滑块极限分析上限法是常用的稳定性问题分析方法之一，其在地基承载力计算，边坡、基坑及隧道围岩稳定性分析等问题中已得到大量应用。该法通过人为假定预先构建运动许可的刚性滑块破坏模式，再根据刚性块体几何关系和速度间断线上相关联流动法则递推块体间速度关系，最终以刚性块体几何和速度参数为决策变量，基于上限定理构建非线性规划模型，寻求最优上限解。针对模型边界条件较简单的情况，可通过多种方法构建合适的破坏模式，但针对具有复杂边界条件的模型时，构造符合实际的破坏模式难度较大，且该破坏体系的速度及几何关系推导过程较为繁琐。

为克服上述不足，Chen 等[130]与殷建华等[131]将有限元技术引入刚性块体上限法中，采用刚性的三角形单元(单元自身无塑性变形)和速度间断线(实现刚性单元之间的错动变形)离散计算模型，并开展了边坡稳定性算例验证，该法可在非线性规划模型寻优过程中自动搜索潜在破坏模式。由于用于离散模型的是三角形刚体单元，塑性变形仅发生在单元之间的速度间断线上，因此，单元自身变形缺乏灵活性，所获得的上限解精度不高，且破坏模式中滑移线圆滑性较差。一种解决的途径是优化过程中实现单元节点的自适应调节，即将单元坐标作为优化模型中的决策变量，使得单元速度间断线可在优化过程中自动调整到较优位置，以此获得更优的上限解和精细化破坏模式。如图 2-1 所示，Milani 和 Lourenço[132]将具有旋转自由度的刚性三角形单元的三条边定义为曲边(由 N_1～N_{10} 等节点构成)，由于间断线上约束条件和极限荷载表达式均为非线性关系，其采用泰勒级数展开非线性等式并取一阶近似，通过构建一系列序列线性规划模型求解极限分析上限解。随后，基于相似的线性化近似处理，Hambleton 和 Sloan[133]采用平动运动的三节点三角形刚性单元，构建了一系列二阶锥规划模型实现节点坐标的摄动，并以此研究了部分岩土工程稳定性问题。

上述两种上限有限元法均可有效地提高上限解的精度。然而，每步的数学规划模型求解均需节点坐标以增量形式调整，且单元的位置可能与几何约束条件出现相违背的情况，需进行相应处理，计算过程较为复杂。同时，因非线性表达式的近似转化，所获的计算结果不是严格的上限解，每步迭代过程中需对坐标增量的取值进行限制，以增加近似的程度，保证结果的可收敛性。此外，程序中需嵌入判断语句，以识别计算过程中单元剪切锁死现象，确保数学规划问题正常求解。

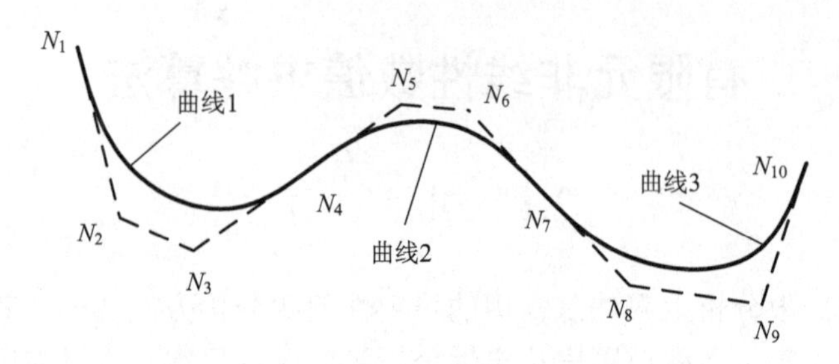

图 2-1　刚体平动运动单元间速度边界

考虑到上述不足，本章引入节点可自适应调整的刚性三角形单元(仅具平动模式)离散化分析模型，直接通过构建非线性规划模型求解稳定性问题上限解，并揭示相应的地层破坏机理。这里将上述方法简称为刚体平动运动单元自适应上限有限元法，其优点有：①该法与刚性滑块上限法理论基础一致，但引入了有限单元法思想，避免了刚性块体体系中繁琐的几何和速度关系推导，适用性更广；②该法将单元速度和节点坐标同时作为优化变量，可方便施加模型速度和几何边界条件，非线性规划模型构建过程也相对简洁；③数学规划问题求解过程中节点坐标自适应调整，即速度间断线调整至较优位置，最终可获得较为圆顺的破坏模式。

2.2　基于刚体单元+速度间断线的模型离散

刚体单元上限有限元法采用刚性的三节点三角形单元+速度间断线的方式进行模型离散。这里假定该单元内部无塑性变形，且仅发生整体平动运动，即无旋转自由度。因此，只需单元之间速度间断线满足流动法则及变形协调条件，即可构造运动许可的速度场。如图 2-2 所示，单元三个节点速度相同，u 和 v 为单元形心处 x 和 y 方向上速度分量；单元节点按逆时针方向编号，分别为①、②和③，各节点坐标为(x_1, y_1)、(x_2, y_2)和(x_3, y_3)。若单元节点坐标作为决策变量的一部分，此时对应的单元即为刚体平动运动单元，需要构建非线性规划模型求解极限荷载上限解；若各单元节点坐标保持不变，则该单元退化为刚体平动单元，其与 Chen 等[130]和殷建华等[131]采用的单元一致，此时稳定性问题主要通过构建线性规划模型进行分析。需要说明的是，此处线性规划模型计算结果可为节点可动刚体单元上限有限元非线性规划模型提供一组较为合理的初始值。

图 2-3 示意了相邻单元公共边所在的速度间断线及相应的优化变量，如图所示，节点①、③和②、④分别为速度间断线两侧单元节点编号，其中编号①和②、③和④在几何上重合，但分属不同单元，对应的节点坐标为(x_1, y_1)和(x_2, y_2)。间断线两侧单元速度(u_y, v_y)和(u_z, v_z)可不同，即允许单元速度发生跳跃，但需满足塑性流动约束条件。非线性规划模型优化过程中速度间断线方向和位置可自动优化调整，最终形成较为圆顺的塑性滑移区。

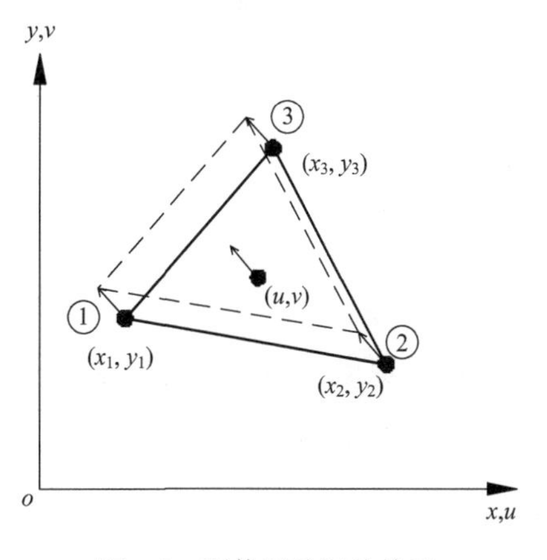

图 2-2　刚体平动运动单元

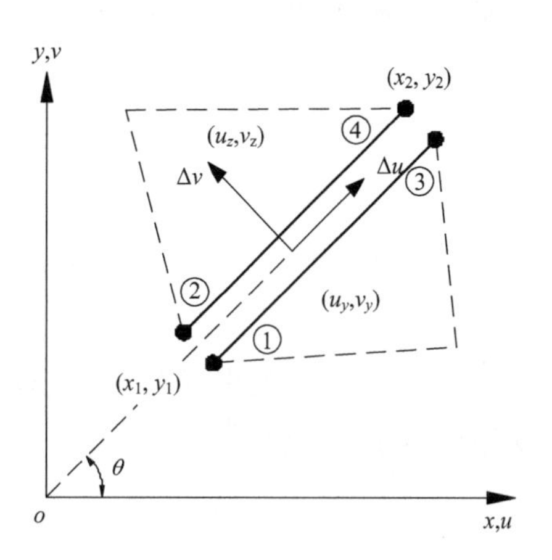

图 2-3　刚体平动运动单元间速度间断线

2.3　节点固定刚体单元上限有限元线性规划模型

2.3.1　刚体单元上限有限元的运动许可速度场构造

1. 速度间断线上塑性流动约束条件

极限分析上限法中规定模型破坏区域需满足塑性相关联流动法则，因模型离散采用的单元为刚性单元，塑性变形仅发生在速度间断线上。假定速度间断线上正应力为σ_n，剪应力为τ，则 Mohr-Coulomb 屈服准则(拉应力为正)可表示为

$$F(\tau, \sigma_n) = |\tau| + \sigma_n \tan\phi - c \tag{2-1}$$

如图 2-3 所示，速度间断值$(\Delta u, \Delta v)$分别为速度间断线上切向和法向的相对速度。当速度间断线上的塑性流动满足变形协调和相关联流动法则(即假定塑性应变率方向与应力方向一致)约束时，该条速度间断线上法向和切向应变率关系式可表示为

$$\begin{cases} \dot{\varepsilon}_v = \dfrac{\Delta v}{t} = \dot{\lambda}\partial F/\partial\sigma = \dot{\lambda}\tan\phi \\ \dot{\gamma}_{uv} = \dfrac{|\Delta u|}{t} = \dot{\lambda}|\partial F/\partial\tau| = \dot{\lambda} \end{cases} \tag{2-2}$$

式中，$\dot{\varepsilon}_v$ 为速度间断线法向正应变率；$\dot{\gamma}_{uv}$ 为切向应变率；$\dot{\lambda}$ 为非负的塑性乘子；F 为塑性势函数，关联流动法则中也可为屈服函数。

此时，速度间断线上切向和法向相对速度满足以下塑性约束条件：

$$\Delta v = |\Delta u|\tan\phi \tag{2-3}$$

设速度间断线长度为 l，与 x 轴夹角为 β，则

$$\begin{cases} \sin\beta = \dfrac{y_2 - y_1}{l} \\ \cos\beta = \dfrac{x_2 - x_1}{l} \end{cases} \tag{2-4}$$

在图 2-3 所示的坐标系中，切向和法向的相对速度 Δu 和 Δv 可用单元速度 (u_y, v_y) 和 (u_z, v_z) 表示为

$$\begin{cases} \Delta u = \left(u_z - u_y\right)\dfrac{x_2 - x_1}{l} + \left(v_z - v_y\right)\dfrac{y_2 - y_1}{l} \\ \Delta v = \left(v_z - v_y\right)\dfrac{x_2 - x_1}{l} - \left(u_z - u_y\right)\dfrac{y_2 - y_1}{l} \end{cases} \tag{2-5}$$

由式(2-3)可知，切向相对速度 Δu 可正可负，而法向相对速度 Δv 总为正值。为消除式(2-3)中绝对值符号，参考 Sloan[83]的做法，引入两个非负的辅助变量 (u^+, u^-)，并令

$$\begin{cases} \Delta u = u^+ - u^- \\ \Delta v = (u^+ + u^-)\tan\phi \end{cases} \tag{2-6}$$

此时速度间断线上约束条件式(2-3)则变换为以下两个等式

$$\begin{cases} (u_z - u_y)\cos\beta + (v_z - v_y)\sin\beta = u_{zy}^+ - u_{zy}^- \\ (u_y - u_z)\sin\beta + (v_z - v_y)\cos\beta = (u_{zy}^+ + u_{zy}^-)\tan\phi \end{cases} \tag{2-7}$$

当模型中每条速度间断线两侧单元速度分量和间断线节点坐标满足约束条件式(2-7)时，模型破坏区域即符合相关联流动法则要求。

2. 速度边界约束条件

极限分析上限法中构建的运动许可速度场需满足模型的速度边界条件。如图 2-4 所示，已知单元 i 所处边界上的切向和法向速度分别为 $\overline{u}_i$ 和 $\overline{v}_i$，单元 i 的 x

向和 y 向速度分量分别为 u_i 和 v_i，该边界与 x 轴夹角为 θ_i。

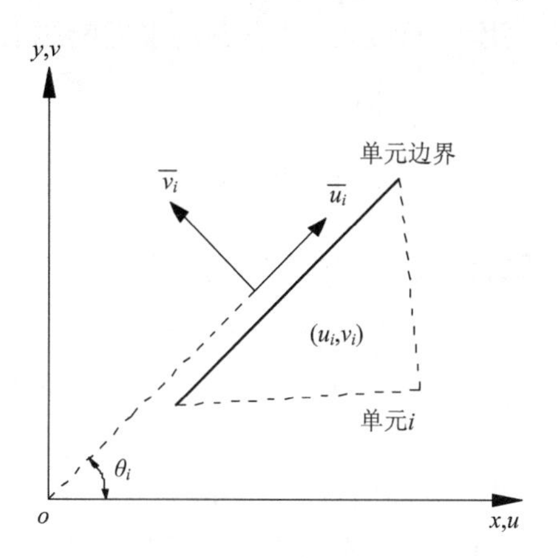

图 2-4　刚体平动运动单元间速度边界

若速度边界条件由刚性结构施加，如刚性基础或挡土墙，则单元 i 的速度分量 u_i 和 v_i 需满足下式：

$$\begin{cases} u_i\cos\theta_i + v_i\sin\theta_i = \overline{u}_i \\ v_i\cos\theta_i - u_i\sin\theta_i = \overline{v}_i \end{cases} \tag{2-8}$$

若速度边界条件由柔性结构施加，则可在边界施加表面力，边界约束如下：

$$\int_S \overline{v}\mathrm{d}S = \sum_{i=1}^{n_t}\left(v_i\cos\theta_i - u_i\sin\theta_i\right)\cdot l_i = K \tag{2-9}$$

式中，$\overline{v}$ 为边界 S 上单元法向速度；n_t 为边界上单元数；K 为单位外力作用在边界上产生的塑性流大小。

2.3.2　外力功率与速度间断线上耗散能

外力功率为所有外部荷载在模型塑性变形过程中对破坏区域所做的功率。对于体力(如自重)，单元 i 上产生的外力功率为

$$P_{t,i} = -\int_{A_i}\gamma v\mathrm{d}A = -A_i\cdot\gamma\cdot v_i \tag{2-10}$$

式中，A_i 为单元 i 的面积；γ 为地层容重；v_i 为单元 i 竖向速度分量。

对于边界上面力 F_S 所做的外力功率，可根据柔性结构作用在边界上塑性流进行计算，边界 S 上外力总功率 $P_{t,S}$ 为

$$P_{t,S} = -F_s\int_S \overline{v}\mathrm{d}S = -F_s\cdot K \tag{2-11}$$

通常，上限有限元分析中，塑性流动可同时发生在单元内部和速度间断线。

采用刚体平动单元自适应上限有限元法时，模型中单元为刚性体，塑性剪切变形产生的耗散能仅出现在速度间断线上，第 i 条速度间断线上耗散能可表示为

$$P_{d,i} = \int_{l_i} c|\Delta u| \mathrm{d}l = c \cdot (u^+ + u^-) \cdot l_{d,i} \tag{2-12}$$

式中，c 为土体黏聚力；$l_{d,i}$ 为第 i 条间断线的长度。

2.3.3 刚体平动单元上限有限元线性规划模型求解

以上阐述了刚体平动单元上限有限元法的模型离散、速度间断线上塑性流动约束条件、速度和荷载边界约束条件的形成，并推导了速度间断线上耗散能与外力功率等表达式。目标函数可通过功率平衡方程获得，即耗散能减去外力功率的差值。由于刚体平动单元节点固定不变，所构建的数学规划模型为线性规划问题。根据极限分析上限理论，针对刚性基础作用在模型边界上，刚体平动单元上限有限元线性规划模型如下：

$$\text{目标函数(最小化)：} \sum_{i=1}^{n_d} P_{d,i} + \sum_{i=1}^{n_t} P_{t,i} \tag{2-13}$$

$$\text{约束条件：}\begin{cases} (u_{i,z} - u_{i,y})\cos\beta_i + (v_{i,z} - v_{i,y})\sin\beta_i = u_{i,zy}^+ - u_{i,zy}^- \quad (i = 1,\cdots,n_d) \\ (u_{i,y} - u_{i,z})\sin\beta_i + (v_{i,z} - v_{i,y})\cos\beta_i = (u_{i,zy}^+ + u_{i,zy}^-)\tan\phi \quad (i = 1,\cdots,n_d) \\ u_i\cos\theta_i + v_i\sin\theta_i = \overline{u}_i \quad (i = 1,\cdots,n_v) \\ v_i\cos\theta_i - u_i\sin\theta_i = \overline{v}_i \quad (i = 1,\cdots,n_v) \end{cases} \tag{2-14}$$

式中，(u_i, v_i) 为单元速度分量；$(u_{i,z}, v_{i,z})$ 和 $(u_{i,y}, v_{i,y})$ 分别为间断线 i 两侧单元的速度分量；n_d 为速度间断线总数量，n_v 为模型速度边界上的单元节点总数量。

刚体平动单元上限有限元求解流程如下：

(1) 采用 MESH 2D 或自编结构化程序划分模型网格，预处理数据使得破坏主要区域网格密集，远离破坏区域网格稀疏，以降低规划模型计算规模；

(2) 设置速度间断线约束条件、速度和荷载边界条件，求解速度间断线耗散能和模型外力功率；

(3) 确定研究问题的目标函数和约束条件，构建刚体平动单元上限有限元线性规划模型；

(4) 在 Matlab 环境下编制程序，并采用 SeDuMi 函数求解线性规划问题，获得刚体平动单元上限有限元上限解；

(5) 根据计算结果调整初始网格参数，重新划分模型网格，并重复进行步骤 (1)～(4) 计算；

(6) 从多组上限解中选出较优上限解，并提取其对应的网格坐标和单元速度等

相关信息。

2.4　节点可动刚体单元自适应上限有限元非线性规划模型

与刚性滑块上限法相比，刚体平动单元上限有限元法可充分发挥有限元的优势，其计算精度更高且适应性也更强。然而，因单元本身为刚性体，自身变形缺乏灵活性，模型破坏范围内的塑性变形只能通过速度间断线之间的相互错动体现，因此，需要划分较多的单元以获取高精度的上限解。在优化过程中，若允许刚体平动单元的节点坐标自适应调整，即速度间断线调整至较优位置，则可基于较少的单元获取较高精度的上限解和较为清晰的破坏模式。这里将改进的方法称为刚体平动运动单元自适应上限有限元法。此时，节点坐标需要作为决策变量引入数学规划模型构建过程中，速度、荷载的边界约束和外力功率等表达式与刚体平动单元上限有限元法一致，而速度间断线上约束条件和耗散能表达式不同。

2.4.1　非线性规划模型约束条件及功率计算

速度间断线上切向和法向相对速度仍然满足式(2-3)所示的塑性约束条件。由于单元的节点坐标也是决策变量的一部分，为降低非线性规划模型中决策变量规模，这里引入两个辅助变量 ξ' 和 ξ'' 以消除式(2-3)中绝对值符号，并令

$$\begin{cases} x_{12} = x_1 - x_2; \quad y_{12} = y_1 - y_2; \\ \xi' = u_y x_{12} + v_y y_{12} - u_z x_{12} - v_z y_{12}; \\ \xi'' = 1\big/\tan\phi\left(-u_y y_{12} + v_y x_{12} + u_z y_{12} - v_z x_{12}\right) \end{cases} \tag{2-15}$$

则式(2-3)变换为以下两个非线性不等式

$$\begin{cases} -\xi' - \xi'' \leqslant 0 \\ \xi' - \xi'' \leqslant 0 \end{cases} \tag{2-16}$$

非线性规划模型的速度边界条件和外力功率等表达式如式(2-8)～式(2-11)，这里不再赘述。值得注意的是，此时第 i 条速度间断线上耗散能表达式调整为

$$P_{d,i} = \int_{l_i} c\left|\Delta u\right| \mathrm{d}l = c \cdot \xi_i'' \tag{2-17}$$

数学规划模型优化求解过程中单元节点是可动的，因此需要对节点坐标变化范围进行约束，防止单元间出现相互侵入或缠绕等问题。这里主要通过约束单元的面积并限制边界上节点的变形区域实现。

首先，针对模型中任意单元 i，需保证其面积 A_i 为非负值，即

$$A_i = [(x_{1,i} - x_{3,i})(y_{2,i} - y_{3,i}) - (x_{3,i} - x_{2,i})(y_{3,i} - y_{1,i})] / 2 \geqslant 0 \tag{2-18}$$

其次，模型边界上的每个节点只能沿着该条边界变形。若 $y = f(x)$ 为模型几何边界函数，则模型边界上的每个节点 i 的坐标应满足：

$$y_i = f(x_i) \tag{2-19}$$

当模型存在多个边界时，边界函数应分段表示。模型边界通常为直线或曲线，针对较复杂的曲线边界，可采用多线段拟合的方式近似替代曲线表达式。

2.4.2 刚体平动运动单元自适应上限有限元非线性规划模型求解

因刚体单元节点坐标和单元速度同时为决策变量，所构建的数学规划模型为非线性规划问题。根据极限分析上限理论，针对刚性基础作用在模型边界上，刚体平动运动单元自适应上限有限元非线性规划模型如下：

目标函数(最小化)：$\sum_{i=1}^{n_d} P_{d,i} + \sum_{i=1}^{n_t} P_{t,i}$　(2-20)

约束条件：
$$\begin{cases} -\xi_i' - \xi_i'' \leqslant 0 \quad (i = 1,\cdots,n_d) \\ \xi_i' - \xi_i'' \leqslant 0 \quad (i = 1,\cdots,n_d) \\ u_i \cos\theta_i + v_i \sin\theta_i = \overline{u}_i \quad (i = 1,\cdots,n_v) \\ v_i \cos\theta_i - u_i \sin\theta_i = \overline{v}_i \quad (i = 1,\cdots,n_v) \\ -A_i \leqslant 0 \quad (i = 1,\cdots,n_t) \\ y_i = f(x_i) \quad (i = 1,\cdots,n_b) \end{cases} \tag{2-21}$$

式(2-21)中，单元速度分量(u_i,v_i) $(i=1,\cdots,n_t)$和节点坐标(x_i, y_i) $(i=1,\cdots,n_n)$均为非线性规划模型的决策变量。其中，n 为模型单元总数量；n_d 为模型中速度间断线总数量；n_t 为模型的单元总数量；n_n 为节点总数量；n_v 为模型速度边界上的单元节点总数量；n_b 为模型几何边界上的节点总数量。

刚体平动运动单元自适应上限有限元上限解求解流程如图 2-5 所示。由于单元节点坐标是决策变量一部分，数学规划模型中目标函数和约束条件均为非线性表达式，因此，采用序列二次规划法(SQP)进行求解。然而，针对构建的非线性规划问题(含有较多的决策变量)，获取一组合适的初始值是较为困难的。这里的初始值主要通过 2.3 节中节点固定的刚体平动单元上限有限元线性规划模型求解获取。刚体平动运动单元自适应上限有限元求解流程如下：

(1)采用 MESH 2D 或自编结构化程序划分模型网格，预处理数据使得破坏主要区域网格密集，远离破坏区域网格稀疏，以降低规划模型计算规模；

(2)通过刚体平动单元上限有限元线性规划模型多次求解，获取单元速度、单元节点坐标等决策变量较优初始值；

(3)设置速度间断线约束条件、速度和荷载边界条件及几何约束条件，计算速度间断线耗散能和模型外力功率；

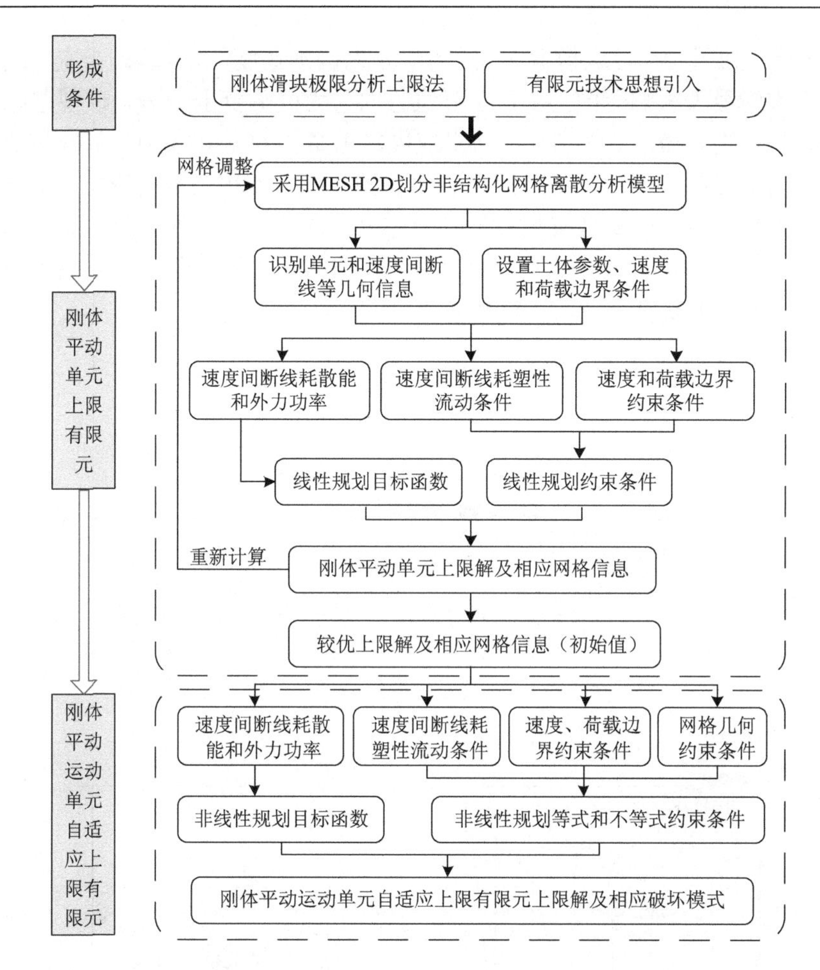

图 2-5　刚体平动运动单元自适应上限有限元上限解求解流程

(4) 确定研究问题的非线性目标函数和约束条件，构建刚体平动运动单元自适应上限有限元非线性规划模型；

(5) 在 Matlab 环境下编制程序，并采用 fmincon 函数求解非线性规划问题，获得刚体平动运动单元自适应上限有限元上限解。

下面采用刚体平动运动单元自适应上限有限元法进行三种岩土工程结构稳定性问题算例验证。

2.5　算例验证与讨论

2.5.1　纯砂土地层条形基础地基承载力算例

图 2-6 为纯砂土地层条形基础地基极限承载力问题平面应变分析模型。如

图 2-6 所示，利用对称性取模型右侧一半，B 为基础宽度，b 为基础半宽，破坏区域在水平方向最大影响范围为 w，在竖直方向最大影响范围为 H。模型左侧边界速度约束条件为 u=0，右侧和底部边界速度约束条件为 u=0, v=0，基础与地基之间为完全粗糙接触，边界条件为 u=0, v=−1。图 2-6(b)为模型网格形态，本节采用三节点三角形刚性单元离散模型，基础附近单元密集、较远处稀疏。图中单元总数为 121，节点总数为 72，速度间断线总数为 169。为了避免边界效应的影响，模型 x 和 y 方向上长度分别取 10b 和 4b。

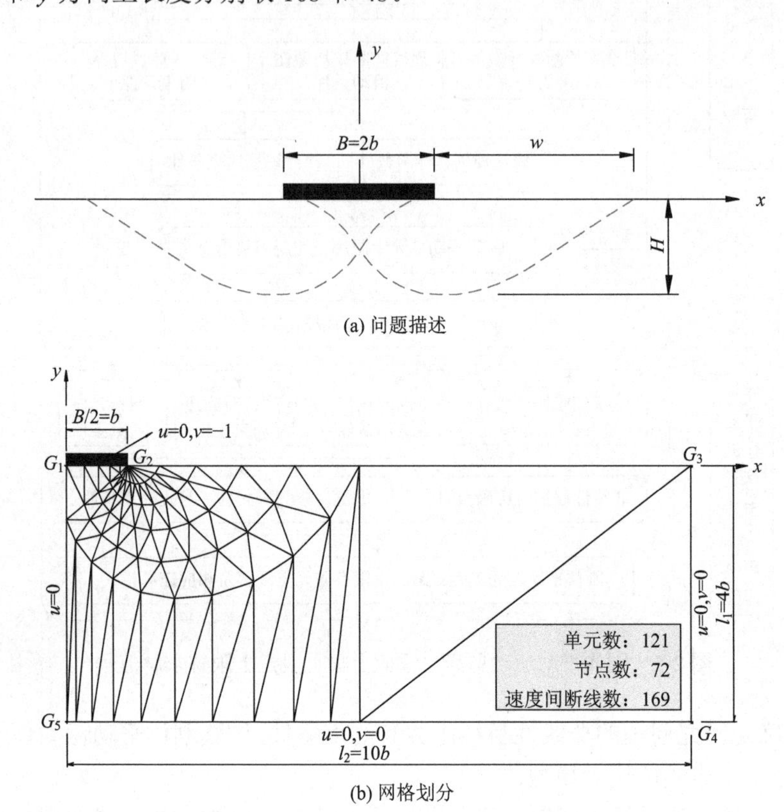

图 2-6　条形基础地基承载力分析模型

为便于分析，将计算参数无量纲化，将条形基础地基承载力问题转化为求解使得地层恰好处于塑性流动临界状态的承载力系数 N_γ；临界值 N_γ 为 ϕ 的函数，可表示为 $N_\gamma = 2q_u/\gamma B = f(\phi)$。根据上限定理，上式中临界荷载 q_u 可采用式(2-22)获得。

$$q_{u\min} = \sum_{i=1}^{n_e} P_{e,i} / b \tag{2-22}$$

式中，$P_{e,i}$为单元 i 的重力功率；n_e为单元总数。

为验证本书方法的有效性，将本书计算的承载力系数 N_γ 与理论结果[134-137]、极限分析结果[86,138-140]和应力特征法结果[141]进行对比分析，对比结果如表 2-1 所示。由表 2-1 可知，承载力系数随内摩擦角的增大而增大，即地基承载力增强，当内摩擦角由 20°增加到 40°时，N_γ 的值由 2.98 增大到 88.54。由表 2-1 还可看出，本书计算结果与已有文献结果较接近，即本书方法获得的承载力系数具有较高的计算精度。

表 2-1　承载力系数 N_γ 结果对比

ϕ /(°)	本书方法	Booker[134]	Hansen[135]	Vesić[136]	Meyerhof[137]	Michalowski[138]	Kumar[139]	Hjiaj 等[86]	Zhao 和 Yang[140]	Martin[141]
20	2.98	3.00	2.95	5.39	2.87	4.47	3.43	2.89	2.92	2.84
25	6.75	6.95	6.76	10.88	6.77	9.77	7.18	6.59	—	6.49
30	15.29	16.06	15.07	22.40	15.67	21.39	15.57	14.90	14.96	14.75
35	35.73	37.13	33.92	48.03	37.15	48.68	35.16	34.80	—	34.48
40	88.54	85.81	79.54	109.41	93.69	118.83	85.73	85.86	86.76	85.57

图 2-7 为基于刚体平动运动单元自适应上限有限元法获取的地层破坏模式图，以 ϕ=40°为例说明。为方便分析，将模型中无效间断线剔除(删除相对速度为 0 或绝对速度为 0 的单元)，并令有效单元的速度为 0，即可获得模型有效间断线分布图。由图 2-7 可知，破坏区域由呈整体状的主动区(基础下方附近)、相互交错的过渡区(扇形区域)和被动区(扇形边缘与右侧地表之间区域)构成，该破坏模式类似于滑移线法中采用的破坏模式，且与 Zhao 和 Yang[140]假定的刚性滑块破坏模式相似。

由上述分析知，在优化计算过程中，单元节点坐标作为决策变量一部分，速度间断线可自动调整到最优位置，因此，本书方法可利用较少的单元获得精度较高的上限解及清晰的塑性区形态，并以此揭示地层破坏机理。总之，上述方法在上限有限元计算精度和破坏模式搜索方面是高效的。

图 2-8 为不同内摩擦角工况下地层破坏模式图。由于破坏模式与图 2-7 相似，此处仅绘制出破坏区域外轮廓图，以此探讨破坏范围演变的基本规律。由图 2-8 可知，随着内摩擦角 ϕ 的增加，破坏区域的主动区范围逐渐增大，且滑移线与水平方向夹角逐渐增大；过渡区破坏范围逐渐增大，特别是竖直方向增长明显；被动区在水平和竖直方向上范围均发生一定程度的增加，特别是水平方向增长明显。不同工况下破坏区域最大竖向(H/b)和水平影响范围(w/b)如表 2-2 所示。由表 2-2 可知，当内摩擦角 ϕ 由 20°增加到 40°时，破坏区域最大竖向影响范围由 0.966b

增加到 2.523b，增大了近 161%；最大水平影响范围 2.791b 增大到 8.87b，增大了近 218%。

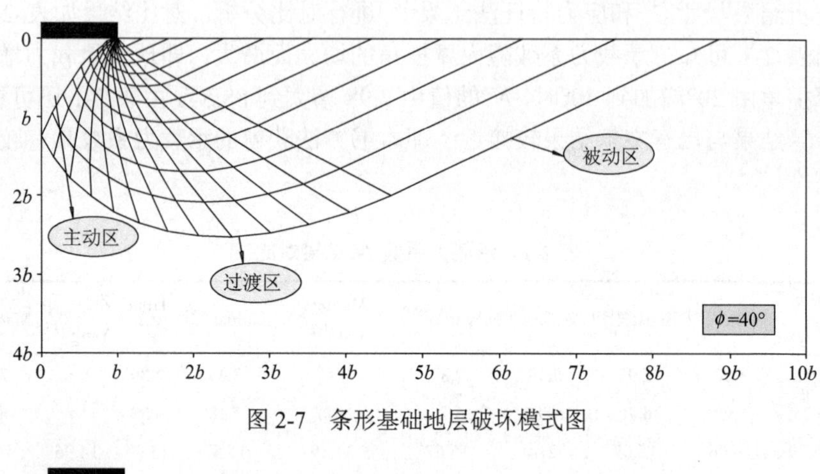

图 2-7　条形基础地层破坏模式图

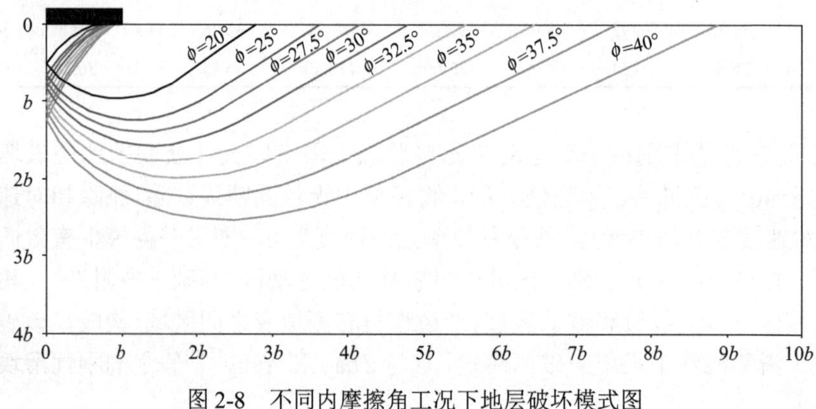

图 2-8　不同内摩擦角工况下地层破坏模式图

表 2-2　破坏区域水平和竖直方向影响范围

ϕ /(°)	20	25	27.5	30	32.5	35	37.5	40
H/b	0.966	1.238	1.395	1.568	1.772	1.990	2.234	2.523
w/b	2.791	3.621	4.149	4.778	5.550	6.488	7.533	8.870

2.5.2　自重作用下非圆单洞隧道围岩稳定性算例

马蹄形隧道在公路隧道和铁路隧道中应用较多，随着城市地下工程规模的日益增加，该类隧道被逐渐应用于城市地下工程中。马蹄形隧道轮廓多由几种不同大小圆弧曲线构成，且圆弧的半径和圆心角随环境的改变而变化，形式较为多样。为方便分析马蹄形隧道围岩稳定性的一般规律，采用较为简单的椭圆形轮廓简化马蹄形轮廓。

图 2-9 为自重作用下椭圆隧道围岩稳定性二维分析模型。主要假定为：①模型中隧道高度为 D，跨度为 B，埋深为 C；②不考虑水的影响，且隧道周边土体为均质地层，满足 Mohr-Coulomb 屈服准则，土体容重 γ，有效黏聚力 c，内摩擦角为 ϕ；③地表水平，地表和隧道轮廓上无外力作用。为便于分析，将计算参数无量纲化，将自重作用下椭圆隧道围岩稳定性问题转化为求解使得隧道围岩恰好处于塑流流动临界状态的重度系数 $\gamma D/c$；临界值 $\gamma D/c$ 为 ϕ、C/D 和 B/D 的函数，可表示为 $\gamma D/c = f(\phi, C/D, B/D)$。

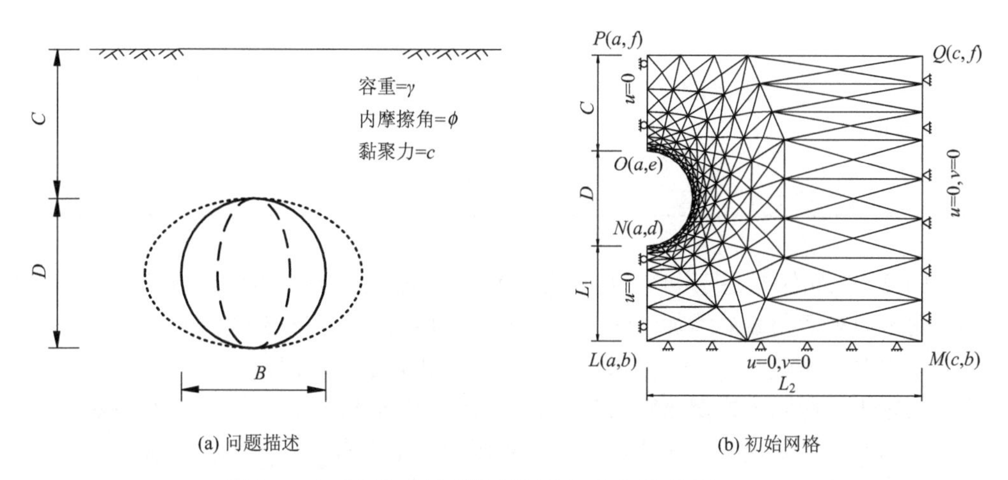

图 2-9　自重作用下椭圆隧道围岩稳定分析模型（C/D=1）

图 2-9(b)为椭圆隧道围岩稳定性分析问题网格形态，即掌子面附近网格稍密、远处稀疏。假定模型左侧边界约束 x 方向速度，即 $u = 0$；右侧和下侧边界 x 和 y 两个方向速度均约束，即 u=0, v=0；地表和隧道轮廓上无外力作用，即边界自由变形。为获取临界重度 γ，令单位重度所做的功为–1，即 $\sum_{i=1}^{n_e} A_i(-v_i) = -1$，$n_e$ 为模型中单元总数。本节选取计算参数为 ϕ=5°～35°，C/D=1～4，B/D=0.4～1.6，为便于计算，令黏聚力 c=50 kPa。

将自重作用下圆形隧道(B/D=1)计算结果(这里简称为 UBFEM-RTME)与文献结果对比，列于表 2-3 中。同时，表中列出塑性单元上限有限元结果(Sahoo 和 Kumar[104])和上、下限有限元结果平均值(Yamamoto 等[99])。由表 2-3 可知，本节计算的临界重度系数小于上限有限元结果，而略大于上、下限有限元结果平均值。上述的对比分析表明：采用本章方法可获得精度较高的临界重度系数，是研究自重作用下椭圆隧道围岩稳定性问题的有效方法之一。

表 2-3　自重作用下圆形隧道临界重度系数计算结果

C/D	$\phi/(°)$	UBFEM-RTME	Sahoo 和 Kumar[104]	Yamamoto 等[99]（(LBFE+UBFE)/2）
1	5	2.34	—	2.33
	10	2.69	2.63	2.61
	20	3.63	3.67	—
2	5	1.8	—	1.76
	10	2.14	2.20	2.13
	20	3.13	3.28	—
3	5	1.51	—	1.48
	10	1.85	1.88	1.83
	20	2.91	2.98	2.89
4	5	1.33	—	1.30
	10	1.66	1.68	1.65
	20	2.75	2.86	—

图 2-10 为不同工况组合下椭圆隧道临界重度系数 $\gamma D/c$ 的计算结果。由图可知，随着内摩擦角 ϕ 的增加，$\gamma D/c$ 呈现明显的增大趋势，即隧道围岩稳定性明显提高。内摩擦角越大，$\gamma D/c$ 增长幅度越大。当 ϕ 较小，埋深比 C/D 增大时，$\gamma D/c$ 值相应减小；而当内摩擦角较大时，如 ϕ=35°，$\gamma D/c$ 值随 C/D 增大基本无变化，这可能与破坏区域仅集中在隧道周边、未延伸至地表有关，即地层形成有效塌落拱。当隧道跨度比 B/D 增加时，$\gamma D/c$ 值有所减小，即扁平型椭圆隧道围岩稳定性相对瘦高型隧道更差。

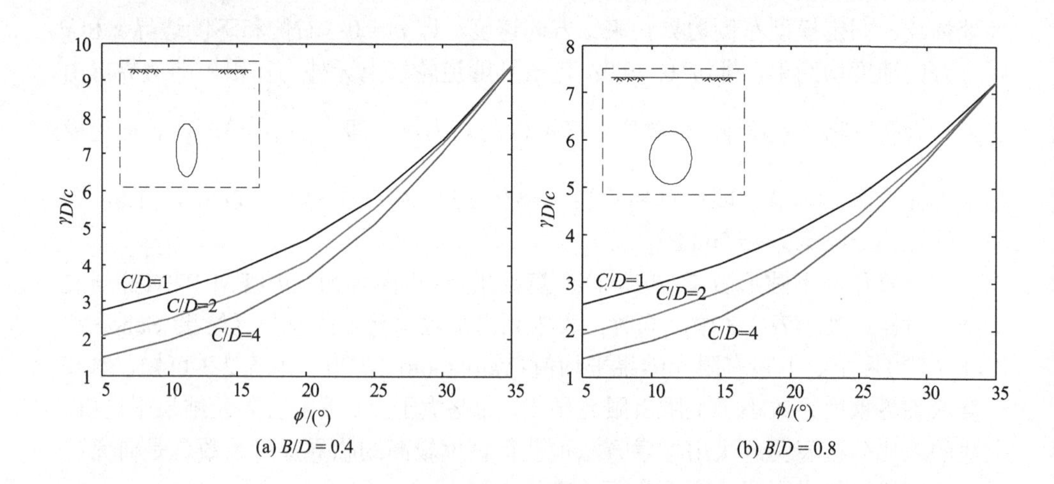

(a) $B/D = 0.4$　　(b) $B/D = 0.8$

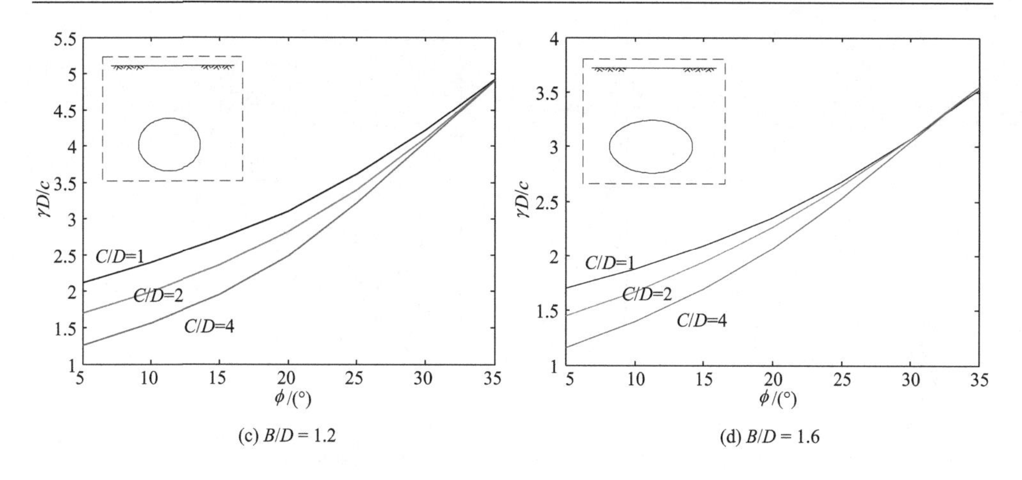

图 2-10　椭圆隧道临界重度系数上限解

图 2-11～图 2-13 为自重作用下椭圆隧道失稳流动状态对应的地层破坏模式图，这里采用有效速度间断线分布图表示。由图可看出，破坏区域同样由两组相互交错的滑移线和一呈楔形状的块体构成。当内摩擦角 ϕ 增加时，相互交错的滑移线区有上移的趋势，楔形状块体尺寸则相应减小，破坏区域水平最大影响范围由 1.25D 降低到 0.81D。由图 2-12 可看出，当隧道跨度一定时，随着隧道埋深比 C/D 的增加，隧道破坏模式变化不大，但破坏范围显著增加，且剪切带的起始位置逐渐向下移动。图 2-13 表明，随着隧道跨度 B 的增加，破坏区域最大水平影响范围变化不大，但剪切带的起始位置逐渐由隧道底部上移到边墙处。

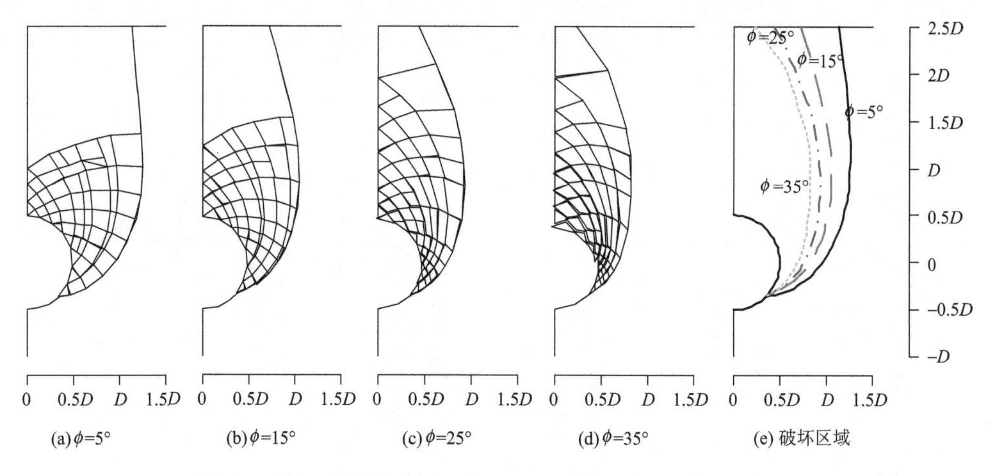

图 2-11　椭圆隧道失稳流动状态破坏模式图（C/D=2，B/D=1）

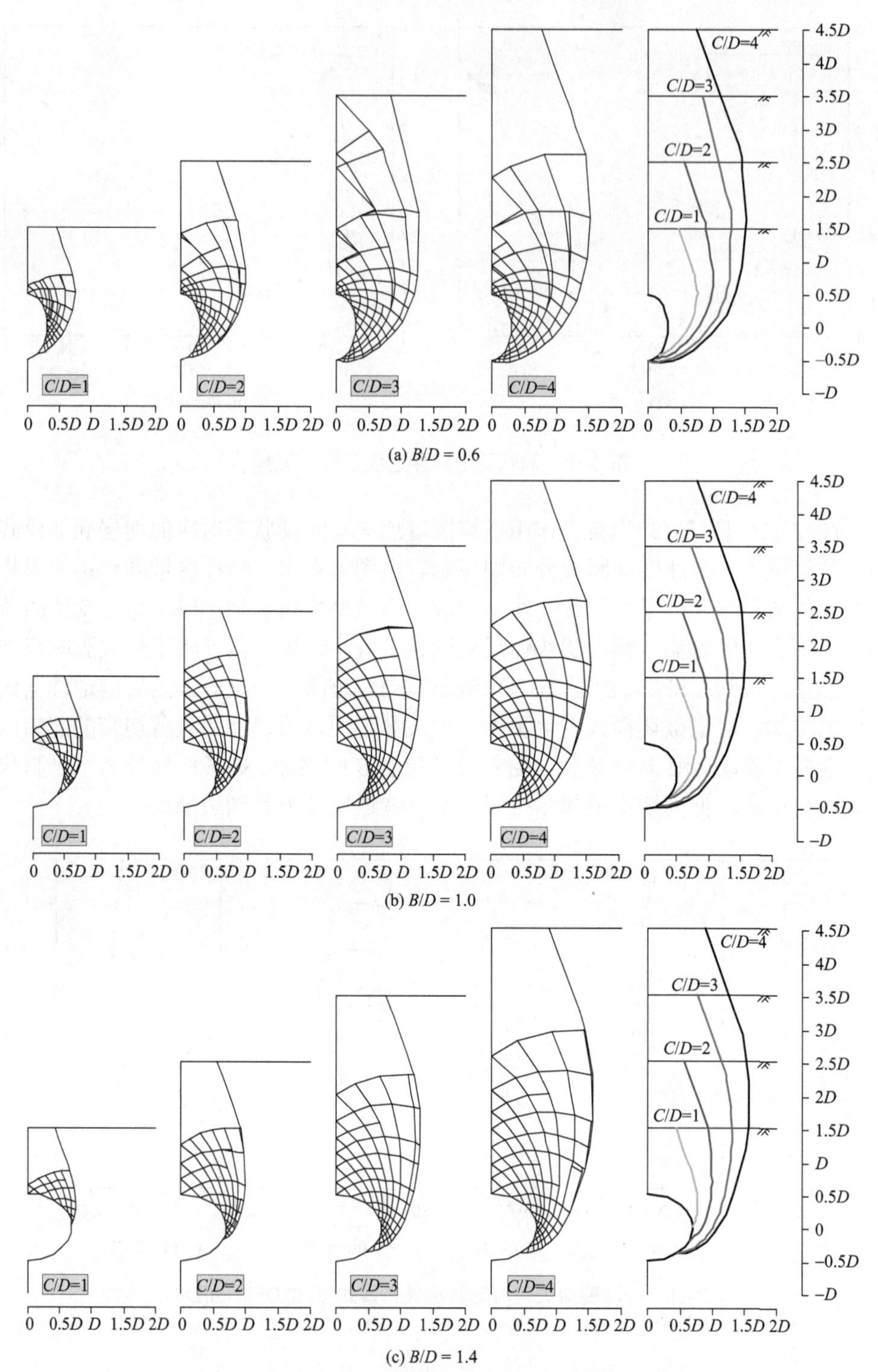

(a) $B/D = 0.6$

(b) $B/D = 1.0$

(c) $B/D = 1.4$

图 2-12　椭圆隧道失稳流动状态破坏模式图(ϕ=20°)

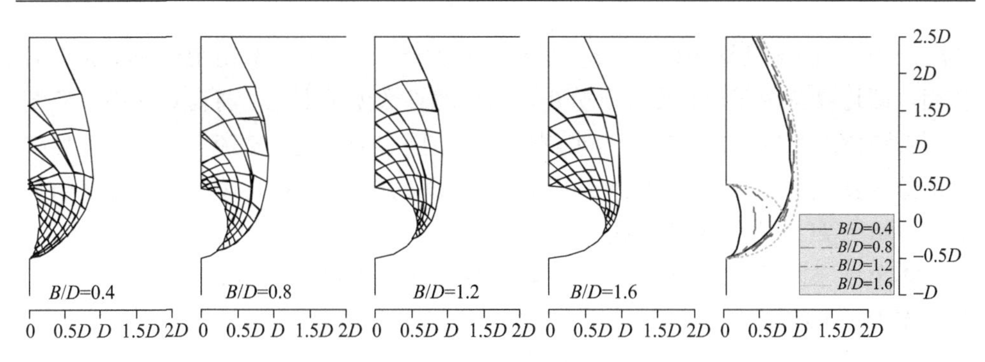

图 2-13　椭圆隧道失稳流动状态破坏模式图($C/D=2$，$\phi=25°$)

需要说明的是，当 B/D 较大时，隧道可能发生拉裂破坏，由于本节假定地层遵从 Mohr-Coulomb 屈服准则，无法考虑拉裂破坏，后期可通过非线性屈服准则引入地层抗拉强度，以此获得更为合理的上限解。

2.5.3　自重作用下非圆并行隧道围岩稳定性算例

在山岭隧道或城市盾构隧道工程中，考虑到结构安全性和紧急情况处理的有效性，常采用双洞平行隧道替代大直径的单洞隧道。同时，因地质条件和经济条件等约束，新建隧道常需修建在既有隧道附近。相较于单洞隧道，双洞隧道施工过程中存在相互影响(当隧道间距较小时)，其稳定性与单洞隧道存在较大差异。已有学者采用数值方法[142-147]和模型试验方法[148-151]对双洞隧道相互影响进行研究，但关于双洞隧道围岩稳定性方面的研究较少。Osman[60]通过假定破坏模式的方式，采用上限法研究了不排水条件下双洞圆形隧道围岩稳定性。Sahoo 和 Kumar[104]基于上限有限元法，对排水和不排水条件下双洞圆形隧道围岩稳定性进行探讨。Yamamoto 等[100, 127]和 Wilson 等[152, 153]采用上限有限元法，分别研究了超载作用下双洞圆形隧道和方形隧道围岩稳定性。由 2.5.2 节分析知，马蹄形隧道围岩稳定性与圆形隧道存在差异，而已有研究仅对双洞圆形和矩形隧道围岩稳定性进行探讨，因此，这里采用刚体平动运动单元自适应上限有限元法从理论方面对双洞并行椭圆隧道围岩稳定性进行评价。

图 2-14 为超载作用下双洞椭圆隧道围岩稳定性二维分析模型，考虑到对称性，仅取右半部进行分析。主要假定为：①模型中隧道高度为 D，跨度为 B，埋深为 C，双洞并行，且隧道的中心距为 S；②不考虑水的影响，且隧道周边土体为均质地层，满足 Mohr-Coulomb 屈服准则，土体容重 γ，有效黏聚力 c，内摩擦角为 ϕ；③地表水平，地表和隧道轮廓上无外力作用；④假设双洞同时开挖，即考虑最不利情况。假定模型左侧边界约束 x 方向速度，即 $u=0$；右侧和下侧边界

x 和 y 两个方向速度均约束，即 $u=0, v=0$；地表水平，地表和隧道轮廓上无外力作用，即边界自由变形。为便于分析，将计算参数无量纲化，将自重作用下双洞椭圆隧道围岩稳定性问题转化为求解使得隧道围岩恰好处于塑流发生时的临界状态的重度系数 $\gamma D/c$；临界值 $\gamma D/c$ 为 ϕ、C/D、B/D 和 S/D 的函数，可表示为 $N=\gamma D/c=f(\phi, C/D, B/D, S/D)$。

本节选取计算参数为 ϕ=5°～30°，C/D=1～5，B/D=0.5～1.5，为便于计算，令黏聚力 c=50 kPa。

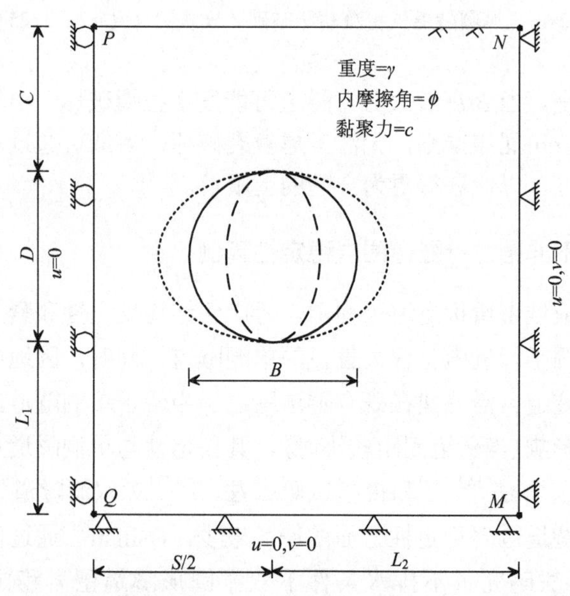

图 2-14　超载作用下双洞椭圆隧道围岩稳定分析模型

为验证刚体平动运动单元自适应上限有限元法在双洞椭圆隧道围岩稳定性分析中的适用性，将圆形隧道（B/D=1）计算结果（简称 UBFEM-RTME）与文献结果对比，如图 2-15 所示。同时将 Sahoo 和 Kumar[104]文献中上限有限元计算结果、Yamamoto 等[99]文献中上限有限元和下限有限元结果均绘制在图 2-15 中。

由图可知，本书计算的上限解与 Sahoo 和 Kumar[104]文献中计算的上限解一致，特别是内摩擦角 ϕ 较大时，本书的结果明显小于文献结果，即精度更高。同时还可发现，本书计算结果位于 Yamamoto 等[99]文献中上、下限有限元结果之间，进一步验证了本书计算结果的合理性。

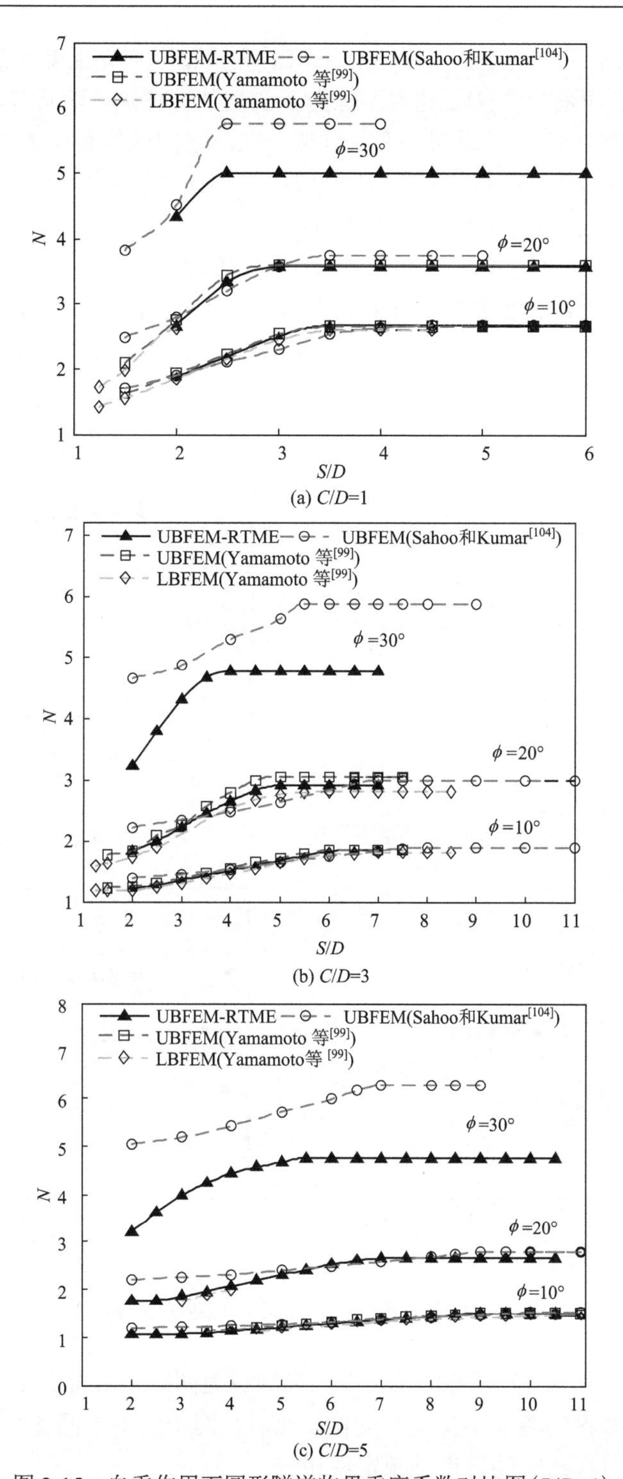

(a) C/D=1

(b) C/D=3

(c) C/D=5

图 2-15　自重作用下圆形隧道临界重度系数对比图(B/D=1)

图 2-16～图 2-17 为不同工况组合下双洞椭圆隧道临界重度系数 $\gamma D/c$ 上限解计算结果。由图可看出，$\gamma D/c$ 随内摩擦角 ϕ 的增加而增加。随着埋深比 C/D 和跨度比 B/D 的增加，$\gamma D/c$ 呈现减小变化规律。双洞之间的间距比 S/D 对 $\gamma D/c$ 的值影响较大。当 $B/D = 0.5$ 时，随着 S/D 的增加，$\gamma D/c$ 的值主要变化范围为：2.52～3.18($C/D = 1$，$\phi = 10°$)；6.62～7.21($C/D = 1$，$\phi = 30°$)；1.25～1.73($C/D = 5$，$\phi = 10°$)；4.90～6.79($C/D = 5$，$\phi = 30°$)。当隧道跨度比 B/D 由 0.5 增加到 1.5 时，随着 S/D 的增加，$\gamma D/c$ 的值增加了：68%($C/D = 1$，$\phi = 10°$)；54%($C/D = 1$，$\phi = 30°$)；58%($C/D = 5$，$\phi = 10°$)；74%($C/D = 5$，$\phi = 30°$)。

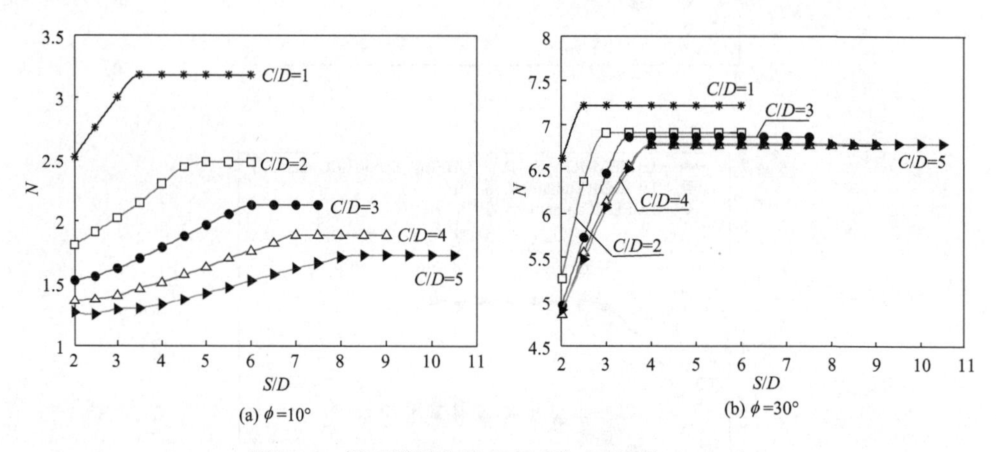

图 2-16　椭圆隧道临界重度系数上限解(B/D=0.5)

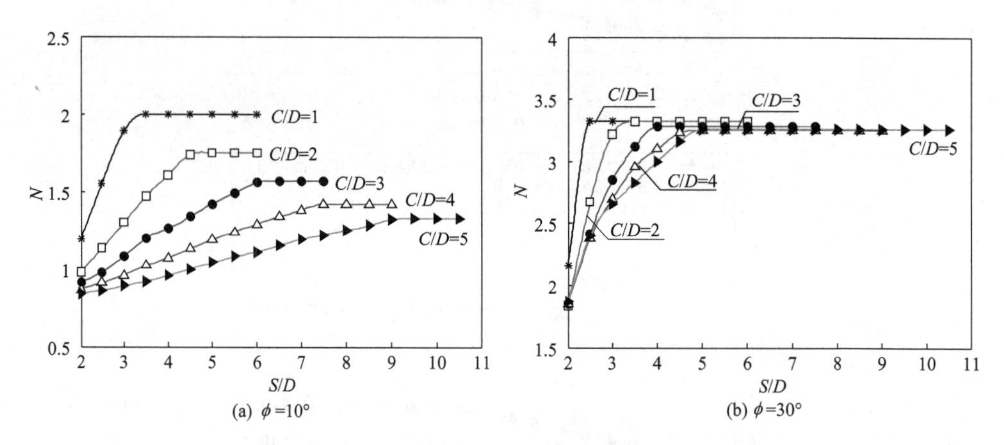

图 2-17　椭圆隧道临界重度系数上限解(B/D=1.5)

由图 2-15～图 2-17 可看出，当双洞椭圆隧道间距值 S 增加到某一临界值 S_c 时，$\gamma D/c$ 值随着 S 的增加不再发生变化，此时，两个隧道之间的相互影响不再存在，双洞隧道围岩稳定性与单洞稳定性相近。

图 2-18 为不同工况下临界间距比 S_c/D 的计算结果。由图可知，随着内摩擦角 ϕ 的增加，S_c/D 的值主要以减小为主，而随着埋深比 C/D 的增加，S_c/D 的值相应增大。相较于前两种因素，隧道跨度比 B/D 对 S_c/D 的值影响较小。图 2-18 表明，S_c 的值主要变化范围为：$2.5D$～$4D$（$B/D=0.5$，$C/D=1$）；$2.5D$～$3.5D$（$B/D=1.5$，$C/D=1$）；$4D$～$9.5D$（$B/D=0.5$，$C/D=5$）；$5D$～$9.5D$（$B/D=1.5$，$C/D=5$）。当双洞间距 S 达到临界间距值 S_c 时，$\gamma D/c$ 的值主要变化范围为：2.72～7.21（$B/D=0.5$，$C/D=1$）；1.81～3.32（$B/D=1.5$，$C/D=1$）；1.31～6.79（$B/D=0.5$，$C/D=5$）；1.33～3.26（$B/D=1.5$，$C/D=5$）。

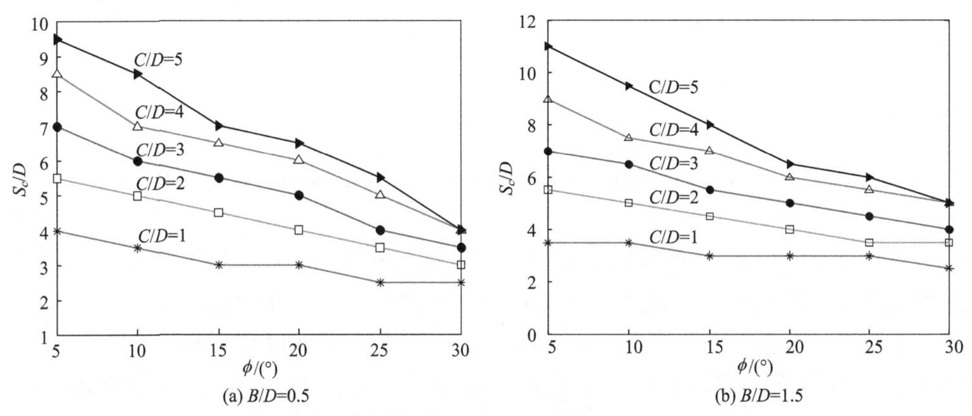

图 2-18　双洞椭圆隧道临界间距比 S_c/D 计算结果

图 2-19 为基于本书方法获取的双洞椭圆隧道地层最终破坏模式图。其中，图 2-19（a）为单元的有效相互错动图，即删除无相对运动或是单元速度接近 0 的单元。为了更清晰地揭示地层破坏机理，将单元错动图中单元相对速度定义为 0，获取地层有效间断线图，如图 2-19（b）所示。

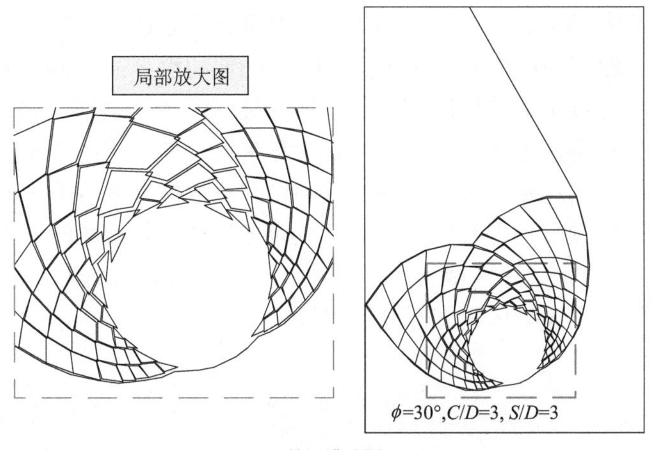

(a) 单元错动图

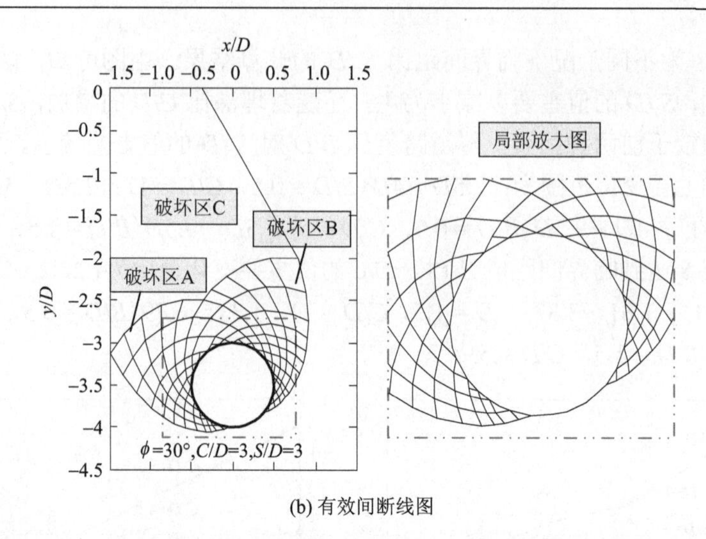

(b) 有效间断线图

图 2-19　自重作用下双洞椭圆隧道失稳流动状态地层破坏模式图(B/D=1)

由图 2-19 可知，与单洞椭圆隧道地层破坏模式不同，双洞椭圆隧道发生失稳流动破坏时，地层破坏区域由两个相互交错的楔形区(破坏区域 A 和破坏区域 B)和一个呈整体状的楔形区(破坏区域 C)组成，其中，破坏区域 A 位于双洞之间，破坏区域 B 位于隧道右上方，破坏区域 C 位于地表下方。由图 2-19 可看出，破坏区域 A 的剪切滑移线起始于隧道底部，并沿着隧道轮廓向上延伸；破坏区域 B 的剪切滑移线起始于隧道边墙位置处，并沿着隧道轮廓向上延伸。上述的破坏特征与 Sahoo 和 Kumar[104]文献中速度矢量图变形模式是一致的。

图 2-20、图 2-21 为不同工况下双洞椭圆隧道失稳流动时对应的地层破坏模式图，这里采用有效速度间断线分布图表示。由图 2-20 可看出，随着间距比 S/D 的增加，地层破坏模式变化较大。当双洞间距较小时($S/D = 2$)，破坏区域 A 和 B 的尺寸均较小，其中，破坏区域 A 主要集中在双洞边墙附近，而破坏区域 B 主要集中在拱腰附近。随着 S/D 的增加，破坏区域 A 的剪切滑移线沿隧道轮廓分别向上和向下扩展，并最终引起隧道底部隆起破坏；破坏区域 B 同样沿隧道轮廓扩展，但增长幅度低于破坏区域 A，且最终剪切滑移带仅延伸至隧道边墙附近。由上述破坏特征知，实际工程中，需重点关注双洞椭圆隧道拱部至边墙区域施工质量，隧道底部可采用打锁脚锚杆等辅助措施，以避免隧道隆起破坏的发生。当 S 达到临界值 S_c 时(S=5D)，破坏区域 A 剪切带向上延伸至地表，此时，破坏区域 A 和 B 对称，地层破坏模式与单洞椭圆隧道相似。

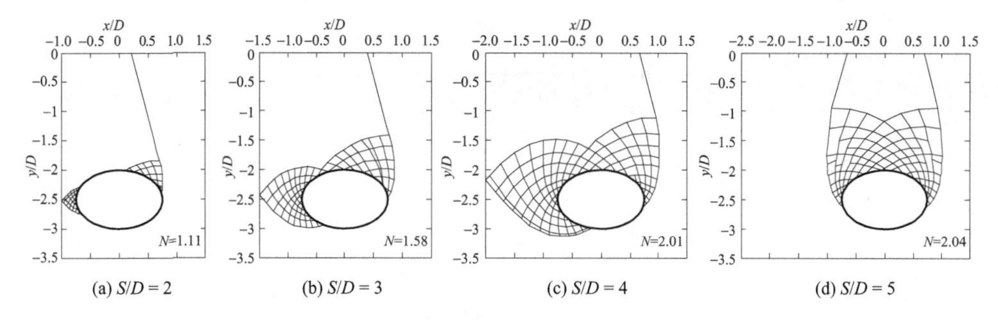

(a) $S/D=2$　(b) $S/D=3$　(c) $S/D=4$　(d) $S/D=5$

图 2-20　双洞椭圆隧道失稳流动状态地层破坏模式图($\phi=15°$，C/D=2，B/D=1.5)

图 2-21 为不同工况下双洞椭圆隧道破坏区域外轮廓图，由图 2-21(a)可看出，B/D 对地层破坏模式影响较小。随着 B/D 的减小，破坏区域 B 的剪切带起始位置由隧道边墙附近下移至隧道底部，并伴有隧道地表的隆起变形。B/D 的变化对破坏区域 A 和破坏区域 C 的影响较小。图 2-21(b)表明，当 ϕ 由 10°增加 30°时，破坏区域 A 和 B 的范围逐渐增加，并包含整个隧道上方轮廓区域。由于速度间断线遵从相关联流动法则，破坏区域 C 的剪切滑移线与竖直方向夹角大小为 ϕ，且破坏区域地表影响范围由 0.54D 减小到 0.14D。由图 2-21(c)可看出，当 C/D 由 2 增加到 4 时，破坏区域 A 变化不大，而破坏区域 B 的范围向两侧扩展，地表影响范围则由 0.39D 减小到 0.14D。

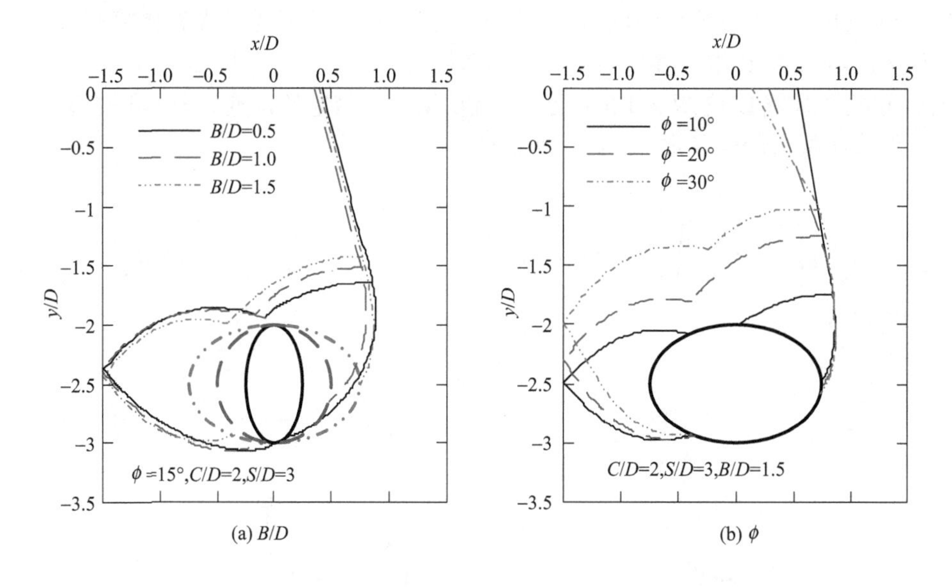

(a) B/D　(b) ϕ

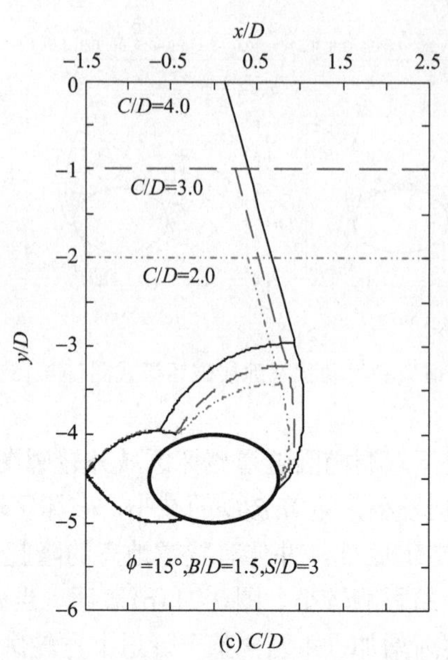

(c) C/D

图 2-21 不同工况下双洞椭圆隧道破坏区域外轮廓图

由上述分析知，当双洞隧道间距较小时，隧道之间的影响较为明显，为进一步探讨近距离双洞隧道破坏机理，绘制出 C/D=4，S/D=2 工况对应的双洞隧道破坏模式，如图 2-22(a)可知，当隧道跨度较大时，破坏区域 A 范围较小，主要集中在隧道边墙附近，随着 ϕ 的增加，破坏区域 A 范围略有增加，且破坏区域 A 和 B 滑移线曲率增加。当隧道跨度减小时，如图 2-22(b)，破坏区域 A 和破坏区域 B 较 B/D=1.5 时更大，且剪切滑移带起始位置逐渐向隧道底部转移，但双洞隧道围岩稳定性较跨度大时更高。

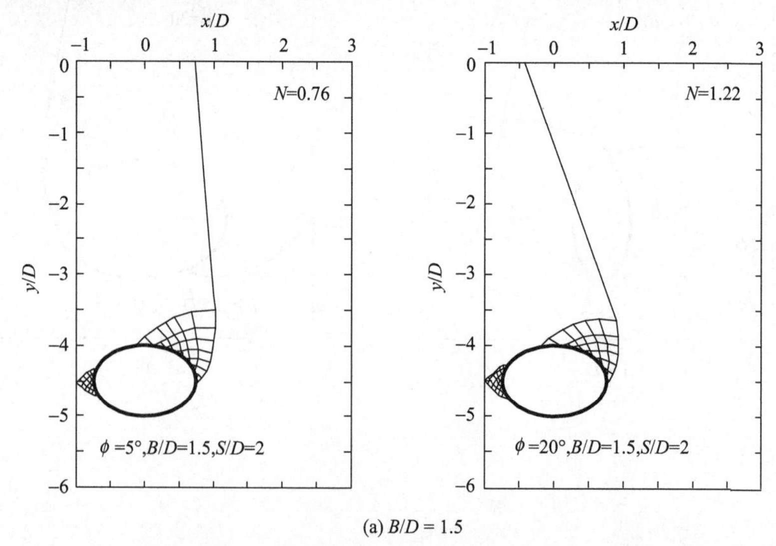

(a) B/D = 1.5

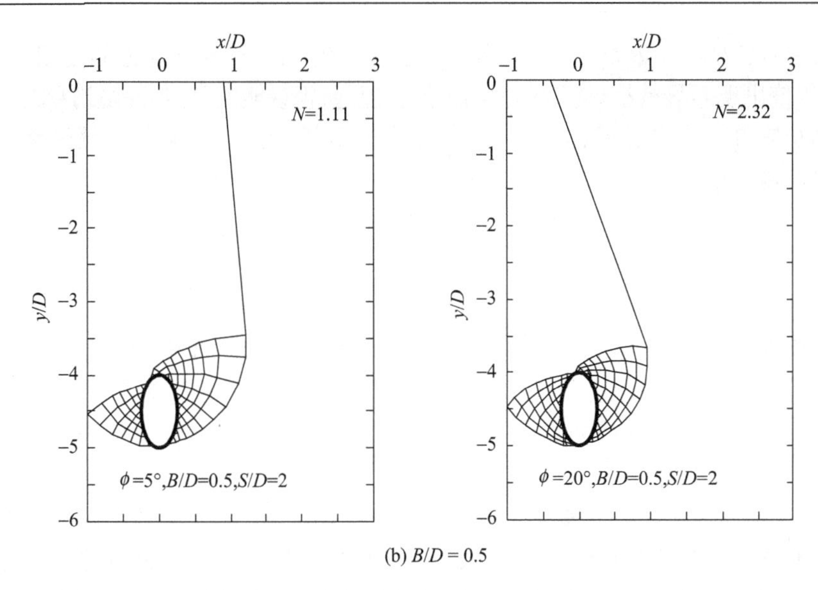

(b) $B/D = 0.5$

图 2-22　双洞椭圆隧道失稳流动状态地层破坏模式图(C/D=4，S/D=2)

图 2-23 为不同工况下双洞隧道破坏区域最大水平影响范围 R 变化图。由图可知，随着 C/D 的增加，R/B 值相应增大；随着 B/D 和 ϕ 的增加，R/B 值呈现减小趋势。当双洞间距 S/D 小于临界间距 S_c/D 时，R/B 和 S/D 呈现近似线性关系。当 ϕ = 10°时，R/B 值主要变化范围为：3.34～4.64(C/D = 1，B/D = 0.5)；4.62～11.69(C/D = 5，B/D = 0.5)；1.11～1.53(C/D = 1，B/D = 1.5)；1.41～4.30(C/D = 5，B/D = 1.5)。当内摩擦角为 30°时，R/D 值主要变化范围为：3.18～3.18(C/D = 1，B/D = 0.5)；3.73～5.73(C/D = 5，B/D = 0.5)；1.13～1.36(C/D = 1，B/D = 1.5)；

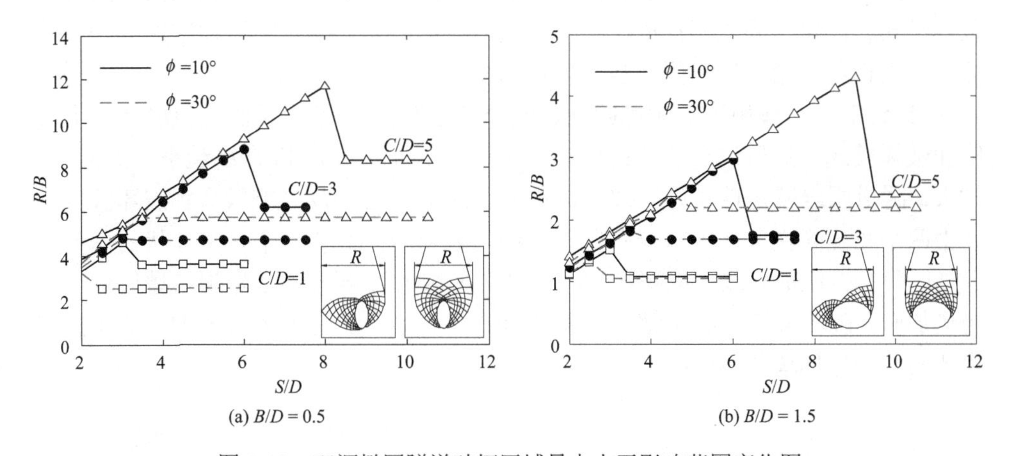

(a) $B/D = 0.5$　　(b) $B/D = 1.5$

图 2-23　双洞椭圆隧道破坏区域最大水平影响范围变化图

1.30～2.43（$C/D = 5$，$B/D = 1.5$）。当 S/D 达到 S_c/D 时，双洞隧道之间无相互影响，此时 R/B 值出现明显减小，特别是 $\phi = 10°$ 的工况。值得说明的是，瘦高隧道（$B/D = 0.5$）对应 R/B 值将近扁平隧道（$B/D = 1.5$）的 3 倍，即隧道跨度对破坏区域最大水平影响范围影响较小。

2.6 本 章 小 结

本章主要改善了 Chen 等[130]和殷建华等[131]提出的刚体平动单元上限有限元法，提出了可实现节点坐标自适应调整的刚体平动运动单元自适应上限有限元法，并针对条形基础地基承载力、非圆单洞及双洞隧道围岩稳定性算例进行分析，主要内容和结论如下：

(1) 在刚性滑块上限法基础上，引入有限元技术，介绍了刚体平动单元上限有限元基本理论，并构建极限分析上限有限元线性规划模型，可为刚体平动运动单元自适应上限有限元法非线性规划模型提供合理初始值。

(2) 在刚体平动单元上限有限元法基础上，引入节点可动的三节点三角形刚性单元，并介绍了刚体平动运动单元自适应上限有限元基本理论。通过刚体平动运动单元自适应上限有限元非线性规划模型的构建和求解，实现了节点坐标的自适应调整，使得基于较少的单元仍可获得较高精度的上限解和较为圆顺的破坏模式。

(3) 针对纯砂土地层条形基础地基承载力问题，采用刚体平动运动单元自适应上限有限元法获取不同内摩擦角下承载力系数计算图表和地层破坏模式。通过与已有文献结果的对比分析，验证了本书方法的有效性和高效性。

(4) 针对自重作用下椭圆隧道围岩稳定性分析，获取了临界重度系数上限解和破坏模式。计算结果表明：B/D 和 C/D 越小、ϕ 越大，隧道围岩稳定性越好。破坏区域由相互交错的楔形区和呈整体状的楔形块构成。

(5) 针对自重作用下双洞椭圆隧道围岩稳定性分析，获取了临界重度系数上限解和破坏模式。计算结果表明：当 S/D 小于 S_c/D 时，B/D 和 C/D 越小、S/D 和 ϕ 越大，隧道围岩稳定性越好。C/D 和 ϕ 对临界间距比 S_c/D 影响较大。破坏区域主要由两个相互交错的楔形区（破坏区域 A 和破坏区域 B）和一个呈整体状的楔形区（破坏区域 C）组成。双洞间距较近时，破坏区域 A 主要集中在隧道边墙附近；间距增加时，破坏区域 A 沿隧道轮廓向上和向下扩展；当间距达到 S_c 时，双洞破坏模式与单洞破坏模式相近。

第3章　塑性单元自适应加密上限有限元数值求解算法

3.1　引　言

相较于刚性滑块极限分析上限法，刚体平动运动单元自适应上限有限元法可发挥有限元和节点可动的优势，在模型优化求解过程中自动搜索潜在滑移面，最终获取了精度较高的上限解和精细化破坏模式。上述方法中采用的是内部无塑性变形的刚体单元，因单元节点可动，需通过构建非线性规划模型获取极限荷载上限解。由于刚体平动运动单元自适应上限有限元法非线性规划问题求解的繁琐性和算法的不稳定性，在一定程度上限制了上述方法的推广和应用。因此，部分学者基于塑性变形单元上限有限元法，通过构建线性规划模型开展了大量的稳定性问题的研究。该法主要采用节点固定的塑性变形三角形单元进行模型离散，再根据相关联流动法则和速度相容条件推导单元内部和速度间断线上塑性流动约束条件，最后通过屈服准则线性化的处理方式，构建包含大量决策变量的线性数学规划模型，寻求最优上限解。

然而，地层发生塑性变形时破坏区域形态只能通过绘制速度矢量图或耗散能图反映，且计算结果精度受初始网格的数量和形态等因素影响较大。虽然通过划分较为密集的网格(减小单个单元尺寸)可提高上限解的精度，但会显著增加数学规划模型计算规模，且精细化的破坏形态仍然难以捕捉。一种解决的思路是引入网格自适应加密技术，通过塑性应变率较大区域网格自适应加密的方式，在前一次模型计算结果基础上进行反复迭代求解，逐步提高上限解的精度和破坏模式精细化程度。本质上，模型反复的自适应加密是网格由粗糙到精细的数值加工过程，且新增网格的大小、形状及分布等主要受前一次的计算误差影响较大，因此，最终的结果对初始网格的形态灵敏度不高，这无疑增加了自适应加密方法的适用性和推广性。

由上述阐述知，自适应加密中关键的步骤之一是根据上一次计算结果评价离散后误差，并对引起较大误差的网格进行自适应加密。目前，已有学者从有限元角度出发，提出一系列基于误差估计的自适应加密策略，但其实现过程相对繁琐。为此，本章提出一种较为简单的自适应加密策略，即以单元的耗散能权重为网格自适应加密评判指标，该法可同时考虑塑性应变和单元尺寸的影响，最终在不显著增加计算规模的基础上，获得精度较高的上限解和较为直观的破坏模式。基于该策略，本章首先构建并求解常应变率的三节点三角形单元自适应加密上限有限元法线性规划模型；进而引入应变率呈线性变化的高阶单元(六节点三角形单元)进行模型离散，提出六节点三角形单元自适应加密上限有限元法；接着，通过平面等效处理，将提出的塑性单元自适应加密上限有限元法拓展至轴对称问题的研究；随后，介绍一种基于二阶锥规划与高阶单元的上限有限元数值计算方法；最后，通过算例验证上述自适应加密方法的有效性。

3.2　常应变率单元上限有限元线性规划模型

3.2.1　基于塑性变形单元+速度间断线的模型离散

常应变率单元自适应加密上限有限元法采用三节点三角形单元+速度间断线的方式离散模型。如图 3-1 所示，假定三节点三角形塑性变形单元仅发生整体平动，无旋转自由度。单元节点按逆时针方向编号，分别为①、②和③，各节点坐标为(x_1,y_1)、(x_2,y_2)和(x_3,y_3)；各个节点速度不同，x 和 y 方向速度分量分别为 u 和 v，则节点速度分别为(u_1,v_1)、(u_2,v_2)和(u_3,v_3)，此时速度分量在单元内部按照线性关系变化，因此，单元的应变率为常数。单元内任一点的速度采用单元形函数可表示为

$$\begin{cases} u = \sum_{i=1}^{3} N_i u_i \\ v = \sum_{i=1}^{3} N_i v_i \end{cases} \tag{3-1}$$

式中，$N_i(1,2,3)$为单元形函数，可表示为

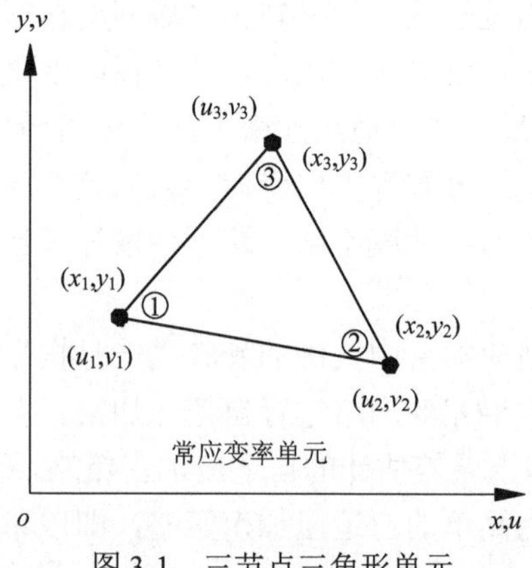

图 3-1　三节点三角形单元

$$\begin{cases} N_1 = [(x_2y_3 - x_3y_2) + (y_2 - y_3)x + (x_3 - x_2)y] / 2A \\ N_2 = [(x_3y_1 - x_1y_3) + (y_3 - y_1)x + (x_1 - x_3)y] / 2A \\ N_3 = [(x_1y_2 - x_2y_1) + (y_1 - y_2)x + (x_2 - x_1)y] / 2A \end{cases} \tag{3-2}$$

式中，A 为单元面积，表示为 $A = |(x_1 - x_3)(y_2 - y_3) - (x_3 - x_2)(y_3 - y_1)| / 2$。

图 3-2 示意了相邻单元公共边所在的速度间断线及相应的优化变量，如图所示，节点①、③和②、④分别为速度间断线两侧单元节点编号，其中编号①和②、③和④在几何上重合，但分属不同单元，对应的节点坐标为 (x_1, y_1) 和 (x_2, y_2)，四个节点的速度依次为 (u_1, v_1)、(u_2, v_2)、(u_3, v_3) 和 (u_4, v_4)。速度间断线所在直线与 x 轴夹角为 θ。间断线两侧各点速度可不同，即允许单元速度发生跳跃，但需满足塑性流动约束条件。

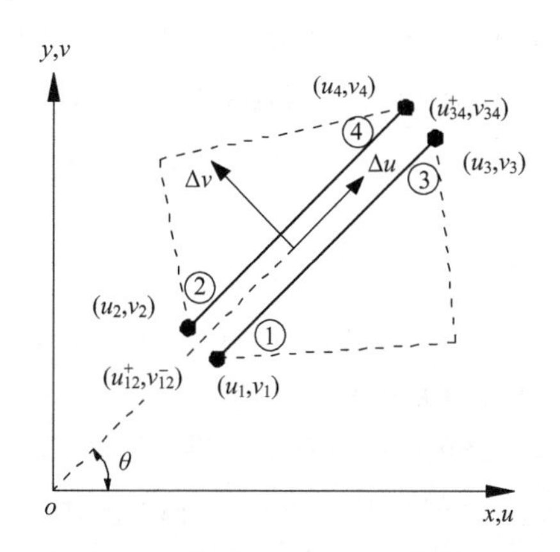

图 3-2　三节点三角形单元速度间断线

3.2.2　塑性单元上限有限元运动许可速度场构造

1. 速度间断线上约束条件

由 2.3.1 节可知，当土体服从 Mohr-Coulomb 屈服准则，且速度间断线上的塑性变形满足相关联流动法则时，速度间断线上任一点的速度间断值 $(\Delta u, \Delta v)$ 满足下述塑性约束条件：

$$\Delta v = |\Delta u| \tan\phi \tag{3-3}$$

由于式 (3-3) 引入了绝对值，无法构建常规的线性数学规划模型。因此，如图 3-2 所示，Sloan 引入一对新的非负决策变量 (u_{ij}^{+}, u_{ij}^{-})，用于定义速度间断线两端每一对相邻节点的切向相对速度 Δu_{ij}，可表示为

$$\Delta u_{ij} = u_{ij}^{+} - u_{ij}^{-} \tag{3-4}$$

为了消除绝对值，其假定$\left|\Delta u_{ij}\right| = u_{ij}^{+} + u_{ij}^{-}$，该式仅在$u_{ij}^{+}$或$u_{ij}^{-}$之一为零时完全成立。值得注意的是，当$u_{ij}^{+}$和$u_{ij}^{-}$均不为零时，在计算速度间断线上耗散能时相当于提高了岩土体剪切强度，由此可以保证所获得的解仍然是严格的上限解。同时，最终的优化结果表明，新引入的每对非负决策变量(u_{ij}^{+}, u_{ij}^{-})中有且仅有一个为非零值。因此，采用上述处理方式是行之有效的。

由于速度间断线上任一点的Δu_{ij}、u_{ij}^{+}和u_{ij}^{-}均是沿着速度间断线线性变化，只要保证速度间断线两端节点满足式(3-3)要求，即可确保速度间断线上各点服从相关联流动法则。此时每条速度间断线上塑性约束条件可表示为

$$\begin{cases}(u_2-u_1)\cos\theta+(v_2-v_1)\sin\theta=u_{12}^{+}-u_{12}^{-}\\(u_1-u_2)\sin\theta+(v_2-v_1)\cos\theta=(u_{12}^{+}+u_{12}^{-})\tan\phi\\(u_4-u_3)\cos\theta+(v_4-v_3)\sin\theta=u_{34}^{+}-u_{34}^{-}\\(u_3-u_4)\sin\theta+(v_4-v_3)\cos\theta=(u_{34}^{+}+u_{34}^{-})\tan\phi\end{cases} \tag{3-5}$$

2. 单元内部约束条件

与刚性单元不同，常应变率三节点三角形单元在优化计算过程中，单元内部会出现塑性变形，也需服从相关联流动法则。

对于平面应变问题，Mohr-Coulomb 屈服准则可表示为

$$F=(\sigma_x-\sigma_y)^2+(2\tau_{xy})^2-(2c\cos\phi-(\sigma_x+\sigma_y)\sin\phi)^2=0 \tag{3-6}$$

式中，(σ_x,σ_y)分别为x和y轴上正应力；τ_{xy}为切应力；ϕ为内摩擦角；c为黏聚力，假定拉应力为正。

如图 3-3 所示，Mohr-Coulomb 屈服准则在$(\sigma_x-\sigma_y, 2\tau_{xy})$坐标系中表现为半径为$2c\cos\phi-(\sigma_x+\sigma_y)\sin\phi$圆曲线，即其一阶导数是线性变化的，不满足构建线性数学规划模型的要求。

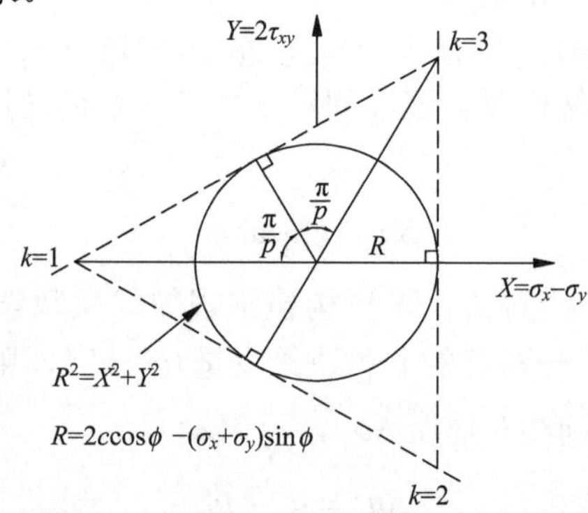

图 3-3　Mohr-Coulomb 屈服准则正多边形线性化处理(p=3)

为了消除约束条件和目标函数中应力表达式，形成以单元的节点速度和塑性乘子为决策变量的线性规划模型，需要将 Mohr-Coulomb 屈服函数表示成应力分量的线性函数。可采用外接正多边形的方式替代该圆形屈服准则，由于难以预先确定单元的应力状态位于屈服函数上具体位置，所以模型在优化计算过程中屈服函数需要包含外接多边形的所有边。假定每个单元中屈服准则线性化处理的多边形边数为 p，则外接多边形任意边 k 可表示为

$$F_k = A_k\sigma_x + B_k\sigma_y + C_k\tau_{xy} - 2c\cos\phi = 0 \tag{3-7}$$

式中，A_k、B_k 和 C_k 为与 k 相关的常数，可表示为

$$\begin{cases} A_k = \cos\alpha_k + \sin\phi \\ B_k = \sin\phi - \cos\alpha_k \\ C_k = 2\sin\alpha_k \\ \alpha_k = 2\pi k/p \end{cases} \quad (k=1,2,\cdots,p) \tag{3-8}$$

将线性化的 Mohr-Coulomb 屈服函数代入相关联流动法则的塑性应变率表达式，即可获得应变率与屈服函数之间的关系式，如下所示：

$$\begin{cases} \dfrac{\partial u}{\partial x} = \dot{\varepsilon}_x = \sum\limits_{k=1}^{p}\dot{\lambda}_k\dfrac{\partial F_k}{\partial\sigma_x} = \sum\limits_{k=1}^{p}\dot{\lambda}_k A_k \\ \dfrac{\partial v}{\partial y} = \dot{\varepsilon}_y = \sum\limits_{k=1}^{p}\dot{\lambda}_k\dfrac{\partial F_k}{\partial\sigma_y} = \sum\limits_{k=1}^{p}\dot{\lambda}_k B_k \\ \dfrac{\partial u}{\partial y} + \dfrac{\partial v}{\partial x} = \dot{\gamma}_{xy} = \sum\limits_{k=1}^{p}\dot{\lambda}_k\dfrac{\partial F_k}{\partial\tau_{xy}} = \sum\limits_{k=1}^{p}\dot{\lambda}_k C_k \end{cases} \quad \dot{\lambda}_k \geqslant 0,\ k=1,2,\cdots,p \tag{3-9}$$

式中，$\dot{\varepsilon}_x$ 和 $\dot{\varepsilon}_y$ 分别为单元内部任一点 x 和 y 方向上的正应变率；$\dot{\gamma}_{xy}$ 为切向应变率；$\dot{\lambda}_k$ 为外接正多边形第 k 条边对应的非负塑性乘子。

由于速度在单元内部线性变化，应变率在单元内部为常量，当单元内任一点满足塑性流动约束，则单元内部其他各点均满足。将式(3-1)、式(3-2)和式(3-8)代入式(3-9)，可获得单元内部塑性流动约束条件为

$$\begin{cases} \left(y_{23}u_1 + y_{31}u_2 + y_{12}u_3\right)/2A = \sum\limits_{k=1}^{p}\dot{\lambda}_k A_k \\ \left(x_{32}v_1 + x_{13}v_2 + x_{21}v_3\right)/2A = \sum\limits_{k=1}^{p}\dot{\lambda}_k B_k \\ \left(x_{32}u_1 + y_{23}v_1 + x_{13}u_2 + y_{31}v_2 + x_{21}u_3 + y_{12}v_3\right)/2A = \sum\limits_{k=1}^{p}\dot{\lambda}_k C_k \\ \dot{\lambda}_k \geqslant 0,\quad k=1,2,\cdots,p \end{cases} \tag{3-10}$$

由式(3-10)可知，单元内部相关联流动法则约束条件，可通过施加与三角形单元三个节点相关的三个等式约束和 p 个塑性乘子不等式约束的方式实现。相较于非线性屈服准则，每个单元在屈服准则线性化处理过程中引入了 p 个决策变量。虽然，模型在优化计算过程中屈服函数需要包含外接多边形的所有边，但最终计算结果表明，p 个塑性乘子决策变量中只有 1 个或 2 个不为零，此时应力状态点分别位于外接多边形某一条边或某个顶点上。

3. 速度边界约束条件

如图 3-4，已知某单元所处边界上的切向和法向速度分别为 $\overline{u}$ 和 $\overline{v}$，单元节点 i 的 x 向和 y 向速度分量分别为 u_i 和 v_i，单元所在边界与 x 轴夹角为 θ。若速度边界条件由刚性结构施加，则速度边界约束可表示为

$$\begin{cases} u_i \cos\theta_i + v_i \sin\theta_i = \overline{u}_i \\ v_i \cos\theta_i - u_i \sin\theta_i = \overline{v}_i \end{cases} \tag{3-11}$$

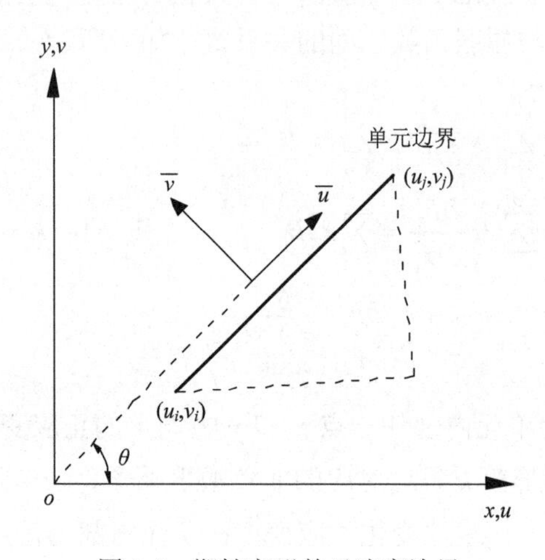

图 3-4　塑性变形单元速度边界

若速度边界条件由柔性结构施加，则可在边界施加表面力，因速度在单元内部线性变化，土体边界 S 上的速度边界约束如下：

$$\frac{1}{2}\sum_{\text{edges}}\left[(v_i + v_j)\cos\theta - (u_i + u_j)\sin\theta\right] l_{ij} = Q \tag{3-12}$$

式中，l_{ij} 为边界上的边(两端节点编号分别为 i 和 j)的长度；Q 为单位外力作用在边界上产生的塑性流大小。

3.2.3　三节点三角形单元上限有限元线性规划模型求解

因单元内部发生塑性流动变形，由此产生的单元内部耗散能是目标函数中一项，每个单元内部耗散能可表示为

$$P_c = \int_A (\sigma_x \dot{\varepsilon}_x + \sigma_y \dot{\varepsilon}_y + \tau_{xy} \dot{\gamma}_{xy}) \mathrm{d}A = 2Ac\cos\phi \sum_{k=1}^{p} \dot{\lambda}_k \tag{3-13}$$

每条速度间断线上耗散能可表示为

$$P_d = \int_l c |\Delta u| \mathrm{d}l \tag{3-14}$$

为消除绝对值，假定$|\Delta u_{ij}| = u_{ij}^+ + u_{ij}^-$，则速度间断线上耗散能为

$$P_d = \frac{1}{2} cl(u_{12}^+ + u_{12}^- + u_{34}^+ + u_{34}^-) \tag{3-15}$$

由于速度在单元内部线性变化，对于体力(如自重)，每个单元上产生的外力功率为

$$P_t = -\int_A \gamma v \mathrm{d}A = -\frac{1}{3} A\gamma \left(v_1 + v_2 + v_3\right) \tag{3-16}$$

对于边界上面力 F_S 所做的外力功率，可根据柔性结构作用在边界上塑性流进行计算，边界 S 上外力总功率 $P_{t,S}$ 为

$$P_{t,S} = -F_S \int_S \overline{v} \mathrm{d}S = -F_S \cdot K \tag{3-17}$$

线性规划模型目标函数可通过功率平衡方程获得，即单元内部与速度间断线上总耗散能减去外力功率的差值。此时单元节点速度、塑性乘子及速度间断线上辅助变量为模型决策变量，根据上限定理，针对刚性基础作用在模型边界上，三节点三角形塑性单元上限有限元线性规划模型可表示为

目标函数(最小化)：

$$\sum_{i=1}^{n_t} P_{c,i} + \sum_{i=1}^{n_d} P_{d,i} + \sum_{i=1}^{n_t} P_{t,i} \tag{3-18}$$

约束条件：

$$
\begin{cases}
\dot{\varepsilon}_x^i = \sum_{k=1}^{p} \dot{\lambda}_k^i A_k^i \ (i=1,2,\cdots,n_t) \\
\dot{\varepsilon}_y^i = \sum_{k=1}^{p} \dot{\lambda}_k^i B_k^i \ (i=1,2,\cdots,n_t) \\
\dot{\gamma}_{xy}^i = \sum_{k=1}^{p} \dot{\lambda}_k^i C_k^i \ (i=1,2,\cdots,n_t) \\
\Delta u_{12}^i = u_{12}^{+,i} - u_{12}^{-,i} \ (i=1,2,\cdots,n_d) \\
\Delta v_{12}^i = \left(u_{12}^{+,i} + u_{12}^{-,i}\right)\tan\phi \ (i=1,2,\cdots,n_d) \\
\Delta u_{34}^i = u_{34}^{+,i} - u_{34}^{-,i} \ (i=1,2,\cdots,n_d) \\
\Delta v_{34}^i = \left(u_{34}^{+,i} + u_{34}^{-,i}\right)\tan\phi \ (i=1,2,\cdots,n_d) \\
u_i\cos\theta_i + v_i\sin\theta_i = \overline{u}_i \ (i=1,2,\cdots,n_v) \\
v_i\cos\theta_i - u_i\sin\theta_i = \overline{v}_i \ (i=1,2,\cdots,n_v) \\
\dfrac{1}{2}\sum_{\text{edges}}\left[(v_i+v_j)\cos\theta - (u_i+u_j)\sin\theta\right] l_{ij} = Q \\
\dot{\lambda}_k^i \geqslant 0 \ (i=1,2,\cdots,n_t; k=1,2,\cdots,p) \\
u_{12}^{+,i}, u_{12}^{-,i}, u_{34}^{+,i}, u_{34}^{-,i} \geqslant 0 \ (i=1,2,\cdots,n_d)
\end{cases}
\tag{3-19}
$$

式中，n_t 为模型单元总数量；n_d 为速度间断线总数量；n_v 为模型速度边界上的单元节点总数量。

三节点三角形塑性单元上限有限元数值求解流程如下：

(1) 采用 MESH 2D 或自编结构化程序划分三节点三角形网格；

(2) 设置速度间断线约束条件、单元内部约束条件、速度和荷载边界条件，求解速度间断线耗散能、单元内部耗散能和模型外力功率；

(3) 根据上限定理，确定研究问题的目标函数和约束条件，构建三节点三角形塑性单元上限有限元线性规划模型；

(4) 在 Matlab 环境下编制程序，求解线性规划模型，获得极限荷载上限解及相应破坏模式。

3.3 常应变率单元上限有限元线性规划模型改进

三节点三角形单元为常应变率单元，单元自身变形缺乏一定灵活性。为了弥补低阶单元变形受限的缺点，往往在单元公共边上设置速度间断线，但针对剪切带和塑性变形相对集中区域，仍需要划分密集网格获取较高精度上限解，增加了计算规模。一种改进的方案是引入更高阶的塑性变形单元，如六节点三角形单元

(应变率呈线性关系变化)。

目前，关于六节点三角形单元上限有限元的文献报道较少，如 Yu 等[154]将六节点三角形单元引入到上限有限元法，构建了纯黏土地层极限分析上限有限元线性数学规划模型。随后，Makrodimopoulos 和 Martin[155,156]针对服从 Mohr-Coulomb 屈服准则的 c-ϕ 地层，构建了二次锥数学规划模型。本节主要基于六节点三角形单元+速度间断线的离散方式，根据上限定理，构建求解稳定性问题的线性数学规划模型。

3.3.1　基于高阶塑性变形单元+速度间断线的模型离散

如图 3-5 所示，六节点三角形塑性变形单元六个节点分别位于三角形单元三个顶点和各边中点处。单元仅发生整体平动，无旋转自由度。单元节点按逆时针方向编号，分别为①、②、③、④、⑤和⑥，各节点有两个速度分量，x 和 y 方向速度分量分别为 u 和 v。此时，六节点三角形单元具有 12 个自由度，单元内任一点速度函数可采用完全的二次多项式表示：

$$\begin{cases} u = a_1 + a_2 x + a_3 y + a_4 x^2 + a_5 xy + a_6 y^2 \\ v = a_7 + a_8 x + a_9 y + a_{10} x^2 + a_{11} xy + a_{12} y^2 \end{cases} \tag{3-20}$$

式中，a_1～a_6 的数值可由六个节点水平位移分量 u_1～u_6 确定，a_7～a_{12} 的数值可由六个节点垂直位移分量 v_1～v_6 确定。其中，a_1 和 a_7 体现了刚体位移，而 a_2、a_3 和 a_8、a_9 体现了常量应变。

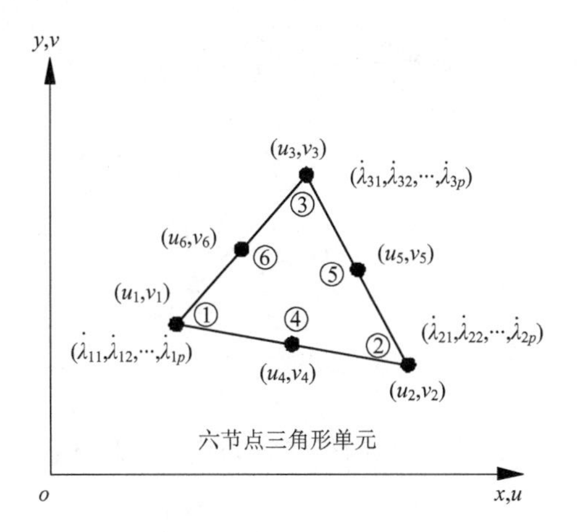

图 3-5　六节点三角形单元

由式(3-20)可知，任意边界上，速度分量是按抛物线函数变化的，即应变率在单元内部以线性关系变化。此时，单元内任一点的速度采用单元形函数可表

示为

$$\begin{cases} u = \sum_{i=1}^{6} N_i u_i \\ v = \sum_{i=1}^{6} N_i v_i \end{cases} \tag{3-21}$$

式中，$N_i(1,2,3,4,5,6)$ 为单元形函数。

为了方便表示，引入面积坐标 L_i。其中：$L_i = A_i / A_e$，A_e 为三角形单元面积，A_i 的含义见图 3-6，A_e 和 A_i 可表示为

$$\begin{cases} A_e = \dfrac{1}{2}\begin{vmatrix} 1 & x_i & y_i \\ 1 & x_j & y_j \\ 1 & x_m & y_m \end{vmatrix} = \dfrac{1}{2}\left(x_i y_j + x_j y_m + x_m y_i - x_i y_m - x_j y_i - x_m y_j\right) \\ A_i = \dfrac{1}{2}\begin{vmatrix} 1 & x & y \\ 1 & x_j & y_j \\ 1 & x_m & y_m \end{vmatrix} = \dfrac{1}{2}\left[\left(x_j y_m - x_m y_j\right) + \left(y_j - y_m\right)x + \left(x_m - x_j\right)y\right] \end{cases} \tag{3-22}$$

式中，(x_i, y_i)、(x_j, y_j) 和 (x_m, y_m) 分别为节点 i、j 和 m 的坐标。

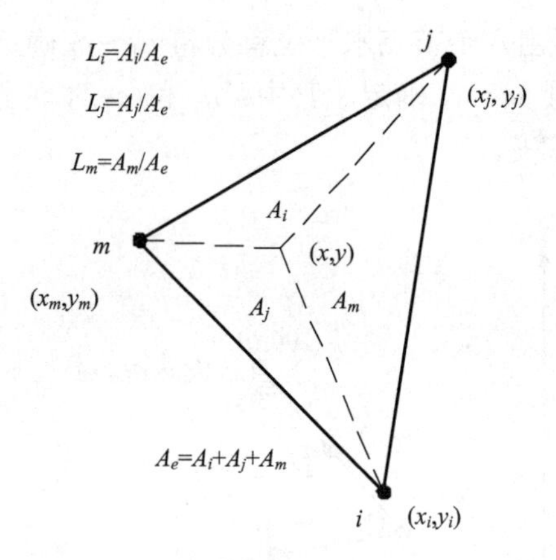

图 3-6　面积坐标

由式(3-22)可得到直角坐标和面积坐标系中 (L_1, L_2, L_3) 的相互关系式

$$\begin{pmatrix} L_1 \\ L_2 \\ L_3 \end{pmatrix} = \frac{1}{2A}\begin{bmatrix} a_1 & b_1 & c_1 \\ a_2 & b_2 & c_2 \\ a_3 & b_3 & c_3 \end{bmatrix}\begin{pmatrix} 1 \\ x \\ y \end{pmatrix} \tag{3-23}$$

式中

$$
\begin{cases}
a_1 = x_2 y_3 - x_3 y_2; b_1 = y_2 - y_3; c_1 = x_3 - x_2 \\
a_2 = x_3 y_1 - x_1 y_3; b_2 = y_3 - y_1; c_2 = x_1 - x_3 \\
a_3 = x_1 y_2 - x_2 y_1; b_3 = y_1 - y_2; c_3 = x_2 - x_1
\end{cases}
\tag{3-24}
$$

由式(3-22)也可得到面积坐标和直角坐标系中任一点(x, y)的相互关系式：

$$
\begin{cases}
x = x_i L_i + x_j L_j + x_m L_m \\
y = y_i L_i + y_j L_j + y_m L_m
\end{cases}
\tag{3-25}
$$

将式(3-21)和式(3-25)代入到式(3-20)中，可得到用面积坐标系表示的速度分量函数。此时的形函数可表示为

$$
\begin{cases}
N_1 = L_1(2L_1 - 1); N_4 = 4L_1 L_2 \\
N_2 = L_2(2L_2 - 1); N_5 = 4L_2 L_3 \\
N_3 = L_3(2L_3 - 1); N_6 = 4L_3 L_1
\end{cases}
\tag{3-26}
$$

图 3-7 示意了相邻单元公共边所在的速度间断线及相应的优化变量，如图所示，节点①、③、⑤和②、④、⑥分别为速度间断线两侧单元节点编号，其中编号①和②、③和④、⑤和⑥在几何上重合，但分属不同单元，对应的节点速度依次为(u_1, v_1)、(u_2, v_2)、(u_3, v_3)、(u_4, v_4)、(u_5, v_5)和(u_6, v_6)。速度间断线所在直线与 x 轴夹角为 θ。间断线两侧各点速度可不同，即允许单元速度发生跳跃，但需满足塑性流动约束条件。

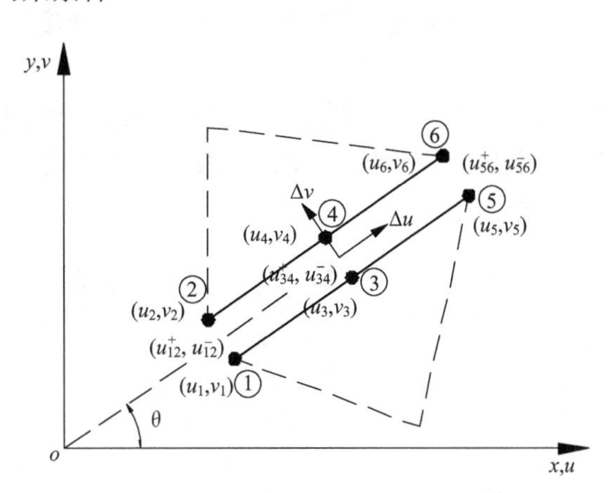

图 3-7　六节点三角形单元速度间断线

3.3.2　高阶塑性单元上限有限元运动许可速度场构造

1. 速度间断线上约束条件

由 3.2.2 节可知，当土体服从 Mohr-Coulomb 屈服准则且速度间断线上的塑性

变形满足相关联流动法则时，速度间断线上任一点的速度间断值$(\Delta u,\Delta v)$ 满足式(3-3)约束条件。速度分量函数在六节点三角形的边上以二次函数变化，因此，可通过该边上的三个节点确定抛物线函数，当该三个点均满足相关联流动法则时，该边上其他点也满足塑性流动约束条件。

如图 3-7 所示，与常应变率三节点三角形单元上限有限元法相同，为消除绝对值，每个节点处引入一组非负辅助变量$\left(u_{ij}^{+},u_{ij}^{-}\right)$。此时，每条速度间断线上塑性约束条件可表示为

$$
\begin{cases}
(u_2-u_1)\cos\theta+(v_2-v_1)\sin\theta=u_{12}^{+}-u_{12}^{-}\\
(u_1-u_2)\sin\theta+(v_2-v_1)\cos\theta=\left(u_{12}^{+}+u_{12}^{-}\right)\tan\phi\\
(u_4-u_3)\cos\theta+(v_4-v_3)\sin\theta=u_{34}^{+}-u_{34}^{-}\\
(u_3-u_4)\sin\theta+(v_4-v_3)\cos\theta=\left(u_{34}^{+}+u_{34}^{-}\right)\tan\phi\\
(u_6-u_5)\cos\theta+(v_6-v_5)\sin\theta=u_{56}^{+}-u_{56}^{-}\\
(u_5-u_6)\sin\theta+(v_6-v_5)\cos\theta=\left(u_{56}^{+}+u_{56}^{-}\right)\tan\phi\\
u_{12}^{+},u_{12}^{-},u_{34}^{+},u_{34}^{-},u_{56}^{+},u_{56}^{-}\geqslant 0
\end{cases}
\tag{3-27}
$$

由于速度分量在速度间断线上以抛物线函数变化，新引入的辅助变量$\left(u_{ij}^{+},u_{ij}^{-}\right)$也是呈曲线形态，因此，仅满足式(3-27)条件，不能保证速度间断线上各点u^{+}和u^{-}都为非负值，需对速度辅助变量曲线函数线性化处理，如图 3-8 所示。假定横坐标轴为与速度间断线平行的x'轴，原点位置位于速度间断线中点处，纵坐标轴为速度辅助变量值，下面以u^{+}为例，说明曲线线性化处理过程(此处线性化边数为 2，边数增加时，可类似处理)。

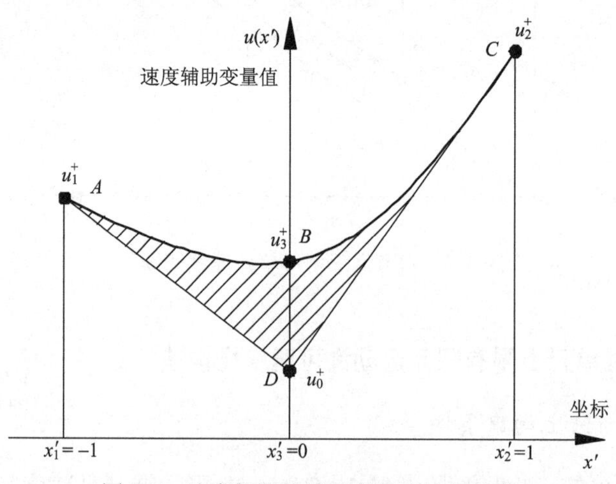

图 3-8　速度间断线辅助变量线性化处理

假定点 A、B 和 C 分别为速度间断线上三个节点，其坐标值分别为 $\left(-1,u_1^+\right)$、$\left(0,u_3^+\right)$ 和 $\left(1,u_2^+\right)$，则速度间断线上任一点 u^+ 可表示为下列形式：

$$u^+=\left(\frac{u_1^+ +u_2^+}{2}-u_3^+\right)x'^2+\frac{u_2^+ -u_1^+}{2}x'^2+u_3^+ \tag{3-28}$$

分别作点 A 和 C 处的切线 AD 和 CD，两切线相交于 u 轴上的 D 点，该点坐标值为 $\left(0,u_0^+\right)$，令 $u_0^+\geqslant 0$，则可保证速度间断线上速度辅助变量均大于 0。此时

$$u_0^+=-u_1^+ +4u_3^+ -u_2^+ \tag{3-29}$$

因此，速度间断线上各点除满足式(3-27)约束条件外，还需满足下列约束条件：

$$\begin{cases}-u_{12}^+ +4u_{34}^+ -u_{56}^+\geqslant 0\\ -u_{12}^- +4u_{34}^- -u_{56}^-\geqslant 0\end{cases} \tag{3-30}$$

2. 单元内部约束条件

要构建线性的数学规划模型，同样需对 Mohr-Coulomb 屈服准则进行线性化处理，其线性化方式和三节点三角形单元上限有限元法相同。然而，值得说明的是，六节点三角形单元塑性应变率和塑性乘子在单元内部线性变化(图 3-5)，因此，只有单元三个顶点节点均满足塑性流动约束条件，才能保证单元内各点满足相关联流动法则，其单元内部约束条件可表示为

$$\begin{cases}\dfrac{\partial u_i}{\partial x}=\dot{\varepsilon}_{i,x}=\displaystyle\sum_{k=1}^{p}\dot{\lambda}_{i,k}\frac{\partial F_k}{\partial \sigma_x}=\sum_{k=1}^{p}\dot{\lambda}_{i,k}A_k\\ \dfrac{\partial v_i}{\partial y}=\dot{\varepsilon}_{i,y}=\displaystyle\sum_{k=1}^{p}\dot{\lambda}_{i,k}\frac{\partial F_k}{\partial \sigma_y}=\sum_{k=1}^{p}\dot{\lambda}_{i,k}B_k\\ \dfrac{\partial u_i}{\partial y}+\dfrac{\partial v_i}{\partial x}=\dot{\gamma}_{i,xy}=\displaystyle\sum_{k=1}^{p}\dot{\lambda}_{i,k}\frac{\partial F_k}{\partial \tau_{xy}}=\sum_{k=1}^{p}\dot{\lambda}_{i,k}C_k\\ \dot{\lambda}_{i,k}\geqslant 0,\quad (i=1,2,3;\ k=1,2,\cdots,p)\end{cases} \tag{3-31}$$

式中，$\dot{\lambda}_{i,k}$ 为第 i 个节点在外接正多边形第 k 条边对应的非负塑性乘子。

3. 速度边界约束条件

六节点三角形单元刚性结构速度边界条件和三节点单元相似，其约束条件如式(3-11)。当速度边界条件由柔性结构施加时，可施加如下约束：

$$\int_S v'\mathrm{d}S=K \tag{3-32}$$

式中，v'为边界S上单元节点的法向速度；K为单位外力作用在边界上产生的塑性流大小，可设为1。

3.3.3 六节点三角形单元上限有限元线性规划模型求解

对于每个六节点三角形单元，其内部耗散能可表示为

$$P_c = \int_A (\sigma_x \dot{\varepsilon}_x + \sigma_y \dot{\varepsilon}_y + \tau_{xy} \dot{\gamma}_{xy}) \mathrm{d}A = \frac{2}{3} cA\cos\phi \left(\sum_{k=1}^{p} \dot{\lambda}_{1,k} + \sum_{k=1}^{p} \dot{\lambda}_{2,k} + \sum_{k=1}^{p} \dot{\lambda}_{3,k} \right) \tag{3-33}$$

每条速度间断线上耗散能可表示为

$$P_d = \frac{cl}{6}\left(u_{12}^{+} + u_{12}^{-} + 4u_{34}^{+} + 4u_{34}^{-} + u_{56}^{+} + u_{56}^{-} \right) \tag{3-34}$$

由于速度在单元内部线性变化，对于体力(如自重)，每个单元上产生的外力功率为

$$P_t = -\int_A \gamma v \mathrm{d}A = -\frac{1}{3} A\gamma (v_4 + v_5 + v_6) \tag{3-35}$$

对于边界上面力F_S所做的外力功率，可根据柔性结构作用在边界上塑性流进行计算，约束条件参考式(3-17)。

线性规划模型目标函数可通过功率平衡方程获得，即单元内部与速度间断线上总耗散能减去外力功率的差值，六节点三角形塑性单元上限有限元线性规划模型可表示为

$$\sum_{i=1}^{n_t} P_{c,i} + \sum_{i=1}^{n_d} P_{d,i} + \sum_{i=1}^{n_t} P_{t,i} \tag{3-36}$$

线性规划模型约束条件由式(3-11)、式(3-27)、式(3-30)～式(3-32)组成，这里不再赘述。

六节点三角形塑性单元上限有限元数值求解流程和三节点三角形单元相似，可参考3.2.3节，这里不再重复。

3.4 塑性变形单元上限有限元自适应加密策略

自适应加密中关键的步骤是根据上一次计算结果评价离散后误差，因此，网格自适应的实现主要包括两个方面：自适应加密的判据和网格划分方法的确定。在极限分析中自适应加密策略常以两种形态表示：①通过恢复的Hessian矩阵求解控制变量的二阶导数获得各网格的误差估计值，以确定单元的剖分或拉伸，但恢复Hessian矩阵的理论基础在极限分析中仍没有严格的论证；②通过计算各网格在上、下限极限值差值中贡献率进行网格自适应加密，利用单元对差值贡献实

现网格自适应加密理论较为严格，但需同时求解上、下限解。上述自适应实现过程均较为繁琐，因此，本书提出一种以单元耗散能权重为网格加密判据的自适应加密策略，加密后的网格形态可直观反映塑性应变较大的区域，即揭示破坏模式的形态特征。

自适应加密中网格划分形式主要有三种[149]：①*h* 型加密，即单元节点数量保持不变(单元形函数阶数一定)，通过不断加密网格以提高计算结果精度；②*p* 型加密，即单元尺寸保持不变，增加单元节点数目(增大单元形函数阶数)；③*h-p* 型加密，即上述两种方式结合使用。一般而言，第 2 种形式加密速度比第 1 种更快。本书主要基于 *h* 型和 *h-p* 型，提出两种自适应网格划分方法，即三节点三角形单元自适应网格划分和高阶(六节点)三角形单元自适应网格划分。为了降低模型计算规模，网格分裂采取长边一分为二的方式。

这里提出的网格自适应加密方法是通过反复加密模型中耗散能较大的三角形单元实现，以减小模型中单元之间耗散能的差异，最终达到耗散能较大的区域网格密集而耗散能较小的区域网格稀疏的目的。塑性单元上限有限元自适应加密流程图如图 3-9，其具体实现过程如下：

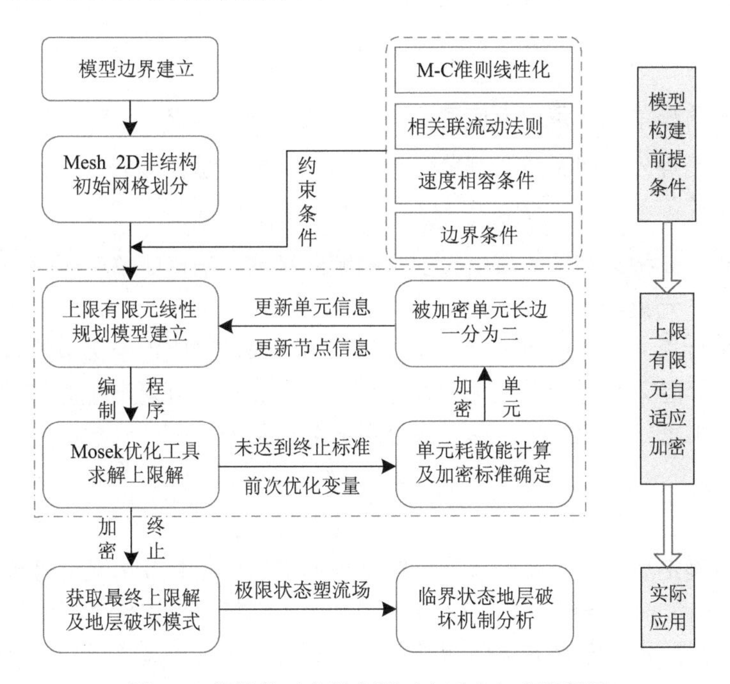

图 3-9　塑性单元上限有限元自适应加密流程图

(1)通过 Mesh 2D 工具对模型划分非结构化初始网格，采用 Mosek 优化工具求得目标函数的最小值；

(2) 根据初次获得的决策变量值统计各单元耗散能，根据事先假定的评定标准，确定下一次加密的单元数和单元编号等信息；

(3) 进行单元加密和信息更新，获得新的线性规划模型最小解；

(4) 重复进行步骤(1)～(3)，根据设定的相对误差值判断加密是否终止；

(5) 经过反复自适应加密获得最优上限解及相应的地层破坏形态。

3.4.1 *h* 型自适应加密策略

本小节以三节点三角形单元+速度间断线离散模式为例，详细阐述 h 型自适应加密策略。

首先基于分析模型尺寸划分均匀分布的初始网格，并开展上限有限元线性规划模型计算，获取上限解和决策变量初始计算结果，计算各个单元耗散能 P_e，可表示为

$$P_e = 2A_e c\cos\phi\sum_{k=1}^{p}\dot{\lambda}_k \tag{3-37}$$

同时，计算速度间断线上耗散能，可表示为

$$P_d = \frac{1}{2}l_d c\left(u_{12}^+ + u_{12}^- + u_{34}^+ + u_{34}^-\right) \tag{3-38}$$

假定三角形单元三条边上速度间断线耗散能分别为 $P_{1,d}$、$P_{2,d}$ 和 $P_{3,d}$，速度间断线上耗散能等分到间断线两侧单元上，则每个单元总耗散能可表示为

$$P = P_e + \left(P_{1,d} + P_{2,d} + P_{3,d}\right)/2 \tag{3-39}$$

将所有单元按总耗散能值由大到小的顺序排列，则可简单引入一个统计耗散能贡献率的单元集合量 η。

单元集合集 η 可采用两种途径获取。一种是通过确定加密比率的方式获取加密单元数，即定义前 n_r 个单元耗散能之和与所有 n_t 个单元耗散能之和的比值，基于此确定需加密的单元编号，单元集合集 η 可表示为

$$\eta = \sum_{k=1}^{n_r}P_k \Big/ \sum_{k=1}^{n_t}P_k \tag{3-40}$$

当 η 值确定后，则可获取下次计算时需加密的单元数及单元编号等信息。由式(3-40)可知，η 值介于 0 和 1 之间，η 值越大，则每一次迭代过程中加密的单元数越多，计算过程中塑性破坏区域外单元容易过度加密，显著增加计算规模；若 η 值较小，难以捕捉到精细化的潜在塑性变形区，并需多次加密以提高上限解的精度。因此，η 的合理取值一般可在 0.1～0.9 之间试算获取。

另一种是直接通过定义耗散能较大的前 n_r 个单元为所需加密的单元集合，该法原理简单，但合理的 n_r 值需多次试算确定。

上述两种加密方法均以上限解的相对误差 Δ=0 为终止标准，其表达式如下：

$$\left|\Delta_i\right| = \left|\left(F_i - F_{i-1}\right) / F_{i-1}\right| \times 100\% \tag{3-41}$$

式中，F_i 为第 i 次迭代后所得的上限解；$\left|\Delta_i\right|$ 表示第 i 次迭代后所得上限解 F_i 与前一次上限解之间的相对误差。实际应用中可设定其阈值为 $10^{-2} \leqslant \left|\Delta_i\right| \leqslant 5 \times 10^{-1}$，同时，根据上限定理，当 $F_i - F_{i-1} > 0$ 时也需停止网格继续加密。

基于三节点三角形单元上限有限元理论和网格自适应加密策略，通过 Matlab 软件编制三节点三角形单元自适应加密上限有限元求解程序。

3.4.2　*h-p* 型自适应加密策略

由于六节点三角形单元内部塑性变形模式较三节点三角形单元更为合理，可考虑以两种形式进行分析模型的离散，即：六节点三角形单元、六节点三角形单元+速度间断线。针对上述两种离散方式提出的 *h-p* 型自适应加密策略实现路径和三节点三角形单元是一致的。值得说明的是，此时单元内部耗散能和速度间断线上耗散能表达式不同，其中，六节点三角形单元内部耗散能可表示为

$$P_c = \int_A \left(\sigma_x \dot{\varepsilon}_x + \sigma_y \dot{\varepsilon}_y + \tau_{xy} \dot{\gamma}_{xy}\right) \mathrm{d}A = \frac{2}{3} c A \cos\phi \left(\sum_{k=1}^{p} \dot{\lambda}_{1,k} + \sum_{k=1}^{p} \dot{\lambda}_{2,k} + \sum_{k=1}^{p} \dot{\lambda}_{3,k} \right) \tag{3-42}$$

速度间断线上耗散能为

$$P_d = \frac{c}{6}\left(u_{12}^{+} + u_{12}^{-} + 4u_{34}^{+} + 4u_{34}^{-} + u_{56}^{+} + u_{56}^{-}\right) \tag{3-43}$$

基于六节点三角形单元上限有限元理论和网格自适应加密策略，通过 Matlab 软件编制六节点三角形单元自适应加密上限有限元求解程序。

3.4.3　自适应加密上限有限元法后处理方法

由 3.2 节和 3.3 节知，通过线性数学规划模型的求解，除了能获取临界状态下极限荷载或安全系数上限解外，还可得到单元节点速度和单元塑性应变率等决策变量优化值。模型达到塑性流动临界状态时破坏形态可通过最终网格分布图、速度矢量图或内部耗散能分布图体现。由于自适应加密策略以单元耗散能为权重指标，最终网格分布图中单元密集区即可直观反映塑性流动主要区域。速度矢量图中箭头线长度与速度矢量大小成比例，可通过带箭头的线型直观反映塑性流动速度大小。内部耗散能分布图中颜色深浅和单元耗散能呈比例，因此，也可直观反映主要塑性区域及剪切滑移带。

3.5 轴对称问题上限有限元理论

地下工程围岩稳定性问题研究实质上是三维力学分析的过程，但直接构建三维的上限有限元模型难度较大，且求解过程耗时较多，求解效率较低。当地下工程中结构物纵向长度较长或宽度较宽时，地下结构围岩稳定性问题可简化为平面应变问题考虑。因此，前述两章主要采用极限分析自适应上限有限元法构建了地下工程围岩稳定性问题的二维分析模型，基于此研究了极限荷载上限解演化规律，并揭示了围岩发生塑性流动破坏时地层破坏机制。

实际地下工程中，除尺寸较大的结构常被简化为平面应变模型进行稳定性分析外，还有一类结构可退化为二维问题进行研究。该类结构可看成平面内（子午面）平面体绕某一固定轴旋转一周而成，且该结构约束条件及所受外荷载等均对称于此轴，此类结构的力学分析即为轴对称问题。Lyamin 等[157-159]分别基于极限分析上、下限法推导了轴对称问题的三维表达式，并建立了非线性规划模型。通过编制的有限元程序，对简单的轴对称问题进行了研究。然而，Lyamin 构建的非线性规划模型，计算耗时长，针对较为复杂的问题适用性较差。为了增加计算效率，Martin 和 Makrodimopoulos[160]以及 Krabbenhøft 等[161-163]基于 Mohr-Coulomb 屈服准则，采用更为高效的半定规划（SDP）模型研究了轴对称问题。该法将 Mohr-Coulomb 屈服准则以应力的方式表达，而相关联流动法则和耗散能以应变形式表达，其可用于解决一些其他优化模型无法实现的三维轴对称结构问题。

3.5.1 轴对称问题平面等效法基本理论

轴对称问题的分析采用柱坐标系较为方便，如图 3-10 所示，对称轴为 z 轴，径向为 r 轴，环向为 θ 轴。轴对称结构可看成由子午面（r-z 平面）内若干个三角形单元旋转而成的三棱圆环单元构成。由于对称性，对于一般的轴对称问题，应力分量主要有正应力 σ_r、σ_z、σ_θ 和切应力 τ_{rz}，其他应力分量为零。子午面上的 P 点只能在该平面内变形，即 P 点的应力、应变和位移只与径向坐标 r 和轴向坐标 z 有关，与环向坐标 θ 无关。由上述分析知，任意一个过 z 轴的子午面上各点应力、应变和位移分布规律都相同，因此，轴对称问题可简化为二维平面（r-z 平面）问题进行分析。

轴对称体可看成子午面内单元绕轴旋转 z 而来，因此，轴对称问题模型离散可简化在子午面（r-z 平面）内进行。与平面问题类似，本章主要采用塑性单元（三节点三角形单元）+速度间断线的方式离散模型。

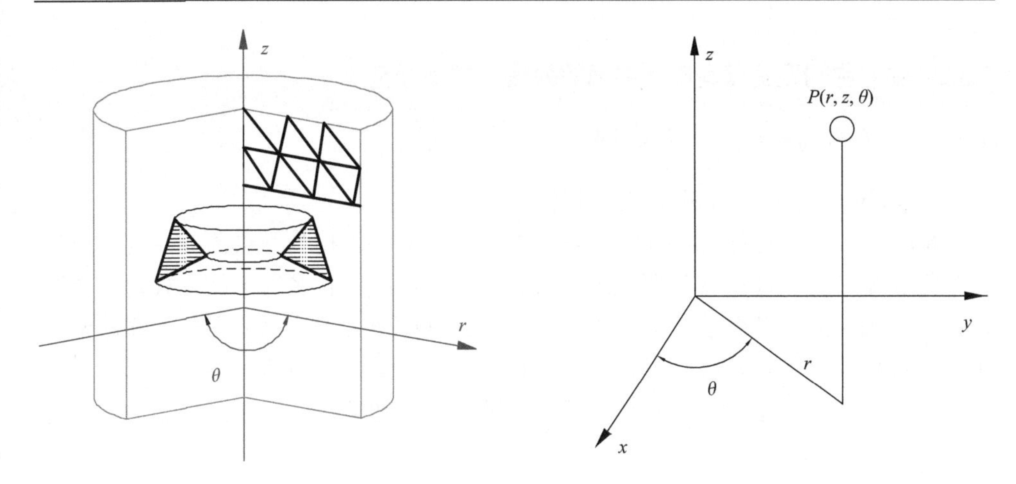

图 3-10　轴对称问题柱坐标系

图 3-11 为用于模型离散的三节点三角形塑性变形单元和速度间断线，假定单元的每个节点速度不同，r 和 z 方向速度分量分别为 u 和 v。如图 3-11(a)所示，三个节点速度分别为(u_1，v_1)、(u_2，v_2)和(u_3，v_3)，速度在单元内部按照线性关系变化(应变率为常数)。图 3-11(b)示意了相邻单元公共边所在的速度间断线及相应的优化变量，其中编号①和②、③和④在几何上重合，但分属不同单元，对应的节点坐标为(r_1，z_1)和(r_2，z_2)。间断线两侧各点速度可不同，即允许单元速度发生跳跃，但需满足塑性流动约束条件，四个节点的速度依次为(u_1，v_1)、(u_2，v_2)、(u_3，v_3)和(u_4，v_4)。速度间断线所在直线与 x 轴夹角为 β。

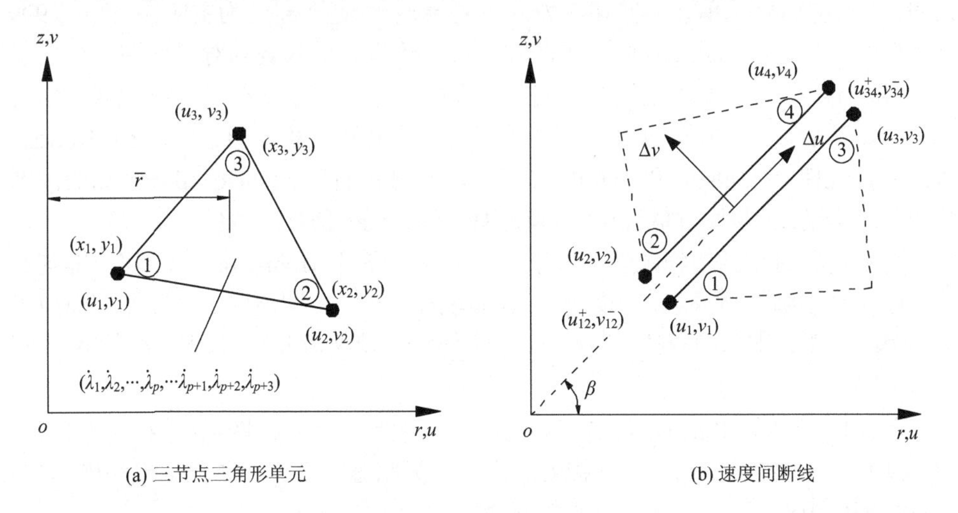

(a) 三节点三角形单元　　(b) 速度间断线

图 3-11　轴对称模型离散

3.5.2 轴对称问题上限有限元平面等效线性规划模型

1. 单元内部塑性流动约束条件

1) Mohr-Coulomb 屈服准则线性化

Mohr-Coulomb 屈服准则在(σ_r-σ_z，$2\tau_{rz}$)坐标系中表现为圆形曲线，为构建线性规划模型，与平面应变问题处理方式相似，采用外接正多边形的方式替代该圆曲线，以消除应力分量表达式。由于难以预先确定单元的应力状态位于屈服函数上的具体位置，所以模型在优化计算过程中屈服函数需要包含外接多边形的所有边。假定每个单元中屈服准则线性化处理的多边形边数为 p，则外接多边形任意边 k 可表示为

$$F_k = A_k\sigma_r + B_k\sigma_z + C_k\tau_{rz} - 2c\cos\phi = 0 \tag{3-44}$$

式中，A_k、B_k 和 C_k 为与 k 相关的常数，可表示为

$$\begin{cases} A_k = \cos\alpha_k + \sin\phi \\ B_k = \sin\phi - \cos\alpha_k \\ C_k = 2\sin\alpha_k \\ \alpha_k = 2\pi k / p \end{cases} \quad (k = 1, 2, \cdots, p) \tag{3-45}$$

2) Haar 和 von Karman 假定

Mohr-Coulomb 屈服准则在描述空间轴对称三向应力作用下材料的屈服特性时，不能反映中间主应力对材料屈服的影响，因此该屈服准则未对环向应力进行说明。轴对称问题中单元环向切应力满足 $\tau_{\theta z} = \tau_{\theta r} = 0$，故 σ_θ 必为主应力之一。1909 年，Haar 和 von Karman 将全塑性应力状态的概念引入到轴对称问题，提出了 Haar-Karman 假定，即假定轴对称变形过程中，环向应力 σ_θ 恒等于其他两个主应力之一。随后，Shield[164]和 Cox 等[165]通过大量算例分析，验证了 Haar-Karman 假定的合理性。Houlsby 和 Wroth[166]指出，当材料满足 Mohr-Coulomb 屈服准则和相关联流动法则时，材料也必然满足 Haar-Karman 假定。

为分析轴对称结构稳定性，本章假定土体在满足 Mohr-Coulomb 屈服准则和相关联流动法则的前提下，同时遵从 Haar-Karman 完全塑性假定，即令环向应力 $\sigma_\theta \approx \sigma_1$ (土体发生主动破坏)或 $\sigma_\theta \approx \sigma_3$ (土体发生被动破坏)。其中，σ_1 和 σ_3 分别为最大和最小压应力。

图 3-12 为 Haar-Karman 假定下环向应力 σ_θ 取值范围示意图(假定拉应力为正，$|\sigma_z| \geqslant |\sigma_r|$)，由图可看出，当结构处于失稳临界状态时，若土体发生主动破坏(如毛洞隧道坍塌破坏)，则环形应力 σ_θ 满足下列 3 个不等式：

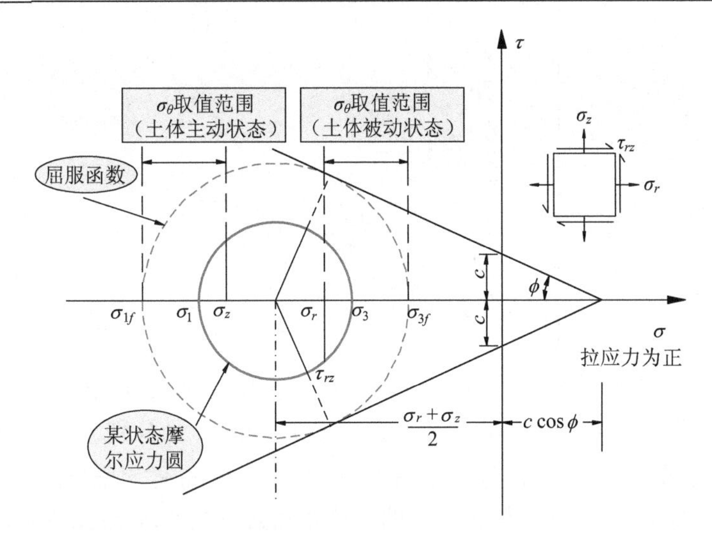

图 3-12　环向应力取值示意图

$$
\begin{cases}
F_{p+1} = \sigma_\theta - \sigma_r \leqslant 0 \\
F_{p+2} = \sigma_\theta - \sigma_z \leqslant 0 \\
F_{p+3} = \sigma_{1f} - \sigma_\theta \leqslant 0
\end{cases}
\tag{3-46}
$$

式中，σ_{1f}为土体处于破坏状态时对应的最大压应力。

当土体发生被动破坏时，则环形应力 σ_θ满足下列 3 个不等式：

$$
\begin{cases}
F_{p+1} = \sigma_r - \sigma_\theta \leqslant 0 \\
F_{p+2} = \sigma_z - \sigma_\theta \leqslant 0 \\
F_{p+3} = \sigma_\theta - \sigma_{3f} \leqslant 0
\end{cases}
\tag{3-47}
$$

式中，σ_{3f}为土体处于破坏状态时对应的最小压应力。

由图 3-12 知，此时，σ_{1f}和 σ_{3f}可采用 σ_r和 σ_z表示为

$$
\begin{cases}
\sigma_{1f} = 0.5(\sigma_r + \sigma_z) + 0.5(\sigma_r + \sigma_z)\sin\phi - c\cos\phi \\
\sigma_{3f} = 0.5(\sigma_r + \sigma_z) - 0.5(\sigma_r + \sigma_z)\sin\phi + c\cos\phi
\end{cases}
\tag{3-48}
$$

总的来说，当土体发生主动破坏时，环向应力 σ_θ 介于 σ_{1f} 和 $\min(\sigma_r,\sigma_z)$之间；土体发生被动破坏时，环向应力 σ_θ 介于 σ_{3f} 和 $\max(\sigma_r,\sigma_z)$之间。

3) 单元内部相关联流动法则

极限分析上限有限元法要求破坏区域内的速度场满足塑性相关联流动法则以及速度相容条件，将线性化的 Mohr-Coulomb 屈服函数和 Haar-Karman 假定代入相关联流动法则的塑性应变率表达式，可获得应变率与屈服函数(塑性势函数)之间的关系式，如下所示：

$$\begin{cases}\dot{\varepsilon}_r = \dfrac{\partial u}{\partial r} = \dot{\lambda}\dfrac{\partial F}{\partial \sigma_r} \\ \dot{\varepsilon}_z = \dfrac{\partial v}{\partial z} = \dot{\lambda}\dfrac{\partial F}{\partial \sigma_z} \\ \dot{\gamma}_{rz} = \dfrac{\partial v}{\partial r} + \dfrac{\partial u}{\partial z} = \dot{\lambda}\dfrac{\partial F}{\partial \tau_{rz}} \\ \dot{\varepsilon}_\theta = \dfrac{u}{r} = \dot{\lambda}\dfrac{\partial F}{\partial \sigma_\theta}\end{cases} \quad \dot{\lambda} \geqslant 0 \tag{3-49}$$

式中，$\dot{\lambda}$为非负的塑性乘子变量；$\dot{\varepsilon}_r$、$\dot{\varepsilon}_z$和$\dot{\varepsilon}_\theta$分别为 r、z 和 θ 轴方向上的应变率；σ_r、σ_z和σ_θ为r、z和θ轴方向上正应力；$\dot{\gamma}_{rz}$和τ_{rz}分别为相应的切应变率和切应力；函数F由两部分组成：①采用 Mohr-Coulomb 屈服准则时产生的约束；②引入 Haar 和 von Karman 假说产生的不等式约束［式(3-46)或式(3-47)］。

将式(3-44)、式(3-46)或式(3-47)代入式(3-49)后，可得到约束条件如下：

$$\dot{\varepsilon}_r = \frac{\partial u}{\partial r} = \dot{\lambda}\frac{\partial F}{\partial \sigma_r} = \sum_{k=1}^{p}\dot{\lambda}_k\frac{\partial F_k}{\partial \sigma_r} + \dot{\lambda}_{p+1}\frac{\partial F_{p+1}}{\partial \sigma_r} + \dot{\lambda}_{p+2}\frac{\partial F_{p+2}}{\partial \sigma_r} + \dot{\lambda}_{p+3}\frac{\partial F_{p+3}}{\partial \sigma_r} \tag{3-50a}$$

$$\dot{\varepsilon}_z = \frac{\partial v}{\partial z} = \dot{\lambda}\frac{\partial F}{\partial \sigma_z} = \sum_{k=1}^{p}\dot{\lambda}_k\frac{\partial F_k}{\partial \sigma_z} + \dot{\lambda}_{p+1}\frac{\partial F_{p+1}}{\partial \sigma_z} + \dot{\lambda}_{p+2}\frac{\partial F_{p+2}}{\partial \sigma_z} + \dot{\lambda}_{p+3}\frac{\partial F_{p+3}}{\partial \sigma_z} \tag{3-50b}$$

$$\dot{\gamma}_{rz} = \frac{\partial v}{\partial r} + \frac{\partial u}{\partial z} = \dot{\lambda}\frac{\partial F}{\partial \tau_{rz}} = \sum_{k=1}^{p}\dot{\lambda}_k\frac{\partial F_k}{\partial \tau_{rz}} + \dot{\lambda}_{p+1}\frac{\partial F_{p+1}}{\partial \tau_{rz}} + \dot{\lambda}_{p+2}\frac{\partial F_{p+2}}{\partial \tau_{rz}} + \dot{\lambda}_{p+3}\frac{\partial F_{p+3}}{\partial \tau_{rz}} \tag{3-50c}$$

$$\dot{\varepsilon}_\theta = \frac{u}{r} = \dot{\lambda}\frac{\partial F}{\partial \sigma_\theta} = \sum_{k=1}^{p}\dot{\lambda}_k\frac{\partial F_k}{\partial \sigma_\theta} + \dot{\lambda}_{p+1}\frac{\partial F_{p+1}}{\partial \sigma_\theta} + \dot{\lambda}_{p+2}\frac{\partial F_{p+2}}{\partial \sigma_\theta} + \dot{\lambda}_{p+3}\frac{\partial F_{p+3}}{\partial \sigma_\theta} \tag{3-50d}$$

式中，塑性乘子$\dot{\lambda}_{p+1}$、$\dot{\lambda}_{p+2}$和$\dot{\lambda}_{p+3}$与屈服函数F_{p+1}、F_{p+2}和F_{p+3}相关。

因速度在单元内部线性变化，单元内部塑性流动约束条件最终可表示为

$$\boldsymbol{a}_{11}\boldsymbol{x}_1 - \boldsymbol{a}_{12}\boldsymbol{x}_2 = \boldsymbol{0} \tag{3-51a}$$

其中

$$\boldsymbol{a}_{11} = \frac{1}{2A}\begin{bmatrix} z_{23} & 0 & z_{31} & 0 & z_{12} & 0 \\ 0 & r_{32} & 0 & r_{13} & 0 & r_{21} \\ r_{32} & z_{23} & r_{13} & z_{31} & r_{21} & z_{12} \\ \dfrac{2A}{3\overline{r}} & 0 & \dfrac{2A}{3\overline{r}} & 0 & \dfrac{2A}{3\overline{r}} & 0 \end{bmatrix} \tag{3-51b}$$

$$\boldsymbol{x}_1 = \{u_1, v_1, u_2, v_2, u_3, v_3\}^{\mathrm{T}}$$

$$\boldsymbol{x}_2 = \left\{\dot{\lambda}_1 \cdots \dot{\lambda}_k \cdots \dot{\lambda}_p, \dot{\lambda}_{p+1}, \dot{\lambda}_{p+2}, \dot{\lambda}_{p+3}\right\}^{\mathrm{T}}$$

式中，$z_{ij} = z_i - z_j$，$r_{ij} = r_i - r_j$(i，$j = 1$，2，3)；A为单元面积。因速度在单元内部

线性变化，为了计算方便，取形心处$\bar{r}$坐标(三角形单元形心距 z 轴的距离)等效替代 r，如图 3-11(a)所示。

当土体发生主动破坏时，则：

$$\boldsymbol{a}_{12}=\begin{bmatrix} A_1 & \cdots & A_k & \cdots & A_p & -1 & 0 & (1+\sin\phi)/2 \\ B_1 & \cdots & B_k & \cdots & B_p & 0 & -1 & (1+\sin\phi)/2 \\ C_1 & \cdots & C_k & \cdots & C_p & 0 & 0 & 0 \\ D_1 & \cdots & D_k & \cdots & D_p & 1 & 1 & -1 \end{bmatrix} \tag{3-51c}$$

当土体发生被动破坏时，则：

$$\boldsymbol{a}_{12}=\begin{bmatrix} A_1 & \cdots & A_k & \cdots & A_p & 1 & 0 & -(1-\sin\phi)/2 \\ B_1 & \cdots & B_k & \cdots & B_p & 0 & 1 & -(1-\sin\phi)/2 \\ C_1 & \cdots & C_k & \cdots & C_p & 0 & 0 & 0 \\ D_1 & \cdots & D_k & \cdots & D_p & -1 & -1 & 1 \end{bmatrix} \tag{3-51d}$$

需要注意的是，$D_i=\partial F/\partial\sigma_\theta=\partial(-2c\cos\phi)/\partial\sigma_\theta$，这里等于零。

2. 速度间断线上塑性流动约束条件

轴对称问题中单元环向切应力满足$\tau_{\theta z}=\tau_{\theta r}=0$，故单元速度间断线上不为零的应力仅位于子午面内，其塑性流动约束条件与平面应变问题类似。当土体服从 Mohr-Coulomb 屈服准则，且速度间断线上的塑性变形满足相关联流动法则时，速度间断线上任一点的速度间断值$(\Delta u,\Delta v)$满足下述塑性约束条件：

$$\Delta v=|\Delta u|\tan\phi \tag{3-52}$$

引入一对新的非负决策变量$\left(u_{ij}^{+},u_{ij}^{-}\right)$，并令$\Delta u=u_{ij}^{+}-u_{ij}^{-}$，$\Delta v=\left(u_{ij}^{+}+u_{ij}^{-}\right)\tan\phi$，此时每条速度间断线上塑性约束条件可表示为

$$\boldsymbol{a}_{21}\boldsymbol{x}_1-\boldsymbol{a}_{23}\boldsymbol{x}_3=\boldsymbol{0} \tag{3-53a}$$

其中

$$\boldsymbol{a}_{21}=\begin{bmatrix} -\cos\beta & -\sin\beta & \cos\beta & \sin\beta & & & & \\ \sin\beta & -\cos\beta & -\sin\beta & \cos\beta & & & & \\ & & & & -\cos\beta & -\sin\beta & \cos\beta & \sin\beta \\ & & & & \sin\beta & -\cos\beta & -\sin\beta & \cos\beta \end{bmatrix} \tag{3-53b}$$

$$\boldsymbol{a}_{23}=\begin{bmatrix} 1 & -1 & & \\ \tan\phi & \tan\phi & & \\ & & 1 & -1 \\ & & \tan\phi & \tan\phi \end{bmatrix} \tag{3-53c}$$

$$\boldsymbol{x}_1 = \left\{u_1, v_1, u_2, v_2, u_3, v_3, u_4, v_4\right\}^{\mathrm{T}}$$

$$\boldsymbol{x}_3 = \left\{u_{12}^+, u_{12}^-, u_{34}^+, u_{34}^-\right\}^{\mathrm{T}}$$

3. 速度边界条件

与速度间断线类似，因边界上不为零的应力仅位于子午面内，模型的速度边界条件与平面应变问题一致，可表示为

$$\boldsymbol{a}_{31}\boldsymbol{x}_1 = \boldsymbol{b}_3 \tag{3-54a}$$

其中 $\boldsymbol{a}_{31} = \begin{bmatrix} \cos w & \sin w \\ -\sin w & \cos w \end{bmatrix}$

$$\boldsymbol{x}_1 = \begin{Bmatrix} u_i \\ v_i \end{Bmatrix} \boldsymbol{b}_3 = \begin{Bmatrix} \overline{u} \\ \overline{v} \end{Bmatrix} \tag{3-54b}$$

式中，w 为边界与 r 轴之间的夹角；$\overline{u}$ 和 $\overline{v}$ 分别为边界上切向和法向速度。

4. 外力功率和内部耗散能

1) 体力功率

对于体力(如自重)，每个单元体上产生的外力功率 P_t 为

$$P_t = 2\pi\overline{r}P_t^e = 2\pi\overline{r}\left(-\int_A \gamma v \mathrm{d}A\right) \tag{3-55}$$

式中，P_t^e 为子午面内每个单元产生的重力功率。

由于速度在单元内部线性变化，则每个单元体重力功率可表示为

$$P_t = -\frac{2}{3}\pi\overline{r}A\gamma\left(v_1 + v_2 + v_3\right) \tag{3-56}$$

式中，v_i 为单元各个节点竖向速度分量。

2) 速度间断线上耗散能

每条速度间断线上的耗散能 P_d 可表示为

$$P_d = 2\pi r_d P_d^e = 2\pi r_d \int_l c\left|\Delta u\right| \mathrm{d}l \tag{3-57}$$

式中，P_d^e 为子午面内每条速度间断线上产生的耗散能；r_d 为速度间断线中心处 r 坐标值(距 z 轴的距离)。

为消除绝对值，假定 $\left|\Delta u_{ij}\right| = u_{ij}^+ + u_{ij}^-$，则速度间断线上耗散能为

$$P_d = 2\pi r_d l_d \left(\frac{1}{3}c_1 + \frac{1}{6}c_2\right)\left(u_{12}^+ + u_{12}^- + u_{34}^+ + u_{34}^-\right) \tag{3-58}$$

式中，l_d 为速度间断线在子午面内的长度；c_1 和 c_2 分别为速度间断线两个端点处

的黏聚力。

3) 单元内部耗散能

子午面内每个单元内部耗散能可表示为

$$P_c^e = \int_A \left(\sigma_r \dot{\varepsilon}_r + \sigma_z \dot{\varepsilon}_z + \tau_{rz} \dot{\gamma}_{rz} + \sigma_\theta \dot{\varepsilon}_\theta\right) \mathrm{d}A \tag{3-59}$$

假定土体发生被动破坏，将式(3-44)、式(3-47)和式(3-50)代入式(3-59)，则

$$P_c^e = \frac{2}{3}\left(c_1 + c_2 + c_3\right)\cos\phi A \sum_{i=1}^{p} \dot{\lambda}_i + P_{cc}^e \tag{3-60}$$

其中

$$\begin{cases} P_{cc}^e = \int_A \left[\left(\sigma_r - \sigma_\theta\right)\dot{\lambda}_{p+1} + \left(\sigma_z - \sigma_\theta\right)\dot{\lambda}_{p+2} + \dot{\lambda}_{p+3}\sigma_{cc}\right] \mathrm{d}A \\ \sigma_{cc} = \sigma_\theta - \left[0.5\left(\sigma_r + \sigma_z\right) - 0.5\left(\sigma_r + \sigma_z\right)\sin\theta\right] \end{cases} \tag{3-61}$$

将式(3-48)代入式(3-61)，则上式可表示为

$$\begin{cases} P_{cc}^e = \int_A \left[\left(\sigma_r - \sigma_\theta\right)\dot{\lambda}_{p+1} + \left(\sigma_z - \sigma_\theta\right)\dot{\lambda}_{p+2} + \dot{\lambda}_{p+3}\sigma_{cc}\right] \mathrm{d}A \\ \sigma_{cc} = \left(\sigma_\theta - \sigma_{3f}\right) + c\cos\phi \end{cases} \tag{3-62}$$

由式(3-49)可知，$\left(\sigma_r - \sigma_z\right)$、$\left(\sigma_z - \sigma_\theta\right)$和$\left(\sigma_\theta - \sigma_{3f}\right)$均为非正值，且$\dot{\lambda}_{p+1}$、$\dot{\lambda}_{p+2}$和$\dot{\lambda}_{p+3}$为非负值，当$\left(\sigma_r - \sigma_z\right)$、$\left(\sigma_z - \sigma_\theta\right)$和$\left(\sigma_\theta - \sigma_{3f}\right)$均为零，在计算单元内部耗散能时相当于提高了岩土体剪切强度，由此可以保证所获得的解仍然是严格的上限解。由此可得到P_c^e的表达式为

$$P_c^e = \frac{2}{3}\left(c_1 + c_2 + c_3\right)\cos\phi A \left(\sum_{i=1}^{p} \dot{\lambda}_i + 0.5\dot{\lambda}_{p+3}\right) \tag{3-63}$$

则单元体内部耗散能P_c可表示为

$$P_c = 2\pi\bar{r}\frac{2}{3}\left(c_1 + c_2 + c_3\right)\cos\phi A \left(\sum_{i=1}^{p} \dot{\lambda}_i + 0.5\dot{\lambda}_{p+3}\right) \tag{3-64}$$

式中，c_1、c_2和c_3分别为子午面上单元三个节点上的黏聚力。

需要注意的是，土体发生主动破坏时，单元体内部耗散能P_c最终表达式和式(3-64)相同，推导过程这里不再赘述。

线性规划模型目标函数可通过功率平衡方程获得，即单元内部与速度间断线上总耗散能减去外力功率的差值。此时单元节点速度、塑性乘子及速度间断线上辅助变量为模型决策变量，根据上限定理，针对刚性基础作用在模型边界上，轴对称问题上限有限元线性规划模型可表示为

目标函数(最小化)： $\sum_{i=1}^{n_t} P_{c,i} + \sum_{i=1}^{n_d} P_{d,i} + \sum_{i=1}^{n_t} P_{t,i}$ (3-65)

$$\text{约束条件：}\begin{cases} A_{11}\boldsymbol{X}_1 - A_{12}\boldsymbol{X}_2 = \boldsymbol{0} \\ A_{21}\boldsymbol{X}_1 - A_{23}\boldsymbol{X}_3 = \boldsymbol{0} \\ A_{31}\boldsymbol{X}_1 = \boldsymbol{B}_3 \\ \boldsymbol{X}_2 \geqslant 0 \\ \boldsymbol{X}_3 \geqslant 0 \end{cases} \tag{3-66}$$

式中，所有变量为全局变量，$\boldsymbol{X}_1$、$\boldsymbol{X}_2$ 和 $\boldsymbol{X}_3$ 分别为节点速度向量、塑性乘子向量和速度间断线辅助变量向量；$\boldsymbol{B}_3$ 为相应边界上速度分量向量。

3.5.3 基于塑性单元的轴对称问题自适应加密策略

本章仍采用基于耗散能密度权重指标的自适应加密策略，轴对称问题自适应加密上限有限元数值求解流程和第 3 章提出的三节点三角形单元自适应加密上限有限元法相似。需要指出的是，此时单元内部耗散能和速度间断线上耗散能的表达式与平面应变问题不同，第 i 个单元内部耗散能可表示为

$$P_{e,i} = 2\pi\overline{r}_{e,i} \cdot 2c\cos\phi A_i\left(\sum_{k=1}^{p}\dot{\lambda}_{k,i} + 0.5\dot{\lambda}_{p+3,i}\right) \tag{3-67}$$

第 i 条速度间断线上耗散能可表示为

$$P_{d,i} = 2\pi\overline{r}_{d,i} \cdot 1/2cl_{d,i}\left(u_{12,i}^{+} + u_{12,i}^{-} + u_{34,i}^{+} + u_{34,i}^{-}\right) \tag{3-68}$$

此时各个单元的总耗散能可假定为

$$P_i = P_{e,i} + \left(P_{1,i} + P_{2,i} + P_{3,i}\right)/2 \tag{3-69}$$

式中，$P_{1,i}$、$P_{2,i}$ 和 $P_{3,i}$ 分别为单元 i 三条速度间断线上耗散能。

将所有单元按总耗散能值由大到小依次排序，定义单元耗散能总和为 P_t：

$$P_t = \sum_{i=1}^{n_t} P_i \tag{3-70}$$

式中，n_t 为模型中单元总数。

则需要加密的单元号可通过一个统计耗散能贡献率的单元集合量 η 表示：

$$\sum_{i=1}^{n_r} P_i \geqslant \eta P_t (0 < \eta < 1) \tag{3-71}$$

式中，n_r 为模型中需要加密的单元总数。

需要说明的是，当地层塑性破坏区集中在局部小范围内时，为了增加加密的效率，可通过对耗散能进行开方的形式，减小各个单元之间耗散能的差距，增加每次迭代过程中自适应加密的单元数量，降低迭代次数。

本章单元的加密主要采用长边一分为二的方法。如图 3-13 所示，加密后的单元通过长边中心点和长边对面顶点的连接产生，图 3-13(b)和(c)中虚线和空心圆分别为新生成的边和节点。针对基于等腰直角三角形单元离散的模型，通过长边一分为二的加密可获得类似结构化单元的网格形态。

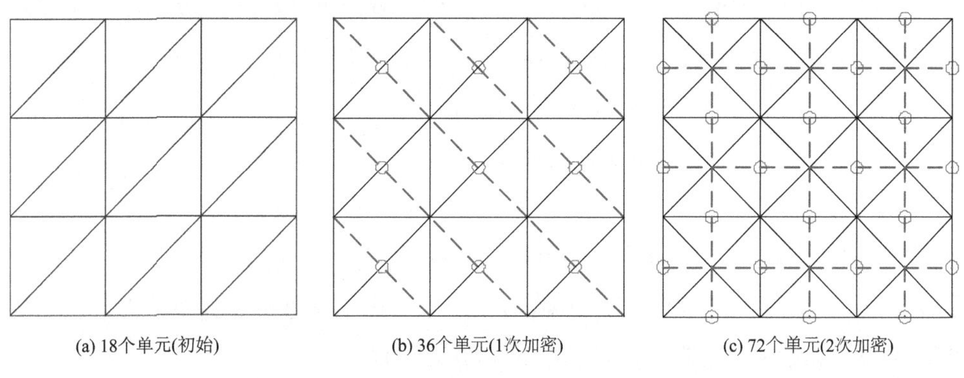

(a) 18个单元(初始)　(b) 36个单元(1次加密)　(c) 72个单元(2次加密)

图 3-13　网格自适应加密过程示意图

基于上述轴对称问题上限有限元平面等效理论和网格自适应加密策略，通过 Matlab 软件编制自适应加密上限有限元求解程序。

3.6　塑性单元二阶锥规划模型

在有限元极限分析的所有方法中，一个值得关注的难点是如何高效地求解过程中产生的大量优化问题。线性规划已经使用了很长时间，但是需要用许多线性不等式约束来代替(总是非线性的)屈服函数，这意味着对于大型问题的计算成本变得令人望而却步。因此，非线性规划的应用取得了相当大的进展，它允许以其原生形式处理屈服函数。虽然这对大型问题非常有效，但其运算效率高度依赖求解大规模非线性规划的优化算法。与一般的非线性规划相比，求解二阶锥规划的优化算法不仅简便高效，而且发展得也较为成熟。近年来，Makrodimopoulos 和 Martin[155]基于六节点三角形单元，假设材料严格满足 Mohr-Coulomb 屈服准则，将上限分析转化为二阶锥规划数学模型，并用内点法进行求解，从而得到问题的上限解。

本节介绍一种基于二阶锥规划的上限有限元数值算法，该方法直接应用 Mohr-Coulomb 屈服函数的显式形式，将二阶锥规划方法引入上限有限元，实现高阶单元条件下的自适应上限有限元方法并在第四章中应用该方法研究不同工况下的隧道稳定性，验证了该方法具有准确、高效等特性，值得推广应用。

3.6.1　二阶锥规划模型的约束条件

极限分析上限理论假定岩土破坏遵循 Mohr-Coulomb 屈服准则，对于平面应变问题，屈服函数表示为

$$F=(\sigma_x-\sigma_y)^2+(2\tau_{xy})^2-[2c\cos\phi-(\sigma_x+\sigma_y)\sin\phi]^2\leqslant 0 \tag{3-72}$$

且三角形单元为直边且顶点处满足相关流动法则约束，此时约束为

$$\left.\begin{aligned}&\dot{\varepsilon}_{i,x}=\partial u/\partial x=\dot{\lambda}_{i,n}\partial F/\partial\sigma_x\\&\dot{\varepsilon}_{i,y}=\partial v/\partial y=\dot{\lambda}_{i,n}\partial F/\partial\sigma_y\\&\dot{\gamma}_{i,xy}=(\partial u/\partial y+\partial v/\partial x)=\dot{\lambda}_{i,n}\partial F/\partial\tau_{xy}\\&i=1,2,3,\quad n=1,2,\cdots,N_E,\dot{\lambda}_{i,n}\geqslant 0\end{aligned}\right\} \tag{3-73}$$

式中，$\dot{\varepsilon}_{i,x}$ 为 x 方向上塑性应变速率；$\dot{\varepsilon}_{i,y}$ 为 y 方向上塑性应变速率；$\dot{\gamma}_{i,xy}$ 为塑性剪切速率；$\dot{\lambda}_{i,n}$ 为单元的塑性乘子；N_E 为单元数目。

在构建将 Mohr-Coulomb 屈服准则二阶锥约束形式时先进行屈服函数线性化，结合式(3-7)、式(3-8)，则式(3-72)屈服准则转化为

$$F_k=(\cos\alpha+\sin\varphi)\sigma_x+(\sin\varphi-\cos\alpha)\sigma_y+2\sin\alpha\tau_{xy}-2c\cos\varphi\leqslant 0 \tag{3-74}$$

于是式(3-73)转化为

$$\left.\begin{aligned}&\dot{\varepsilon}_x=\dot{\lambda}\partial F/\partial\sigma_x=(\cos\alpha+\sin\varphi)\dot{\lambda}\\&\dot{\varepsilon}_y=\dot{\lambda}\partial F/\partial\sigma_y=(\sin\varphi-\cos\alpha)\dot{\lambda}\\&\dot{\gamma}_{xy}=\dot{\lambda}\partial F/\partial\tau_{xy}=2\sin\alpha\dot{\lambda}\end{aligned}\right\} \tag{3-75}$$

式中，$\dot{\lambda}\geqslant 0$。令 $\rho_1=\cos\alpha\dot{\lambda}$，$\rho_2=\sin\alpha\dot{\lambda}$，可将式(3-75)进一步转化为如下约束

$$\left.\begin{aligned}&\dot{\varepsilon}_x=\rho_1+\sin\varphi\dot{\lambda}\\&\dot{\varepsilon}_y=-\rho_1+\sin\varphi\dot{\lambda}\\&\dot{\gamma}_{xy}=2\rho_2\\&\sqrt{{\rho_1}^2+{\rho_2}^2}\leqslant\dot{\lambda}\end{aligned}\right\} \tag{3-76}$$

此外，模型需要满足速度边界条件，即设节点 i 位于与 x 轴夹角为 θ 的边界上，其切向和法向速度分别为 u 和 v，则 u_i 和 v_i 须满足

$$ax=b \tag{3-77}$$

其中，$a=\begin{bmatrix}\cos\theta & \sin\theta\\-\sin\theta & \cos\theta\end{bmatrix}$；　$x=\begin{Bmatrix}u_i\\v_i\end{Bmatrix}$;$b=\begin{Bmatrix}\bar{u}\\\bar{v}\end{Bmatrix}$。

3.6.2　二阶锥规划模型目标函数

根据上限定理，破坏机构达到极限状态时，必存在一个运动许可速度场，使得内能耗散不大于外力做功。

$$D_p(\varepsilon)=\int_V d_p(\varepsilon)\ \mathrm{d}V \leqslant W_1+W_0 \tag{3-78}$$

式中，$D_p(\varepsilon)$为模型总耗散能；d_p 为内能耗散函数；ε 为塑性应变率(满足流动法则)；W_1 为超载外力做功；W_0 为非超载外力做功。

上限有限元使用单元离散计算域，则计算域的内能耗散应为所有单元内能耗散之和，即

$$\int_V d_p(\varepsilon)\ \mathrm{d}V=\sum_{i=1}^{N_E}P_c=\sum_{i=1}^{N_E}\int_A \sigma_{ij}\dot{\varepsilon}_{ij}\mathrm{d}A=\sum_{i=1}^{N_E}\int_A 2c\cos\varphi\dot{\lambda}\mathrm{d}A \tag{3-79}$$

综上可得出二阶锥规划模型如下：

$$\left.\begin{aligned}&\min\left(\int_V d_p(\varepsilon)\ \mathrm{d}V-W_0\right)\\&Bs=0\\&Cs=b\\&\int_S \bar{v}\mathrm{d}S=-1\\&\dot{\lambda}\geqslant\sqrt{\rho_1^2+\rho_2^2}\end{aligned}\right\} \tag{3-80}$$

式中，$\min\left(\int_V d_p(\varepsilon)\ \mathrm{d}V-W_0\right)$为目标函数；$Bs$=0 为线性约束条件；$Cs$=0 为速度约束条件；$s$ 为全局线性约束优化变量矩阵，包括节点速度分量 u_i 和 v_i；$\dot{\lambda}\geqslant\sqrt{\rho_1^2+\rho_2^2}$ 为二阶锥约束条件；$\dot{\lambda}$为单元塑性乘子以及 ρ_1、ρ_2 为辅助变量。

3.7　算例验证与讨论

3.7.1　浅覆隧道掌子面稳定性算例

1. 浅覆隧道掌子面稳定性分析模型构建

为方便评价跨度较大矩形隧道掌子面稳定性，可将三维隧道简化为平面应变隧道力学模型(沿跨度取单位长度)进行讨论。图 3-14 为浅覆隧道掌子面纵向稳定性二维分析模型(以 C/D = 2 为例)。主要假定为：①模型中隧道直径为 D，埋深为 C；②不考虑水的影响，且隧道周边土体为均质地层，满足 Mohr-Coulomb 屈服准则，土体容重 γ，有效黏聚力 c，内摩擦角为 ϕ；③地表水平，隧道轮廓及地

表均无外力作用。隧道下方的长度 L_1=2D，隧道已开挖段长度 L_2=3D，隧道未开挖段的长度 L_3=7D。为便于分析，将计算参数无量纲化，将开挖面稳定性问题转化为求解使得掌子面恰好处于塑流发生时的临界状态的重度系数 $\gamma D/c$；临界值 $\gamma D/c$ 为 ϕ 和 C/D 的函数，可表示为 $\gamma D/c=f(\phi, C/D)$。

图 3-14(b)为隧道掌子面稳定性分析问题的初始网格(以 C/D=2 为例说明)，当 C/D 取其他值时，模型的初始网格划分方式相似，即掌子面附近网格稍密、远处稀疏。假定模型左侧、右侧和下侧边界约束 x 和 y 两个方向速度，即 u=0，v=0；已开挖段隧道顶部和底部边界 y 方向速度约束，即 $v=0$；隧道掌子面和地表边界自由。令单位重度所做的功为 $\int_S v\mathrm{d}S=-1$，此时数学规划模型的目标函数即为土体临界重度 γ，之后无量纲系数 $\gamma D/c$ 也可获得。

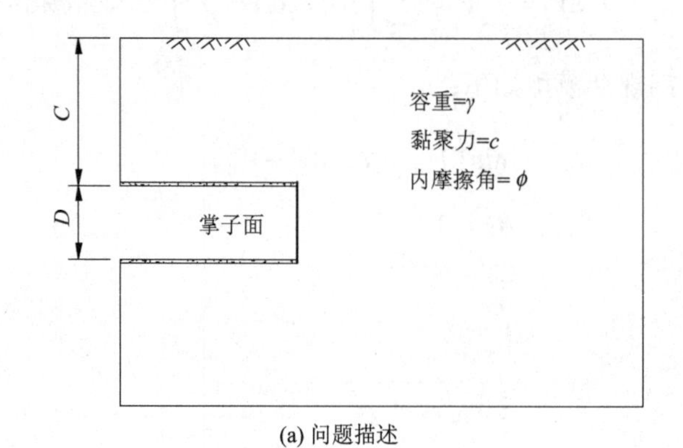

(a) 问题描述

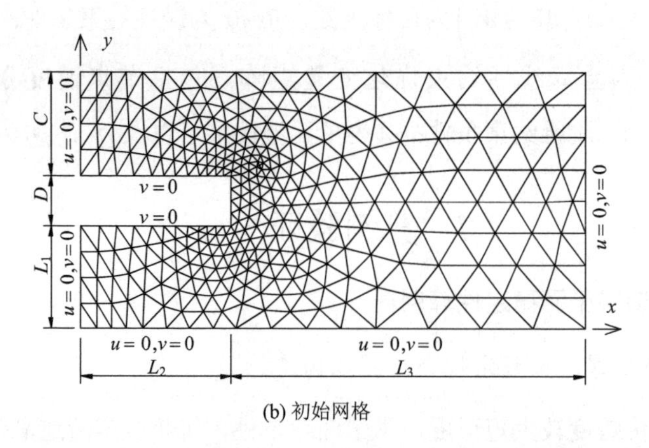

(b) 初始网格

图 3-14　浅覆隧道掌子面稳定分析模型(C/D=2)

本节主要采用六节点三角形单元方式离散模型，假定土体破坏时服从 Mohr-Coulomb 屈服准则，选取该准则线性化参数 p =48。通过试算确定网格自适

应加密比例 η=0.7，终止迭代的相对误差 Δ=0.5%。选取的计算参数为 C/D=1～3，ϕ=5°～35°，为便于计算，令黏聚力 c=1 kPa。

2. 临界重度系数上限解参数敏感性分析

图 3-15(a)、图 3-15(b)分别揭示了 C/D=1 工况下 $\gamma D/c$ 与单元总数和加密次数间的变化规律。由图 3-15(a)可知，网格最终加密次数为 8 次或 9 次时可获得较为理想的上限解。随着迭代次数的增加，$\gamma D/c$ 值逐渐减小，即精度不断提高。然而，当迭代次数增加到一定程度，$\gamma D/c$ 精度提高幅度变缓。由图 3-15(b)可知，随着迭代次数的增加，该单元总数增长较缓，而到第 6～9 次迭代时，单元总数增长剧烈，最大增长达到 53.6%。

同时，图 3-15(a)表明，临界重度系数 $\gamma D/c$ 与内摩擦角 ϕ 呈正相关关系，即内摩擦角越大，隧道掌子面稳定性越好。当内摩擦角 ϕ 由 5°增大到 35°时，临界重度系数则由 3.36 增大到 9.51，增大了 183%。需要注意的是，本书采用的极限分析上限有限元服从相关联流动法则，地层发生塑性流动变形过程中剪胀效应明显，特别当 ϕ 值较大时，后期可通过引入非关联流动法则等方法对上限解进行修正。从图 3-14(b)还可看出，随着内摩擦角 ϕ 的增加，加密次数略有增加，而单元总数显著降低，ϕ=35°时单元总数仅为 ϕ=5°时 42%，从下文分析知，这主要与破坏范围集中在掌子面附近有关。

图 3-15(c)～(f)分别揭示 C/D=2 和 C/D=3 时临界重度系数 $\gamma D/c$ 和单元总数间与模型加密次数的关系，其特征与图 3-15(a)和图 3-15(b)一致。对比

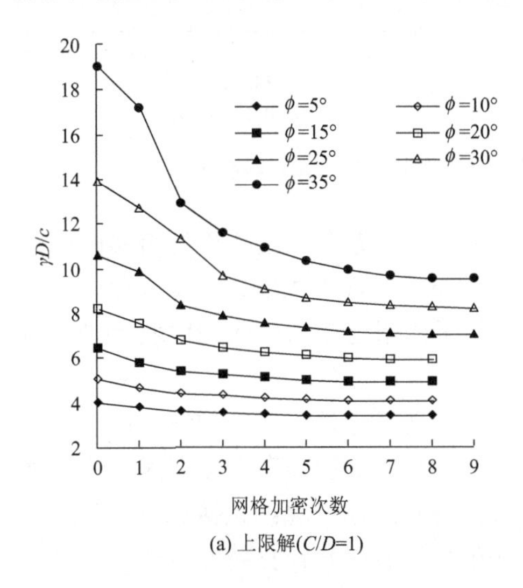

(a) 上限解(C/D=1)

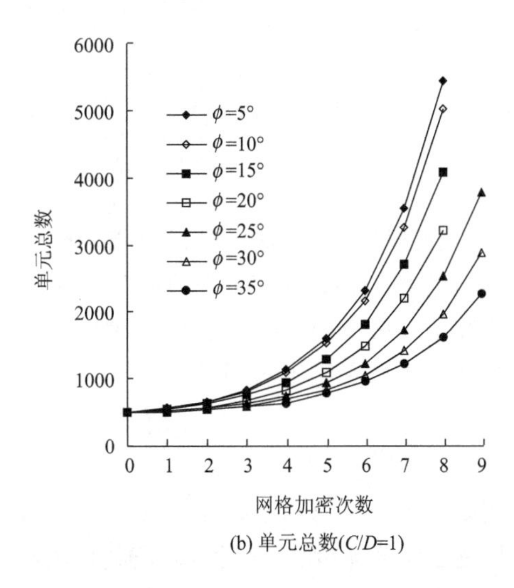

(b) 单元总数(C/D=1)

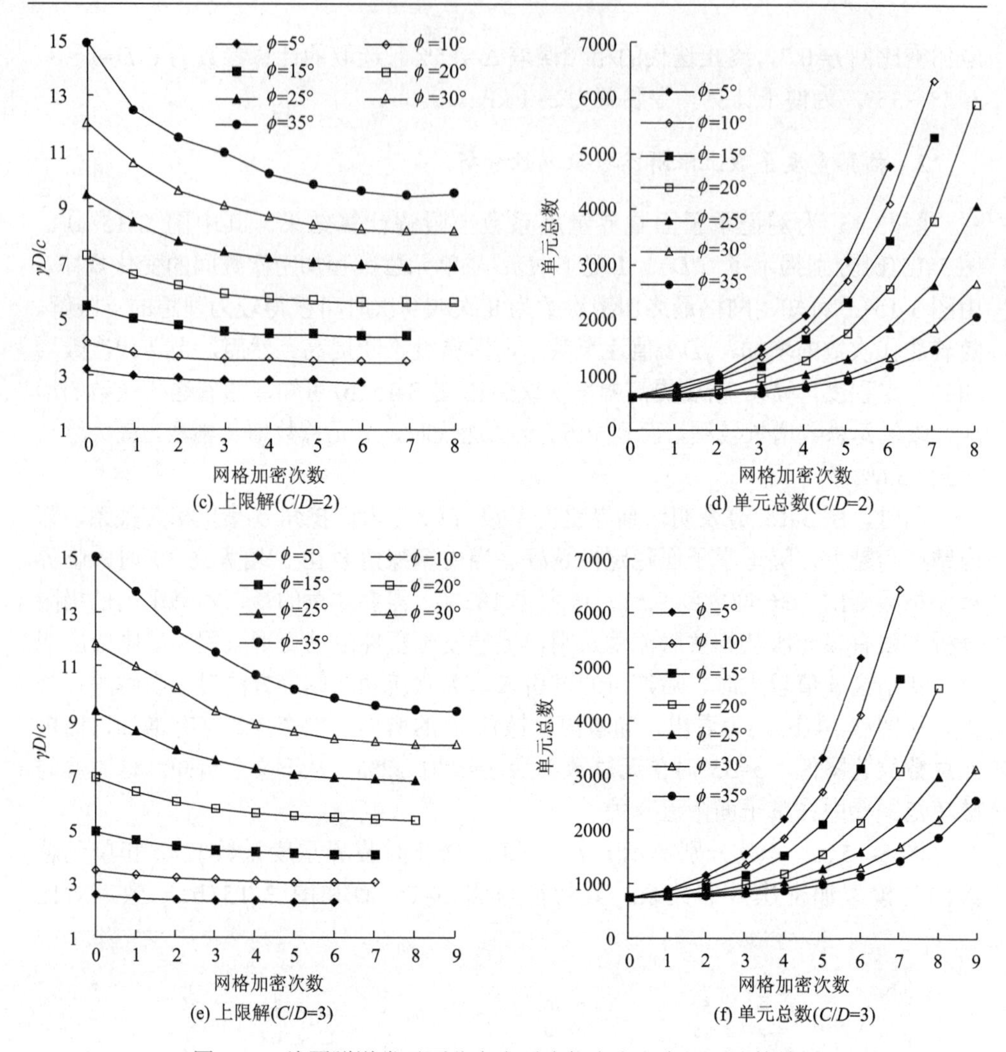

(c) 上限解(C/D=2)　　(d) 单元总数(C/D=2)

(e) 上限解(C/D=3)　　(f) 单元总数(C/D=3)

图 3-15　浅覆隧道掌子面稳定自适应加密上限有限元计算结果

图 3-15(a)～(f)可知，当内摩擦角较小时($\phi < 25°$)，掌子面前方破坏滑移面可延伸至地表，$\gamma D/c$ 随着 C/D 增加而有所减小，即隧道埋深增大稳定性却变差。当内摩擦角 ϕ 较大时($\phi \geqslant 25°$)，破坏仅发生在掌子面附近而未延伸到地表，$\gamma D/c$ 随 C/D 的增加变化不再明显。

为验证自适应加密上限有限元法在隧道掌子面稳定性问题中的适用性，将上限有限元[167]、刚体平动运动单元上限有限元[167]和自适应加密上限有限元法计算结果($\phi = 5°$时)列在表 3-1 中。由表 3-1 可知，三种方法计算结果接近，且自适应加密上限有限元法所获结果较其他两种方法更小，表明其计算精度较高。

表 3-1　临界重度系数 $\gamma D/c$ 对比（$\phi = 5°$）

C/D	2	2.5	3
上限有限元[167]	2.73	2.51	2.29
刚体平动运动单元上限有限元[167]	2.71	2.48	2.29
自适应加密上限有限元	2.70	2.47	2.28

3. 掌子面破坏模式参数敏感性分析

本书提出以单元耗散能为网格加密的判据，因此网格密集区域即可直观反映模型中的破坏模式的形态，故本书直接通过对模型最终网格图的分析，揭示浅覆隧道掌子面破坏机理。隧道掌子面稳定性自适应加密上限有限元分析所得最终网格图如图 3-16 和图 3-17 所示。

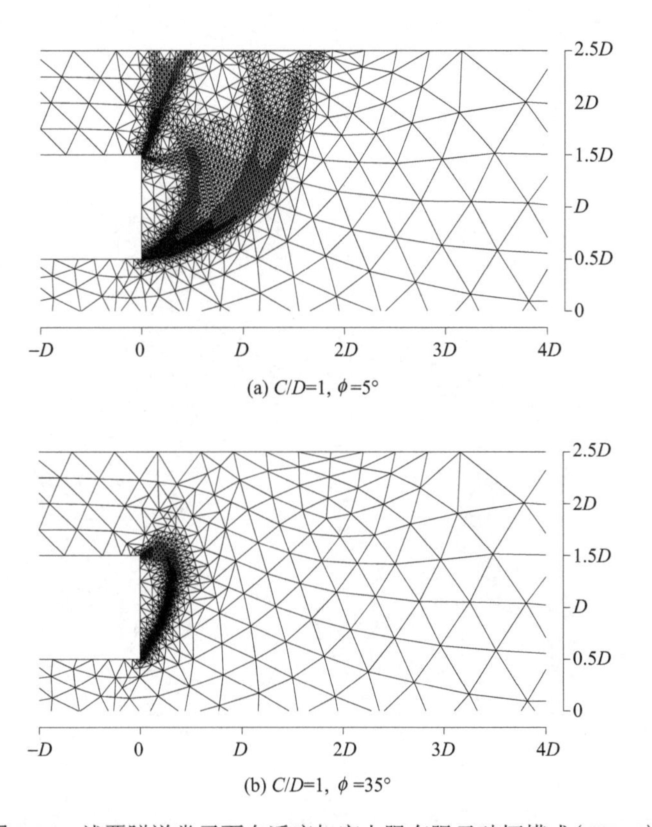

图 3-16　浅覆隧道掌子面自适应加密上限有限元破坏模式（C/D=1）

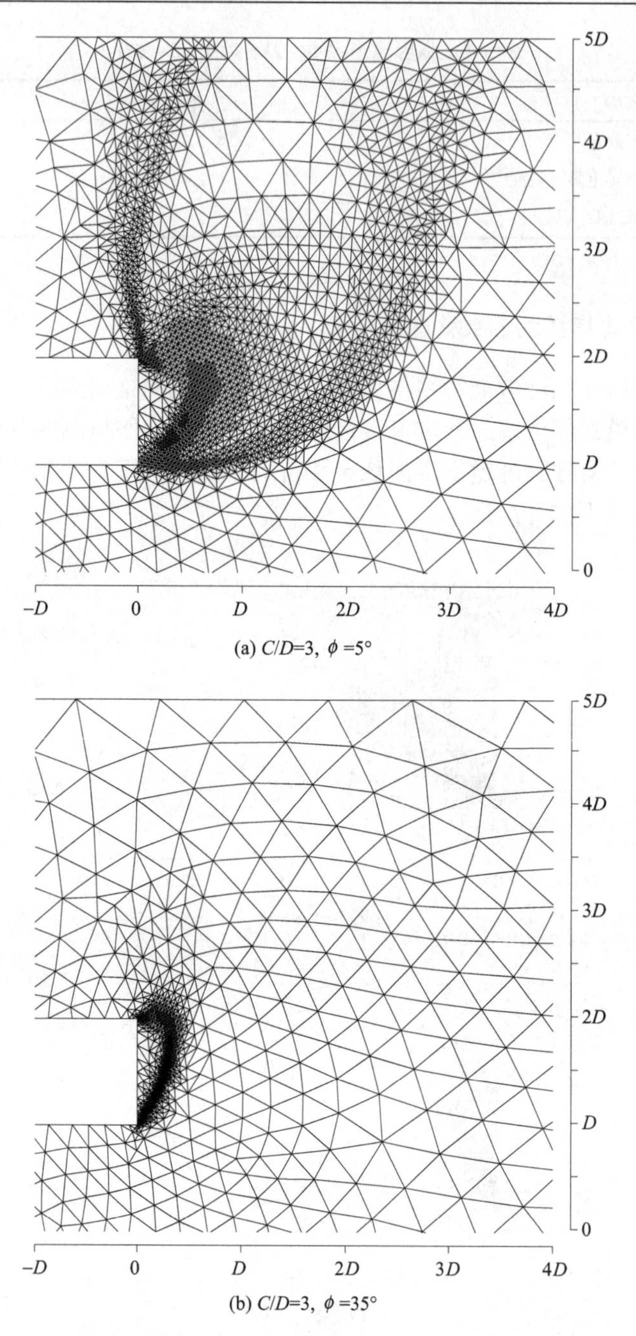

(a) $C/D=3$, $\phi=5°$

(b) $C/D=3$, $\phi=35°$

图 3-17　浅覆隧道掌子面自适应加密上限有限元破坏模式($C/D=3$)

由图 3-16(a)可知，当 $C/D=1$、$\phi=5°$时，网格密集区揭示两条主要的剪切滑移带，该剪切带起始于掌子面顶部和底部，并逐渐延伸至地表，剪切带在地表主要影响区间为(0.1D，1.8D)。同时，掌子面前方形成由两条相交的剪切带构成的楔形区，楔形区顶点位于掌子面顶部附近。在剪切带上可看出，网格密度并不相同，图 3-16(a)表明楔形区塑性应变较其他剪切带更小，故掌子面处于失稳临界状态时，前方土体主要沿延伸至地表的两条滑动面发生塑性流动变形。

由图 3-16(b)可知，当内摩擦角 ϕ 增大到 35°时，延伸至地表的两条剪切滑移带向掌子面附近偏移，最终相交并集中在掌子面前方局部范围，该破坏区域呈楔形状，且破坏区域在水平方向上影响范围仅延伸至 0.4D 处。

图 3-17(a)为 C/D=3、ϕ=5°工况下求解所得最终网格形态图。对比图 3-16(a)可知，随着隧道埋深的增加，破坏模式的形态与浅埋的情况基本相似，由两条延伸至地表剪切带和相交的剪切带组成。需要指出的是，当埋深增加时，由起始于掌子面顶部和底部的滑移面分别向掌子面后方和前方延伸，其在地表的主要影响区间也增大为(–0.2D，3.6D)，此时，塑性区范围较 C/D=1 时更大。

图 3-17(b)为 C/D=3、ϕ=35°时计算所得最终网格图。对比图 3-16(b)可知，隧道埋深对掌子面破坏模式影响较小，掌子面破坏形态和范围和 C/D=1 时基本相同。由图 3-16 也可看出，当 ϕ=35°时，不同埋深下临界重度系数 $\gamma D/c$ 值也接近，这说明土体内摩擦角较大时，破坏范围主要集中在掌子面前方附近，此时掌子面的破坏形态对埋深灵敏度不高。

值得说明的是，当隧道埋深和土体内摩擦角取其余值时，网格的最终形态介于图 3-16 和 3-17 所示的形态之间，这里不再赘述。

3.7.2 圆形基础地基承载力分析模型构建

下面采用轴对称问题自适应加密上限有限元平面等效法进行圆形基础地基极限承载力问题算例分析。首先将该轴对称问题简化到子午面进行分析，图 3-18 为圆形基础平面计算模型，利用对称性，仅考虑模型的右侧。如图所示，假定圆形基础直径为 B，基础上作用一竖直向下的均布力。模型左侧边界施加速度边界条件 u=0，底部和右侧边界条件为 u=0, v=0。需要说明的是，基础在计算模型中未模拟出来，而是通过在地基上施加速度边界条件的方式体现。为了获得地基承载力系数 N_γ 和 N_c，可在基础边界上施加速度约束条件 V_f=–1。当基础与地基光滑接触时，基础与地基之间的条件为 v=–1；当基础与地基之间界面为粗糙时，如图 3-18 所示，地基的绝对速度 V_b 由 V_f 和 V_r(基础与地基相对速度)组成，此时地基边界条件为 $u\geqslant 0$，$v+u\tan\delta=-1$(δ 表示基础与地基之间的粗糙程度)。当地基发生失稳流动破坏时，假定土体均发生被动破坏，故环形应力 σ_θ 应满足式(3-47)和式(3-51d)。因模型边界条件较简单，本例中采用类似结构化网格的形式离散模型。

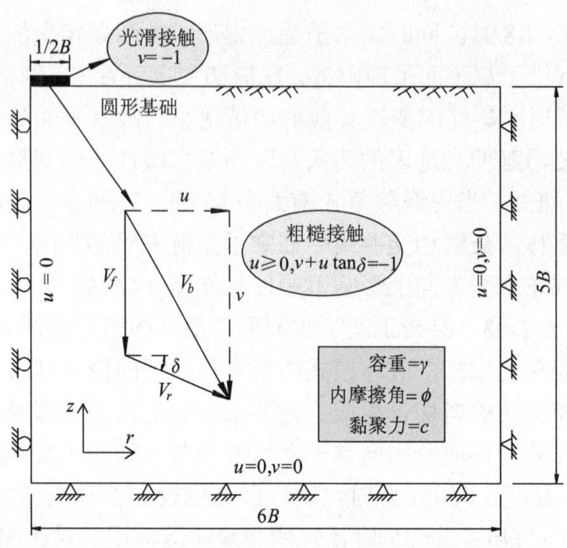

图 3-18　圆形基础地基承载力分析模型

1. 承载力系数上限解和破坏机制分析

图 3-19 为粗糙接触条件下承载力系数 N_c 和决策变量总数 n_v 随迭代次数 n_n 的变化曲线(ϕ=30°)。为研究屈服准则线性化参数 p 对结果的影响，令 η=0.6，p 分别取 12、24、36 和 48。图 3-19(a)表明，随着加密的进行，N_c 的值逐渐减小；当 p 取值越大时，由于线性化的正多边形与圆形屈服准则越接近，优化后的承载力系数上限解越小，即精度更高。然而，由图 3-19(b)可看出，模型的决策变量总数 n_v 也随着加密次数的增加而增加，即计算规模逐渐增大，且加密次数越大，n_v 增长幅度越大。考虑到 p 由 36 增加到 48 时，最终计算所得上限解的精度仅提高 0.3%，因此本算例分析中线性化参数 p 取 36。

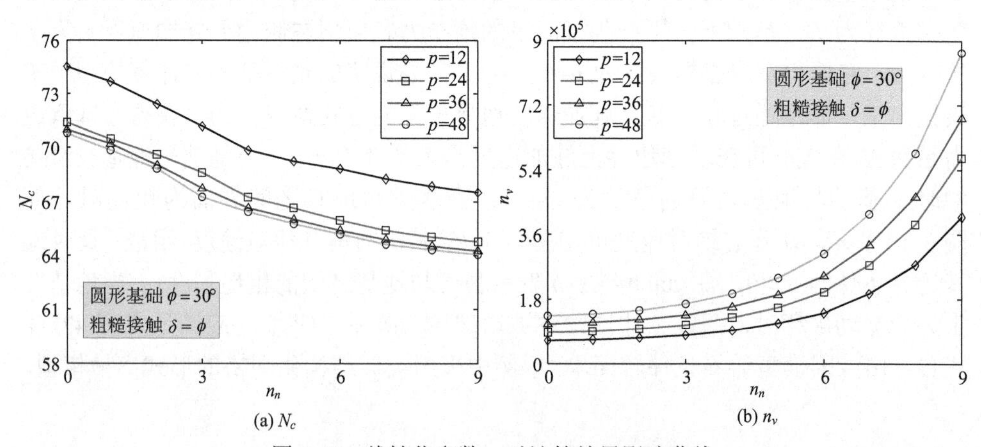

图 3-19　线性化参数 p 对计算结果影响曲线

为评价加密比例 η 对计算结果的影响，承载力系数 N_c 和单元总数 n_t 随自适应加密次数 n_n 的变化曲线示意如图 3-20(ϕ=30°)。由图 3-20(a)可知，N_c 的值随着 n_n 的增加而增加，当 η 在 0.4～0.8 之间变化时，最终的 N_c 值差别不大。对比图 3-20(a)和(b)可看出，η 取 0.2 时，虽然模型的最终单元总数最少，但获得的上限解比 η=0.6 时增大了近 0.5%；而当 η=1.0 时，即计算过程中模型中单元全部加密，基于密集网格(将近 3 倍于 η=0.6 的情况)获得的 N_c 值仅为 65.16，较 η=0.6 时增大了近 1.4%。因此，后续的分析中 η 取 0.6。

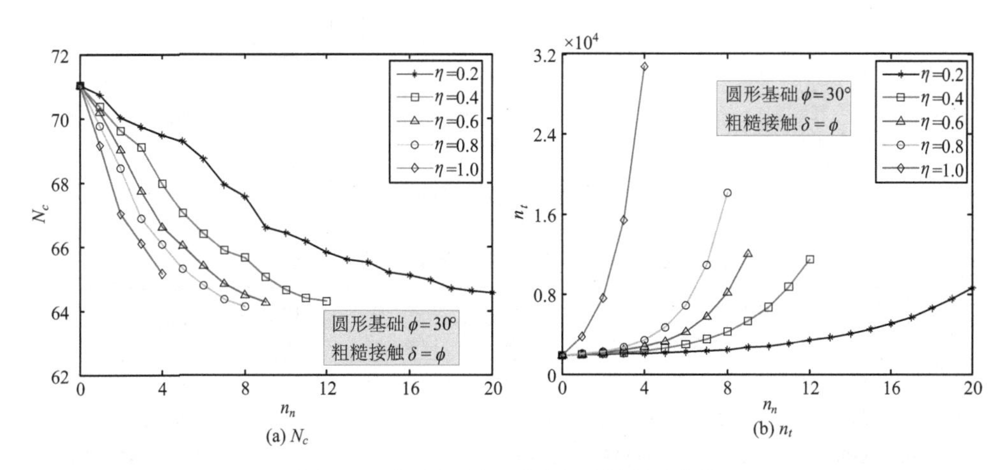

图 3-20　加密比例 η 对计算结果影响曲线

针对 ϕ=30°工况，图 3-21 示意了粗糙接触条件下不同加密阶段网格形态图和耗散能图。由图 3-21 可知，因本章自适应加密策略与耗散能有关，网格密集区域与耗散能图中阴影区域分布是一致的。随着加密次数的增加，耗散能较大区域进行自适应加密，最终形成较为清晰的塑性滑移区，该破坏形态与 Martin[168]采用的滑移线形态较为相似。同时，由图 3-21 可看出，当 n_n 增加时，耗散能图中阴影区域深度逐渐降低，即各个单元间耗散能差值逐渐减小，这也间接验证了本章自适应加密策略的有效性。

2. 承载力系数上限解与文献对比分析

表 3-2 和表 3-3 为经过自适应加密后承载力系数 N_c 和 N_γ 计算结果，表中括号外为粗糙接触结果，括号内为光滑接触结果。为验证本章自适应加密策略在轴对称问题中的适用性，将计算结果与 Turgeman 和 Pastor[169](上限有限元法结果)、Kumar 和 Chakraborty[170](上限有限元结果)、Kumar 和 Khatri[171](下限有限元结果)和 Lyamin 等[172](三维上、下限有限元结果)等文献结果进行对比。

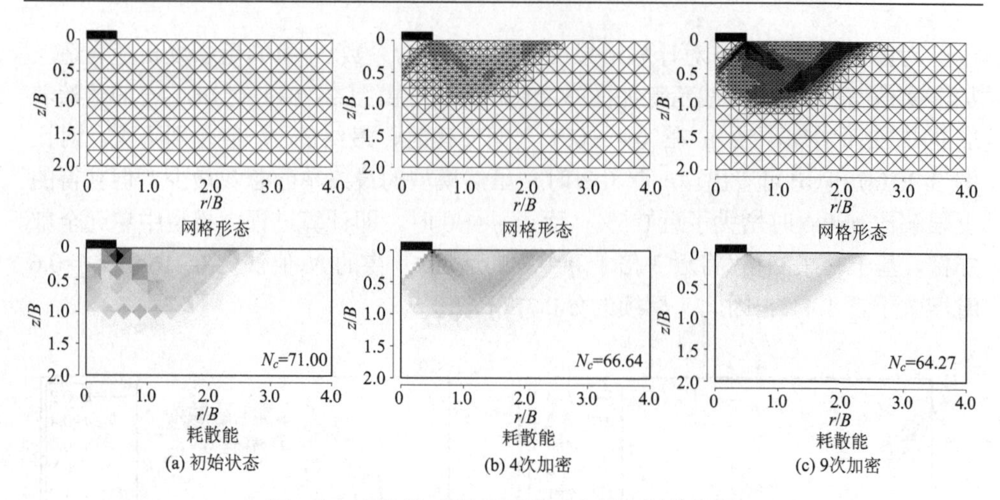

图 3-21　不同加密阶段网格形态图和耗散能图

表 3-2　圆形基础承载力系数 N_c 计算结果对比表

ϕ /(°)	本书方法	Turgeman 和 Pastor[169]	Kumar 和 Chakraborty[170]	Kumar 和 Khatri[171]	Erickson 和 Drescher[173]	Mabrouki 等[174]	Martin[168]	Cox 等[175]
5	8.00(7.47)	8.09(7.52)	8.1(7.58)	8(7.31)	-	-	8.06 (7.43)	(7.44)
10	11.16(10.05)	11.18(10.11)	11.23(10.19)	10.99(9.78)	-	-	11.09(9.99)	(9.98)
15	16.03(13.99)	16.05(14.06)	16.1(14.19)	15.66(13.51)	-	-	15.84(13.87)	(13.9)
20	24.02(20.32)	24.16(20.52)	24.24(20.65)	23.22(19.38)	22.3(19.5)	24.23(20.13)	23.67(20.07)	(20.1)
25	37.96(30.97)	37.97(31.25)	38.62(31.68)	36.17(29.06)	-	38.51(30.68)	37.31(30.52)	(30.5)
30	64.27(50.48)	63.44(50.15)	65.65(51.77)	61.48 (47.1)	-	65.53(49.76)	62.7(49.29)	(49.3)
35	117.99(89.01)	118.52(89.55)	120.4(91.24)	112.47(81.47)	108 (84)	121.12(87.2)	113.99(85.88)	(85.8)

注：括号内为光滑接触时计算结果，括号外为粗糙接触时计算结果。

表 3-3　圆形基础承载力系数 N_γ 计算结果对比表

ϕ /(°)	本书方法	Turgeman 和 Pastor [169]	Kumar 和 Chakraborty [170]	Kumar 和 Khatri [171]	Lyamin 等[172]		Erickson 和 Drescher [173]	Mabrouki 等[174]	Martin[168]
					Upper bound	Lower bound			
5	0.09(0.07)	0.1 (0.07)	0.12 (0.08)	0.08 (0.06)	-	-	-	-	0.08 (0.06)
10	0.34(0.22)	0.38 (0.28)	0.4 (0.33)	0.3 (0.2)	-	-	-	-	0.32 (0.21)
15	0.98(0.56)	1.01 (0.61)	1.08 (0.69)	0.88 (0.52)	-	-	-	-	0.93 (0.53)
20	2.56(1.33)	2.71 (1.47)	2.72 (1.51)	2.27 (1.23)	-	-	2.8 (1.7)	2.88(1.63)	2.51(1.27)
25	6.45(3.11)	7.04 (3.22)	6.78 (3.42)	5.68 (2.84)	8.26	5.65	-	6.96(3.68)	6.07(2.97)
30	16.64(7.48)	18.19 (8.29)	17.54(8.32)	14.65(6.72)	19.84	14.1	-	17.55(8.62)	15.54(7.1)
35	45.67(19.14)	51.52(21.78)	48.24(21.6)	39.97(16.73)	52.51	37.18	45 (21)	47.37(21.6)	41.97(18.02)

注：括号内为光滑接触时计算结果，括号外为粗糙接触时计算结果。

结果表明，本书计算结果小于其他文献中上限有限元法结果，且略大于下限有限元法结果。同时，将本书计算结果与 Erickson 和 Drescher[173]（有限差分软件 flac 2D 结果）、Mabrouki 等[174]（有限差分软件 flac 3D 结果）、Cox 等[175]（半解析结果）及 Martin[168]（应力特征性法结果）等采用的其他方法进行对比。结果表明，本书的计算结果与其他方法结果较为接近。

上述计算工况中模型最终单元数大多介于 3000～12000 之间，小于文献 Kumar 和 Chakraborty[170]中采用的单元数，而上限解的精度却更高。总的来说，本书的方法能有效地搜索到塑性变形较大的破坏区域，并清晰地揭示塑性滑动区的形态，该法在轴对称问题分析中也是可行的。

需要补充说明的是，当计算地基承载力系数 N_γ 时，假定地层中土体均为被动破坏与实际不符，因此计算 N_γ 产生的误差较 N_c 更大，但由于主动区域范围较小，最终获得的 N_γ 值与其他方法也是较为接近的。后续可通过程序改进实现主动、被动破坏区域的自动识别，以获得更符合实际的结果。

3.7.3 竖井围岩稳定性自适应加密上限有限元分析

城市盾构隧道工程中，常需要采用明挖法开挖竖井，以便盾构机的始发和到达接收。同时，竖井在刚性基础施工、人工钻孔灌注桩开挖、储水和储油等工程中应用也较多。针对深度较大的竖井，土体的拱效应对土体的稳定性影响较大，若不考虑环向应力影响，仅采用简化的平面应变模型对其稳定性进行评价是不合理的。本节采用轴对称问题的自适应加密上限有限元平面等效法，对圆台竖井（侧墙刷坡）临界重度系数及地层破坏模式演变特征进行探讨。

1. 圆台竖井围岩稳定性分析模型构建

图 3-22 为圆台竖井围岩稳定性分析模型，同样将该轴对称问题简化到 r-z 平面进行研究。根据对称性，仅考虑模型的右侧。主要假定为：①模型中竖井开挖深度为 H，圆台竖井底部开挖半径（AF）为 b，竖井侧墙 AB 与水平方向夹角为 α；②不考虑水的影响，且竖井周边土体为均质地层，满足 Mohr-Coulomb 屈服准则和 Haar-Karman 假定，土体容重 γ，有效黏聚力 c，内摩擦角为 ϕ；③地表水平，竖井开挖面（AF）、侧墙（AB）和地表（BC）均无外力作用。

图 3-22(b)为圆台竖井围岩稳定性分析问题初始网格形态（以 H/b=1，α=90°为例说明）。如图 3-22(b)，这里采用非结构化网格离散模型，初始网格总数为 80，速度间断线为 109，圆台竖井附近网格稍密、远处稀疏，其他工况下网格划分方式相似。通过试算确定加密比例 η=0.8，相对误差Δ=0.1%，Mohr-Coulomb 屈服准则线性化参数 p=24。假定模型左侧边界（EF）约束 x 方向速度，即 u=0；右侧（CD）

和下侧边界(DE)x 和 y 两个方向速度均约束，即 u=0，v=0；竖井开挖面(AF)、边墙(AB)和地表(BC)边界自由。模型下方延伸长度为 4b，模型水平方向延伸长度为5b。为便于分析，将计算参数无量纲化，将圆台竖井围岩稳定性问题转化为求解使得竖井围岩恰好处于塑流发生时的临界重度系数 $\gamma H/c$；临界值 $\gamma H/c$ 为 ϕ、H/b 和 α 的函数，可表示为 $\gamma H / c = f(\phi, H / b, \alpha)$。当围岩发生失稳流动破坏时，土体为主动破坏，故环形应力 σ_θ 应满足式(3-46)和式(3-51a)。

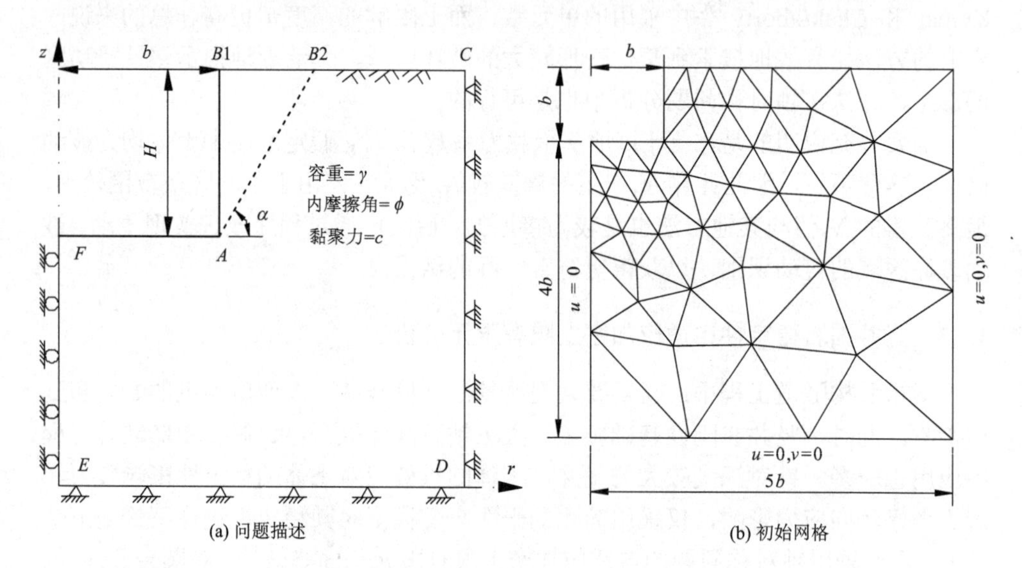

图 3-22 圆台竖井围岩稳定性分析的模型(H/b=1)

本节选取计算参数为 ϕ=0～30°，H/b=0.2、0.4、0.6、0.8、1～10，α=90°、60°，为便于计算，令黏聚力 c=100 kPa。

2. 临界重度系数上限解分析

1)圆形竖井临界重度系数分析

图 3-23 为圆形竖井临界重度系数 $\gamma H/c$ 的计算结果(α=90°)。为了验证本书方法在竖井围岩稳定性问题中的适用性，将基于刚性滑块上限法结果(Britto 和 Kusakabe[176])、基于三维极限分析上、下限有限元法+非线性规划模型结果(Lyamin 和 Sloan[157])、基于二维极限分析上、下限有限元法结果(Kumar 等[177])均绘制在图 3-23(a)中。图中，极限分析上、下限有限元法结果均采用上、下限解的平均值表示。

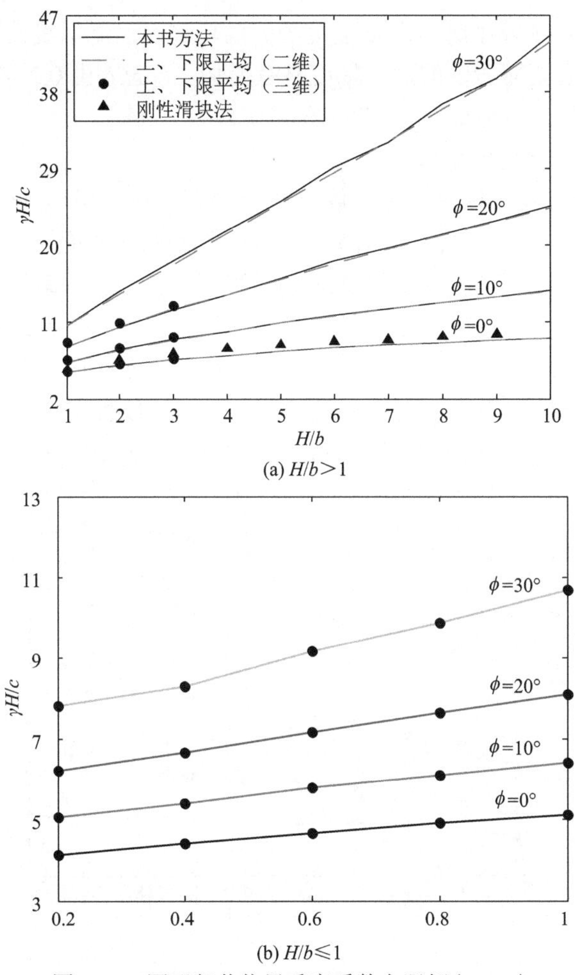

(a) $H/b>1$

(b) $H/b\leqslant 1$

图 3-23　圆形竖井临界重度系数上限解(α=90°)

由图 3-23(a)可看出，临界重度系数 $\gamma H/c$ 随着深径比 H/b 和内摩擦角 ϕ 的增加而逐渐增大。$\gamma H/c$ 值随 H/b 的增加呈近似线性增长，且 ϕ 越大，$\gamma H/c$ 增长幅度越明显。当 H/b 由 1 增加到 10 时，$\gamma H/c$ 值增加了 79.29%(ϕ=0°)、317.91%(ϕ=30°)。

由图 3-23(a)还可发现，采用本章方法计算的临界重度系数 $\gamma H/c$ 小于刚性滑块法计算结果，即精度更高。本书获得的 $\gamma H/c$ 小于文献中二维模型计算的上限解(采用结构化网格离散模型)，且与二维上、下限解平均值较为接近，说明本书的自适应方法可有效地提高上限解的精度(尽管采用非结构化网格离散模型)。本书的 $\gamma H/c$ 同样小于文献中三维模型计算的上限解，且与三维上、下限解平均值较为接近。上述的对比分析表明，采用本书的自适应加密上限有限元平面等效法研究竖井围岩稳定性问题是可行的。

图 3-23(b)为深径比较少时($H/b\leqslant 1$)计算的临界重度系数变化曲线。由图可

看出，当内摩擦角 ϕ 较小时，$\gamma H/c$ 值随 H/b 的增加而呈近似线性增长；随着内摩擦角的增加，$\gamma H/c$ 值随 H/b 的增长幅度略有增加。当 H/b 由 0.2 增加到 1 时，$\gamma H/c$ 值分别增加了 23.33%(ϕ=0°)、36.75%(ϕ=30°)。

2)圆台竖井临界重度系数分析

图 3-24 为圆台竖井临界重度系数 $\gamma H/c$ 上限解计算结果(α=60°)。由图 3-24(a)可知，与圆形竖井(α=90°)不同，$\gamma H/c$ 与 H/b 呈凸曲线关系变化，即随着 H/b 的增加，$\gamma H/c$ 值增长幅度先增加，后逐渐趋于平缓，且随着内摩擦角 ϕ 的增加，上述凸曲线曲率越大。当内摩擦角 ϕ 较小时，随着 H/b 由 1 增加到 10，$\gamma H/c$ 值增长幅度相对较小，增加了约 36.13%；当 ϕ=30°时，$\gamma H/c$ 值增加了约 77.86%。图 3-24(b)表明，当 $H/b \leqslant 1$ 时，$\gamma H/c$ 值随 H/b 的增加而呈近似线性增长，且 ϕ 越大，曲线斜率越大。当 H/b 由 0.2 增加到 1 时，$\gamma H/c$ 值增加了 17.55%(ϕ=0°)、26.06%(ϕ=30°)。

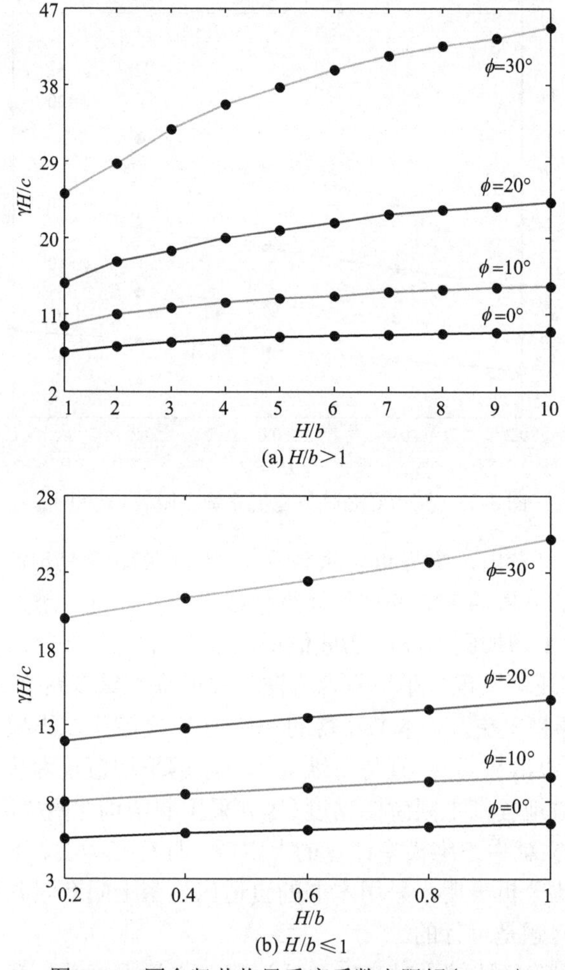

(a) $H/b > 1$

(b) $H/b \leqslant 1$

图 3-24　圆台竖井临界重度系数上限解(α=60°)

表 3-4 为不同工况下临界重度系数 $\gamma H/c$ 随 α 的增长变化表。由表 3-4 可看出，当 $H/b\leqslant 1$，侧墙与水平方向夹角 α 由 90°减小到 60°时(放坡)，$\gamma H/c$ 值增长较为明显。随着 ϕ 的增加，$\gamma H/c$ 增长的幅度逐渐增大，当 H/b=0.2，ϕ=30°时，$\gamma H/c$ 增长了约 155.38%。随着 H/b 的增大，$\gamma H/c$ 增长率逐渐减小。

表 3-4　临界重度系数增长变化率 $(\gamma H/c_{60°}-\gamma H/c_{90°})/(\gamma H/c_{90°})$ 表 ($H/b\leqslant 1$)

ϕ / (°)	H/b				
	0.2	0.4	0.6	0.8	1.0
0	35.55	35.02	32.26	30.49	29.19
10	58.55	57.57	54.62	52.62	50.49
20	92.49	92.28	87.63	83.62	81.38
30	155.38	156.68	145.05	139.70	135.42

表 3-5 为 $H/b\geqslant 1$ 时临界重度系数 $\gamma H/c$ 随 α 的增长变化表。表 3-5 表明，当 α 由 90°减小到 60°时，$\gamma H/c$ 值基本呈增长趋势，但随着 H/b 的增加，$\gamma H/c$ 的增长率逐渐减小。需要说明的是，当 H/b=10 时，$\gamma H/c$ 值变化较小，甚至出现负增长。上述结果表明，竖井深径比较大时，α 的变化对竖井围岩稳定性影响较小。

表 3-5　临界重度系数增长变化率 $(\gamma H/c_{60°}-\gamma H/c_{90°})/(\gamma H/c_{90°})$ 表 ($H/b\geqslant 1$)

ϕ/ (°)	H/b									
	1	2	3	4	5	6	7	8	9	10
0	29.19	22.39	16.64	12.82	9.04	5.72	3.74	1.51	–0.34	–1.91
10	50.49	40.92	30.85	25.13	18.19	12.02	8.71	4.62	1.25	–1.97
20	81.38	64.95	49.17	40.92	30.39	20.45	16.45	9.81	3.35	–1.88
30	135.42	96.75	80.47	65.12	49.93	36.48	29.33	16.22	9.48	0.19

3. 圆台竖井破坏机制分析

图 3-25～图 3-28 为圆形竖井(α=90°)发生失稳流动时最终网格形态，因本书自适应加密策略与单元耗散能有关，图中单元密集区域即揭示了塑性流动变形较大区域。

由图可知，地层发生失稳破坏时，竖井端部形成一条贯穿至地表的剪切滑移带。当内摩擦角 ϕ 增大时，剪切滑移带与水平方向夹角逐渐增大，破坏区域在地表影响范围逐渐减小，即破坏区域逐渐向竖井侧墙附近集中，且 H/b 越大，减小幅度越大。当内摩擦角 ϕ 由 0°增大到 30°时，地表最大水平影响范围由 1.21b 减小到 1.12b(H/b=0.2)；5.74b 减小到 2.63b(H/b=7)。随着 H/b 的增加，破坏区域范围逐渐增大，且竖井端部位置单元逐渐加密。当 H/b 由 0.2 增大到 7 时，地表最大影响范围由 1.21b 增加到 5.74b(ϕ=0°)；1.12b 增加到 2.63b(ϕ=30°)。上述地层破坏模式特征与 Kumar 等[177]描述的速度矢量图描述的土体速度分布特征是一致的。

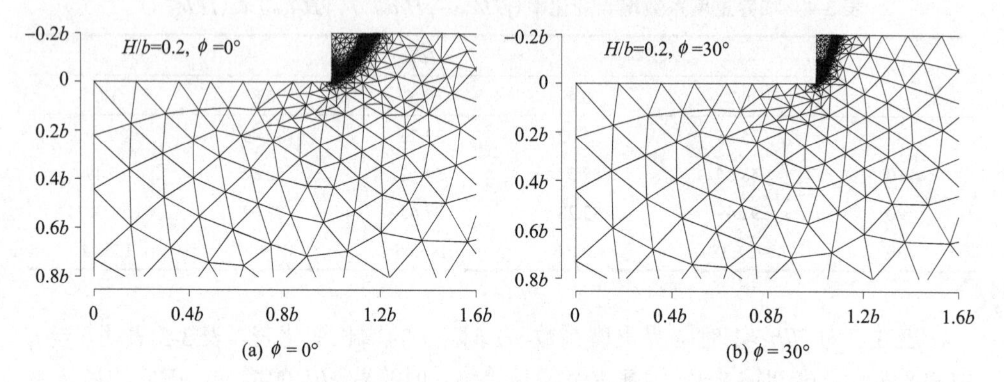

(a) ϕ = 0°　　(b) ϕ = 30°

图 3-25　圆形竖井(α=90°)破坏模式特征图(H/b=0.2)

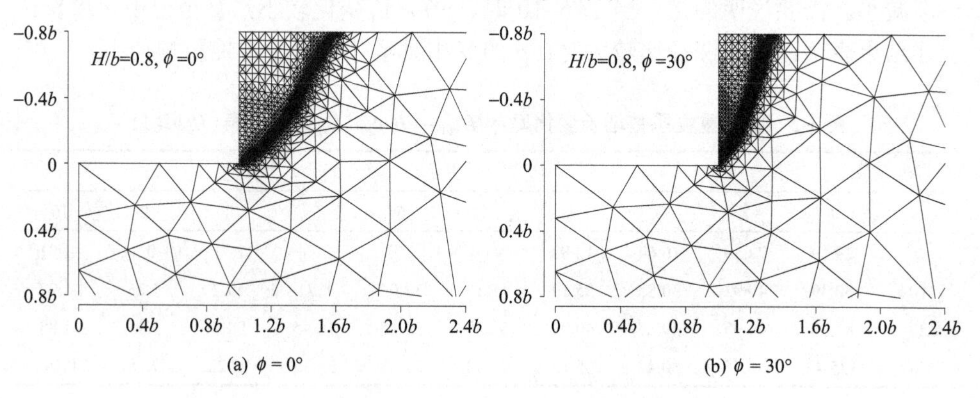

(a) ϕ = 0°　　(b) ϕ = 30°

图 3-26　圆形竖井(α=90°)破坏模式特征图(H/b=0.8)

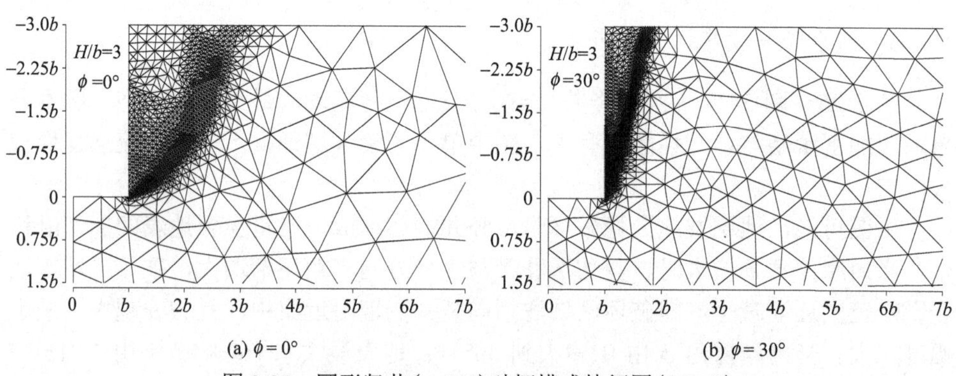

(a) ϕ = 0°　　(b) ϕ = 30°

图 3-27　圆形竖井(α=90°)破坏模式特征图(H/b=3)

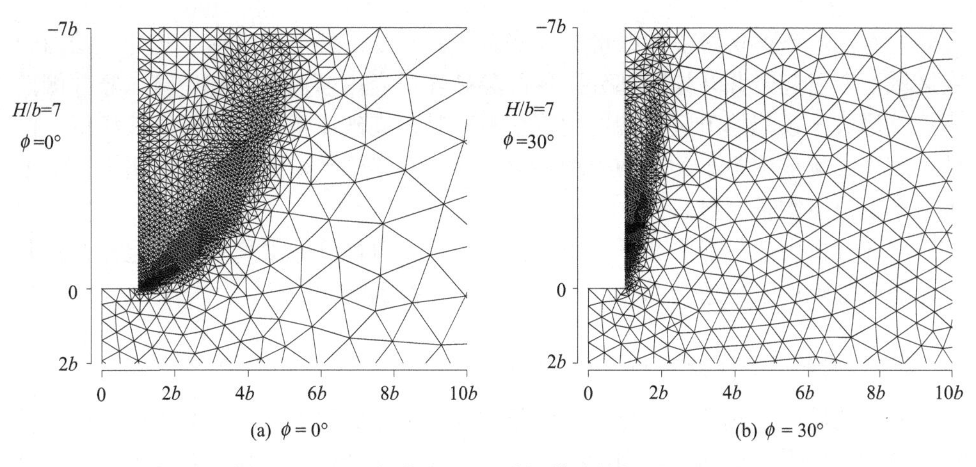

(a) $\phi=0°$　(b) $\phi=30°$

图 3-28　圆形竖井(α=90°)破坏模式特征图(H/b=7)

图 3-29～图 3-30 为圆台竖井(α=60°)发生失稳流动时最终网格形态。由图可知，当内摩擦角 ϕ=0°时，网格密集区域形成一条贯穿至地表的剪切滑移带，与圆

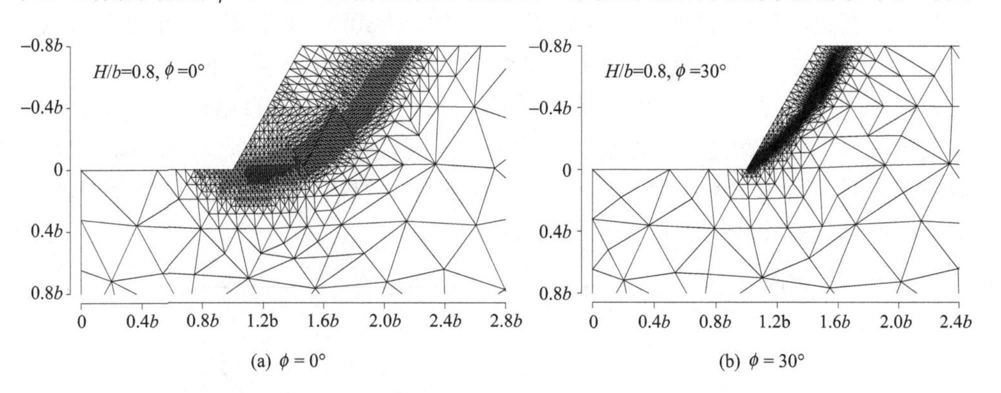

(a) $\phi=0°$　(b) $\phi=30°$

图 3-29　圆台竖井(α=60°)破坏模式特征图(H/b=0.8)

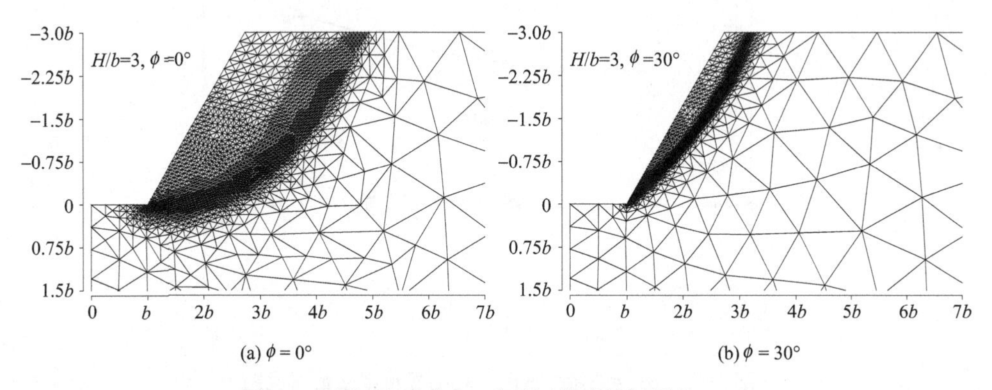

(a) $\phi=0°$　(b) $\phi=30°$

图 3-30　圆台竖井(α=60°)破坏模式特征图(H/b=3)

形竖井不同，该剪切带以曲线形式发展至竖井端部，并继续延伸至竖井开挖面一定区域，即引起竖井开挖面部分区域隆起破坏。当内摩擦角 ϕ=30°时，竖井侧墙附近仅形成一条起始于竖井端部的剪切滑移带，其破坏特征与圆形竖井相似，但地表水平影响范围更小。当 H/b 增加时，剪切滑移带包含的范围逐渐增大，地表水平影响范围增长明显。

上述分析表明，当竖井采用放坡开挖时，虽可提高地层稳定性，但需在竖井开挖面端部附近采取适当的加固措施，防止竖井的隆起破坏。

4. 圆台竖井与平面边坡结果对比探讨

由上述破坏模式图可看出，圆台竖井发生失稳流动破坏时，其破坏特征与平面边坡较为接近。实际上，当 H/b 较小时，即竖井开挖面半径相对较大时，轴对称圆台竖井围岩稳定性问题可近似转化为平面应变问题考虑，能大大简化该类问题的求解过程。

图 3-31 为圆台竖井与平面边坡临界重度系数 $\gamma H/c$ 对比图，其中横坐标采用对数坐标表示。图中分别绘制出内摩擦角 ϕ=0°和 ϕ=30°时 $\gamma H/c$ 随 H/b 的变化曲线，其中，实线为轴对称模型计算结果，虚线为平面边坡模型计算结果。由图可看出，当 H/b 较大时，圆台竖井的临界重度系数大于平面边坡的计算结果，即圆台竖井拱效应增加了地层稳定性。随着 H/b 的减小，圆台竖井与平面边坡的临界重度系数趋于相同，当 H/b=0.02 时，两者的误差在 0.2%以内，此时可直接采用平面应变模型近似研究轴对称的圆台竖井围岩稳定性。

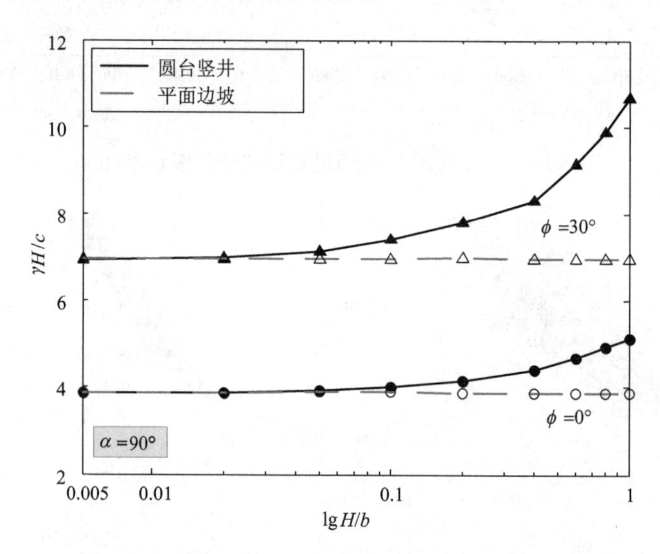

图 3-31　圆台竖井与平面边坡临界重度系数对比图

3.8　本 章 小 结

本章主要探讨了塑性变形单元上限有限元的基本理论和求解流程，为了提高上限解精度，引入以耗散能为权重指标的两种自适应加密策略，即 h 型加密和 h-p 型加密，并针对条形基础地基承载力及浅覆隧道开挖面稳定性问题进行算例分析，主要内容和结论如下：

(1) 阐述了三节点三角形单元上限有限元基本理论，通过 Mohr-Coulomb 屈服准则线性化处理，构建极限分析上限有限元线性规划模型，并针对三节点三角形单元+速度间断线的模型离散方式，提出基于耗散能指标的网格自适应加密策略(h 型加密)，列出该法的求解流程。

(2) 阐述了六节点三角形高阶单元离散+网格加密的自适应加密策略(h-p 型加密)，并介绍了六节点三角形单元自适应加密上限有限元法基本理论，主要包括模型离散、速度间断线和单元内部塑性流动约束条件施加、边界条件施加、线性规划模型构建及网格自适应加密等具体内容。

(3) 针对条形基础地基极限承载力问题，分别采用三节点和六节点三角形单元自适应加密上限有限元法计算承载力系数 N_c，并与理论计算结果对比，验证本节方法的正确性。结果表明：模型在自适应加密过程中可有效提高上限解精度；所获取的破坏模式可清晰揭示主动区、扇形过渡区和被动区，其形态与经典 Prandtl 模型一致；基于三节点三角形单元+间断线和六节点三角形单元(无间断线)的自适应加密策略在隧道围岩稳定性问题中是高效的。

(4) 针对浅覆隧道掌子面稳定性问题，采用六节点三角形单元自适应加密上限有限元法获得重度系数，并与刚体平动运动单元上限有限元法结果对比验证。结果表明：内摩擦角 ϕ 是影响隧道掌子面稳定性的主要因素；隧道掌子面稳定性随内摩擦角的增大而显著增加，且掌子面破坏区域由延伸至地表逐渐集中到掌子面附近。当内摩擦角 $\phi<25°$时，掌子面稳定性随埋深的增加而有所减小；当内摩擦角 $\phi\geq25°$时，掌子面稳定性随 C/D 的增加变化不再明显。

(5) 针对圆形基础地基极限承载力问题，采用轴对称问题自适应加密上限有限元平面等效法计算承载力系数 N_c 和 N_γ，并与理论计算结果对比，验证本章方法的有效性。结果表明：本章方法可获得精度较高的上限解；所获取的破坏模式可直观揭示塑性滑移区，且其形态与滑移线法所得结果相似。

(6) 针对圆台竖井围岩稳定性问题，采用自适应加密上限有限元法探讨了竖井临界重度系数及相应破坏模式演变规律，并与已有结果进行对比分析。结果表明：

本章方法在竖井稳定性分析中也具有良好的适用性(即使基于非结构化网格)。竖井垂直开挖可产生延伸至竖井端部的剪切滑移带，放坡开挖的剪切滑移带则会延伸至竖井开挖面局部区域。放坡开挖可有效提高竖井围岩稳定性，然而，随着深径比的增加，其影响逐渐减弱。圆台竖井发生失稳流动破坏时，地层破坏特征与平面边坡较为相近；当深径比小于 0.02 时，可直接采用平面边坡模型近似研究轴对称的圆台竖井围岩稳定性。

第 4 章　基于上限有限元法的隧道失稳破坏机理研究

4.1　引　　言

目前，上限有限元法被广泛用于隧道稳定性分析中，如 Augarde 等[115]、Yang 等[178]以极限分析上限有限元法，得到了平面应变隧道支护压力的上限解；黄茂松、宋春霞等[51,179]采用多滑块上限法对非均质黏土地基隧道开挖面及环向开挖面稳定性进行分析。但目前研究多假设工况为处于均质地层无衬砌圆形隧道。而实际工程中，为减小开挖尺寸、节约成本，多采用空间利用率较高的矩形隧道。且城市隧道埋深较浅，穿越地层一般地质条件复杂、地层分界面起伏较大，施工过程中不可避免会遇到复杂地层(如上软下硬)。为避免隧道沉降超限等问题，施工中常用壁后注浆等工艺在隧道周边形成强度较高的加固层以此保证隧道稳定。

而现有研究对矩形隧道、非均质地层、注浆层影响下的地层坍塌机理和破坏特征缺乏足够认识，易出现变形控制失败、围岩和支护结构失稳破坏等事故，给隧道设计和施工造成较大的困难。因此，本章基于第 3 章提出的极限分析上限有限元理论，构建了地表超载和自重荷载作用下隧道稳定分析能耗模型，研究地层参数、隧道参数、注浆层参数等对诱发隧道开挖面失稳的影响，给出隧道临界状态下地表沉降形态曲线与剪切滑移带分布特征，揭示了隧道开挖面失稳临界状态地层塑性流动特征。研究结果可应用于隧道开挖控制、地层预处理及防范塌陷破坏等方面的指导。

4.2　均质地层下隧道开挖面失稳机理研究

4.2.1　矩形隧道失稳地表超载系数上限解研究

1. 模型简化及离散

隧道开挖面稳定性问题是三维问题，但当隧道跨度较大时，隧道高度相对跨度尺寸可忽略不计，此时大断面隧道开挖面稳定问题可简化为平面问题进行分析，如图 4-1 所示。其中，隧道埋深假定为 C，隧道高度为 D；地表水平，且施加了均匀分布的荷载 σ_s(引发隧道塌陷破坏)；岩土体满足 Mohr-Coulomb 屈服准则，土体的容重为 γ，内摩擦角为 ϕ，黏聚力为 c；隧道开挖面无支护力作用；因本书重点关注的是隧道开挖面稳定，故假设已开挖段施加了刚度较大的支护，约束该段位移；不考虑水的影响。

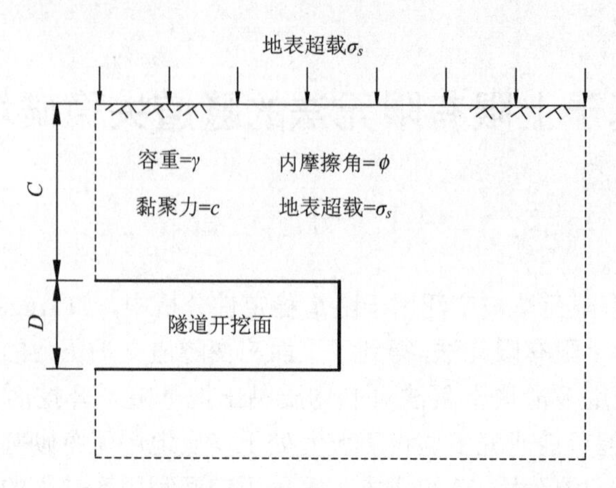

图 4-1　地表超载下大断面隧道开挖面稳定分析模型

图 4-2 为地表超载下大断面隧道开挖面稳定分析初始网格图（以 $C/D = 2$ 为例说明）。如图所示，分析模型大小由 $A(a,b)$、$B(g,b)$、$C(g,f)$ 和 $D(a,f)$ 四个顶点坐标控制；假定已开挖段长度为 M，此处为 $1.5D$；模型底部长度和未开挖段长度分别由参数 L_1 和 L_2 控制，此处分别为 $1D$ 和 $3.5D$；模型左侧边界 DE 和 AF 边界约束其水平方向和竖直方向速度分量，即 u=0, v=0；模型底部边界 AB 和右侧边界 BC 约束其水平方向和竖直方向速度分量，即 u=0, v=0；模型中已开挖段约束其水平方向和竖直方向速度分量，即 u=0, v=0；隧道开挖面无支护力作用；为了引发隧道开挖面失稳，在地表边界 CD 施加柔性约束 $\int_{CD} v_i \mathrm{d}l = -1$。为便于分析，

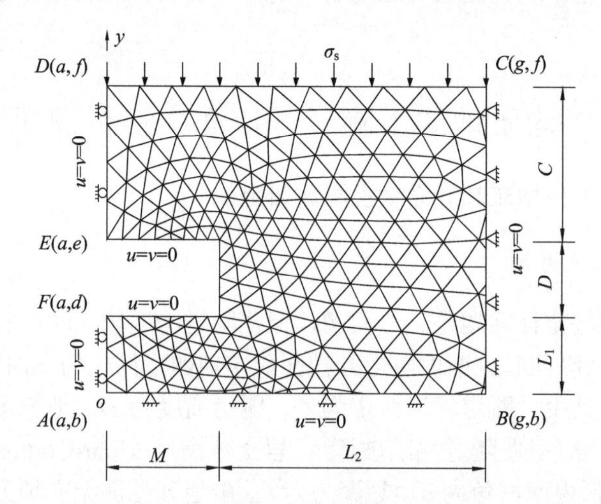

图 4-2　地表超载下大断面隧道开挖面稳定分析初始网格图

通过无量纲化处理，将地表超载作用下大断面隧道开挖面稳定问题转化为求解使得地层恰好处于塑流发生时的临界状态的地表超载 σ_s/c，其是 $\gamma D/c$、ϕ 和 C/D 的函数，可表示为 $N_s = \sigma_s / c = f(\gamma D / c, \phi, C / D)$。

为了便于分析，将计算参数无量纲化，即求解一临界值 σ_s/c，使得隧道围岩恰好处于失稳破坏的临界状态，此时临界值 σ_s/c 为参数 $\gamma D/c$、ϕ 和 C/D 的函数。通过上述的线性规划模型可求解诱发隧道开挖面失稳的最小地表超载 σ_s，而本节所需的临界地表超载系数则通过表达式 σ_s/c 获得。本节选取的计算参数为 C/D=1～5，ϕ=0～25°，$\gamma D/c$ = 0～3。通过试算，确定用于 Mohr-Coulomb 屈服准则线性化的正多边形边数 p 为 48。需要指出的是：σ_s/c 取正值时，表示需在地表施加竖直向下的均布荷载使得隧道开挖面达到失稳临界状态；σ_s/c 取负值时，表示需在地表施加竖直向上的均布荷载使得隧道达到失稳临界状态，显然不符合工程实际，因此本章仅在理论上探讨其一般规律性。

2. 矩形隧道失稳上限解研究

表 4-1 为计算的不同参数下诱发矩形隧道开挖面失稳的地表超载系数 σ_s/c，为了方便分析，将文献 Yang 等[180]计算的结果也列在表 4-1 中。文献 Yang 等[180]主要基于节点可调整的刚性运动单元构建非线性规划模型(UBFEM-RTME)，通过优化过程中节点位置自适应调整获取较为精细的地层破坏模式。通过表 4-1 可看出，采用自适应加密的方法获取的临界地表超载系数值与文献计算的结果吻合，且大多情况下，自适应加密方法计算的结果比文献结果更小，根据上限定理可知，本章方法计算精度更高。

表 4-1　矩形隧道开挖面失稳地表超载系数 σ_s/c

C/D	$\gamma D/c$	$\phi=0°$		$\phi=5°$		$\phi=10°$		$\phi=15°$		$\phi=20°$		$\phi=25°$	
		上限有限元方法											
		本章	RTME	本章	RTME	本章	RTME	本章	RTME	本章	RTME	本章	RTME
1	0	4.29	—	5.70	5.67	8.09	8.06	12.48	12.46	21.69	21.79	45.18	45.18
	1	2.78	—	4.02	4.02	6.17	6.17	10.19	10.19	18.79	18.85	40.56	40.85
	2	1.23	—	2.31	2.35	4.18	4.23	7.72	7.82	15.48	15.66	35.76	36.20
	3	–0.34	—	0.54	0.66	2.10	2.26	5.07	5.37	11.87	12.45	30.29	31.19
2	0	5.44	—	7.76	7.74	12.06	12.03	21.12	21.14	44.42	44.13	117.81	118.33
	1	2.92	—	4.93	4.91	8.70	8.67	16.90	16.86	38.48	38.09	106.77	108.03
	2	0.37	—	2.01	2.04	5.17	5.19	12.29	12.34	31.60	31.54	94.67	96.56
	3	–2.21	—	–0.97	–0.87	1.47	1.61	7.32	7.56	23.97	24.40	81.96	83.87
3	0	6.20	—	9.21	9.22	15.17	15.25	28.91	29.23	67.38	69.75	215.74	220.29
	1	2.69	—	5.21	5.21	10.36	10.40	22.67	22.90	58.06	59.72	197.87	202.00

续表

C/D	γD/c	φ = 0°		φ = 5°		φ = 10°		φ = 15°		φ = 20°		φ = 25°	
		上限有限元方法											
		本章	RTME	本章	RTME	本章	RTME	本章	RTME	本章	RTME	本章	RTME
3	2	−0.87	—	1.10	1.13	5.28	5.35	15.85	16.09	48.46	49.24	178.69	181.90
	3	−4.45	—	−3.11	−3.00	−0.11	0.06	8.30	8.77	36.30	37.74	153.61	159.26
4	0	6.76	—	10.34	10.40	17.77	18.01	36.10	36.91	94.58	97.06	343.81	346.02
	1	2.23	—	5.17	5.21	11.52	11.66	27.92	28.46	82.15	82.89	317.97	319.84
	2	−2.32	—	−0.15	−0.08	4.83	4.99	18.69	19.28	66.96	68.36	286.89	289.49
	3	−6.90	—	−5.60	−5.47	−2.33	−2.08	8.37	9.26	50.45	51.96	251.03	256.29
5	0	7.21	—	11.31	—	20.18	—	43.28	—	118.84	—	506.90	—
	1	1.69	—	4.98	—	12.45	—	32.24	—	104.50	—	485.59	—
	2	−3.86	—	−1.56	—	4.13	—	21.76	—	85.23	—	446.85	—
	3	−9.45	—	−8.27	—	−4.96	—	8.52	—	63.72	—	383.69	—

为了清晰地研究各个控制参数对临界地表超载系数的影响，从表 4-1 中选出具有代表性的数据绘制曲线图。图 4-3 为不同工况下临界地表超载系数变化曲线，文献 Yang 等[180]计算的结果也绘制在图 4-3 中。此外，Augarde 等[115]采用极限分析上限有限元(UBFEM)和下限有限元法(LBFEM)，基于密集网格，针对黏土地层(ϕ=0°)开展了相关研究，此处，将 Augarde 等[115]计算的上限解和下限解也绘制出来。由图 4-3(a)可看出，自适应加密计算的 σ_s/c 上限解小于 Augarde 等[115]的计算结果，下限解大于 Augarde 等[115]的计算结果。此外，由图 4-3(a)～(d)可知，自适应加密计算的 σ_s/c 和 Yang 等[180]计算的结果接近。当内摩擦角越大、重度系数越大、埋深越深时，自适应加密计算结果更小，根据上限定理可知，本书的计算精度更高。文献 Yang 等[180]虽然采用节点可动的刚性单元离散模型，但因非线性规划求解限制，采用的单元数量较少，因此当隧道埋深较深且单元之间相互错

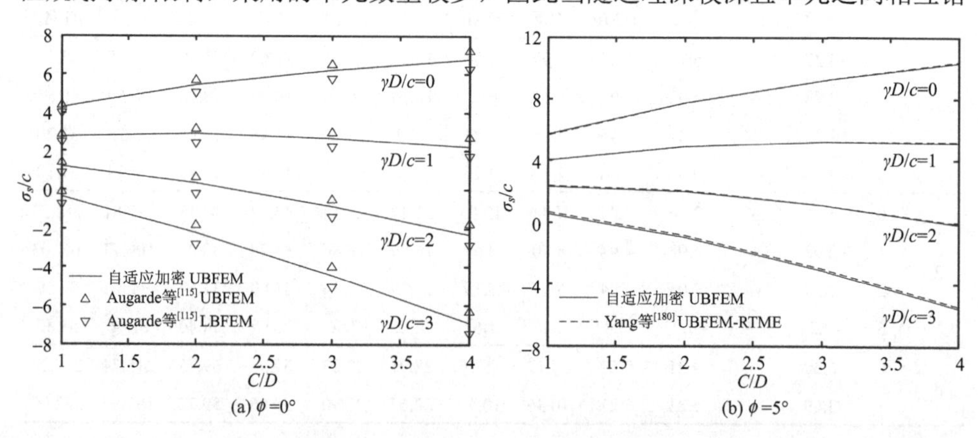

(a) ϕ=0°　　(b) ϕ=5°

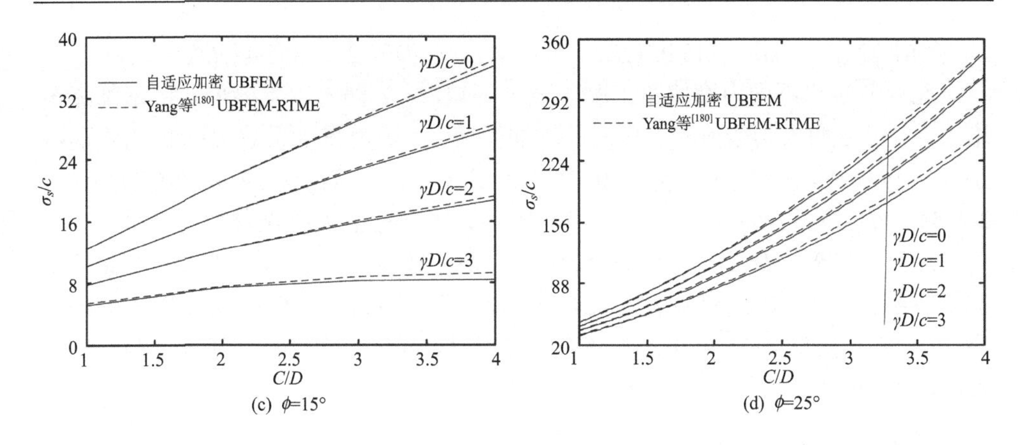

(c) ϕ=15°　　(d) ϕ=25°

图 4-3　临界地表超载系数变化图

动较为剧烈时(内摩擦角较大)，由于单元之间的相互钳制，该方法计算的结果精度略低于本书采用的方法。

由表 4-1 和图 4-3 可知，随着重度系数 $\gamma D/c$ 的增加，临界地表超载系数 σ_s/c 逐渐减小。这主要是因为随着 $\gamma D/c$ 的增大，岩土体的抗剪强度降低，地层自稳性能较差，故隧道能够承担的临界地表超载更小。当 C/D=1，重度系数 $\gamma D/c$ 由 0 增加到 3 时，σ_s/c 值减小约 107.9%(ϕ=0°)，90.5%(ϕ=5°)，59.4%(ϕ=15°)，33.0%(ϕ=25°)。当 C/D=3，重度系数 $\gamma D/c$ 由 0 增加到 3 时，σ_s/c 值减小约 171.8%(ϕ=0°)，133.8%(ϕ=5°)，71.3%(ϕ=15°)，28.8%(ϕ=25°)。当 C/D=5，重度系数 $\gamma D/c$ 由 0 增加到 3 时，σ_s/c 值减小约 231.1%(ϕ=0°)，173.1%(ϕ=5°)，80.3%(ϕ=15°)，24.3%(ϕ=25°)。

由表 4-1 和图 4-3 还可看出，当重度系数 $\gamma D/c$=0 时，随着埋深比 C/D 的增大，临界地表超载系数 σ_s/c 逐渐增大，且内摩擦角越大时，σ_s/c 增加的数值越大。随着 $\gamma D/c$ 的增加，当内摩擦角较小时，σ_s/c 的值反而随着 C/D 的增加而减小。这主要是因为当 ϕ 较小时，随着 $\gamma D/c$ 的增大，岩土体的抗剪强度降低，地层自稳性能较差，当隧道埋深增大时，无法在隧道周边形成有效的塌落拱，地层发生塑性变形破坏形成贯穿至地表的滑移线(隧道上方的土体均作用在隧道上，埋深越深，承担的上部土体荷载越大，因此，诱发隧道开挖面失稳的临界地表超载越小)。而当内摩擦角逐渐增大过程中，地层自稳性增大，σ_s/c 随着埋深比 C/D 的增加而增加。由表 4-1 可知，当 ϕ=0°，埋深比 C/D 由 1 增加到 5 时，σ_s/c 值增加约 2.92($\gamma D/c$=0)，–1.09($\gamma D/c$=1)，–5.09($\gamma D/c$=2)，–9.11($\gamma D/c$=3)。当 ϕ=5°，埋深比 C/D 由 1 增加到 5 时，σ_s/c 值增加约 5.61($\gamma D/c$=0)，0.96($\gamma D/c$=1)，–3.87($\gamma D/c$=2)，–8.81($\gamma D/c$=3)。当 ϕ=15°，埋深比 C/D 由 1 增加到 5 时，σ_s/c 值增加约 30.8($\gamma D/c$=0)，22.05($\gamma D/c$=1)，14.04($\gamma D/c$=2)，3.45($\gamma D/c$=3)。当 ϕ=25°，埋深比 C/D 由 1 增加到 5 时，σ_s/c 值增

加约 461.72($\gamma D/c$=0)，445.03($\gamma D/c$=1)，411.09($\gamma D/c$=2)，353.4($\gamma D/c$=3)。

此外，对比不同内摩擦角工况下 σ_s/c 可知，σ_s/c 随着内摩擦角 ϕ 的增加逐渐增大，且 σ_s/c 增大的数值随着埋深的增加而增大，随着重度系数 $\gamma D/c$ 的增大而减小。当 $\gamma D/c$=0，内摩擦角 ϕ 由 0°增加到 25°时，σ_s/c 值增加约 40.89(C/D=1)，209.54(C/D=3)，499.69(C/D=5)。当 $\gamma D/c$=1，内摩擦角 ϕ 由 0°增加到 25°时，σ_s/c 值增加约 37.79(C/D=1)，195.18(C/D=3)，483.9(C/D=5)。当 $\gamma D/c$=2，内摩擦角 ϕ 由 0°增加到 25°时，σ_s/c 值增加约 34.53(C/D=1)，179.56(C/D=3)，450.71(C/D=5)。当 $\gamma D/c$=3，内摩擦角 ϕ 由 0°增加到 25°时，σ_s/c 值增加约 30.63(C/D=1)，158.06(C/D=3)，393.14(C/D=5)。

3. 矩形隧道失稳破坏模式

为分析单元自适应加密迭代过程中地层破坏模式演变规律，图 4-4 绘出了初始状态、第 8 次加密(中间状态)和第 16 次加密(最终状态)对应的模型网格图(以 $C/D = 2$，$\gamma D/c = 2$，ϕ=5°为例说明)和加密后最终模型的速度场。

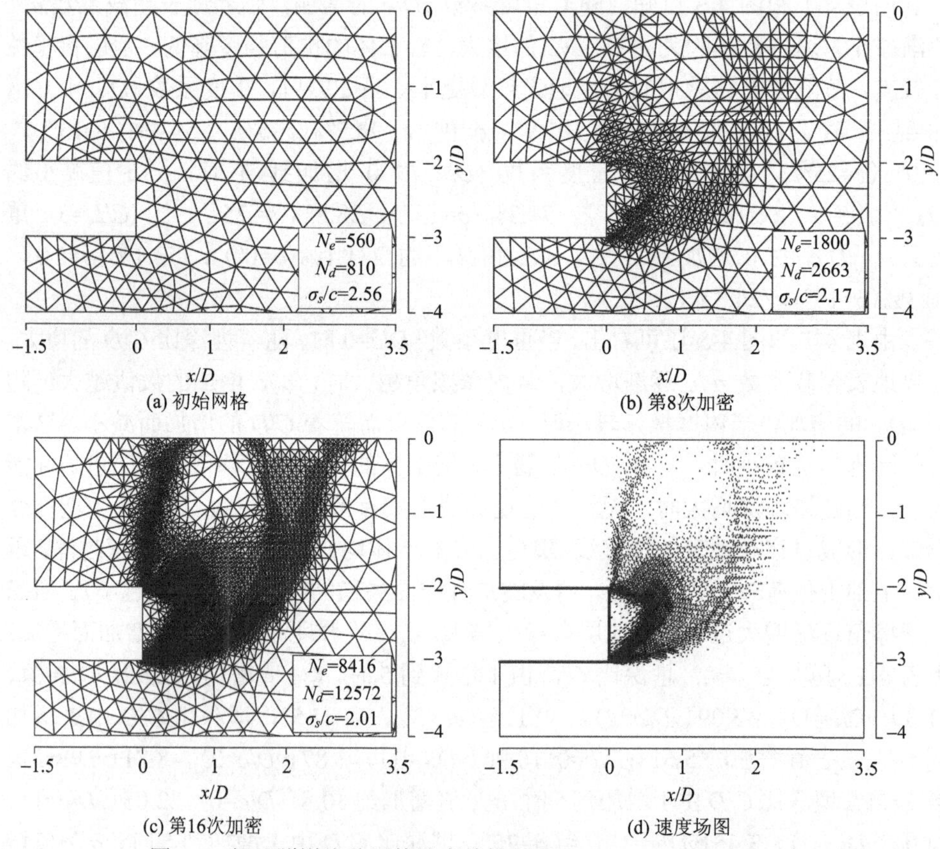

图 4-4　矩形隧道失稳网格演变特性图($C/D = 2$，$\gamma D/c = 2$，ϕ=5°)

其中图 4-4(a)为模型初始网格，网格数为 560，速度间断线数为 810，计算的临界地表超载 σ_s/c 值为 2.56；图 4-4(c)为加密后的最终网格形态图，网格数为 8416，速度间断线数为 12572，σ_s/c 值为 2.01。由图 4-4 可看出，随着自适应加密迭代的进行，计算的临界地表超载数值逐渐减小，根据上限定理，即计算精度逐渐提高。此外，对比图 4-4(a)～(c)可看出，随着迭代次数的增加，模型中塑性应变率较大区域单元逐渐加密，最终网格密集区域形成较为清晰的地层塑性滑移带。由图 4-4(c)可看出，当矩形隧道开挖面失稳时，地层主要形成三个滑移区域：滑移区域①，滑移线起始于隧道顶部，延伸至地表；滑移区域②，滑移线分别起始于隧道顶部和底部，并在隧道顶部前方附近相交，形成楔形滑移形态；滑移区域③，滑移线起始于隧道底部，向地表延伸，并在地表附近分支成两条滑移线。

图 4-4(d)为模型优化后速度场，箭头的大小和方向分别表示速度场的大小和单元塑性变形方向。对比图 4-4(c)和(d)发现，速度较大的区域和单元密集区域吻合度较好。由上述分析可知，通过引入自适应算法，随着迭代次数的增加，临界地表超载系数精度逐步提高，且可自动捕捉模型中地层滑动线形态。为了直观揭示地层滑移演变规律，下文采用最终优化后的网格图分析地层破坏模式。

4. 地层破坏模式随关键参数变化规律研究

本节主要针对典型工况开展分析，研究不同内摩擦角、隧道埋深和重度系数对矩形隧道开挖面失稳地层破坏模式的影响，其他工况获得的破坏模式形态图介于典型工况之间，本节不再详述。

图 4-5 为不同内摩擦角工况下矩形隧道开挖面失稳对应的最终地层破坏模式图(以 $C/D = 2$，$\gamma D/c = 2$ 为例说明)。当内摩擦角由 0°逐渐增大到 15°时，由图 4-5(a)～(d)可看出，其破坏区域由类似图 4-5(a)～（d）的三个区域构成，但滑移区域①中主滑移线与竖直方向的夹角逐渐增大，这与相关联流动法则的假定有关；滑移区域②范围逐渐增大，且滑移线上塑性变形增大；滑移区域③朝隧道开挖面方向偏移，延伸至地表的滑移线最大水平影响范围由 3.48D 减小到 2.72D。当内摩擦角继续增大，由图 4-5(e)～(f)可看出，滑移区域①和滑移区域③朝楔形滑移区域偏移，并逐渐局限在隧道开挖面周边区域，最终只形成滑移区域②。

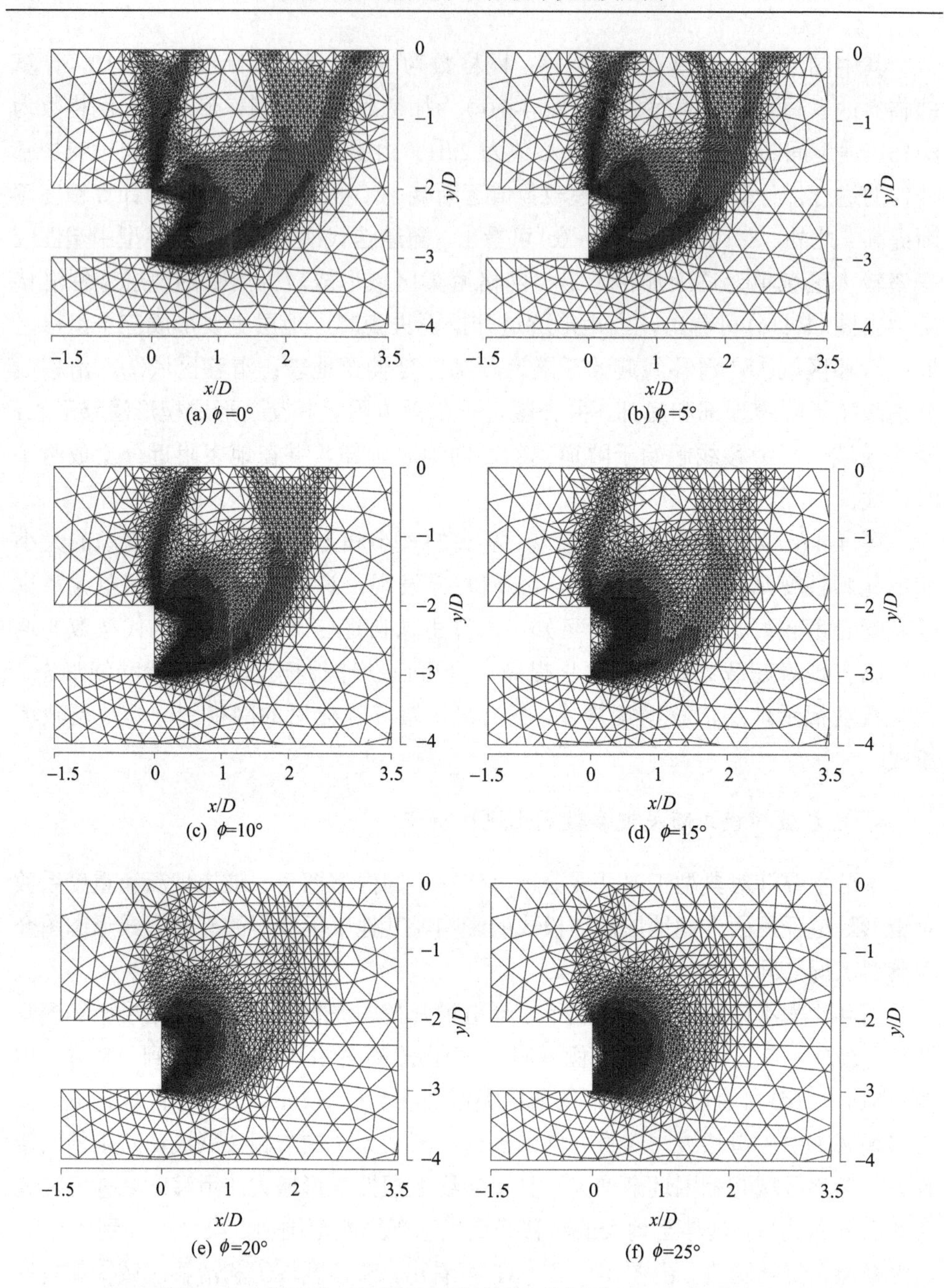

(a) $\phi=0°$　(b) $\phi=5°$　(c) $\phi=10°$　(d) $\phi=15°$　(e) $\phi=20°$　(f) $\phi=25°$

图 4-5　内摩擦角对地层破坏模式影响分析图($C/D=2$，$\gamma D/c=2$)

图 4-6 为不同埋深工况下矩形隧道失稳对应的地层破坏模式图(以 $\gamma D/c = 2$，$\phi=10°$为例说明)。由图 4-6(a)可看出，地层破坏区域由类似图 4-4(c)的三个区域构成。随着埋深比 C/D 的增加，地层破坏形态变化不大，但地层塑性滑动范围逐

渐增大，滑移区域①中滑移线由类似直线滑动逐渐转变成圆弧形滑动，并且滑移区域朝隧道已开挖段偏移，地中水平最大影响范围由 0 逐渐增大到 0.83D；滑移区域②范围逐渐增大；滑移区域③朝隧道开挖方向偏移，地表破坏区域最大水平影响范围由 1.83D 增大到 5.18D，地中破坏区域最大水平影响范围由 1.61D 增大到 4.35D。同时，滑移区域③中滑移线逐渐向下方弯曲，此时可能引起矩形隧道底部隆起破坏。

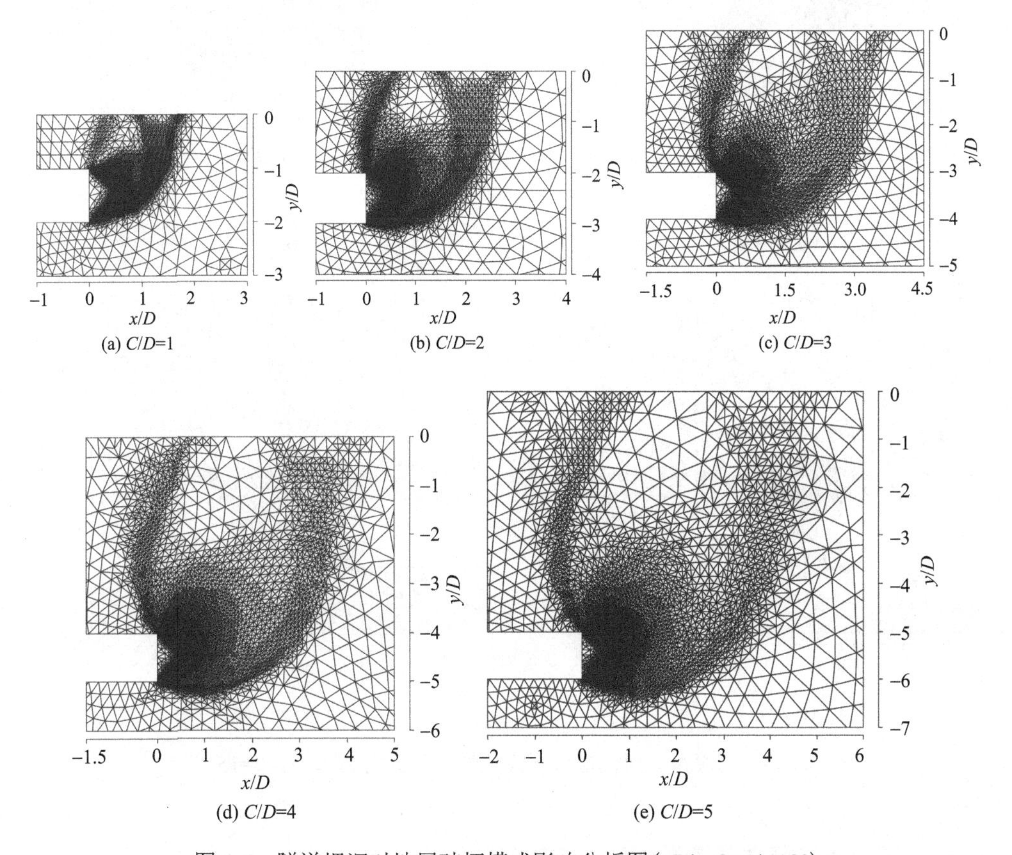

图 4-6　隧道埋深对地层破坏模式影响分析图($\gamma D/c$=2，ϕ=10°)

图 4-7 为不同重度系数工况下矩形隧道失稳对应的地层破坏模式图(以 C/D = 2，ϕ=15°为例说明)。由图 4-7 可看出，地层破坏区域由类似图 4-4(c)的三个区域构成。当重度系数 $\gamma D/c$=0 时，易引起矩形隧道底部隆起破坏。随着 $\gamma D/c$ 的增加，矩形隧道开挖面失稳地层塑性滑动形态变化不大，但地层塑性滑动范围逐渐减小，且隧道地表附近滑移区域③中滑移线由向下弯曲曲率逐渐减小。对比图 4-7(a)和(d)可看出，滑移区域③中主滑移线朝隧道开挖反方向偏移，滑移线在地表最大水平影响范围由 3.87D 减小到 3.08D，地中破坏区域最大水平影响范围由 3.26D 减

小到 2.84D。

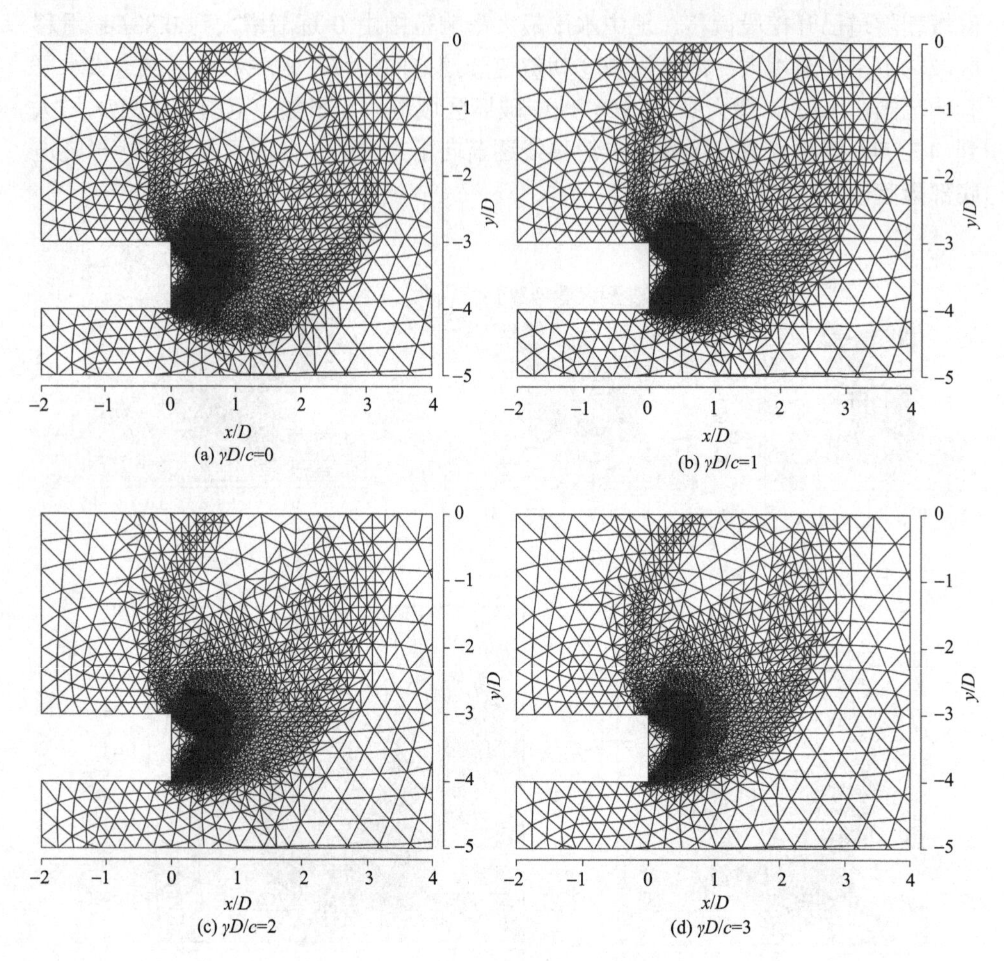

图 4-7　重度系数对地层破坏模式影响分析图(C/D=2，ϕ=15°)

4.2.2　圆形隧道环向开挖面失稳上限解研究

1. 模型简化及离散

为方便评价黏土地层(不排水条件)浅埋隧道稳定性及地层变形机制，本书将三维隧道简化为平面应变隧道力学模型(沿纵向取单位长度)进行讨论，如图 4-8 所示，主要假定为：①模型中隧道直径为 D，埋深 H；②不考虑水的影响，且隧道周边土体为均质地层，满足 Tresca 屈服准则，土体容重为 γ，有效黏聚力为 c，内摩擦角为 0°；③地表水平，隧道轮廓上作用均布荷载 σ_T。为了便于分析，将计算参数无量纲化，即求解一临界值 σ_T/c，使得隧道恰好处于失稳破坏的临界状态，

此时临界值 σ_T/c 为参数 $\gamma D/c$ 和 H/D 的函数。

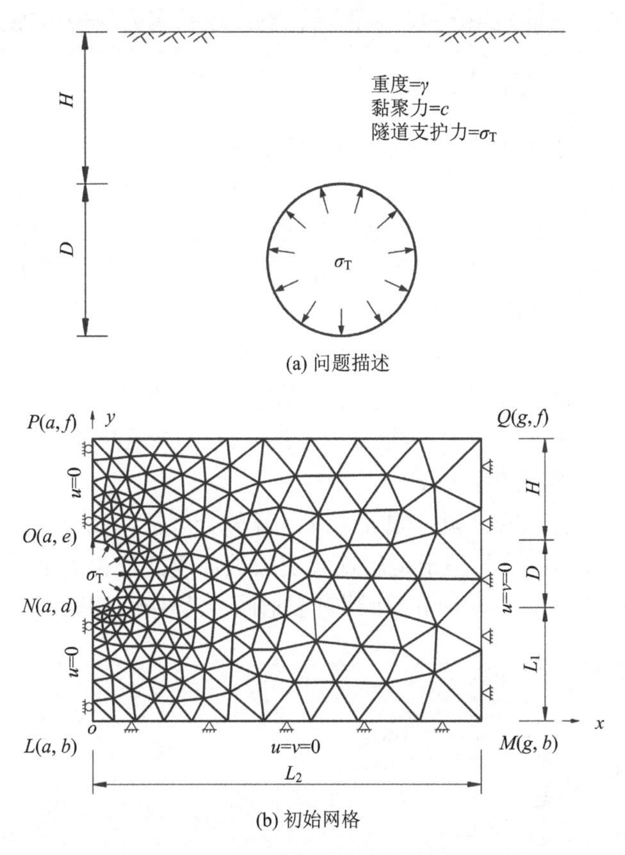

图 4-8 黏土地层隧道环向开挖面稳定分析模型

基于上述假定，建立隧道环向开挖面稳定性分析上限有限元模型，如图 4-8(b)(以 H/D=1.5 为例)，利用对称性只选取右半部。由图 4-8(b)可知，模型大小由四个顶点 $L(a,b)$、$M(g,b)$、$P(a,f)$ 和 $Q(g,f)$ 控制，边界 NO 控制隧道大小及位置，整体坐标系原点位于左下方 L 点处。模型右侧 QM 及下侧 LM 边界需约束 x 和 y 方向速度分量，即 u=0, v=0；左侧 LN 和 OP 边界约束 x 方向速度分量，即 $u=0$；隧道轮廓 NO 施加柔性约束 $\int_{NO} v_i \mathrm{d}l = -1$。图 4-8(b)同时示意了模型初始网格形态，即开挖面附近稍密、远处稀疏。为了得到较为精确的上限解，并获得大量地表沉降散点，本书采用基于网格自适应加密策略的上限有限元法对模型进行计算分析，避免了因盲目划分密集网格而带来计算规模的剧增。其余工况模型建立及计算方法与上述相似，这里不再赘述。

这里主要采用三节点三角形单元离散模型，选取屈服准则线性化参数 p =48，通过试算确定网格自适应加密参数 η 值取 0.4，相对误差 Δ 取 0.5%。选取的计算参数为 H/D=0.5～5，$\gamma D/c$=0～4，为便于计算，令黏聚力 c=50 kPa。

2. 圆形隧道环向支护力上限解

利用编制的自适应加密上限有限元程序计算 σ_T/c。值得注意的是，σ_T/c 为正数时表示该工况下隧道周边地层自稳能力差，需在隧道内侧施加一定支护力以防止隧道塌陷破坏，σ_T/c 为负值表示需要在隧道周边施加向隧道内部的拉力诱发地层破坏，显然不符合工程实际，因此本章仅在理论上探讨其一般规律性。

图 4-9 为自适应加密上限有限元方法计算的临界隧道支护力系数 σ_T/c（实心圆散点）。图 4-9 表明，随着 $\gamma D/c$ 的增大，σ_T/c 近似线性关系增大（重度越大、黏聚力越小的地层隧道稳定性越差），且 σ_T/c 的增大程度随着 H/D 的增加而增大。当 $\gamma D/c$ 由 0 增大到 4 时，σ_T/c 增大了约 209%（H/D=1），273%（H/D=2），331%（H/D=3），383%（H/D=4），433%（H/D=5）。

为了验证自适应加密上限有限元方法计算的合理性，图 4-9 中也绘制了文献中计算结果。Osman 等[181]基于地层连续变形破坏模式获得的上限解较其他方法结果更小，即精度更低；Wilson 等[182]基于刚性多滑块破坏模式的上限解精度介

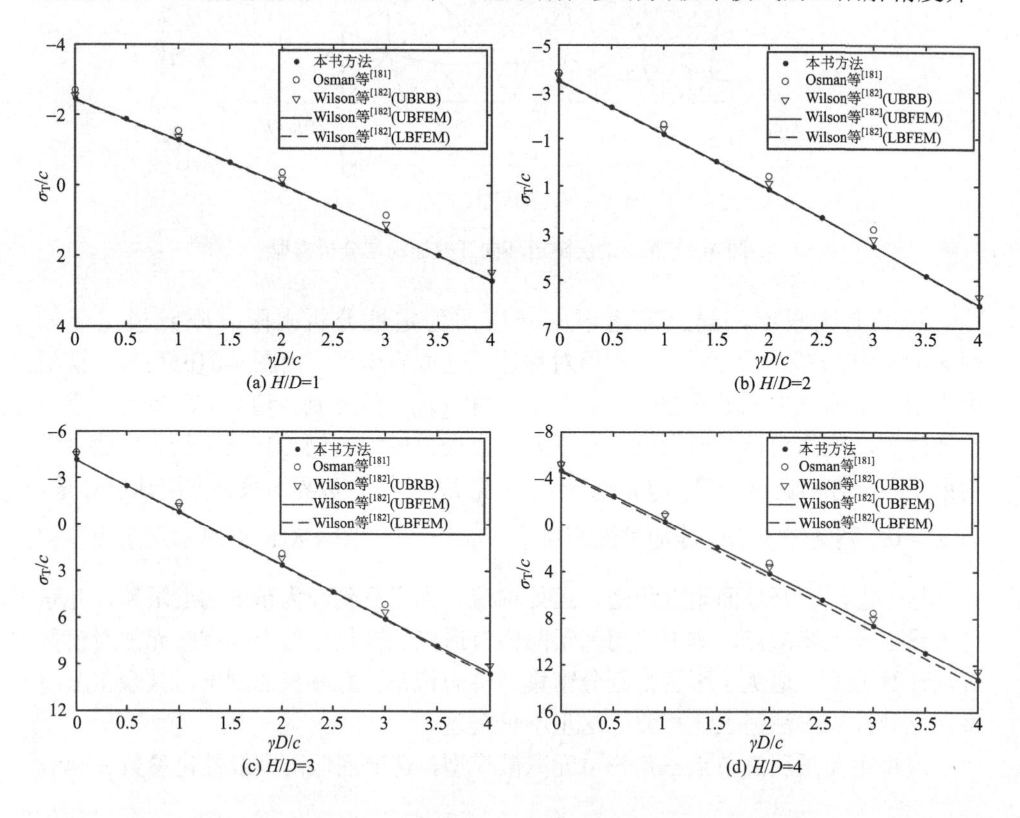

(a) H/D=1　(b) H/D=2

(c) H/D=3　(d) H/D=4

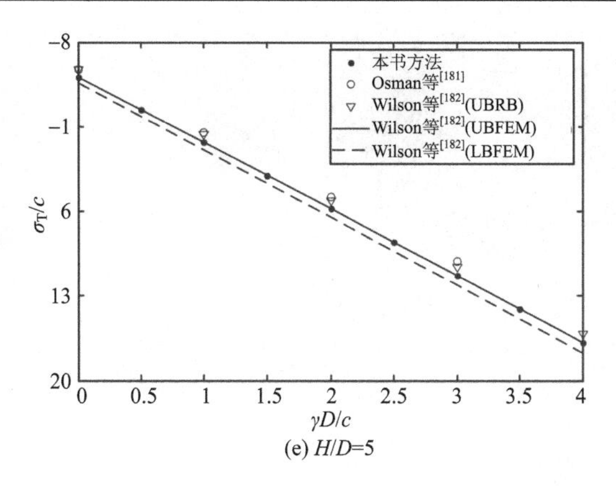

(e) H/D=5

图 4-9　临界地表超载上限解变化曲线

于上限有限元法和 Osman 计算结果之间。Wilson 等[182]基于极限分析上、下限有限元法，采用密集网格获得了精度较高的上、下限解。由图 4-9 可看出，尽管该上、下限解之间的差值较小，本书的局部自适应加密采用较少的单元(不超过 5000 个单元，远小于 Wilson 等[183]采用的单元数)，获得的上限解仍位于两者之间，验证了本书自适应加密上限有限元法的适用性及高效性。

3. 圆形隧道破坏模式

图 4-10 为隧道失稳临界状态对应的最终网格图(左侧)及速度场分布图(右侧)，此时 H/D=1，$\gamma D/c$=0。由图 4-10(a)可知，经过 22 次网格自适应加密，最终网格为 1832，速度间断线为 2709。由于自适应加密算法和单元耗散能相关，图中单元密集区域直观揭示了塑性变形较大的区域，此时地层塑性滑动形态可方便辨识。由图 4-10 (a)可看出，隧道失稳地层发生塑流流动破坏时网格加密区最终形成一条起始于隧道边墙附近并延伸至地表的剪切滑动面。图 4-10 (b)中带箭头的线揭示了最终优化后的速度场，箭头表示速度方向，线的长度表示速度大小。此时，隧道正上方区域土体主要以竖直向下的方向运动，隧道轮廓周边网格向隧道内部运动。对比图 4-10 (a)和图 4-10 (b)可知，最终网格形态特征与速度场分布区域一致。

图 4-11 为不同工况下最终网格图(左侧)和单元耗散能图(右侧)。对比图 4-11 (a)和图 4-11 (b)可知，当 $\gamma D/c$ 逐渐增加时，破坏影响范围逐渐增大且滑动面起始位置沿隧道轮廓往下方延伸，引起隧道底部隆起破坏。对比图 4-11(c)和图 4-11 (d)可知，随着隧道埋深的增加，隧道周边的土体塑性变形较滑动面处更大，地层破坏区域逐渐增大，且滑动面向隧道底部延伸，引起隧道底部隆起破坏。

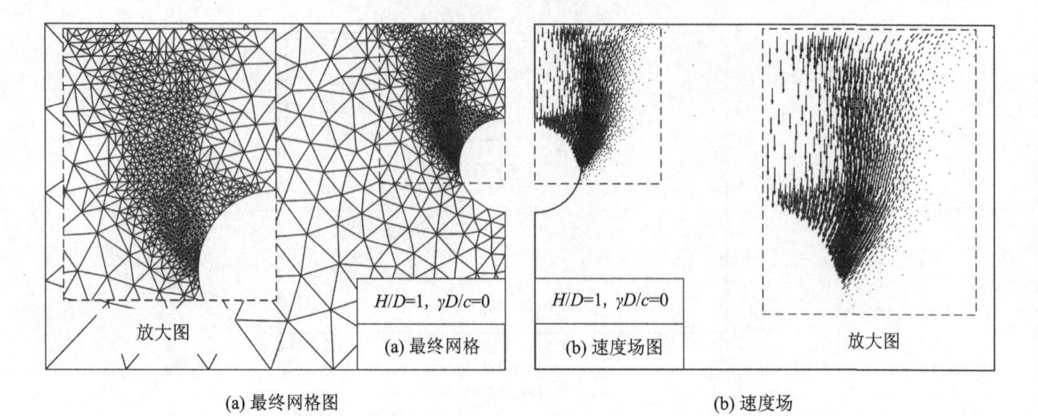

(a) 最终网格图　　(b) 速度场

图 4-10　隧道失稳地层破坏模式示意图

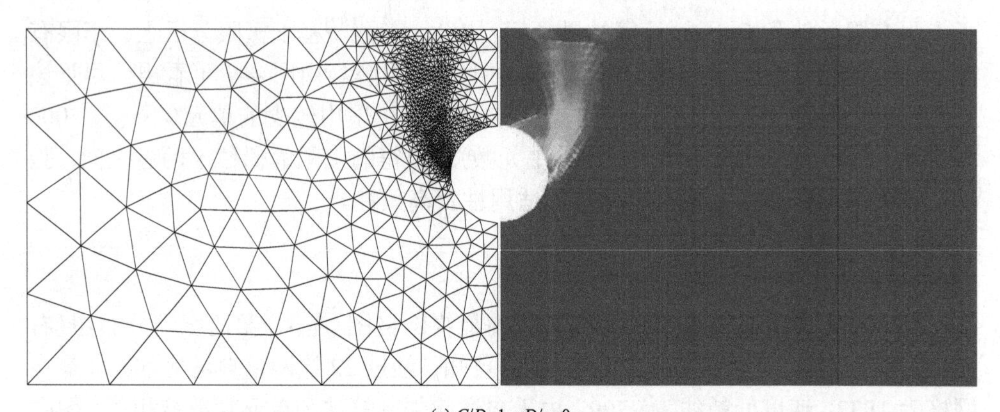

(a) C/D=1, $\gamma D/c$=0

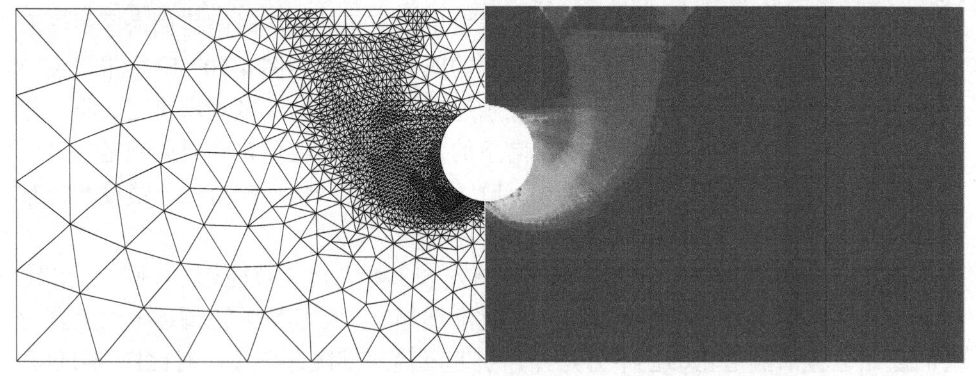

(b) C/D=1, $\gamma D/c$=4

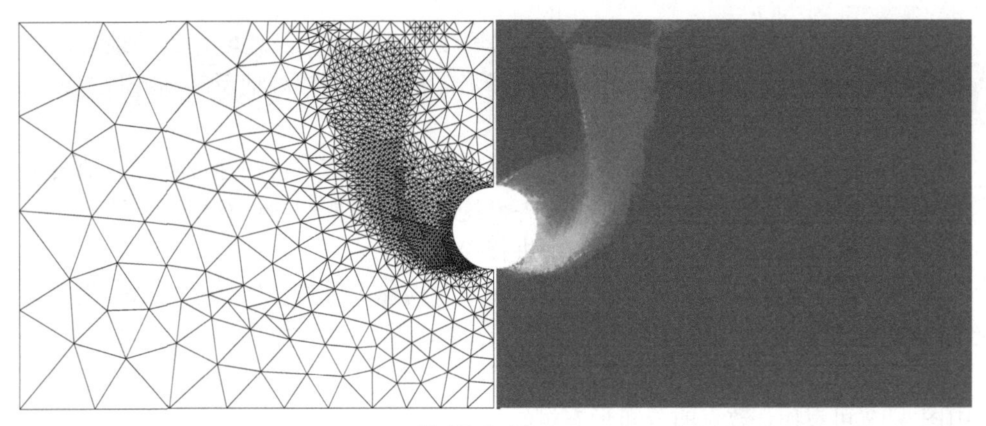

(c) C/D=2, $\gamma D/c$=2

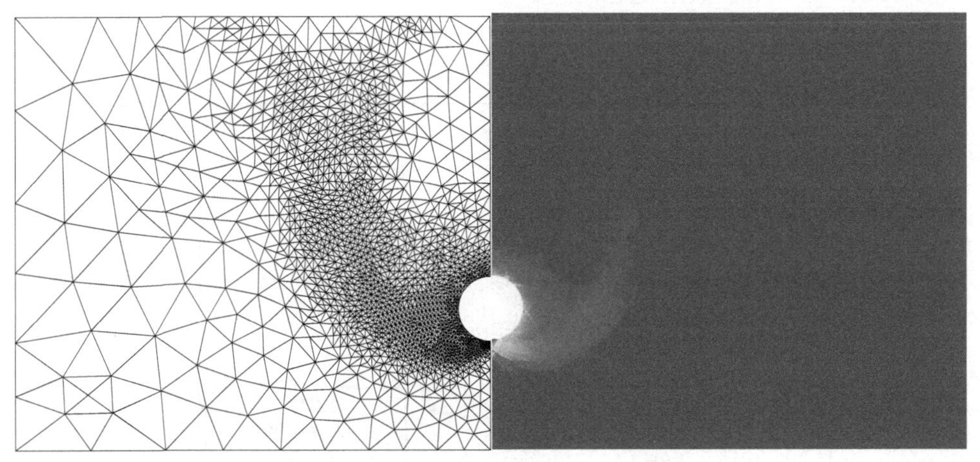

(d) C/D=4, $\gamma D/c$=2

图 4-11　最终网格及耗散能密度分布图

4. 黏土地层隧道失稳地表变形机制研究

由上述隧道稳定性分析可知，除受隧道埋深影响外，失稳临界状态地层变形特征随 $\gamma D/c$ 的变化差异也较大，因此，隧道失稳临界状态地表沉降形态曲线是隧道埋深和地层参数的函数。然而，Osman 等[59]提出的地层连续变形破坏模式假定地中及地表各点竖向变形满足高斯分布，即沉降槽形态仅为埋深的函数，与黏聚力无关，这与上述的计算结果不符。本节将在黏土地层隧道稳定性自适应加密上限有限元分析的基础上，对优化后的地层速度场进行进一步的提炼，获得临界状态下地表沉降形态曲线。

需要说明的是上限法虽未考虑地层弹性变形，但地层发生塑性流动破坏时弹性变形占总变形(弹性变形+塑性变形)比例较低，仅对距隧道较远处的地表沉降数值影响较大，因此，本章所得地表沉降形态曲线仍可较好地反映临界状态地表变形特征。

由于基于极限分析上限有限元法最终获取的是运动许可的速度场，在地表最大沉降值未知的情况下，无法对地表各点绝对位移演变规律进行研究，因此，本节仅对临界状态下地表沉降形态特征进行探讨。

首先提取地表边界 PQ 上各边中点处 y 方向速度分量，然后进行归一化处理(各点速度分量与最大竖向速度的比值)，示意如图 4-12 中散点(以 H/D=3，$\gamma D/c$=2 为例)。按照 Osman 等[59]的假定，首先采用高斯曲线(虚线)对散点进行拟合评价，由图 4-12 可看出，散点的分布形态虽然与高斯曲线较为相似，但隧道附近上方地表沉降拟合效果相对较差，这也间接解释了 Osman 等[59]关于极限荷载上限解计算精度较低的原因。

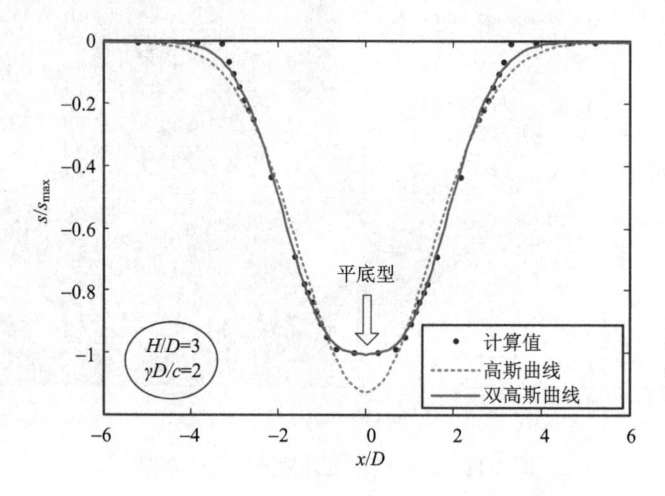

图 4-12　临界地表沉降形态拟合(H/D=3，$\gamma D/c$=2)

实际上，由散点分布特征可看出，隧道失稳破坏引起的临界地表沉降槽形态更趋于“平底型”，即隧道附近上方一定区域发生整体下沉，该形态特征在 Mair 等[183]、Celestino 等[184]、Wu 和 Lee[185]及 Lee 等[186]研究中也有阐述。本章通过多种形式曲线(高斯曲线、多项式曲线、幂函数曲线等)拟合试算发现，采用两条形状相同、位置不同的高斯曲线叠加方式(与双洞地表沉降预测处理方式类似)可获得较好的拟合效果，如图中实线所示。因此，本章主要采用双高斯曲线开展临界地表沉降形态特征的研究，此时，地表各点相对沉降值可用式(4-1)表示。

$$s/s_{\max}=m\exp\left\{-\left[\left(x/D+l\right)/n\right]^2\right\}+m\exp\left\{-\left[\left(x/D-l\right)/n\right]^2\right\} \tag{4-1}$$

式中，s_{max} 为 x/D=0 处最大地表沉降值，s 为地表某点的沉降值；m、n 和 l 为与沉降形态相关的参数，m 和 n 影响曲线的形态，l 影响平底的宽度；x 为地表距隧道中心线水平距离。当 l=0 时，式(4-1)可退化为常规的高斯曲线。

图 4-13 和图 4-14 为不同埋深和重度系数组合下临界状态地表散点分布及沉降槽形态曲线拟合结果图。由图可看出，双高斯曲线对不同工况下临界地表沉降散点均具有较好的拟合效果。当 H/D=1，$\gamma D/c$ 由 1 增大到 4 时，地表主要影响区域宽度由 2.72D 增加到 5.26D，平底型区域宽度增加了约 80%。对比图 4-7 和图 4-8 可知，随着 H/D 的增加，地表沉降主要影响区域的宽度和平底型区域宽度均出现增大。当 H/D 由 1 增大到 3 时，地表沉降主要影响区域增大了约 125%($\gamma D/c$=1)，52.4%($\gamma D/c$=4)；平底型区域增大了约 143%($\gamma D/c$=1)，79%($\gamma D/c$=4)。

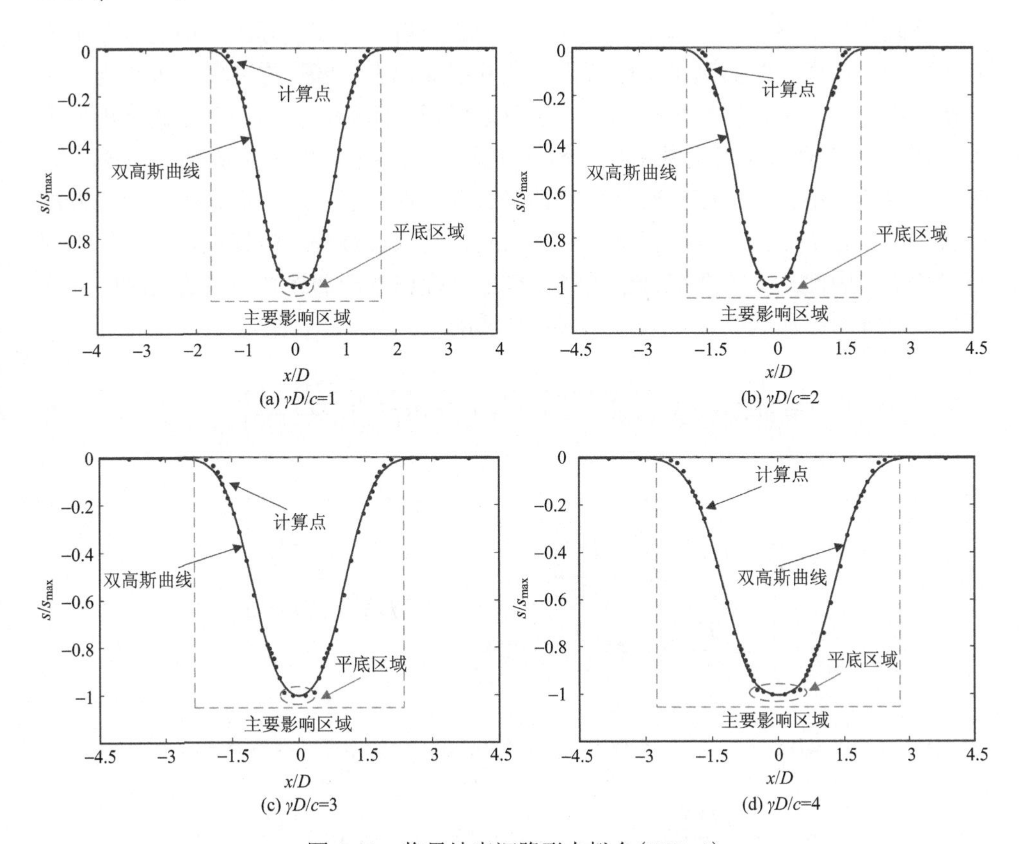

图 4-13　临界地表沉降形态拟合(H/D=1)

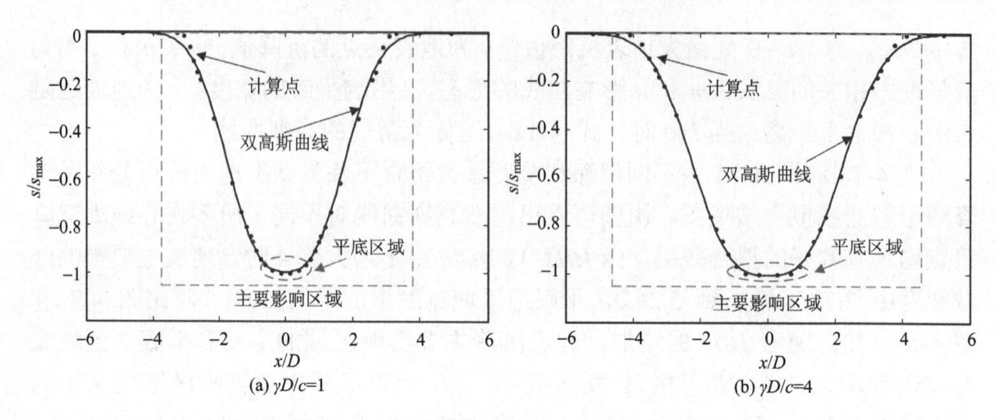

图 4-14　临界地表沉降形态拟合(H/D=3)

极限荷载上限解大多用于隧道稳定性理论分析，其在实际工程中的应用价值有待进一步的探讨。而基于上限有限元法获取的地表沉降形态曲线较为直观，可直接应用于工程中地层稳定性初步判别及地层预加固处理范围的确定。采用上述的极限分析自适应加密上限有限元法研究黏土地层浅埋隧道临界地表沉降课题时，主要通过不断自适应加密网格获得足够数量地表散点，然后采用拟合的方法获得临界状态下较为精确地表沉降形态曲线，其求解过程相对繁琐，不方便工程直接应用。因此，本书在拟合结果的基础上，提出基于两参数的隧道失稳临界状态地表沉降形态曲线简化公式，如式(4-2)所示

$$s=-0.76\exp\left[-\left(\frac{x/D+l}{n}\right)^2\right]-0.76\exp\left[-\left(\frac{x/D-l}{n}\right)^2\right] \tag{4-2}$$

其中

$$\begin{cases} l=0.25\dfrac{H}{D}+0.08\dfrac{\gamma D}{c}+0.06 \\ n=0.39\dfrac{H}{D}+0.124\dfrac{\gamma D}{c}+0.089 \end{cases} \quad (1<H/D\leqslant 5,\ \gamma D/c=0\sim 4)$$

$$\begin{cases} l=0.01\left(\dfrac{\gamma D}{c}\right)^2+0.008\dfrac{\gamma D}{c}\dfrac{H}{D}+0.268\dfrac{H}{D}+0.021\dfrac{\gamma D}{c}+0.086 \\ n=0.01\left(\dfrac{\gamma D}{c}\right)^2+0.048\dfrac{\gamma D}{c}\dfrac{H}{D}+0.388\dfrac{H}{D}+0.021\dfrac{\gamma D}{c}+0.151 \end{cases}$$

$$(0.5\leqslant H/D<1,\ \gamma D/c=0\sim 4)$$

由上式知，当 $0.5\leqslant H/D<1$ 时，简化公式中 l 和 n 表达式较为复杂，这主要因

为隧道埋深较浅时，隧道失稳更容易出现。

为进一步检验本书提出的临界状态地表沉降形态曲线简化公式的适用性，下面将简化公式结果分别与自适应加密上限有限元结果及相关文献方法所得结果进行对比分析。图 4-15 分别给出了基于自适应加密上限有限元法获得的散点、简化公式曲线、基于地层连续变形破坏模式的沉降曲线(Osman 等[59])、基于现场实测获得的经验公式曲线(Celestino 等[184])及基于离心机试验结果所得地表沉降形态曲线(Wu 和 Lee[185])。由图 4-15 可看出，本章提出的黏土地层临界地表沉降形态曲线简化公式曲线(实线)与自适应加密上限有限元法所得散点(空心圆)吻合度较好，表明了简化公式的有效性。

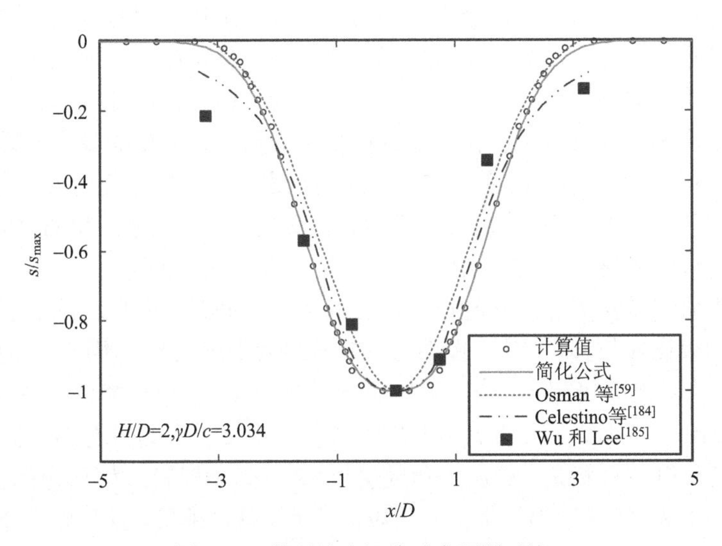

图 4-15　临界地表沉降形态预测对比

总体上，简化公式曲线与基于现场实测经验公式曲线(长虚线)及离心机结果(实心方形)吻合度较好，但在沉降曲线两端处($x \geqslant 2D$)结果偏于保守，这是因为在采用上限有限元法研究稳定性课题时，忽略了地层前期弹性变形的影响，相比于现场实测及离心机试验结果，简化公式曲线所得沉降水平方向影响范围略小于实际值，且沉降槽两端处的变形程度更低，但就精度而言，简化公式可满足隧道工程分析问题的需要。同时，由图 4-15 可知，相比较于临界状态地表沉降曲线，Osman 采用的高斯分布曲线涵盖面积更小，即低估了隧道失稳临界状态下地表沉降程度，尤其是隧道上方 1.5 倍洞径附近。

需要说明的是，虽然上述提出的简化公式形式较 Peck 沉降公式更复杂，但公式中仅包含两个未知参数，且 H/D 和 $\gamma D/c$ 为常规参数，易于获得。实际工程中，通过对比分析实时地表沉降监测数据及临界地表沉降形态曲线，可方便对地层稳定性进行初步预判，并针对因盾构开挖引起的地层空洞及细颗粒流失等问题引起的地表过大沉降，及时采取有效的隧道开挖控制措施及地层预处理措施，防止隧道失稳破坏。

4.3　上软下硬地层隧道失稳机理研究

4.3.1　上软下硬地层矩形隧道开挖面失稳临界地表超载上限解研究

1. 模型简化及离散

矩形隧道开挖面稳定性问题是三维问题，但当矩形隧道跨度较大时，隧道高度相对跨度尺寸可忽略不计，此时矩形隧道开挖面稳定问题可简化为平面问题进行分析。由于均质地层可看成上软下硬地层的特殊情况，此处以上软下硬地层为例，阐述自重和地表超载两种荷载耦合作用下矩形隧道开挖面稳定能耗分析模型的构建。如图 4-16 所示。其中，隧道埋深假定为 C，隧道高度为 D；地表水平，且施加了均匀分布的荷载 σ_s(引发隧道塌陷破坏)；岩土体满足 Mohr-Coulomb 屈服准则，土体的重度为 γ，内摩擦角为 ϕ，黏聚力为 c；矩形隧道开挖面无支护力作用；因本研究重点关注的是隧道开挖面稳定，故假设已开挖段施加了刚度较大的支护，约束该段位移[104,125]；图中 1～7 号线为土层软硬分界线(分别位于模型底部 case 1、开挖面底部 case 2、开挖面下半部 case 3、开挖面中部 case 4、开挖面上半部 case 5、开挖面顶部 case 6 和模型顶部 case 7)，以此分析不同软硬地层比下矩形隧道开挖面稳定；软层土和硬层土(又可为硬层岩，为了便于表述，本书统一用硬层土表述)分别为一类土的代表，不涉及具体地层，且分界线处参数按软层土选取；不考虑水的影响。

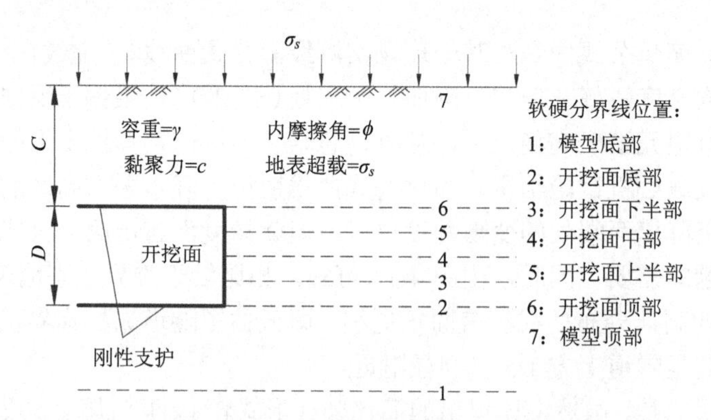

图 4-16　上软下硬地层大断面矩形隧道开挖面稳定分析模型

图 4-17 为上软下硬地层矩形隧道开挖面稳定分析初始网格图(以 $C/D = 1$，软硬分界线在开挖面中间 case 4 为例说明)。如图所示，分析模型大小由 A、B、C 和 D 四个顶点坐标控制；假定已开挖段长度为 M，此处为 $1.5D$；模型底部长度和未开挖段长度分别由参数 L_1 和 L_2 控制，此处分别为 $1.5D$ 和 $3.5D$；软硬分界线上部为软层土，下部为硬层土；模型左侧边界 DE 和 AF、底部边界 AB、右侧边界 BC 以及已开挖段 EG 和 FH 约束其水平方向和竖直方向速度分量，即 u=0, v=0；矩形隧道开挖面无约束条件；为了诱发隧道开挖面失稳，在地表边界 CD 施加柔性约束 $\int_{CD} v_i \mathrm{d}l = -1$。此处，将多荷载耦合作用下矩形隧道开挖面稳定问题转化为求解使得地层恰好处于塑流发生时的临界状态的地表超载 σ_s。

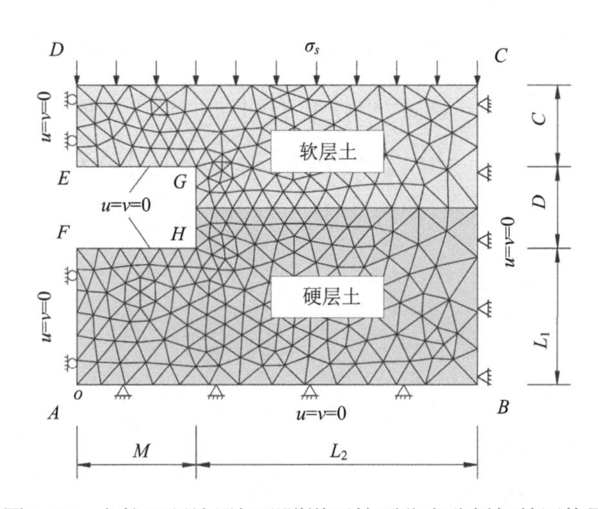

图 4-17　上软下硬地层矩形隧道开挖面稳定分析初始网格图

2. 上软下硬地层矩形隧道开挖面稳定分析大规模线性规划模型

基于上述的分析模型，根据上限定理，形成上软下硬地层地表超载作用下矩形隧道开挖面稳定问题的大规模线性规划模型，其具体形态可表示为

目标函数：

$$[\sigma_s]_{\min} = \sum_{i=1}^{n_d} P_{d,i} + \sum_{i=1}^{n_e} P_{p,i} + \sum_{i=1}^{n_e} P_{e,i} \tag{4-3}$$

约束条件：

$$
\begin{cases}
\dot{\varepsilon}_{i,x}=\dfrac{\partial u}{\partial x}=\sum\limits_{m=1}^{q}\dot{\lambda}_{i,m}\dfrac{\partial F_{i,m}}{\partial \sigma_{i,x}}\ \ (i=1,\cdots,n_e) & \text{(a)}\\
\dot{\varepsilon}_{i,y}=\dfrac{\partial v}{\partial y}=\sum\limits_{m=1}^{q}\dot{\lambda}_{i,m}\dfrac{\partial F_{i,m}}{\partial \sigma_{i,y}}\ \ (i=1,\cdots,n_e) & \text{(b)}\\
\dot{\gamma}_{i,xy}=\dfrac{\partial u}{\partial y}+\dfrac{\partial v}{\partial x}=\sum\limits_{m=1}^{q}\dot{\lambda}_{i,m}\dfrac{\partial F_{i,m}}{\partial \tau_{i,xy}}\ \ (i=1,\ldots,n_e) & \text{(c)}\\
\Delta u_{i,12}=u_{i,12}^{+}-u_{i,12}^{-}=\left(u_{i,2}-u_{i,1}\right)\cos\theta_i+\left(v_{i,2}-v_{i,1}\right)\sin\theta_i\ \ (i=1,\cdots,n_d) & \text{(d)}\\
\Delta u_{i,34}=u_{i,34}^{+}-u_{i,34}^{-}=\left(u_{i,4}-u_{i,3}\right)\cos\theta_i+\left(v_{i,4}-v_{i,3}\right)\sin\theta_i\ \ (i=1,\cdots,n_d) & \text{(e)}\\
\Delta v_{i,12}=\left(u_{i,12}^{+}+u_{i,12}^{-}\right)\tan\phi_{软}=\left(u_{i,1}-u_{i,2}\right)\sin\theta_i+\left(v_{i,2}-v_{i,1}\right)\cos\theta_i\ \ (i=1,\cdots,n_d) & \text{(f)}\\
\Delta v_{i,34}=\left(u_{i,34}^{+}+u_{i,34}^{-}\right)\tan\phi_{软}=\left(u_{i,3}-u_{i,4}\right)\sin\theta_i+\left(v_{i,4}-v_{i,3}\right)\cos\theta_i\ \ (i=1,\cdots,n_d) & \text{(g)}\\
\Delta v_{i,12}=\left(u_{i,12}^{+}+u_{i,12}^{-}\right)\tan\phi_{硬}=\left(u_{i,1}-u_{i,2}\right)\sin\theta_i+\left(v_{i,2}-v_{i,1}\right)\cos\theta_i\ \ (i=1,\cdots,n_d) & \text{(h)}\\
\Delta v_{i,34}=\left(u_{i,34}^{+}+u_{i,34}^{-}\right)\tan\phi_{硬}=\left(u_{i,3}-u_{i,4}\right)\sin\theta_i+\left(v_{i,4}-v_{i,3}\right)\cos\theta_i\ \ (i=1,\cdots,n_d) & \text{(i)}\\
\int_{DC} v_i \mathrm{d}l=-1 & \text{(j)}\\
u_i=0, v_i=0\ \ (i=1,\cdots,n_{g1}) & \text{(k)}\\
u_i=0, v_i=0\ \ (i=1,\cdots,n_{g2}) & \text{(l)}\\
u_i=0, v_i=0\ \ (i=1,\cdots,n_{g3}) & \text{(m)}\\
u_i=0, v_i=0\ \ (i=1,\cdots,n_{g4}) & \text{(n)}\\
u_i=0, v_i=0\ \ (i=1,\cdots,n_{g5}) & \text{(o)}\\
u_i=0, v_i=0\ \ (i=1,\cdots,n_{g6}) & \text{(p)}
\end{cases}
\tag{4-4}
$$

式中，$P_{d,i}=\int_{l_d} c\left|\Delta u_i\right|\mathrm{d}l=\int_{l_d} c\left(u^{+}+u^{-}\right)\mathrm{d}l$ 是编号为 i 的速度间断线上产生的耗散能；$P_{e,i}=-\sum\limits_{m=1}^{3} A_i\cdot\gamma\cdot v_{i,m}$ 是编号为 i 的单元所做的外力功率；$P_{p,i}=\sum\limits_{m=1}^{p}\dot{\lambda}_{i,m}\cdot\int_A 2c\cos\phi \mathrm{d}A$ 是编号为 i 的单元内部耗散能；A_i 是单元 i 的面积；$\dot{\lambda}_{i,m}$ 为单元 i 引入的非负塑性乘子。

式(4-4)为线性规划模型中约束条件。其中式(a)～(c)是单元内部相关联流动法则约束条件，$\left(\dot{\varepsilon}_{i,x},\dot{\varepsilon}_{i,y},\dot{\gamma}_{i,xy}\right)$是单元 i 内部的应变率，$\left(\sigma_{i,x},\sigma_{i,y},\tau_{i,xy}\right)$是单元 i 内部的应力，$F_{i,m}$ 是正多边形第 m 边的函数表达式，n_e 是模型中单元总数；式(d)～(i)是模型中速度间断线上关联流动法则约束条件，$(\Delta u_{i,12},\Delta v_{i,12})$和$(\Delta u_{i,34},\Delta v_{i,34})$分别是速度间断线上的相对切向速度和法向速度，$u_{i,12}^{+}$、$u_{i,12}^{-}$、$u_{i,34}^{+}$、$u_{i,34}^{-}$ 是速度间

断线上引入的非负辅助参数，$u_{i,1}$、$u_{i,2}$、$u_{i,3}$、$u_{i,4}$ 和 $v_{i,1}$、$v_{i,2}$、$v_{i,3}$、$v_{i,4}$ 分别是速度间断线上水平和竖直方向速度分量，$\phi_{软}$ 是软层土内摩擦角，$\phi_{硬}$ 是硬层土内摩擦角，θ_i 是速度间断线所在直线与 x 轴的夹角，n_d 是模型中速度间断线总数；式(j)是诱发隧道开挖面失稳约束条件，即假定地表单位超载所做外力功为–1；式(k)～(n)分别是模型边界 AB、BC、DE、FA 上的速度约束条件，n_{g1}、n_{g2}、n_{g3}、n_{g4} 分别是相应的边界上节点的总数；式(o)～(p)是已开挖段边界 EG 和 FH 上速度约束条件，n_{g5}、n_{g6} 分别为 EG 和 FH 边界上节点的总数。

3. 上软下硬地层矩形隧道开挖面失稳研究

本节选取软层土 1 和软层土 2 分别作为黏性土和砂性土两类土的代表，不涉及具体地层，选取硬层土作为自稳性较好土层的代表。

如表 4-2 所示，软层土 1 的重度 γ=19 kN/m^3，摩擦角 ϕ=12°，黏聚力 c=40 kPa；软层土 2 的重度 γ=19 kN/m^3，摩擦角 ϕ=25°，黏聚力 c=20 kPa；硬层土的重度 γ=23 kN/m^3，摩擦角 ϕ=32°，黏聚力 c=80 kPa。通过试算，确定用于 Mohr-Coulomb 屈服准则线性化的正多边形边数 p 为 48。由于上层土和下层土黏聚力不同，此处直接分析临界地表超载变化规律。

表 4-2　材料物理力学参数

材料	摩擦角 ϕ /(°)	黏聚力 c /kPa	重度 γ /(kN/m^3)
软层土 1	12	40	19
软层土 2	25	20	19
硬层土	32	80	23

当上部土为软层土 1，下部土为硬层土时，不同软硬分界线位置工况下计算得到的临界地表超载值 σ_s 如表 4-3 所示。由表 4-3 可看出，当矩形隧道埋深固定，软硬分界线位于模型底部和隧道底部时(隧道开挖面处地层为均质土体)，计算得到的地表超载值 σ_s 较为接近，此时隧道下方的硬层土对结果影响不大(由均质地层矩形隧道开挖面失稳地层破坏模式可知，土层主要的塑性滑移线位于隧道底部以上，因此，隧道底部以下地层对结果影响较小)。随着软硬分界线逐渐上移，矩形隧道开挖面处硬层土比例提高，σ_s 值逐渐增大。当软硬分界线位置由隧道底部上移到隧道顶部时，σ_s 值增加约 612%(C/D=1)，891%(C/D=2)，1384%(C/D=3)，3071%(C/D=4)。当软硬分界线继续上移至模型顶部时，此时诱发隧道开挖面失稳的 σ_s 值远大于其他工况。

表 4-3 上软下硬地层矩形隧道开挖面失稳地表超载 σ_s(上半部为软层土 1)(单位：kPa)

分界线位置	C/D=1	C/D=2	C/D=3	C/D=4
模型底部 case 1	135.49	151.11	120.18	66.21
底部 case 2	135.15	152.11	124.15	69.59
下半部 case 3	225.42	283.92	300.18	283.15
中部 case 4	353.79	482.96	561.85	607.08
上半部 case 5	528.54	783.59	951.22	1068.87
顶部 case 6	962.68	1508.01	1842.28	2206.58
模型顶部 case 7	14504.95	91493.11	212042.83	503089.38

当上部土为软层土 2，下部土为硬层土时，不同软硬分界线位置工况下计算得到的临界地表超载值 σ_s 如表 4-4 所示。由表 4-4 可看出，与软层土 1 相似，当矩形隧道埋深固定，软硬分界线位于模型底部和隧道底部时，计算得到的地表超载值 σ_s 较为接近，此时隧道下方的硬层土对结果影响不大。当软硬分界线位置由隧道底部上移到隧道上半部时，σ_s 值增加约 2109%(C/D=1)，2467%(C/D=2)，2626%(C/D=3)，2082%(C/D=4)。需要说明的是，当软硬分界线由隧道上半部上移到隧道顶部时，σ_s 值降低。随着分界线上移到模型顶部，σ_s 值发生显著增加。

表 4-4 上软下硬地层矩形隧道开挖面失稳地表超载 σ_s(上半部为软层土 2)（单位：kPa）

分界线位置	C/D=1	C/D=2	C/D=3	C/D=4
模型底部 case 1	222.36	639.95	1134.43	2151.41
底部 case 2	217.62	636.73	1084.38	2150.03
下半部 case 3	632.54	1821.25	3551.14	6300.08
中部 case 4	1281.81	4242.46	7700.54	13696.18
上半部 case 5	4806.95	16343.04	29559.43	46918.13
顶部 case 6	4474.04	15394.93	26954.48	51871.79
模型顶部 case 7	14504.95	91493.11	212042.83	503089.38

由上述分析知，当软硬分界线位于隧道底部时，其计算的临界地表超载值与均质软层土地层的接近；当分界线位置在开挖面上变化时，计算的 σ_s 值与均质地层差别较大。因此，研究复杂地层下矩形隧道开挖面稳定问题，不能忽略地层的非均质性对极限荷载的影响。

4. 上软下硬地层隧道破坏模式

为分析迭代过程中网格演变规律，图 4-18 绘出了初始状态、第 8 次加密和第 15 次加密(最终状态)对应的模型网格图(以 $C/D = 1$，上部土为软层土 1，软硬分界线位于开挖面中部为例说明，图中实心三角形标记的位置是软硬分界处)，加密后最终模型的速度场也绘制在图4-18中。其中图4-18(a)中网格数为511，速度间断线数为736，σ_s值为451.56；图4-18(c)中网格数为4270，速度间断线数为6353，σ_s值为353.79。由图4-18可看出，随着加密的进行，计算的临界地表超载数值逐渐减小，根据上限定理，即计算精度逐渐提高。此外，对比图4-18(a)～(c)可看出，随着迭代次数的增加，模型中塑性应变率较大区域单元逐渐加密，最终形成较为清晰的塑性滑移带，其形态与图4-18(d)中速度较大的区域吻合。

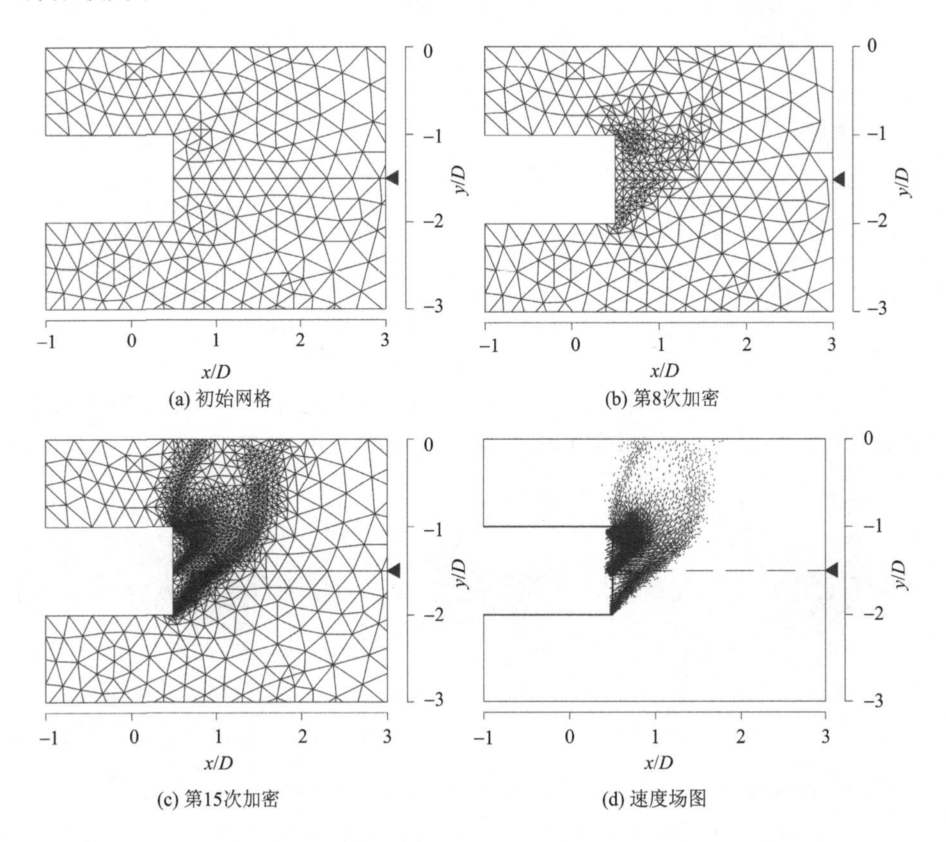

图4-18　矩形隧道失稳网格演变特性图($C/D=1$，软层土1，软硬分界线位于中部)

本节将针对典型工况开展分析，研究不同软层土、软硬分界线位置和隧道埋深等对上软下硬地层矩形隧道开挖面失稳地层破坏模式的影响，其他工况获得的破坏模式形态图介于典型工况之间，本节不再详述。

图4-19首先绘出了三种均质地层下矩形隧道开挖面失稳对应的最终地层破坏模式图(分别以软层土1、软层土2和硬层土为例)。由图4-19(a)可看出，当模型中土层为软层土1时，地层主要形成三个滑移区域：滑移区域①，滑移线起始

于隧道顶部，延伸至地表；滑移区域②，滑移线分别起始于隧道顶部和底部，并在隧道顶部前方附近相交，形成楔形滑移形态；滑移区域③，滑移线起始于隧道底部，向地表延伸，并在地表附近分支成两条滑移线。当模型中土层为软层土 2 时，破坏区域由滑移区域①、②和③组成，其中，滑移区域①和③中滑移线上塑性应变较滑移区域②更小。当模型中土层为硬层土时，破坏区域主要由滑移区域②构成，即集中在矩形隧道开挖面附近。

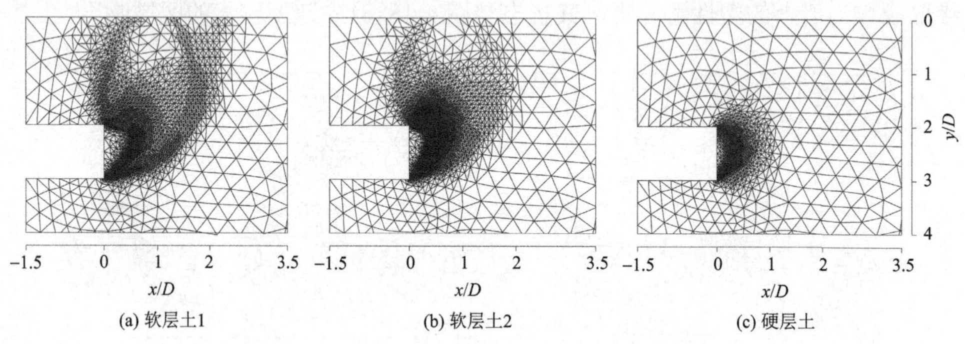

(a) 软层土1　(b) 软层土2　(c) 硬层土

图 4-19　均质地层下地层破坏模式图(C/D=2)

图 4-20 和图 4-21 分别为不同软硬分界线位置下矩形隧道开挖面失稳地层破坏模式图(上部土分别为软层土 1 和软层土 2，C/D=2)。

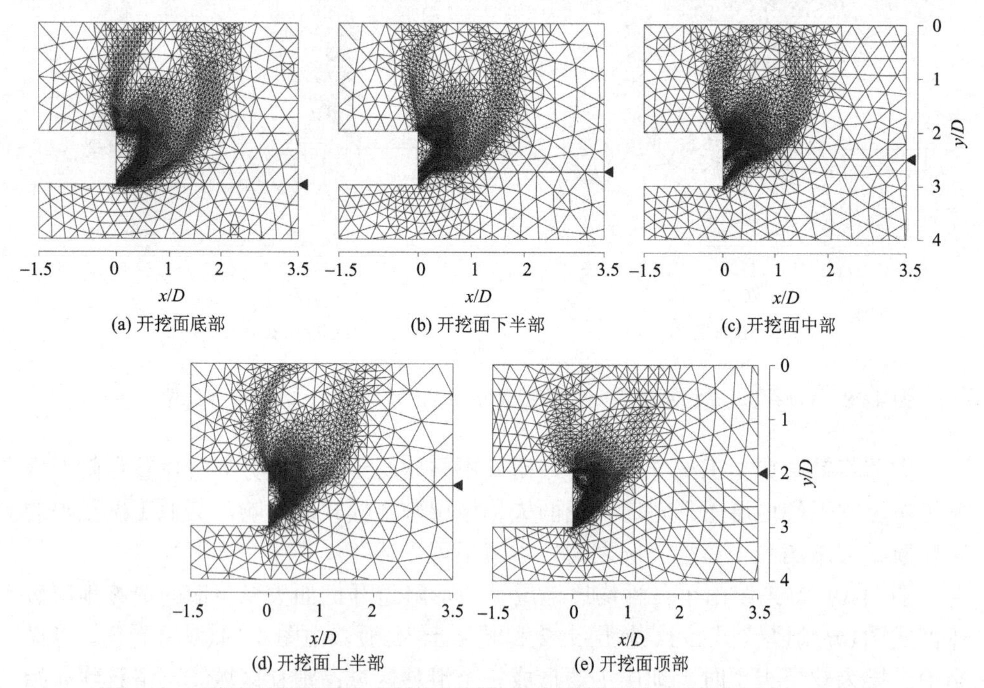

(a) 开挖面底部　(b) 开挖面下半部　(c) 开挖面中部

(d) 开挖面上半部　(e) 开挖面顶部

图 4-20　软硬分界线位置对地层破坏模式影响图(上部土为软层土 1，C/D=2)

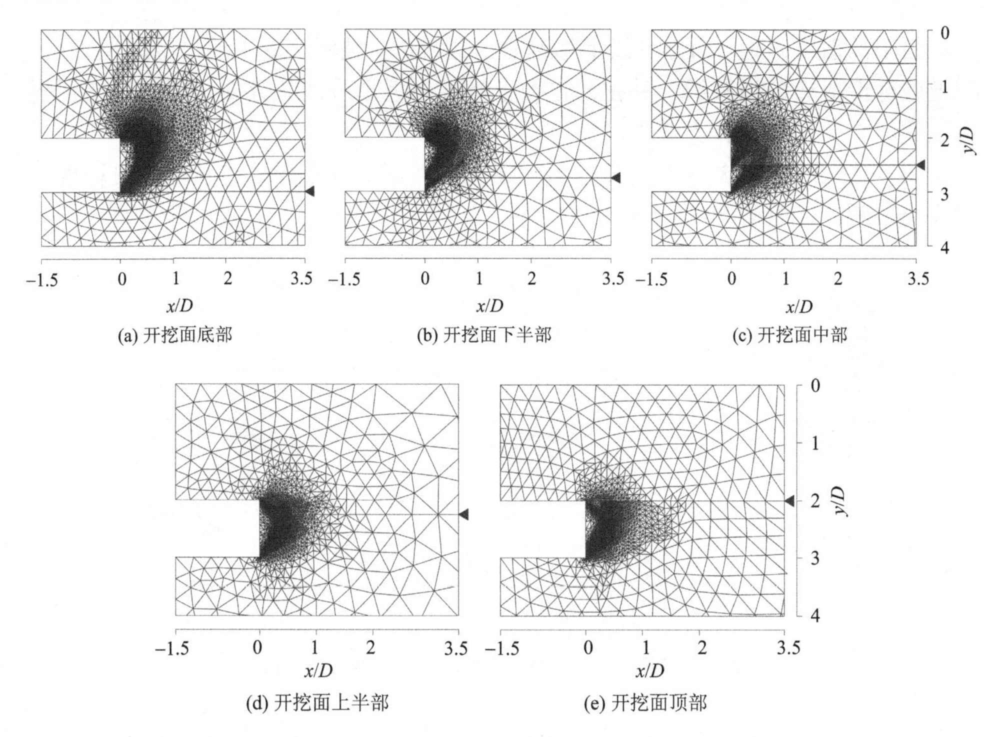

图 4-21　软硬分界线位置对地层破坏模式影响图(上部土为软层土 2，C/D=2)

对比图 4-19(a)和图 4-20(a)可知，两种工况下地层破坏形态较为相近。由图 4-20(b)～(d)可看出，当分界线在开挖面上由下向上移动时，破坏区域仍然由滑移区域①、②和③组成。此时，滑移区域②中滑移线起始于开挖面软硬分界线，并与起始于隧道顶部的滑移线在隧道上半部前方附近相交；滑移区域②和③中滑移线与水平方向的夹角逐渐增大；滑移区域②中滑移线包含破坏区域减小，而滑移区域③中滑移线包含破坏区域增大。当分界线上移到隧道顶部时，由图 4-20(e)可看出，破坏区域主要由滑移区域②组成，此时，隧道底部和顶部分别形成一条滑移线，并相交于隧道顶部前方附近。

当上部土为软层土 2 时，对比图 4-19(b)和图 4-21(a)可知，两种工况下地层破坏形态较为相近，但起始于隧道底部的滑移线与水平方向夹角更大，且隧道顶部附近的楔形区域更大。当分界线上移时，破坏区域主要由滑移区域②组成，且滑移区域②中有两条滑移线，其中，一条起始于开挖面软硬分界线，并和起始于隧道顶部的滑移线相交；另一条起始于隧道底部，并终止于软硬分界线处。当分界线上移至开挖面中部时，滑移线与水平方向的夹角逐渐增大，起始于隧道底部的滑移线包含破坏区域增大，而起始于分界线处的滑移线包含破坏区域减小。当分界线上移到开挖面上半部时，隧道底部和顶部分别形成一条滑移线，并相交于开挖面中部前方附近。当分界线上移到隧道顶部时，破坏区域主要位于硬层土内，隧道底部形成一条滑移线，并在开挖面上半部附近形成两条分支，一条延伸至隧道顶部，一条延伸至分界线处。

图 4-22 和图 4-23 为不同开挖面软硬比条件下深埋矩形隧道开挖面失稳地层破坏模式图，此时 $C/D = 4$。

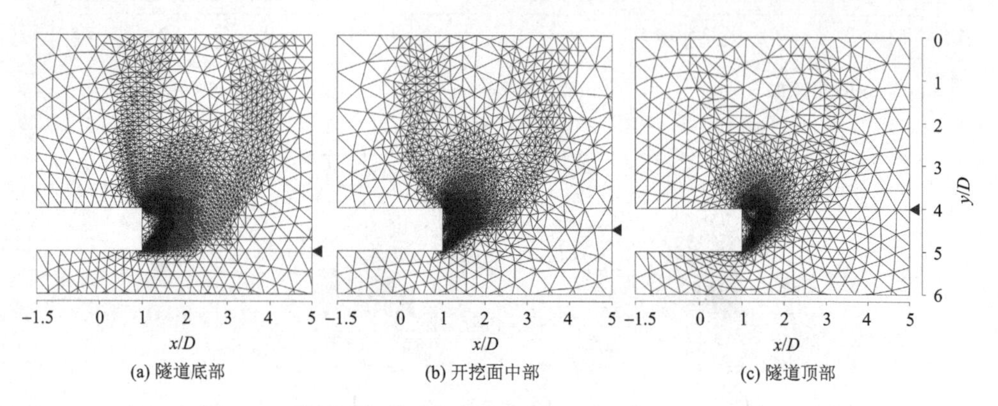

(a) 隧道底部　(b) 开挖面中部　(c) 隧道顶部

图 4-22　地层破坏模式影响图(上部土为软层土 1，C/D=4)

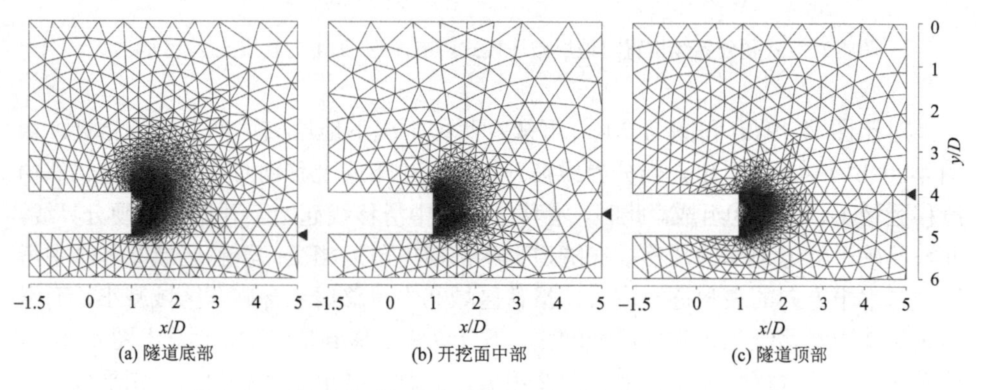

(a) 隧道底部　(b) 开挖面中部　(c) 隧道顶部

图 4-23　地层破坏模式影响图(上部土为软层土 2，C/D=4)

对比图 4-20(a)和图 4-22(a)可知，地层破坏由滑移区域①、②和③组成，随着埋深的增加，地层破坏区域更大，且起始于隧道底部的滑移线曲率减小。对比图 4-20(c)和图 4-22(b)可知，地层破坏由滑移区域①、②和③组成，随着埋深的增加，滑移区域①和③中单元密度相对滑移区域②更小，即滑移区域②中塑性应变率较大，隧道开挖面失稳以隧道附近塑性滑动为主。对比图 4-20(e)和图 4-22(c)可知，当 $C/D = 2$ 时，隧道底部和顶部分别形成一条滑移线，并延伸至地表；当埋深比 C/D 增加到 4 时，隧道底部形成一条延伸至分界线处滑移线，并在隧道顶部形成楔形滑动，此时，地层的滑移未影响至地表。

对比图 4-21(a) 和图 4-23(a) 可知，当软硬分界线位于隧道开挖面底部时，随着隧道埋深的增加，地层破坏由三个区域(滑移区域①、②和③)逐渐减小为一个区域(滑移区域②)。对比图 4-21 (c) 和图 4-23(b) 可知，地层破坏主要由滑移区域②，此时，破坏集中在隧道开挖面附近，隧道埋深对地层破坏模式的影响较小。对比图 4-21(e) 和图 4-23(c) 可知，隧道埋深对地层破坏模式影响较小，隧道底部形成一条滑移线，该滑移线在开挖面上半部形成两条分支，一条分支与起始于隧道开挖面顶部的滑移线相交，另一条延伸至地层软硬分界线处。

4.3.2　上软下硬地层隧道环向失稳极限支护力研究

软硬地层分界以及隧道位置如图 4-24(a) 所示。图中 h_1 为隧道穿过软弱土层厚度，D 为隧道直径，H 为隧道埋深。软土地层黏聚力 c，土体摩擦角 ϕ，土体重度 γ，硬岩地层黏聚力 c'，摩擦角 ϕ'，土体重度 γ'。为更好分析地层分界情况对隧道稳定性的影响，将隧道穿过上层土体厚度与隧道直径的比值定义为复合比 n，其计算公式：

$$n = \frac{h_1}{D} \tag{4-5}$$

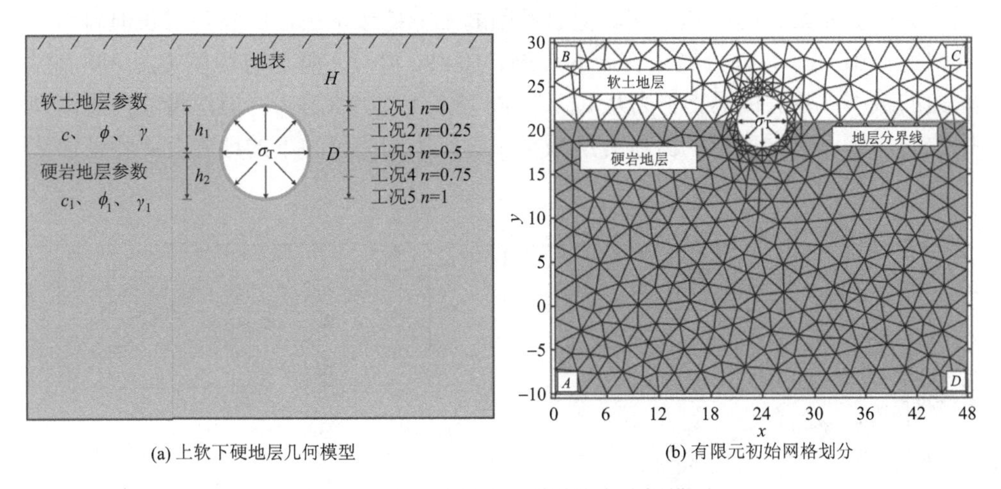

(a) 上软下硬地层几何模型　　(b) 有限元初始网格划分

图 4-24　水平地层分界隧道稳定分析模型

由式(4-5) 可知：n=0，表示隧道开挖面完全处于硬岩地层中；$0<n<1$，表示隧道高度范围内同时存在软土地层与硬岩地层；n=1，表示隧道完全处于软土中。

计算模型如图 4-24(b)所示，AB、CD 边水平速度分量 u 为 0，AD 边水平和竖直速度分量为 0 (u=0, v=0)，隧道圆形边界存在应力约束 $\int_S \bar{v}\mathrm{d}S=-1$。选取中风化泥质砂岩为硬岩，为精确各参数对隧道稳定性的影响，对软土地层参数进行敏感性分析。

以上模型建立在地层分界线为水平的假定下，而实际的地勘资料显示地层分界常表现为起伏不平。因此，分界线假定为水平线过于理想。而地层分界的起伏对隧道稳定性以及破坏模式的影响有待进一步探究。因此模型假定地层分界线为倾斜直线，通过倾斜角度来表征地层分界的起伏程度，研究倾斜程度、复合比的影响下稳定性与破坏模式的变化规律。

1. 水平地层分界隧道环向稳定性

1)黏聚力对隧道稳定性影响

图 4-25 为不同埋深下 σ_T 随黏聚力变化曲线。σ_T 与 c 呈负相关关系，当 c 从 10 增加到 60：①H/D=1 时，σ_T 降低了 102.73 kPa(ϕ =10°)、93.36 kPa(ϕ =15°)、85.32 kPa(ϕ =20°)、78.14 kPa(ϕ =25°)、71.27 kPa(ϕ =30°)；②H/D=4 时，σ_T 降低了 161.33 kPa(ϕ =10°)、124.72 kPa(ϕ =15°)、101.03 kPa(ϕ =20°)、85.63 kPa(ϕ =25°)、74.41 kPa(ϕ =30°)。其线性斜率随 ϕ 的增大而减小。这说明土体摩擦角增大会削弱黏聚力的影响程度。但这种削弱不能持续下去，摩擦角增长但斜率变化幅度减小。图 4-26 为隧道在 c=60 kPa、10 kPa 情况下隧道破坏模式图。随着黏聚力的减小，隧道极限支护力从 21.57 kPa 增长到 209.82 kPa，隧道滑移线逐渐向内收缩，隧道对地表影响区域有所减小。对比不同黏聚力下的地表沉降特征曲线

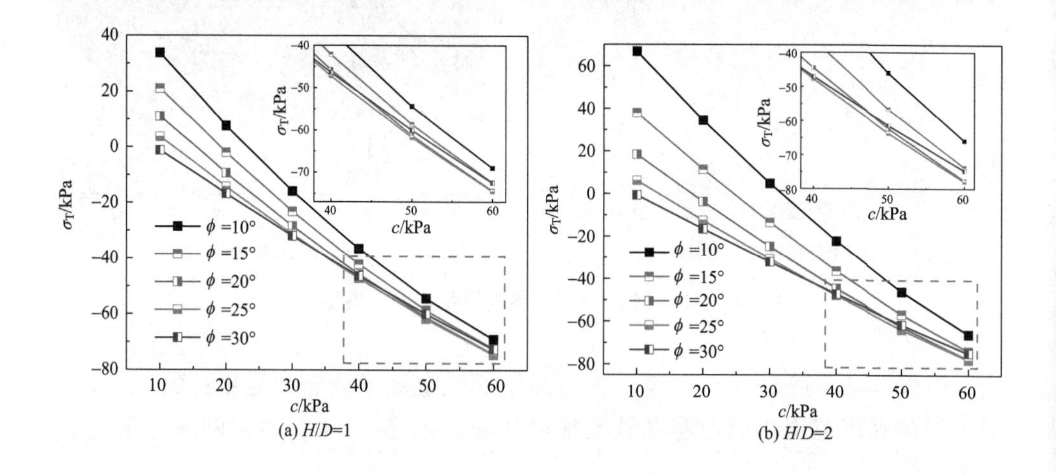

(a) H/D=1 (b) H/D=2

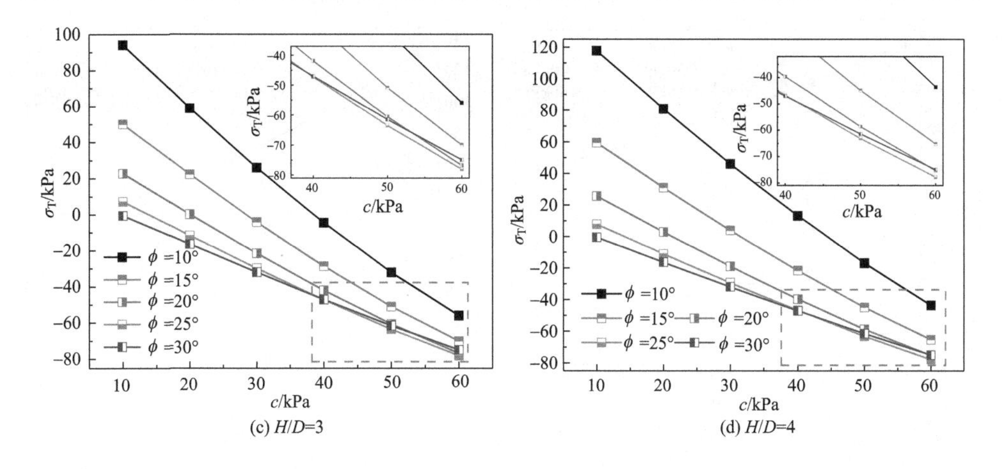

(c) H/D=3　　(d) H/D=4

图 4-25　不同黏聚力下支护力变化曲线

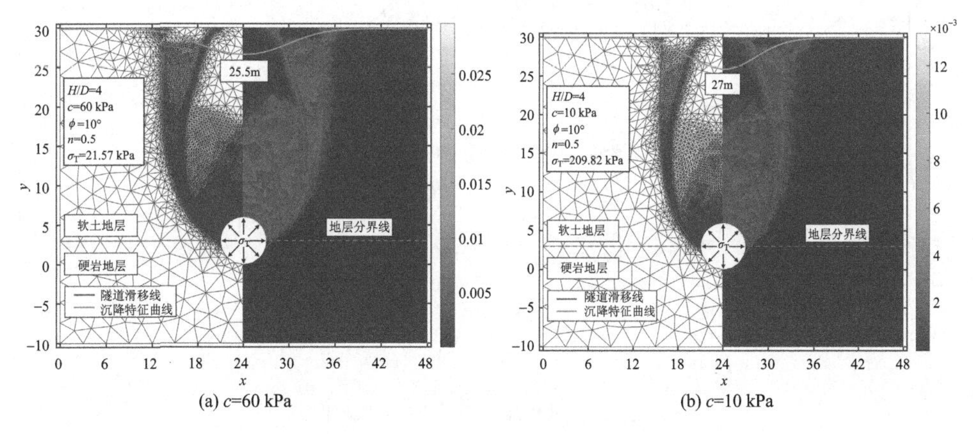

(a) c=60 kPa　　(b) c=10 kPa

图 4-26　不同黏聚力下隧道破坏模式图

可知，当黏聚力为 60 kPa 时，隧道失稳对地表的影响范围为 25.5 m，但当黏聚力减小时隧道稳定性减小，地表水平影响范围扩大至 27 m，地表沉降特征曲线在隧道上方更为凸出，证明此时隧道上方竖向速度更大，隧道破坏更为严重。

2) 摩擦角对隧道稳定性影响

图 4-27 为不同摩擦角下极限支护力变化曲线。摩擦角对隧道极限支护力的影响受土体的黏聚力影响。支护力与摩擦角非线性关系，曲线总体呈现支护力随摩擦角的增大而减小的趋势。但当黏聚力较大时，曲线在后期会出现支护力先下降后增长的趋势，此时支护力会随摩擦角增大而增大。隧道破坏模式随摩擦角的变化如图 4-28 所示。随着土体摩擦角增大，滑移线迅速向内收缩直至相交，此时沉降曲线近乎为一条直线，隧道失稳对地表水平及竖直方向的影响都有所减弱，破坏范围主要集中在隧道上方一定区域，不再影响到地表。

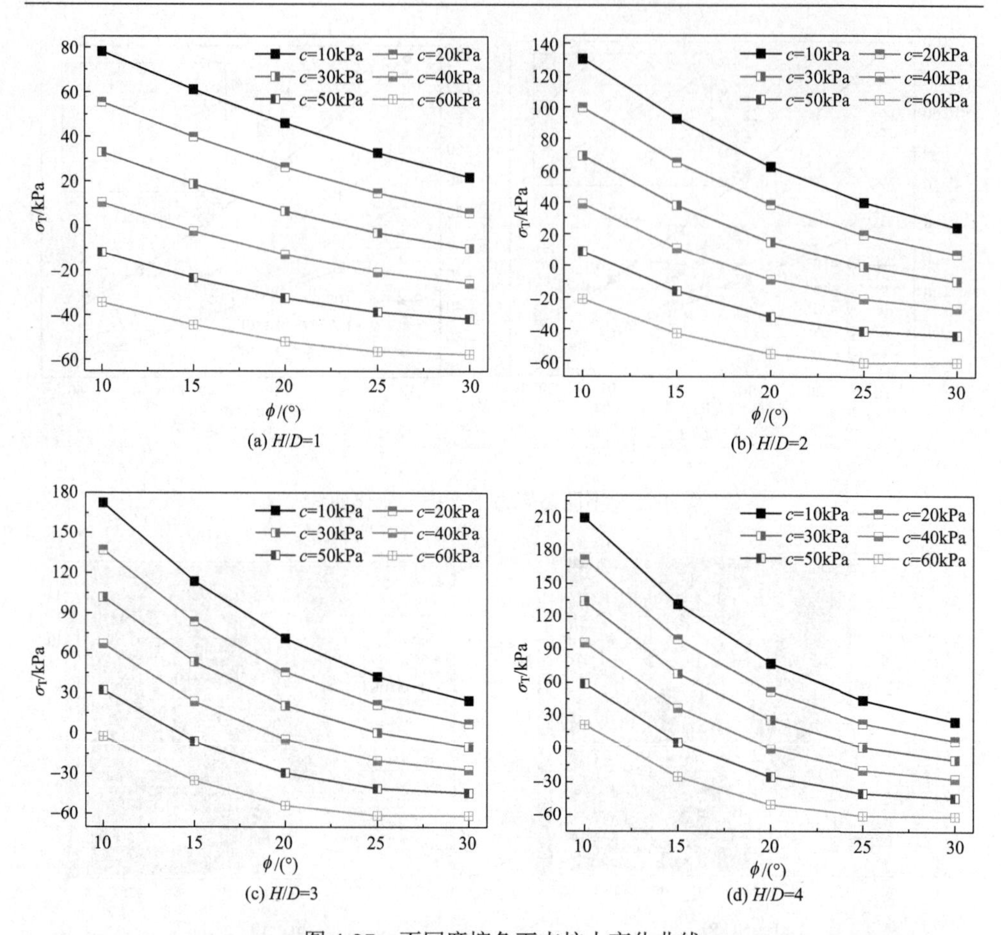

(a) H/D=1　(b) H/D=2　(c) H/D=3　(d) H/D=4

图 4-27　不同摩擦角下支护力变化曲线

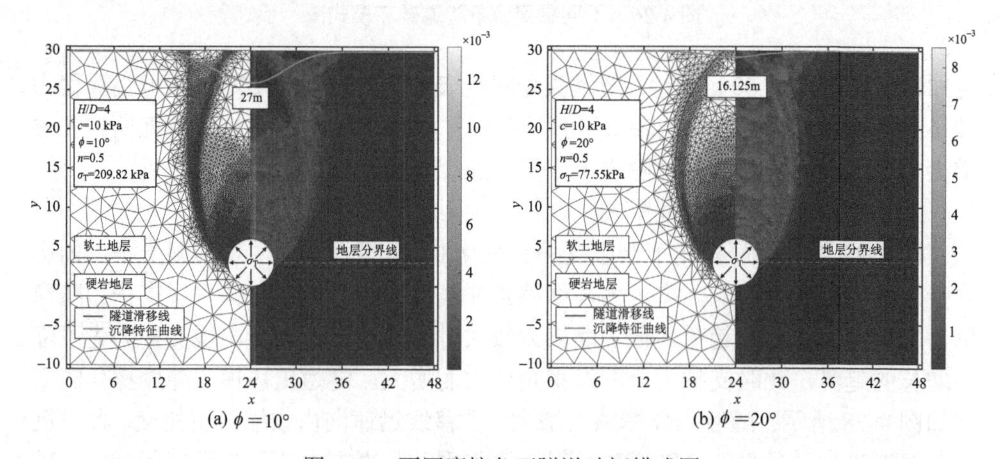

(a) $\phi=10°$　(b) $\phi=20°$

图 4-28　不同摩擦角下隧道破坏模式图

3) 埋深对隧道稳定性影响

图 4-29 为不同埋深下极限支护力变化曲线。当土体强度较小时，支护力随 H/D 的增大而增大；而强度较大时，支护力会随着埋深的增大而减小，再逐渐趋向稳定。当 c 较小时，地层自稳能力较差，埋深越大隧道越容易破坏，而随着土体摩擦角增大，隧道滑移线向内合拢，隧道失稳的影响范围缩小，破坏仅局限于土体周边，此时即便隧道埋深继续增加，隧道仍然处于局部破坏情况下，破坏面积不会发生增加，因此隧道支护力变化较小。而土体黏聚力 c 较大时，隧道稳定性主要受黏聚力影响，当埋深增加，隧道稳定性反而提高。这是因为此时隧道上方形成较为稳定的塌落拱，所需支护力减小。图 4-30 为不同埋深下隧道破坏形式。当 H/D=1 时，隧道埋深较浅，隧道破坏对地表影响显著；随着埋深的增加，隧道破坏程度加深，地表影响范围增大，但土体扰动剧烈程度减小。

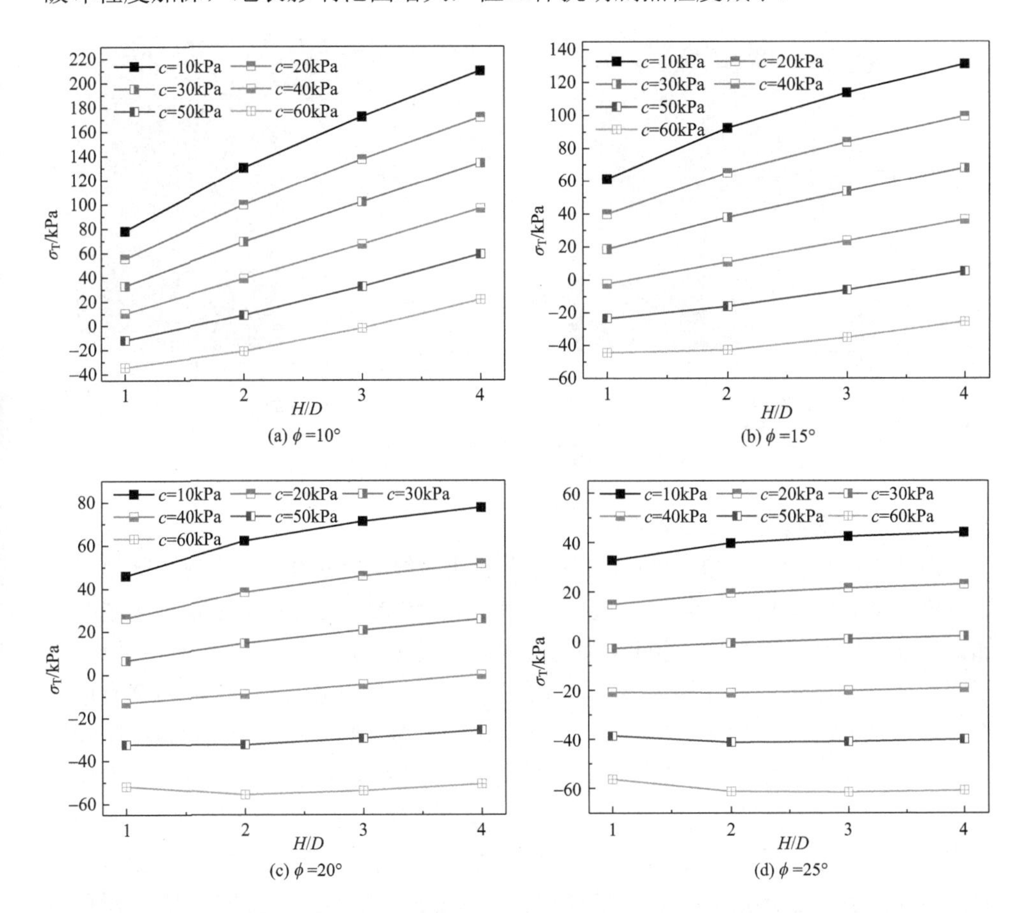

(a) ϕ =10°　(b) ϕ =15°

(c) ϕ =20°　(d) ϕ =25°

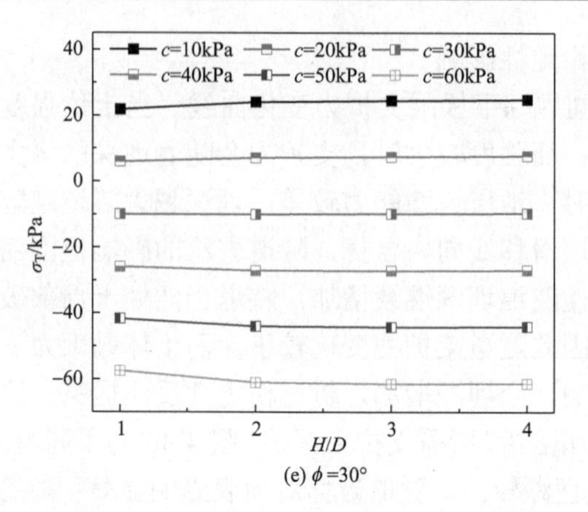

(e) $\phi=30°$

图 4-29　不同摩擦角下支护力随埋深变化曲线

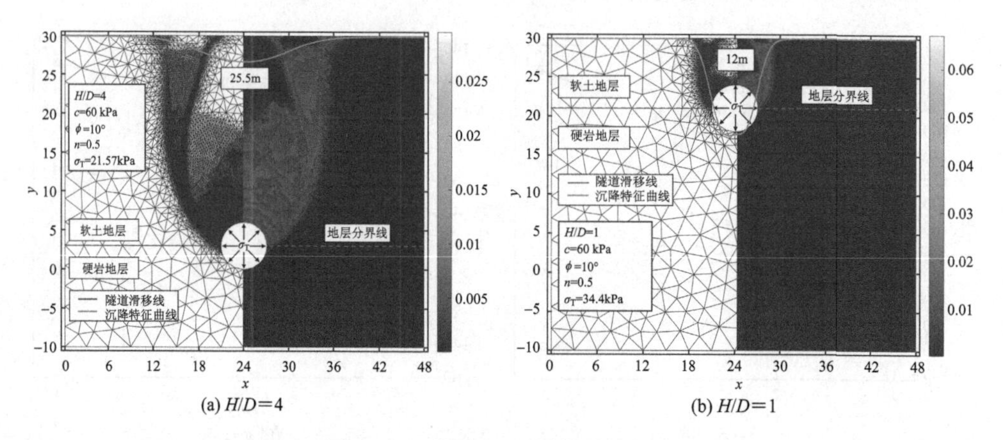

(a) $H/D=4$　　(b) $H/D=1$

图 4-30　不同埋深下隧道破坏形式

4) 复合比对隧道稳定性影响

图 4-31 为隧道的支护力随复合比增大变化曲线。当 n=0 时，隧道全部处于硬岩区域，此时隧道稳定性最好，随着复合比增加到 0.25，随着穿过软土区域的增加，隧道支护力急剧上升，但随着复合比的继续增长，隧道支护力逐渐趋于稳定。不同埋深、摩擦角均对支护力随复合比的变化速率有影响。具体表现为摩擦角越小、埋深越大，支护力随复合比变化越快，不同黏聚力对支护力的变化速率影响不大。而随着复合比的继续增长，上述参数的影响逐渐削弱。如图 4-32 所示，对比复合比为 0、0.5、1 的破坏模式。当 n=0 时，底层分界线与圆形隧道上边界相切，破坏从隧道边墙附近的硬岩区域延伸至上部软土层，此时滑移线受土体摩擦角影响在分界处出现偏移。当 n=0.5 时，隧道贯穿软土区域增加，破坏区域也随之增加，滑移线起始于土体交界处，硬岩区域几乎不破坏。随着复合比继续增加，隧道的破坏区域、地表影响范围继续增大，此时隧道的破坏模式近似于均质地层下隧道破坏模式。

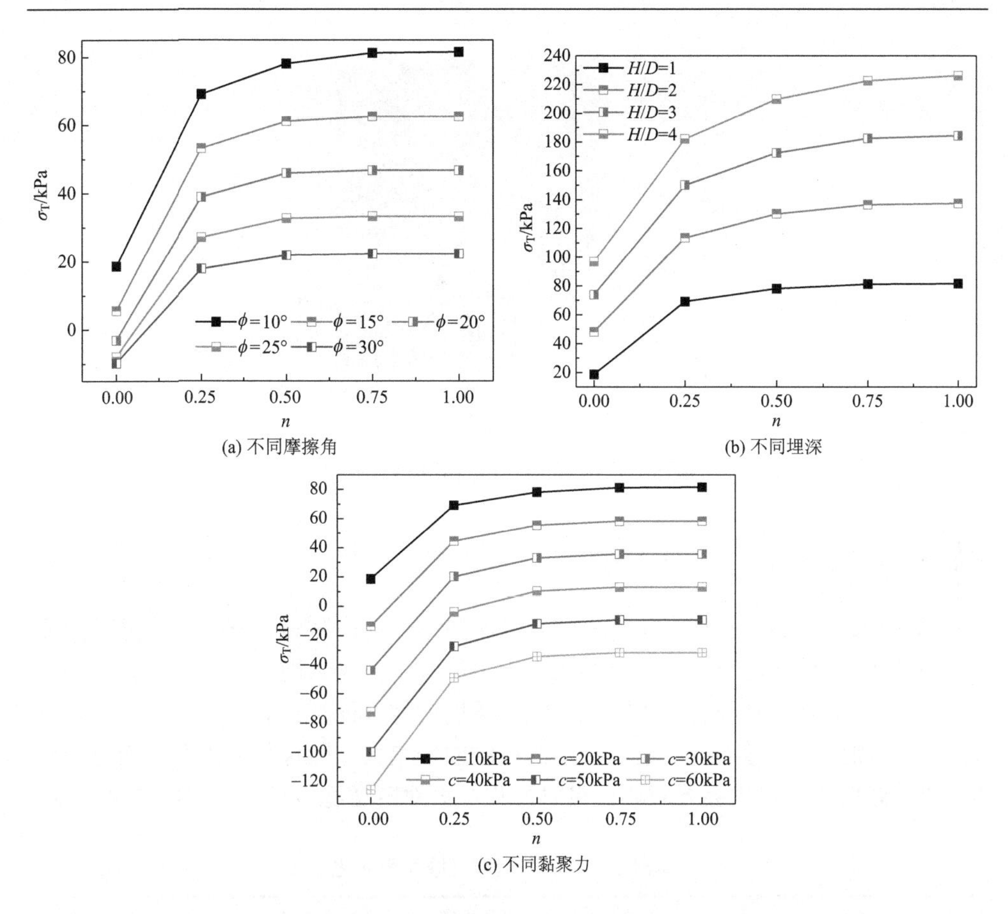

(a) 不同摩擦角　(b) 不同埋深

(c) 不同黏聚力

图 4-31　不同复合比下支护力变化曲线

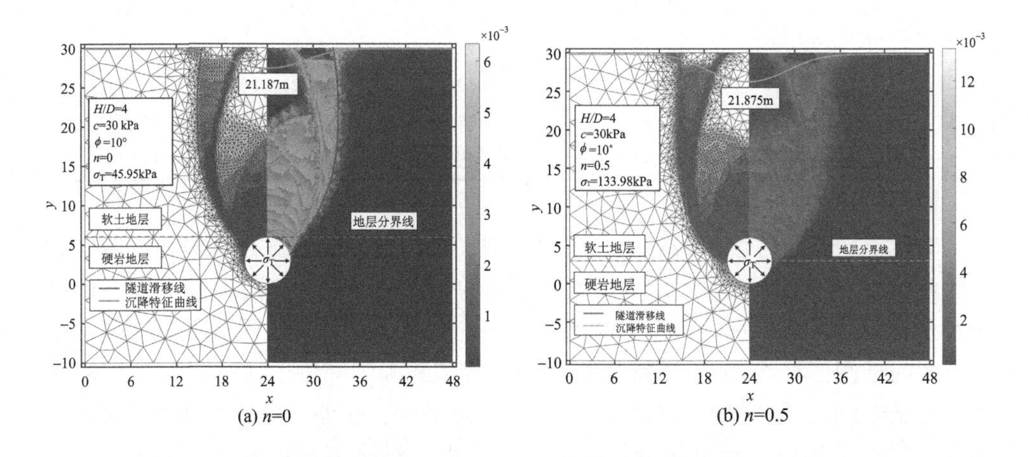

(a) n=0　(b) n=0.5

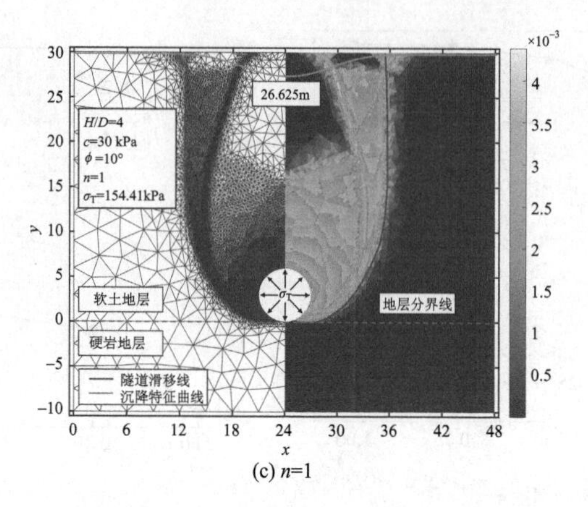

(c) n=1

图 4-32　不同复合比下隧道破坏形式

2. 倾斜地层分界隧道稳定性

支护力随地层倾斜角变化结果如表 4-5 所示。此时隧道极限支护力随着角度变化的同时受复合比影响。当复合比大于 0.5 时，支护力随角度增大而减小。而当复合比小于 0.5 时，支护力随地层倾斜角度的增大而增大。因为当复合比较小时，随着倾斜角度增加，隧道与软土的接触面积增大，隧道趋于脆弱。而复合比较大时，倾斜角度增大会导致硬岩接触面积增大对隧道稳定性有一定的提高作用。

表 4-5　支护力随地层倾斜角变化曲线　　　（单位：kPa）

a/(°)	n=0	n=0.25	n=0.5	n=0.75	n=1
30	60.82	103.38	129.52	144.06	151.64
25	56.94	103.16	130.97	145.79	152.74
20	53.51	102.89	132.19	147.23	153.44
15	50.63	102.63	133.08	148.30	154.04
10	48.53	102.44	133.75	149.09	154.30

对比不同倾斜程度下破坏模式可以发现，地层倾斜会导致整体破坏区域向软土区域偏移，随着倾斜程度增大，破坏区域的偏移越严重。如图 4-33 所示，地层倾斜程度对地表水平扰动范围影响不大，但此时地表破坏最严重区域不在隧道正上方而向一侧偏移，当地层倾斜角 a=30°时，隧道最大沉降位于隧道中心左偏 2.5m 处；而 a=10°时，隧道最大沉降位于隧道中心左偏 1.5m 处。其最大沉降的偏离程度受地层分界的倾斜程度影响，倾斜程度越大，沉降偏离程度也随之增大。图 4-33(c)与图 4-33(d)为不同复合比下倾斜隧道破坏模式，可以发现复合比对地表

扰动有较大影响，表现为复合比越大地表水平破坏范围越剧烈。此外复合比 n=0 时，最大沉降的偏离程度在隧道中心 5.5m 处；而 n=1 时，最大沉降的偏离程度在隧道中心 1.5m 处。由于复合比较小时，地层分界线距离地表较近，地层倾斜分界对地表沉降的影响越大，沉降曲线表现为隧道复合比越大，沉降槽偏离区域越小。

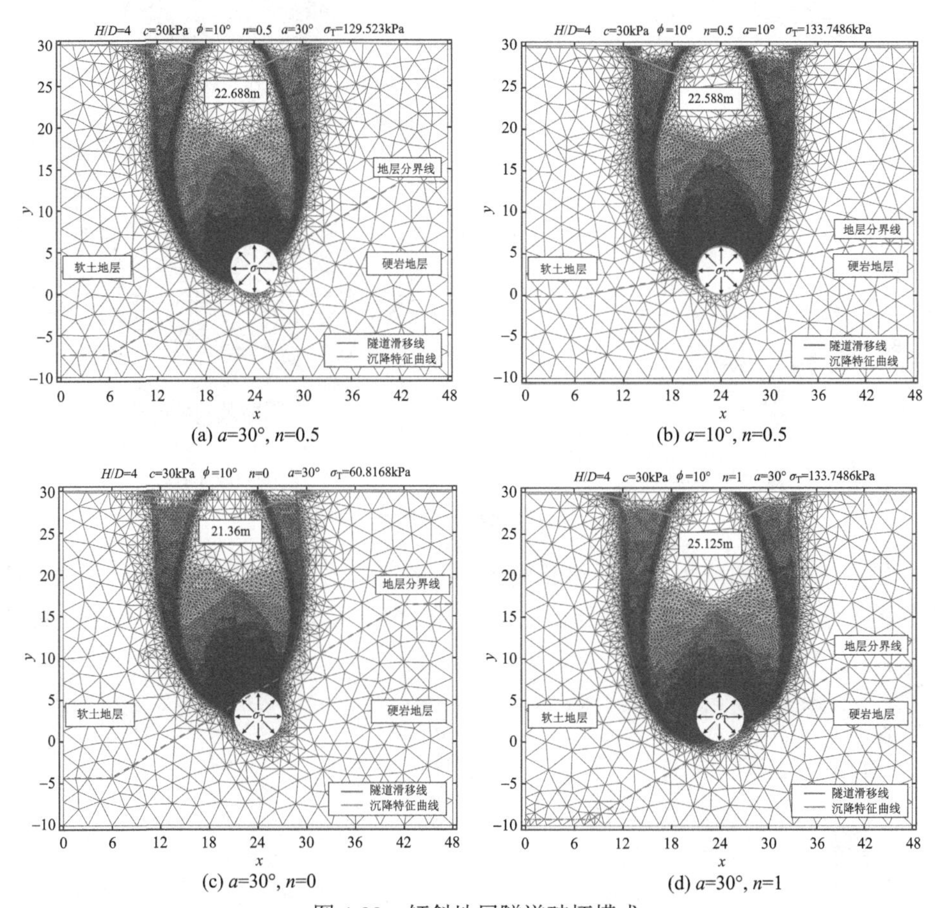

(a) a=30°, n=0.5　(b) a=10°, n=0.5

(c) a=30°, n=0　(d) a=30°, n=1

图 4-33　倾斜地层隧道破坏模式

4.3.3　基于现场的上软下硬地层隧道环向稳定性研究

本节根据某过江隧道工程实际，采用塑性单元自适应加密上限有限元法从理论上研究了上软下硬地层隧道环向开挖面稳定性及地层破坏特征，研究成果可为类似不均匀地层盾构隧道设计和施工提供理论借鉴。

某过江隧道采用大直径泥水平衡盾构机由东向西始发掘进，其中，北线长 1374.94m，最大纵坡 5.989%，南线长 1347.58m，最大纵坡 5%。隧道内道路等级为城市主干路 I 级，设计行车速度 60km/h，由南北两条单层单向双车道的隧洞构成。隧道标准断面内部结构如图 4-34 所示，管片外径为 11.3m，内径 10.3m，管片厚度 50cm，管片纵向宽度 2m，衬砌由 6 块标准块(B1～B6)、2 块邻接块(L1 和 L2)和 1 块封顶块(F)拼装而成，管片强度标号 C50。

(a) 管片立面图　　(b) 内部结构图

图 4-34　某过江隧道标准断面内部结构

图 4-35 为河西陆屿段地质纵断面图，由图可看出，陆屿段地质条件复杂，且隧道覆土厚度较薄，埋深大部分在 1 倍洞径以内。盾构穿越地段为杂填土、粉细

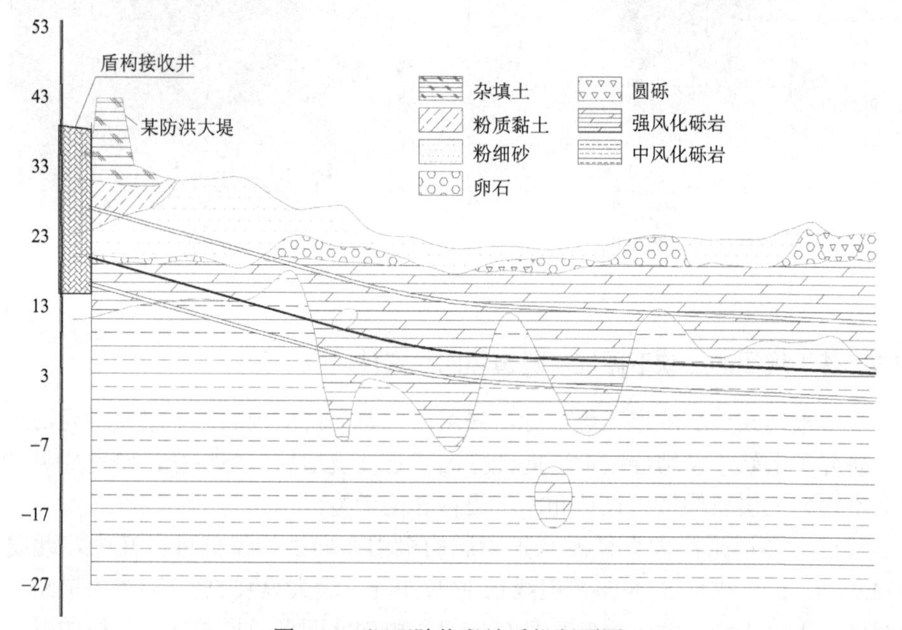

图 4-35　河西陆屿段地质纵断面图

砂、粉质黏土、强风化砾岩和中风化砾岩地层组成的复合地层。根据地质勘查资料和室内试验结果，依据相关规范得到各地层物理力学性能参数如表 4-6 所示(为方便分析，假定各地层重度均为 $20kN/m^3$)。因软硬土层刚度差异较大，掘进过程中隧道稳定性控制难度较大，河西陆屿段部分里程施工过程中单环宽度出渣量高于理论计算值，且地表出现较大的沉降。

表 4-6　地层物理力学参数

材料	弹性模量 E/MPa	泊松比 μ	摩擦角 ϕ/(°)	黏聚力 c/kPa	密度 γ/(kg/m^3)
杂填土	10	0.35	8	12	2000
粉质黏土	20	0.3	15	25	2000
粉细砂	30	0.3	25	6	2000
强风化砾岩	68	0.25	28	100	2000
中风化砾岩	200	0.23	33	200	2000

针对河西陆屿段不同软硬地层组合，本节采用自适应加密上限有限元法对某过江隧道横断面及开挖面围岩稳定性进行分析，揭示了上软下硬地层隧道极限支护力及地层破坏模式与均质地层的差异性，并探讨了引起地表沉降过大的原因。

本节采用自适应加密上限有限元法构建隧道横断面稳定性二维分析模型，从理论上探讨上软下硬特性对隧道横断面极限支护力及相应破坏模式的影响。

1. 上软下硬地层隧道横断面稳定性分析模型构建

由工程概况阐述知，河西陆屿段盾构穿越区地层复杂多变，呈现上软下硬特性，且隧道埋深较浅，覆土厚度一般在 1 倍洞径左右。为简化分析，假定软硬分界面位于隧道中心处，选取杂填土、粉质黏土、粉细砂和强风化砾岩作为软土代表地层，中风化砾岩作为下硬土层进行分析，隧道埋深为 1 倍洞径。

图 4-36 为隧道横断面稳定性分析模型(以 C/D=1 为例说明)，模型主要假定为：①模型中隧道高度为 D=10m，埋深为 C=10m；②不考虑水的影响，且隧道周边土体满足 Mohr-Coulomb 屈服准则；③地表水平且无外力作用，隧道轮廓上作用连续分布的均布荷载 σ_T。隧道横断面稳定性主要转化为求解使得隧道围岩恰好处于塑流发生时的临界状态的极限支护力 σ_T，σ_T 与隧道埋深、尺寸、软硬岩强度参数等相关。

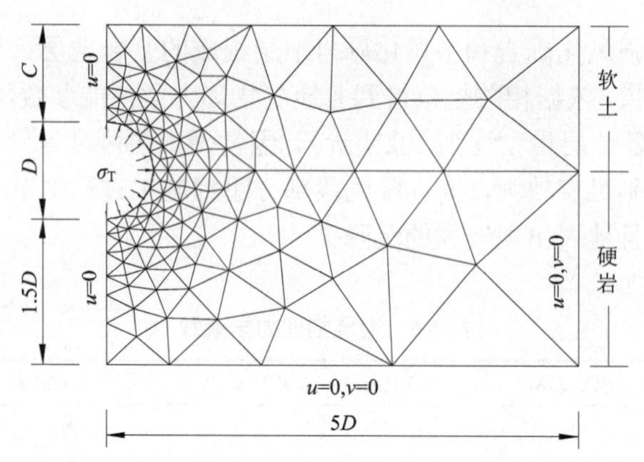

图 4-36　上软下硬地层隧道横断面稳定性分析模型(C/D=1)

图 4-36 同时示意了自适应加密前的初始网格，隧道轮廓附近网格稍密、远处稀疏，其他工况下网格划分方式相似。假定模型左侧边界约束 x 方向速度，即 $u=0$；右侧和下侧边界 x 和 y 两个方向速度均约束，即 $u=0$, $v=0$。上述模型三角形单元总数为 242，速度间断线总数为 348，决策变量 15912。本节主要采用三节点三角形单元离散模型，选取 Mohr-Coulomb 屈服准则线性化参数 $p=48$。通过试算确定网格自适应加密参数 η 值取 0.3，相对误差 Δ 取 0.5%。

2. 隧道极限支护力上限解及破坏模式参数敏感性分析

采用自适应加密上限有限元法对不同上软下硬地层组合下隧道横断面稳定性进行分析。同时，为了研究上软下硬特性对隧道横断面稳定性及破坏模式的影响，也对均质地层隧道稳定性进行计算分析。

当软土为杂填土时，加密后计算得到的极限支护力 σ_T=152.43kPa，破坏模式如图 4-37 所示(为了方便分析，仅对模型周边塑性变形剧烈的局部区域予以显示，以下侧和右侧的几何坐标示意具体范围)。由图 4-37(a)可看出，在软土区域形成一条延伸至地表的剪切滑移带，硬土区域未产生明显的塑性流动。图 4-37(b)表明，软土区域速度矢量值相对较大，隧道顶部上方及地表之间范围内单元的速度方向大致竖直向下；隧道拱肩至软硬分界处，速度矢量方向由竖直向下逐渐向隧道内部发生偏转；剪切带上速度矢量值较大，且方向与滑移面相切。

当软土为粉质黏土、粉细砂、强风化砾岩时，计算得到的极限支护力 σ_T 分别为 83.37kPa、73.45kPa 和 17.30kPa，相应的破坏模式如图 4-38～图 4-40 所示。计算结果表明：软土为强风化砾岩地层时极限支护力 σ_T 最小，即土体自稳性最好。由图 4-38～图 4-40 可看出，三种情况下土体破坏形态与杂填土时相似。随着软土强度的增加(主要针对内摩擦角)，隧道失稳流动状态时剪切滑移带与竖直方向的夹角逐渐增大，隧道上方的滑塌范围逐渐减小，而隧道周边塑性变形逐渐变大。

软土为强风化砾岩时，剪切滑移带起始位置由软硬分界面处向硬岩延伸，除形成明显的剪切带外，在隧道边墙及拱部上方网格密度也较大，说明该范围内也发生较大的塑性变形。

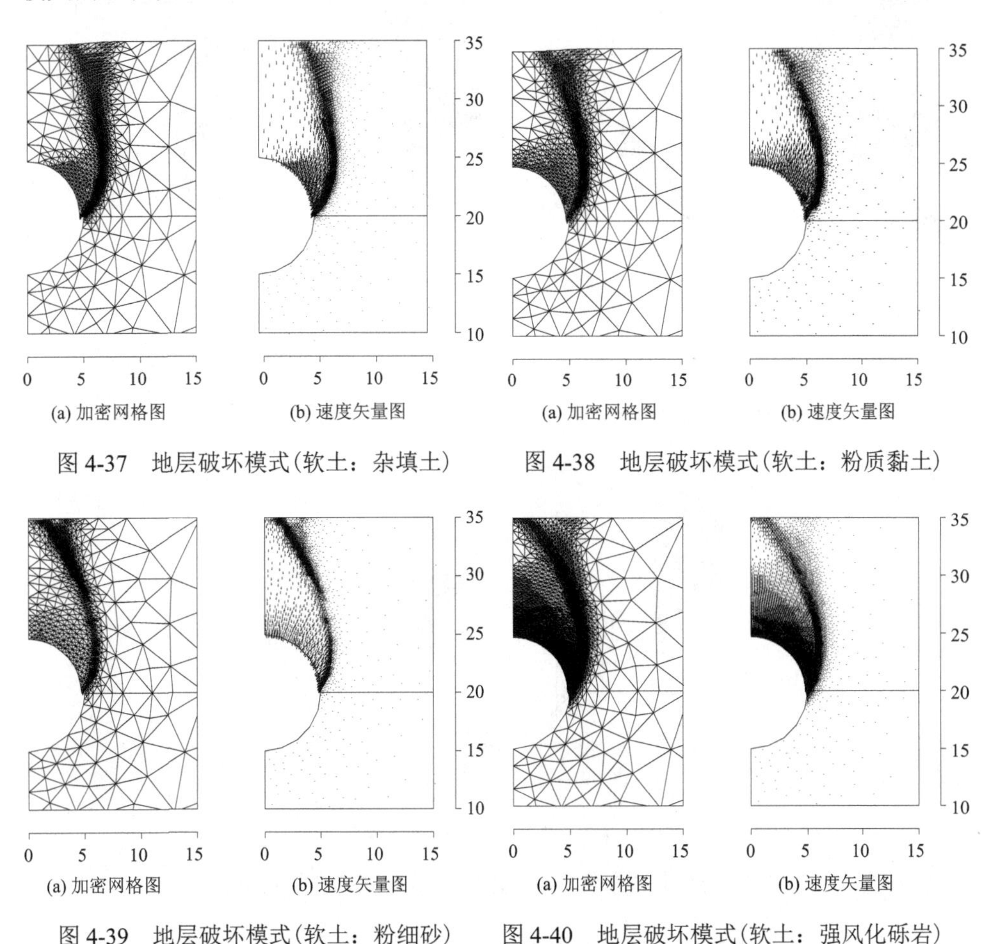

图 4-37　地层破坏模式(软土：杂填土)　　图 4-38　地层破坏模式(软土：粉质黏土)

图 4-39　地层破坏模式(软土：粉细砂)　　图 4-40　地层破坏模式(软土：强风化砾岩)

为了分析均质地层下隧道横断面破坏模式的影响，将模型整个地层分别取为杂填土、粉细砂和中风化砾岩进行对比计算。计算得到的极限支护力 σ_T 分别为 162.45kPa、74.23kPa 和 11.42kPa，破坏模式如图 4-41～图 4-43 所示。相较于图 4-37，软、硬岩均为杂填土时，隧道极限支护力更大，即隧道稳定更差；剪切带明显，且破坏一直延伸至隧道底部，破坏区域地中最大水平影响范围达到隧道 1 倍洞径之外，地表影响范围接近 1.5 倍洞径。对比图 4-39 和图 4-42 可知，两者破坏形态相似，不同的是当土层全为粉细砂地层时，剪切带起始位置向下延伸至隧道边墙下部，且发生滑塌时破坏范围更大。由图 4-43 可知，若土层全为硬岩(中风化砾岩)，破坏时剪切带上塑性变形不再最大，塑性变形主要集中在隧道边墙及拱部附近，此时，土体的“拱效应”发挥作用。

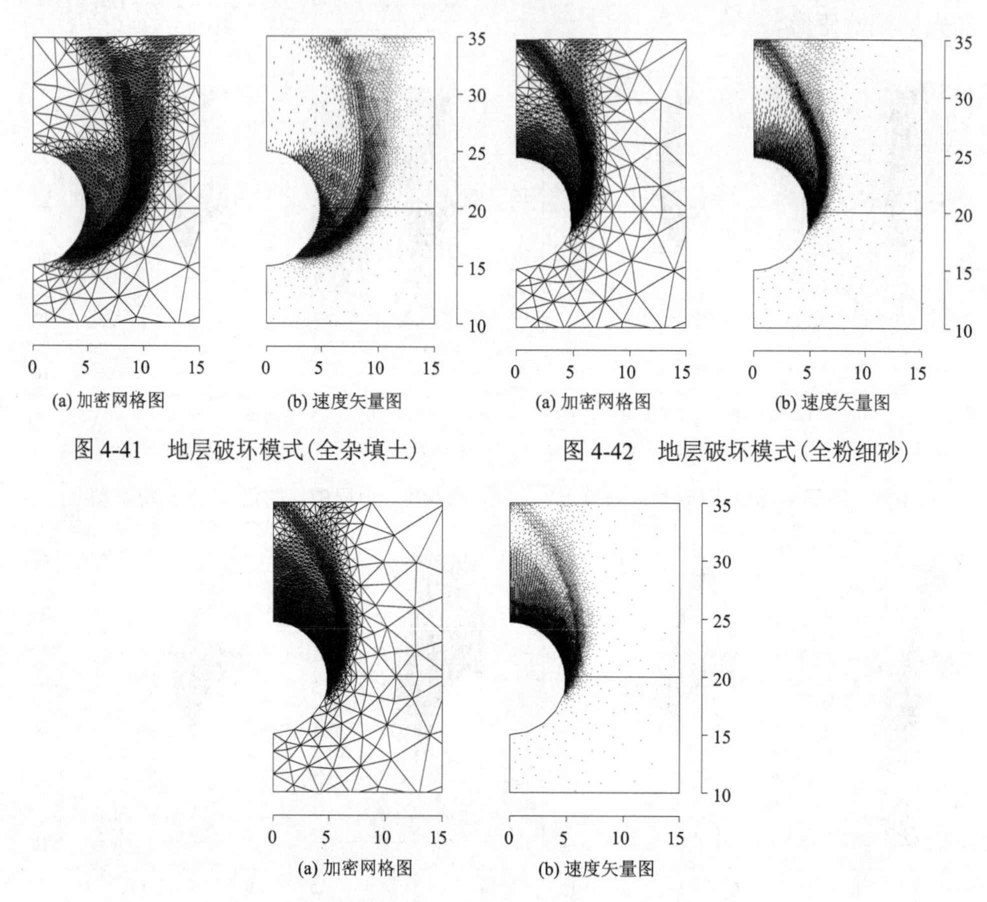

图 4-41　地层破坏模式(全杂填土)

图 4-42　地层破坏模式(全粉细砂)

图 4-43　隧道横断面失稳流动状态时地层破坏模式(全中风化砾岩)

综上所述，上软下硬地层发生隧道横断面塌陷破坏时，其极限支护力比全硬岩地层更小，剪切带延伸至地表，但仅软土区域发生土体滑塌；全软土地层发生塑性流动破坏时，地层破坏范围比上软下硬地层更大，剪切带延伸至隧道边墙下部；软岩为强风化砾岩和中风化砾岩时地层自稳性能较好，且发生破坏时，土体“拱效应”发挥作用。盾构实际掘进过程中，若不考虑上软下硬特性，仅基于均质强风化砾岩或中风化砾岩工程特性控制盾构施工参数，易引起隧道软岩地层失稳破坏。

4.3.4　基于现场的上软下硬地层山体滑坡上限有限元研究

在山岭隧道或城市盾构隧道工程中，隧道常穿越地表起伏不平地段。当隧道上覆围岩厚度较小时，隧道线路两侧围压存在不对称性，隧道开挖后存在偏压的可能性，两侧应力场和位移场呈现不对称性，相比较于地表水平情况，此时隧道更易出现失稳破坏，且易引起山体滑坡等地质灾害。根据南平某铁路隧道山体滑坡工程实际，采用塑性单元自适应加密上限有限元法从理论上分析了山体滑坡的地层破坏特征，并对相应的防护措施应用效果进行评价，为以后类似的偏压地层隧道设计和施工提供理论借鉴。

1. 基本概况

某铁路隧道建设在岩土分界地层上，进口里程 DK18+495，出口里程 DK29+238，隧道全长 10743m，隧道最大埋深为 515m。隧道地处剥蚀中低山区地貌，地形陡峻起伏，穿越的山脉主要走向为北东向，山体连绵，沟壑纵横。其中，DK19+200～+500 段埋深较浅，地表为陡坡地形，沟谷狭长，呈条带状展布，呈“V”形谷，线位与沟谷走向近似小角度相交通过。该段沟谷地表无常流水，为山间洪水与地下水的排泄通道，受大气降雨影响严重，雨水冲刷剧烈。

图 4-44 为 DK19+406 位置的山体滑坡横断面示意图，如图所示，该位置处表层为粉质黏土和全、强风化云母石英片岩，中下层为弱风化云母石英片岩，呈现上软下硬特性，且土石分界面穿过隧道。由图 4-44 还可看出，该位置隧道处于明显的偏压状态，且隧道拱顶埋深仅 8.4m。山体滑坡段隧道围岩级别为Ⅴ级，隧道支护结构为Ⅴc 支护类型，采用三台阶七步开挖法施工。滑坡段其余里程工程概况与 DK19+406 位置相似，这里不再赘述。

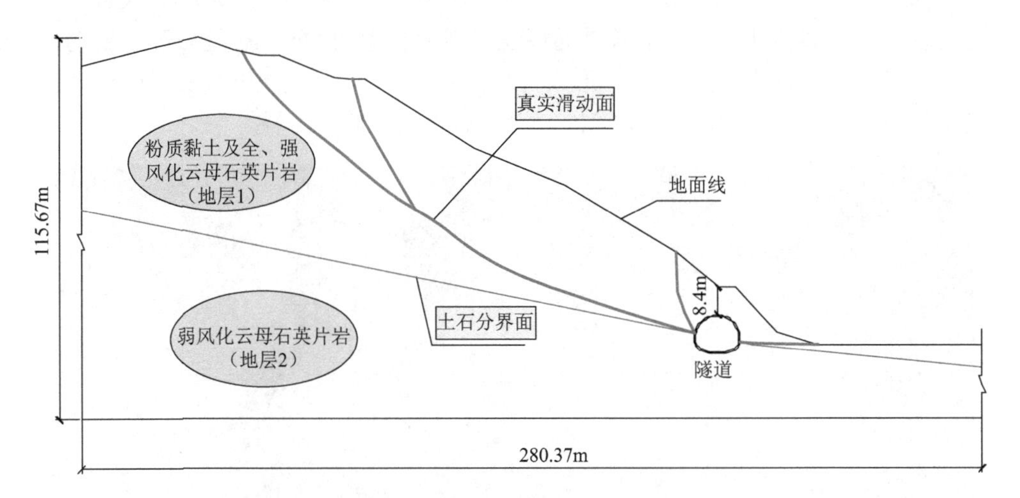

图 4-44　DK19+406 里程地质情况及边坡滑动面示意图

2. 山体滑坡段概况

该铁路隧道于 2014 年 7 月 19 日开始施工，总工期为 33 个月。自 2015 年 9 月底以来，由于“杜鹃”台风的登陆，降雨量加大，2015 年 10 月 8 日发现隧道 DK19+420～306 段衬砌出现通长的贯通裂缝(埋深较大侧裂缝距仰拱面约 6.88m，埋深较小侧裂缝距仰拱面约 1.94m)，裂缝宽度最大达 6mm，如图 4-45 所示。高山侧(埋深较大侧)拱腰处衬砌向洞内的最大位移为 19.4cm，低山侧(埋深较小侧)边墙处衬砌向外最大位移达 23.9cm，且隧道中线发生偏移。

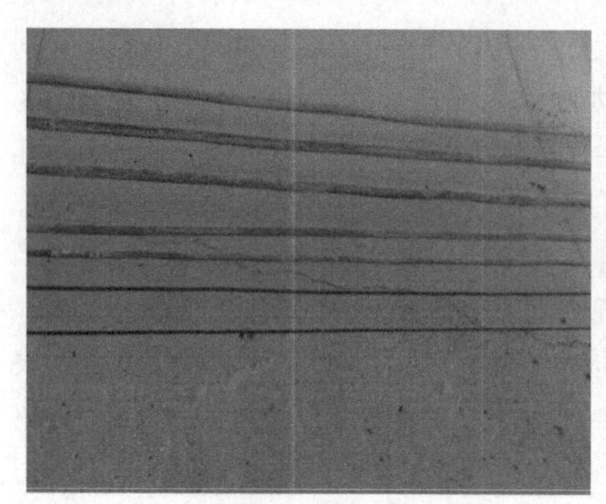

(a) 高山侧裂缝

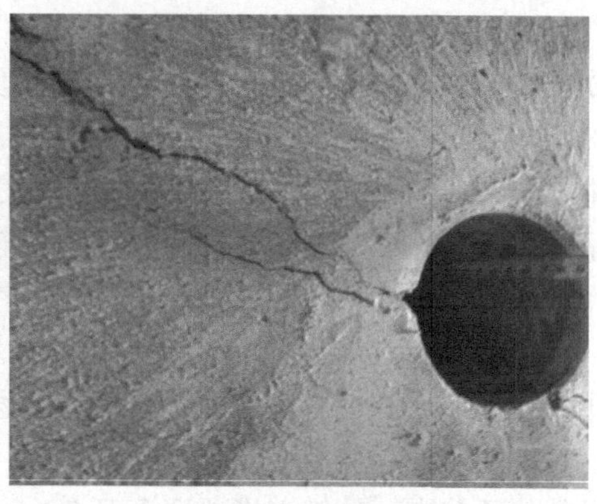

(b) 低山侧裂缝

图 4-45　DK19+410～DK19+380 段洞内衬砌裂缝图

10 月 8 日发现衬砌偏移开裂后，观察地表出现多处裂缝(图 4-46)，大致分五组裂缝，均呈圈椅状裂缝，最长贯通性拉张裂缝长近 200m，裂缝张开、错动，表面呈阶梯状，裂缝最宽 25cm，形成台坎 30cm 左右。裂缝主要分布于隧道高山侧山体范围，距线位 50～160m 范围，滑坡后缘抵近低山山脊。

(a) 山体裂缝滑动壁

(b) 地表贯通裂缝

图 4-46　DK19+410～DK19+380 段地表滑动图

12 月 13～14 日连续 2 天强降雨之后，经过排查发现 DK19+306～382 段衬砌出现新增微小裂缝，主要以纵向贯通裂缝为主，高山侧衬砌裂缝位于拱腰处，低山侧衬砌裂缝位于仰拱面以上 2.9m 左右，裂缝最大宽度为 0.55mm。经核查该段洞内衬砌断面，衬砌被边坡挤压偏移最大值达 3.0cm(高山侧)、1.8cm(低山侧)。

现场根据地质钻孔布置 4 处测斜管，监测地表滑动发展情况，以此判断山体滑动情况。现场测试的 DK19+406 位置山体滑动面如图 4-44 所示，该滑动面最大影响范围距隧道线路中心线约 150m，并伴有零星小裂缝。

1. 山体滑坡原因初步分析

该铁路隧道山体滑坡段边坡表层主要为全、强风化云母石英片岩，该部分土层较柔软、松散，孔隙率较大，含水量相对较高；中下层为弱风化云母石英片岩，岩层坚硬、密实，含水率相对较低。因此，上层软弱土层与中下层坚硬岩层之间易形成滞水的软弱面，是滑坡的重要诱因之一。同时，由图 4-44 可看出，山体滑坡段边坡为陡坡地表，斜坡的自然坡度为 22°～47°，且云母石英片岩具有顺层产状，极易沿层面发生滑动。

自 9 月台风“杜鹃”登陆，降雨量加大，水流下渗至地层 1 中，既增加了土体重度，也降低了岩土体的抗剪强度，极易诱发边坡上表层土与中下部弱风化岩面之间产生顺层滑动。

由图 4-44 还可看出，地层的土岩分界面穿过隧道，隧道爆破开挖过程中，会对上部软弱土层产生扰动，形成局部裂缝，降低土层的自稳能力。同时，山体滑坡段隧道处于偏压状态，且隧道拱顶埋深仅 8.4m，爆破开挖过程中上部土体的松动极易破坏边坡坡脚稳定性，增加发生滑坡的风险。

2. 山体稳定性自适应加密上限有限元分析

本节采用塑性单元自适应加密上限有限元法对该铁路隧道山体滑坡进行稳定性分析，以此探讨山体发生滑坡后的破坏形态和影响范围。这里选取 DK19+406 位置处为典型断面进行分析，根据地质调查、室内试验及有关规范规定，所得地层 1 的土体容重 γ=22kN/m^3，内摩擦角 ϕ=22°，黏聚力 c=150kPa；地层 2 的土体容重 γ=22kN/m^3，内摩擦角 ϕ=45°，黏聚力 c=1000kPa。主要假定为：①考虑最不利情况，假定隧道开挖后未施做衬砌结构，即隧道轮廓无环向作用力；②本节重点分析山体滑坡破坏形态，故将马蹄形隧道简化为圆形隧道；③山顶附近地表简化为水平；④不考虑水的影响，且隧道周边土体为均质地层，满足 Mohr-Coulomb 屈服准则。

为分析该铁路隧道边坡稳定性，本节引入强度折减的思路，即计算过程中不断降低地层抗剪强度(内摩擦角和黏聚力)直至达到失稳临界状态，此时的折减系

数为边坡的安全系数 f。安全系数 f 可表示为

$$\tan\phi' = \tan\phi/f, c' = c/f \tag{4-6}$$

对于该铁路隧道山体滑坡实例,可理解成降低地层 1 抗剪强度(大量的降水降低了土层的抗剪强度，而岩层为不透水地层，故对地层 2 的抗剪强度影响较小)，直至边坡出现滑动破坏或隧道围岩出现失稳破坏。

由式(4-6)可知，采用自适应加密上限有限元法计算过程中需对 $\tan\phi$ 和 c 进行折减，若将安全系数 f 直接带入优化模型中约束条件和目标函数表达式，会形成非线性关系式，无法构建线性规划模型。因此，本章采用类似二分法的手段，通过一系列线性规划问题的迭代计算获得相应的安全系数 f。基于强度折减法的求解过程为：采用自适应加密上限有限元法求解实际参数下临界重度 $\gamma_{临界}$，当 $\gamma_{临界}>\gamma$(实际重度 22 kN/m^3)时，取 $f>1$ 的某合适值对 $\tan\phi$ 和 c 进行折减，使得下一次计算的 $\gamma_{临界}<\gamma$；假定 $\gamma_{临界}$和 f 呈线性关系变化，根据前两次计算的 $\gamma_{临界}$和 f 值进行线性插值，获取使得 $\gamma_{临界}=\gamma$ 的安全系数 f，再计算此时的 $\gamma_{临界}$值；循环上述的求解过程，直至获取的 $\gamma_{临界}$值接近于实际重度 γ，此时的 f 为最终的安全系数。若初始计算的 $\gamma_{临界}<\gamma$，可取 $f<1$ 的某合适值进行上述类似的循环计算。

为获得临界重度 γ 的上限解，令模型土体单位重度所做重力功率为 $\int_S v\mathrm{d}S = -1$，此时可直接通过目标函数表达式获取临界重度 γ 的值。这里主要采用三节点三角形单元+速度间断线的方式离散模型，选取该准则线性化参数 $p=36$，通过试算确定网格自适应加密比例 $\eta=0.5$，相对误差 $\Delta=0.3\%$。

首先采用上述方法评价隧道未开挖前边坡稳定性，此时获得的安全系数为 1.654，折减后的内摩擦角 $\phi=13.73°$，黏聚力 $c=90.69$kPa，图 4-47(a)为自适应加密后最终网格形态图。当毛洞隧道存在时，边坡稳定性降低，此时计算的安全系数为 1.526，折减后的内摩擦角 $\phi=14.83°$，黏聚力 $c=98.3$kPa，图 4-47(b)为相应

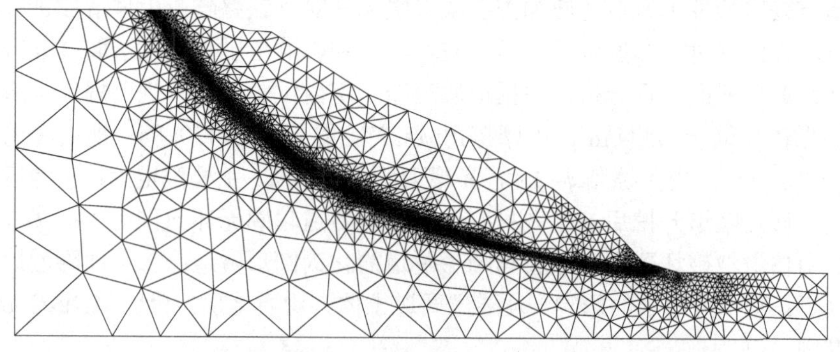

(a) 无隧道时山体滑坡

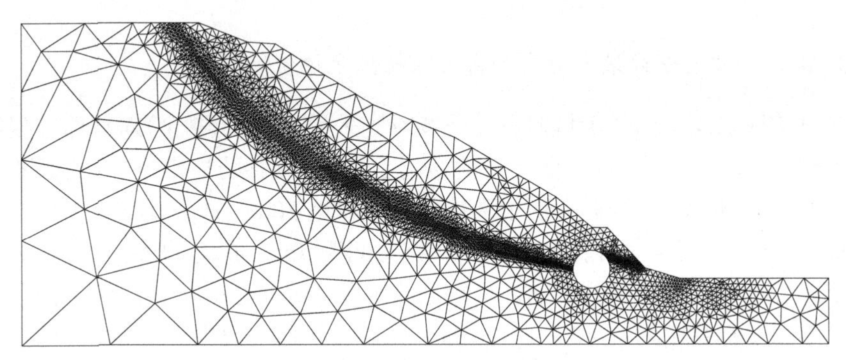

(b) 毛洞隧道存在时山体滑坡

图 4-47　DK19+406 里程处山体滑坡示意图

的网格形态图。图 4-47 表明，破坏发生时，网格密集区域呈现一条清晰的剪切滑移带，该滑移带起始于边坡底部附近，并逐渐延伸至山顶。同时，因地层具有上土下岩的特性，该滑移带主要分布于上部土层范围内，仅在边坡底部附近沿着土石分界面向下延伸。

将上述两种工况下获得的破坏滑动面(取网格密集区域的中心位置绘制而成)与真实的剪切滑移带进行对比分析，如图 4-48 所示。由图 4-48 可看出，通过自适应加密上限有限元法获得的边坡滑动面与真实的主滑动面吻合度较好，由于分析过程中未考虑隧道衬砌的影响，隧道周边的破坏形态与实际存在一定的差异，但其仍可近似反映该铁路隧道山体滑坡破坏特征。由图 4-48 还可知，当地层中无隧道时，边坡失稳形成的滑动面较有隧道时形成的滑动面曲率更大(滑坡体更大)，即隧道的开挖对边坡主滑动面形态具有一定的影响。

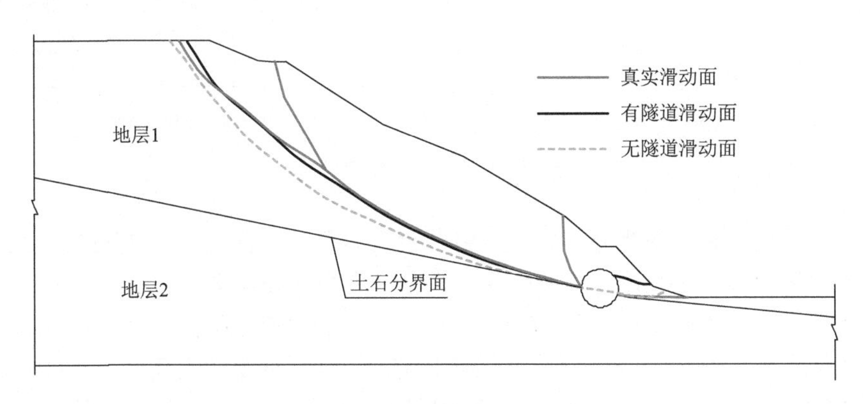

图 4-48　滑动面对比示意图

3. 山体滑坡处理效果自适应加密上限有限元评价

针对该铁路隧道山体滑坡问题，现场首先采用原状土(黏土)对坡体上裂缝进行回填夯实，防止雨水持续下渗至滑动体。然后提出 4 种防护措施，分别如图 4-49 所示。方案一(抗滑桩加固)：由于滑坡体厚度将近 30m，故设计采用大型钢筋混凝土抗滑桩防护措施，抗滑桩桩径 3m，桩心间距 7m，桩底距隧道底部约 8.1m，相较于周边土体，桩体可看成弹性材料，此时取 E=30GPa，μ=0.2 [169]；为了便于分析，其强度参数取为 ϕ=60°，c=4MPa。方案二(回填土加固)：在低山侧采用原状土进行反压回填，填土厚度约 15m，回填按路基填筑工艺标准分层压实。方案三(刷坡)：由于滑动体土质松散，对现有坡面加固效果不显著，因此对边坡进行刷方卸载，现场按照 1∶2 的坡率进行刷方，使得边坡坡角控制在 26°左右。方案四(抗滑桩+回填+刷坡)：考虑到其他可能的偶然状况，综合采用上述三种防护措施。

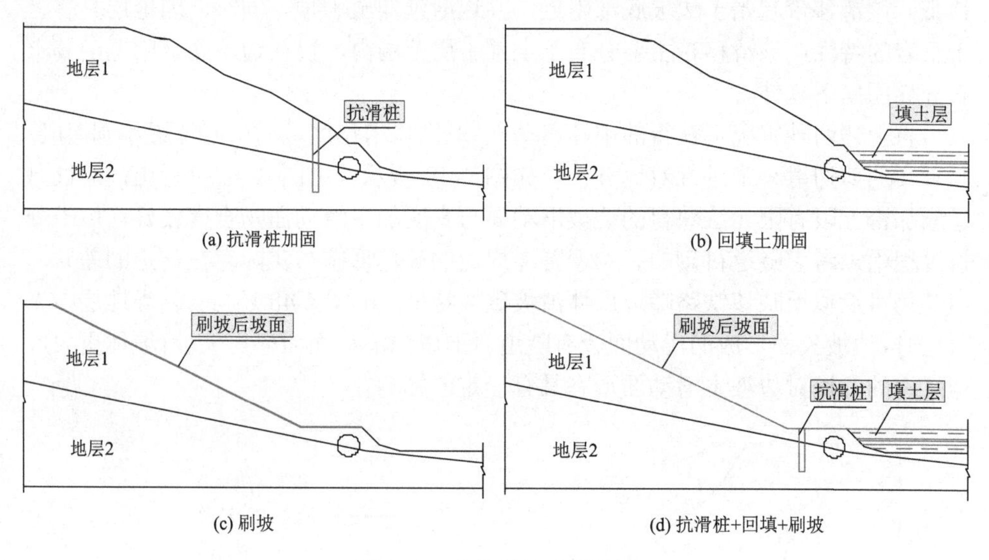

图 4-49　山体滑坡处理措施

按照上述四种处理措施，本节采用自适应加密上限有限元法对其防护效果进行评价。采用抗滑桩加固后，边坡稳定性略有提高，安全系数为 1.57；采用低山侧填土后，安全系数仅提高到 1.559；采用刷坡措施可有效提高边坡稳定性，其安全系数提高到 1.814；综合采用三种防护措施时，地层稳定性提高最多，安全系数达到 1.87。图 4-50 为不同防护措施下地层破坏模式图。由图 4-50(a)可看出，当采用抗滑桩加固时，抗滑桩阻断了边坡的滑动面，围岩塑性变形仅发生在隧道周边，隧道左侧主要形成一条延伸至地表的剪切滑动面，隧道右侧形成两条相交的滑动线，此时隧道稳定性需重点关注。由图 4-50(b)可知，采用低山侧回填的加固措施对边坡稳定性提高有限，地层 1 中仍然形成贯穿至山顶的滑动面，因回填土影响，隧道右侧滑动面偏移至隧道上方，此时除易发生山体滑坡外，隧道开挖过程中顶部易出现塌方冒顶。图 4-50(c)表明，边坡刷坡后增加了地层自稳能力，隧道周边形成两条非对称性的滑动面，因偏压影响，隧道周边围岩易形成小范围的滑塌。图 4-50(d)表明，采用抗滑桩+回填+刷坡的处理方式后，隧道围岩形成两条延伸至地表的滑动面，因地层上软下硬，滑动面只延伸至土岩分界面处，此时隧道周边围岩稳定性是重点关注的问题。

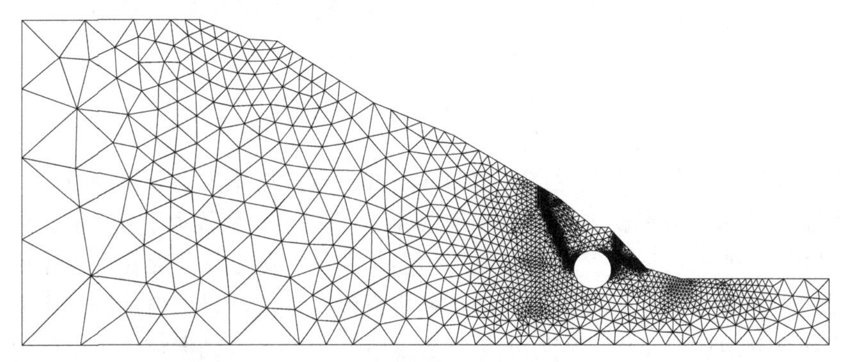

(a) 抗滑桩加固

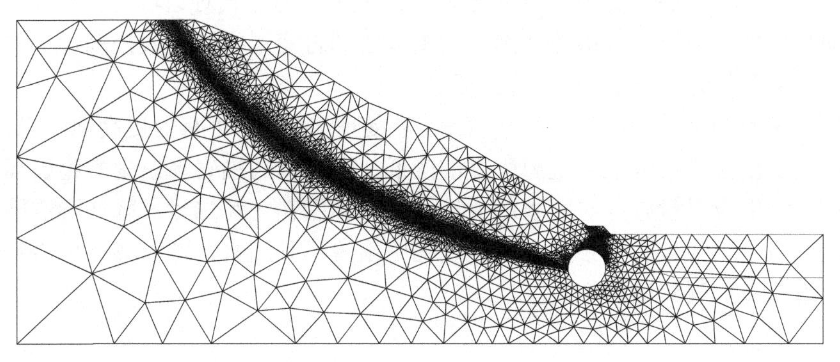

(b) 回填土加固

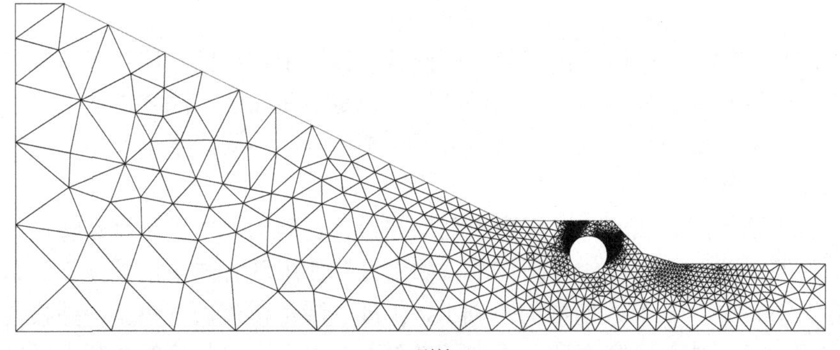

(c) 刷坡

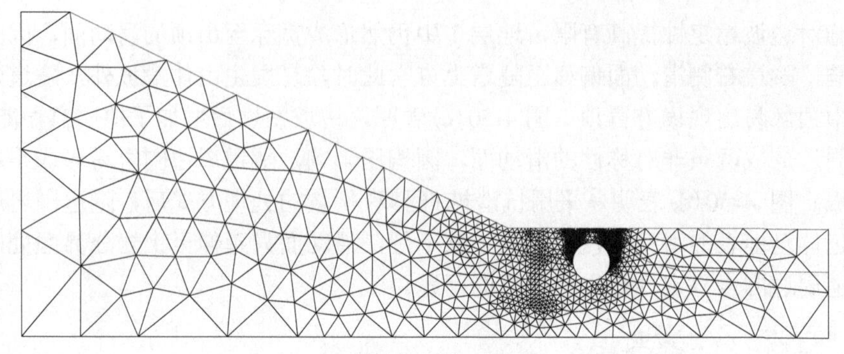

(d) 抗滑桩+回填+刷坡

图 4-50　不同处理措施下地层破坏模式图

综上分析知，该铁路隧道 DK19+420～306 段地层呈现上软下硬特性，且土岩分界面处易形成滞水软弱面。虽然地层 1 的初始安全系数大于 1，但因连续数月的强降雨，地表水下渗，大大降低了地层 1 的抗剪强度，最终在地层 1 中形成贯通至地表的滑动面，引发山体滑坡。基于强度折减法，采用自适应加密上限有限元法获得的地层滑动面与实际形态吻合度较好。为了抑制滑坡体下滑趋势及隧道衬砌结构裂缝扩展，现场采用抗滑桩+回填+刷坡的方式对边坡进行处理，通过后期的洞内外观察发现，山体变形及隧道周边围岩变形得到有效控制，这与自适应加密上限有限元法分析结果也是一致的。

需要说明的是，采用抗滑桩+回填+刷坡处理措施后，可有效提高地层稳定性，防止滑坡的出现。但因地层抗剪强度的降低，隧道周边围岩易出现失稳破坏，实际开挖过程中应尽量减少对围岩的扰动，及时施做初支和二衬，降低隧道围岩失稳风险。考虑到边坡岩土参数离散性及强降雨等不利因素，需对该边坡进行隔期监测，雨季应加强监测频率。

4.4　考虑注浆加固盾构隧道开挖面失稳机理研究

为避免盾构施工中隧道沉降超限等问题，施工中常用壁后注浆等工艺在隧道周边形成强度较高的加固层，以此保证隧道稳定。而在壁后注浆过程中，注浆层的强度厚度参数要根据工程实际需要进行调整，因而不同注浆层加固下的隧道稳定性问题亟待解决。

现有上限有限元法研究过程中模型均假设为各向同性单层无衬砌隧道，未考虑壁后注浆对隧道稳定性的提高作用。如果直接使用现有结论指导施工，结果偏于保守。Qin 等[187]在前人研究的基础上，扩展了隧道渗流研究模型，并将隧道注浆环和初级衬砌纳入研究模型，得到了半无限含水层中注浆喷射混凝土衬砌水下隧道渗流场的解析解，并通过数值分析和实验进一步验证了该解析解的有效性。Wang 等[188]探讨注浆层厚度的空间变异性对盾构开挖引起的地表沉降的影响，并提供合理的预测方法，通过统计分析得到了注浆层的空间特征。Liang 等 [189]通过数值分析，研究了等效层法在盾构施工和尾注浆引起的地面变形模拟中的应用。采用等效层法，利用 Plaxis 3D 软件进行了三维有限元模拟。通过参数分析，探讨了等效层厚度和弹性模量对地表沉降的影响。以上研究假设注浆层为等厚度均质圆环，通过数值模拟、统计分析等方法对隧道稳定性影响进行研究，相较于数值模拟难以判断失稳界限，统计分析法过于依靠数据可靠性，上限有限元法计算过程更为简单高效，适用性广泛，可得到较为精确的变形和破坏模式。

本节提出三种形态的注浆层，分别为传统圆形注浆层、考虑浆液自重的偏心圆形注浆层以及考虑管片位置的花瓣形注浆层。通过对注浆层参数、注浆层偏心距离、隧道埋深等因素进行敏感性分析，得出多因素对隧道稳定性的影响以及在其影响下的极限支护力变化趋势以及破坏模式演变规律。并将本书结果与不考虑注浆层、考虑圆形注浆层相比较，以验证建立合理注浆层形态对隧道稳定性研究的必要性。结果可为隧道稳定性定量研究和注浆效果评价提供有益的指导。

4.4.1　圆形注浆层加固隧道极限支护力上限解研究

圆形注浆层隧道上限有限元模型如图 4-51 所示，均质注浆层可视为偏心注浆层当偏心距 d=0 时的特殊情况，故本节统一视为圆形注浆层，研究了多参数组合作用下隧道极限支撑力的变化。注浆层厚度 D_1 与隧道直径之比设为 k_1，注浆层黏聚力与土体黏聚力之比设为 k_2，研究注浆层参数下 k_1、k_2、埋深比 H/D、无量纲土重参数 $\gamma D/c$、偏心距离 d、土体摩擦角 ϕ、注浆层摩擦角 ϕ'对其稳定性和隧道破坏模式的影响。参数的选择如表 4-7 所示。

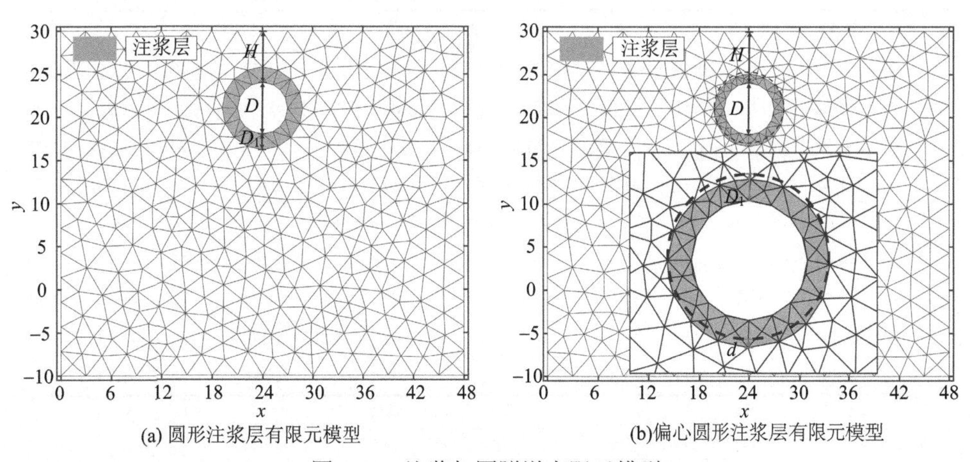

(a) 圆形注浆层有限元模型　(b)偏心圆形注浆层有限元模型

图 4-51　注浆加固隧道有限元模型

表 4-7　敏感性参数表

H/D	$\gamma D/c$	k_1	k_2	$\phi'/(°)$	$\phi/(°)$	d/cm
1	2	0.1	2	30	10	0、5、10、15
2	4	0.2	4	35	20	0、10、15、20
3	6	0.3	6	40	30	0、15、20、25
4	8	/	8	45	/	/

注：(1)当土体摩擦角为30°时，为了反映注浆层强度的提高，从35°计算注浆层的摩擦角。(2)为符合工程实践，不计算300 kPa以上的注浆层强度。

计算结果如表4-8和表4-9所示。

表 4-8　k_1=0.3、d=15cm、H/D＝1 极限支护力系数

ϕ'		ϕ											
		10				20				30			
	k_2	$\gamma D/c$											
		2	4	6	8	2	4	6	8				
30	2	−1.74	−0.84	0.07	0.99	−1.85	−1.09	−0.32	0.45				
	4	−3.70	−2.79	−1.86	−0.94	−2.70	−2.70	−2.28	−1.53				
	6	0.00	−4.70	−3.81	−2.88	0.00	−2.68	−2.64	−2.60				
	8	0.00	−5.51	−5.43	−4.77	0.00	−2.68	−2.64	−2.54				
		2	4	6	8	2	4	6	8	2	4	6	8
35	2	−1.74	−1.05	−0.35	0.36	−1.82	−1.22	−0.62	−0.01	−1.70	−1.37	−0.87	−0.36
	4	−3.66	−2.97	−2.25	−1.53	−2.70	−2.67	−2.53	−1.93	−1.72	−1.71	−1.64	−1.61
	6	0.00	−4.86	−4.13	−3.39	0.00	−2.68	−2.59	−2.60	0.00	−1.74	−1.69	−1.70
	8	0.00	−5.54	−5.47	−5.25	0.00	−2.68	−2.64	−2.61	0.00	−1.74	−1.74	−1.75
		2	4	6	8	2	4	6	8	2	4	6	8
40	2	−1.71	−1.20	−0.66	−0.15	−1.75	−1.31	−0.86	−0.41	−1.72	−1.40	−1.02	−0.64
	4	−3.56	−3.03	−2.52	−2.01	−2.70	−2.67	−2.65	−2.24	−1.74	−1.71	−1.71	−1.61
	6	0.00	−4.86	−4.33	−3.82	0.00	−2.68	−2.64	−2.61	0.00	−1.74	−1.74	−1.75
	8	0.00	−5.50	−5.47	−5.39	0.00	−2.68	−2.64	−2.61	0.00	−1.74	−1.74	−1.75
		2	4	6	8	2	4	6	8	2	4	6	8
45	2	−1.61	−1.26	−0.90	−0.55	−1.64	−1.32	−1.01	−0.69	−1.65	−1.37	−1.10	−0.83
	4	−3.34	−2.99	−2.61	−2.26	−2.70	−2.67	−2.67	−2.42	−1.74	−1.74	−1.70	−1.61
	6	0.00	−4.69	−4.35	−3.96	0.00	−2.68	−2.64	−2.61	0.00	−1.74	−1.74	−1.75
	8	0.00	−5.50	−5.47	−5.37	0.00	−2.68	−2.64	−2.61	0.00	−1.74	−1.74	−1.75

表 4-9　k_1=0.3、d=15cm、H/D=4 极限支护力系数

ϕ'		ϕ											
		10				20				30			
	k_2	$\gamma D/c$											
		2	4	6	8	2	4	6	8				
30	2	−1.09	1.17	3.44	5.73	−1.75	−0.49	0.79	2.06				
	4	−3.04	−0.79	1.49	3.79	−2.70	−2.42	−1.16	0.12				
	6	0.00	−2.71	−0.44	1.80	0.00	−2.67	−2.67	−1.81				
	8	0.00	−4.60	−2.37	−0.13	0.00	−2.64	−2.64	−2.65				
		2	4	6	8	2	4	6	8	2	4	6	8
35	2	−1.27	0.43	2.14	3.87	−1.75	−0.79	0.19	1.16	−1.71	−1.33	−0.75	−0.18
	4	−3.20	−1.50	0.22	1.93	−2.72	−2.69	−1.73	−0.75	−1.72	−1.70	−1.69	−1.66
	6	0.00	−3.42	−1.71	0.00	0.00	−2.69	−2.66	−2.62	0.00	−1.70	−1.69	−1.68
	8	0.00	−5.33	−3.63	−1.92	0.00	−2.68	−2.66	−2.63	0.00	−1.70	−1.69	−1.68
		2	4	6	8	2	4	6	8	2	4	6	8
40	2	−1.39	−0.21	1.00	2.23	−1.71	−1.02	−0.33	0.37	−1.71	−1.38	−0.95	−0.52
	4	−3.24	−2.06	−0.85	0.35	−2.72	−2.69	−2.17	−1.48	−1.72	−1.70	−1.69	−1.66
	6	0.00	−3.91	−2.72	−1.53	0.00	−2.69	−2.66	−2.63	0.00	−1.70	−1.69	−1.68
	8	0.00	−5.54	−4.56	−3.39	0.00	−2.68	−2.66	−2.63	0.00	−1.70	−1.69	−1.68
		2	4	6	8	2	4	6	8	2	4	6	8
45	2	−1.44	−0.69	0.08	0.83	−1.62	−1.17	−0.72	−0.26	−1.66	−1.36	−1.07	−0.77
	4	−3.16	−2.42	−1.67	−0.90	−2.72	−2.69	−2.44	−1.99	−1.72	−1.70	−1.69	−1.68
	6	0.00	−4.15	−3.39	−2.63	0.00	−2.68	−2.66	−2.63	0.00	−1.70	−1.69	−1.68
	8	0.00	−5.55	−5.13	−4.36	0.00	−2.68	−2.65	−2.63	0.00	−1.70	−1.69	−1.68

1. k_1和k_2对隧道稳定性影响

图 4-52 为支护力系数随注浆层参数的变化曲线，从图中可以看出，在相同的注浆层强度下，支撑力系数随着注浆层厚度的增加而减小。而加固厚度不变时，支护力系数与注浆层强度呈线性负相关。总体上，支护力系数随着注浆层厚度和注浆层强度的增加而减小。当 k_1 和 k_2 组合达到一定的临界值，支承力系数小于 0，此时地层处于自稳状态。k_1 和 k_2 对隧道稳定性提高相互影响，k_1 或 k_2 越大时，支护力下降速度越快，但增长不会随注浆参数增加而无限增加，当注浆层厚度达到一定程度时，偏心隧道的支护力系数变化速度减缓。说明偏心注浆层的隧道稳定性存在一个相对较快的下降范围，当 k_1 和 k_2 较大时，继续增加一个加固参数对支撑力系数的降低影响不大，单方面增加注浆层强度或注浆层厚度，很难获得良

好的加固效果，因此应寻求两者的最佳组合，以达到安全和经济的目的。

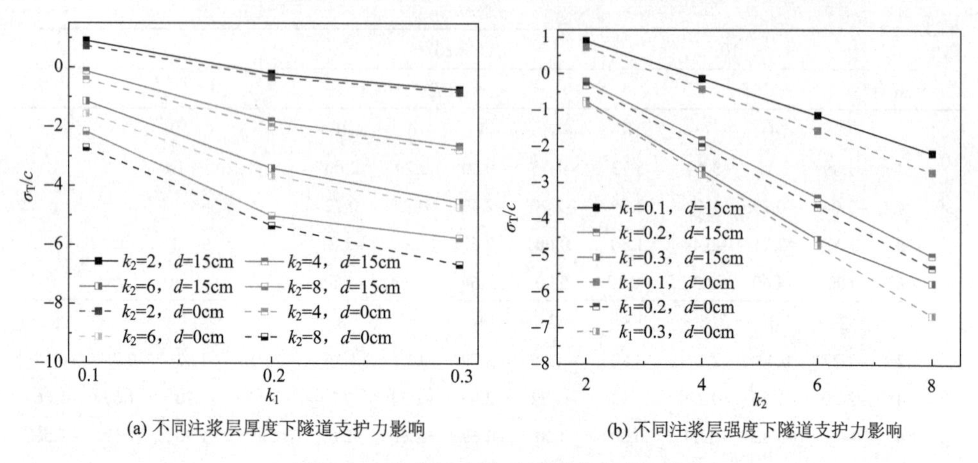

(a) 不同注浆层厚度下隧道支护力影响　　(b) 不同注浆层强度下隧道支护力影响

图 4-52　注浆层参数对隧道支护力影响

图 4-53 为加固参数影响下隧道破坏模式对比图。由图可知，随加固参数的增加，隧道周边破坏减小，滑移线起始于隧道下侧边墙处，贯穿注浆层，隧道上方土体破坏严重但距地表的水平影响范围有所增大，而对地表沉降有所抑制。当注浆层厚度系数从 0.2 增长到 0.3，此时隧道上部土体塑性流动区域较小，隧道破坏对地表沉降水平与竖直方向的影响有所减小，隧道整体稳定性提高。而隧道强度系数从 2 增长到 8 时，上部塑性流动区域略有减小，但是强度增大后，隧道失稳造成的沉降趋势有所减轻，破坏对地表的扰动范围扩大。

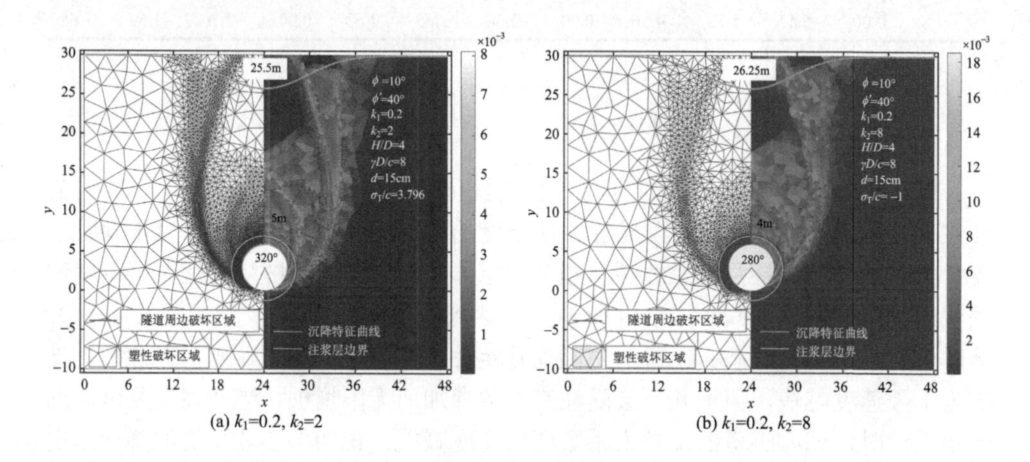

(a) k_1=0.2, k_2=2　　(b) k_1=0.2, k_2=8

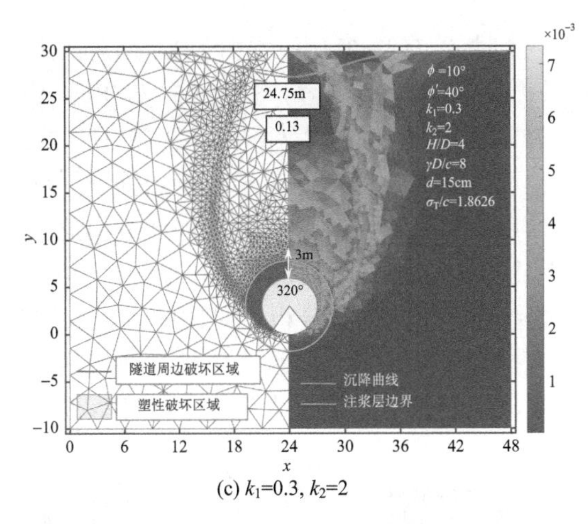

(c) k_1=0.3, k_2=2

图 4-53　不同注浆层参数下隧道失稳破坏模式

2. H/D 与 $\gamma D/c$ 对隧道稳定性和破坏方式的影响

图 4-54(a)关于埋深与黏聚力对隧道稳定性影响规律。σ_T/c 与 H/D 近似呈线性正相关，其线性斜率随着 $\gamma D/c$ 的增加而增大。这说明黏聚力较高可以制约埋深对稳定性的影响。图 4-54(b)为 $\gamma D/c$ 下极限支护力系数变化曲线，当 H/D 不变时，σ_T/c 和 $\gamma D/c$ 近似呈线性正相关关系，且斜率随着 H/D 的增加而增大。即提高土体的黏聚力 c 能够提高隧道周边地层稳定性，隧道埋深越深，效果越明显。对比不同偏心距离 σ_T/c 随 H/D 与 $\gamma D/c$ 变化曲线，d=15cm 时支护力变化速率大于 d=0cm 时支护力变化速率，证明了注浆偏心对隧道稳定性的危害，且偏心注浆层的危害在埋深较大和黏聚力较小的情况下更为严重。

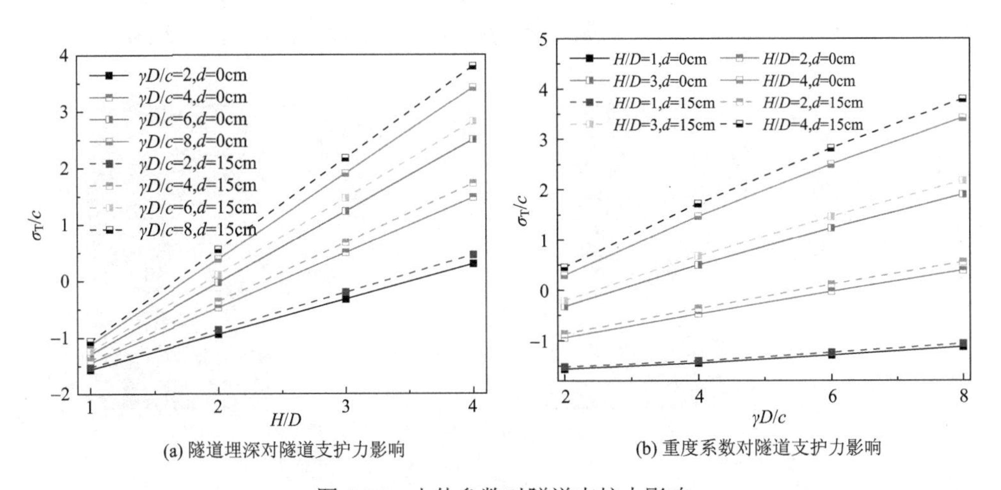

(a) 隧道埋深对隧道支护力影响　　(b) 重度系数对隧道支护力影响

图 4-54　土体参数对隧道支护力影响

当 H/D 从 1 增加到 4 时，①H/D=2，σ_T/c 增加了 1.15 (k_1=0.1)，0.9 (k_1=0.2)，0.75 (k_1=0.3)，1.15 (k_2=2)，1.15 (k_2=4)，1.17 (k_2=6)，1.15 (k_2=8)。②当 H/D=4，σ_T/c 增加了 3.15 (k_1=0.1)，2.47 (k_1=0.2)，2.01 (k_1=0.3)，3.15 (k_2=2)，3.14 (k_2=4)，3.12 (k_2=6) 和 3.07 (k_2=8)。可以看出，随着注浆层厚度和强度的增加，支撑力的生长速度减慢。提高注浆层参数可以有效减少埋深增加造成的危害。

图 4-55 为不同埋深下隧道地层破坏模式图。选取 ϕ'=30°，ϕ=10°，d=15cm，k_1=0.2，k_2=2 工况下地层破坏模式进行分析。对比图 4-55(a) 与图 4-55(b)，发现随着埋深增加，极限支护力系数增大，隧道上方破坏区域增大，周边破坏范围又进一步向隧道下部延伸，地表影响区域扩大但地表破坏程度却有所减轻。

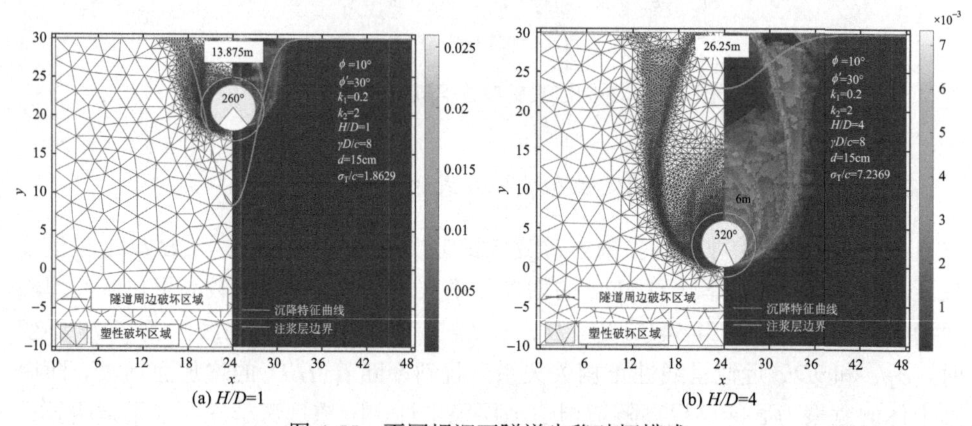

(a) H/D=1　(b) H/D=4

图 4-55　不同埋深下隧道失稳破坏模式

图 4-56 为不同重度系数下破坏模式图，随着重度系数减小，土体黏聚力增加，支护力系数降低，整体稳定性增加，土体破坏区域延伸至隧道底板，隧道上部塑性流动区域增加，滑移线向外扩张，地表破坏范围增加，沉降趋势减小。

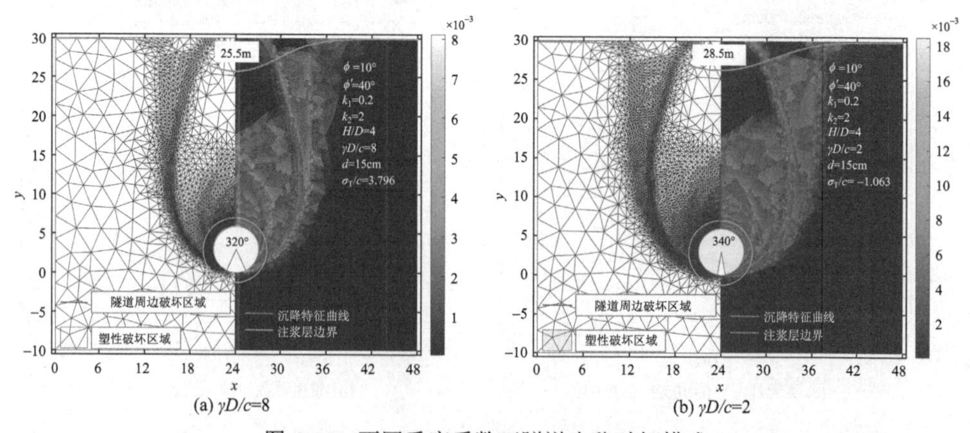

(a) $\gamma D/c$=8　(b) $\gamma D/c$=2

图 4-56　不同重度系数下隧道失稳破坏模式

3. ϕ'与 ϕ 对隧道稳定性和破坏方式的影响

图 4-57 为隧道极限支护力随土体摩擦角与注浆层摩擦角的变化曲线，从图中可以看出，支护力随土体与注浆层摩擦角的增大而减小，隧道自稳定性增大。随着原状土摩擦角的增大，隧道的支护力减小，整体稳定性增强，减小速率受土体摩擦角与注浆层摩擦角的差值影响。而随着土体摩擦角的增大，注浆层摩擦角对隧道稳定性的影响减弱。原状土的摩擦角与注浆层摩擦角相差越小，隧道支护力系数受隧道注浆层摩擦角的影响越小。对比不同偏心距离，总体偏心注浆层的隧道稳定性要弱于均质注浆层，而当土体摩擦角与注浆层摩擦角相差较小时，偏心对隧道稳定性的影响几乎可以忽略不计。

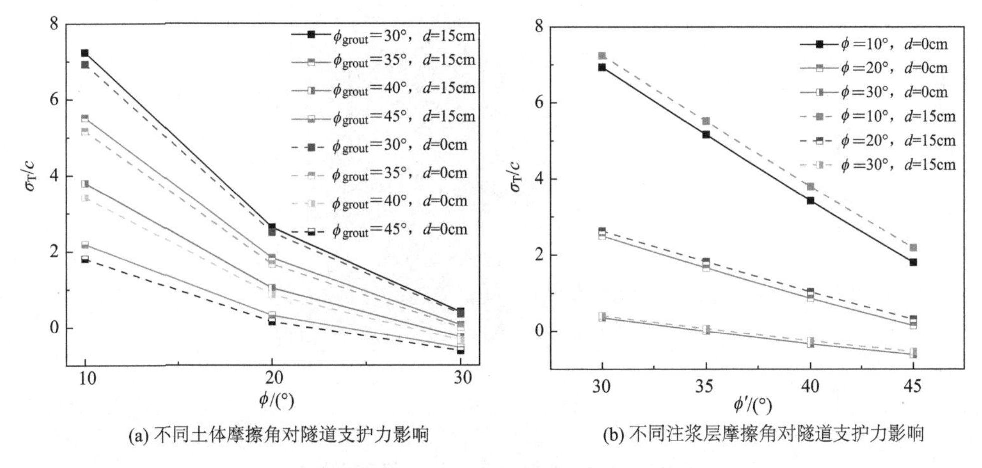

(a) 不同土体摩擦角对隧道支护力影响　(b) 不同注浆层摩擦角对隧道支护力影响

图 4-57　摩擦角对隧道支护力影响

图 4-58 为不同注浆层摩擦角与土体摩擦角下隧道失稳破坏模式，对比图 4-58 (a)与图 4-58 (b) 可知，当注浆层摩擦角提高，隧道稳定性提高，隧道上方破坏减轻。失稳对地表的水平与竖直影响范围收敛。在土体摩擦角 ϕ =30°情况下，塑性流动区域集中在隧道上部，土滑移线相交，隧道失稳造成的塑性破坏主要发生在隧道注浆层附近，对地表的扰动较小。

此外，注浆层偏心距离大小对隧道破坏模式也有一定影响，如图 4-59 所示，当注浆层存在偏心时，极限支护力系数增大，证明注浆层偏心引起的隧道上方土体软弱隧道导致稳定性降低。隧道上方较其他区域单元密集，破坏更为严重。相较均质注浆层，偏心注浆层隧道破坏主要集中在隧道上部薄弱区域，不会延伸至隧道底板，此时隧道失稳对地表的扰动较小。

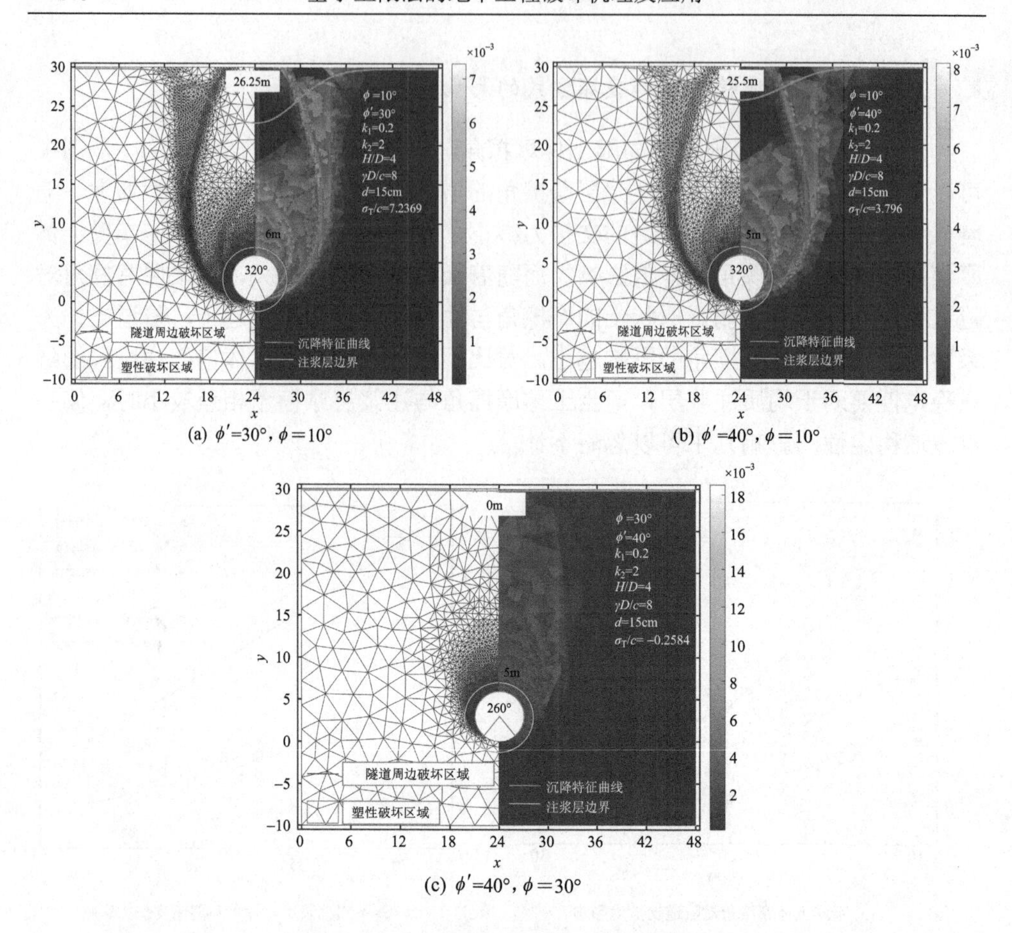

(a) ϕ'=30°, ϕ=10°　　(b) ϕ'=40°, ϕ=10°

(c) ϕ'=40°, ϕ=30°

图 4-58　不同摩擦角下隧道失稳破坏模式

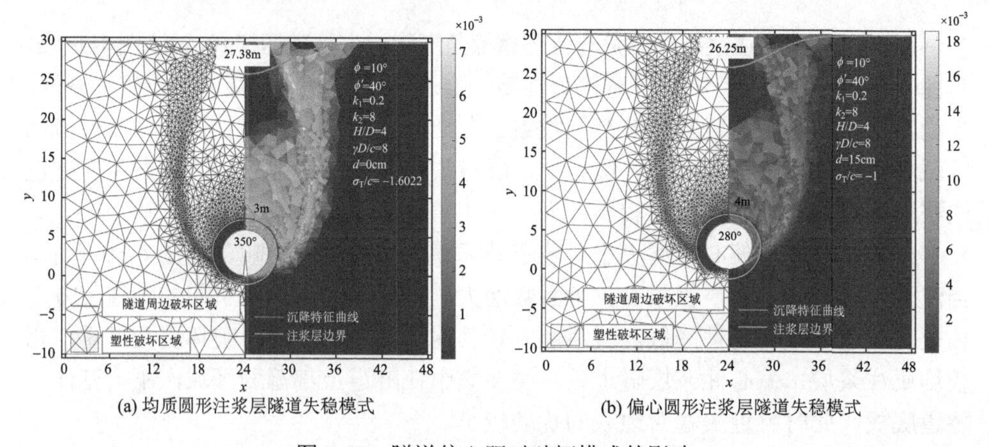

(a) 均质圆形注浆层隧道失稳模式　　(b) 偏心圆形注浆层隧道失稳模式

图 4-59　隧道偏心距对破坏模式的影响

4.4.2　花瓣形注浆层加固隧道极限支护力上限解研究

浆液扩散后的最终形态受多种因素影响，包括浆液性质(浆液流型、时效性)、土体渗透性、注浆压力、注浆时间等。许多学者对浆液的渗透扩散模型进行了研究，并取得了一些成果。叶飞团队分别推导了牛顿流体和宾汉姆流体浆体在考虑或不考虑浆体黏度时的半球形和圆柱形渗透扩散模型，并考虑浆液重力对注浆扩散的影响，推导了考虑浆液自重的盾构隧道管片注浆渗透扩散模型的计算公式，并分析了其适用范围及各参数的确定方法[190, 191]。本书在前人研究的基础上，采用考虑浆液流变性的球形扩散公式对浆液扩散形态进行数值模拟，以探索合理的注浆层形态。

$$P_r = P_g - \frac{r^2 n' \beta_0 \rho g \ln(r / r_0)}{2K_w} \frac{\alpha}{1 - e^{-\alpha t}} \tag{4-7}$$

式中，P_g为注浆压力；P_r为扩散半径 r 处的注浆压力；r_0为注浆孔半径；r 为注浆时间 t 后的注浆扩散半径；K_w为砂土中水的渗透系数；β_0为浆体初始黏度与水黏度之比；α 为黏性时变系统；n 为孔隙率。

本节采用 COMSOL 软件模拟浆体扩散状态，模型长 48m、宽 30m。隧道埋深 6m，隧道半径 6m。考虑到实际壁后注浆工艺，在 COMSOL 模拟过程中设置 4 个注浆口位置，与水平线夹角分别为 45°、135°、225°、315°。假设注浆管半径 r_0=2.5cm，土体孔隙度 n=30%，土体渗透系数为 K=10^{-3}cm·s^{-1}，黏度比 β_0=6，盾尾间隙厚度 d=5cm，注浆点地下水压力为 0，注浆压力 0.2MPa，注浆时间 3h，考虑浆液的时变性。

图 4-60 为数值模拟下的浆体扩散形态示意图。根据图示可知，浆液在扩散过程中以注浆孔为圆心，呈辐射状向土体扩散，形成圆形的扩散区域。最终的注浆形态呈现出类似花瓣的结构。李文涛[192]通过透明土注浆实验，对不同时段浆液扩散位置进行标定得到不同工况下注浆层形态。实验表明注浆孔附近的注浆层较厚且边缘近似圆弧，而两注浆孔之间浆液边缘平整接近于直线。同时，当注浆时间较长，注浆压力较小情况下，因为浆液重力作用，注浆层下部要厚于上部。综合考虑数值模拟与实验研究的结果，本书建立改进注浆层模型如图 4-61 所示，注浆层可被假设由一个正方形和四个圆形组成。正方形边长为 2×(R+h)，R 为隧道半径，h 为注浆层厚度。四个圆形结构以注浆孔为圆心，上部圆形的半径为 r_1，下部圆形的半径为 r_2。圆形的半径可以根据注浆层厚度 h 和隧道的偏心距离 d 进行计算。整体模型形状由 h 与 d 决定，可进一步合理反映浆液自重、注浆工艺对注浆层形态的影响，便于之后对考虑注浆层的隧道稳定性进行研究。

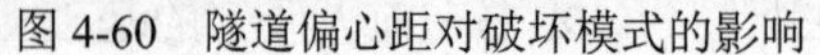

图 4-60　隧道偏心距对破坏模式的影响

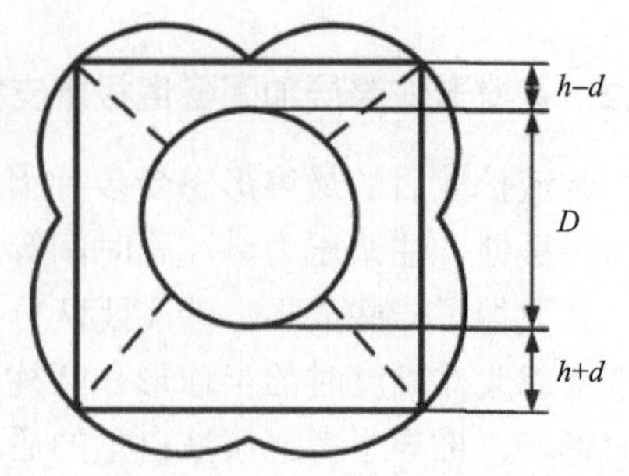

图 4-61　注浆层数学模型

$$
\begin{aligned}
r_1 &= \sqrt{(R+h-d)^2+(R+h)^2}-R \\
r_2 &= \sqrt{(R+h+d)^2+(R+h)^2}-R
\end{aligned} \tag{4-8}
$$

建立了如图所示的几何模型：土体黏聚力 c、摩擦角 ϕ、注浆层黏聚力 c'、注浆层摩擦角 ϕ'、注浆层厚度 h、偏心距 d、埋深 H、隧道直径 D、隧道极限支护力 σ_{T}、土体容重 γ。为便于后续分析，对所有参数进行无量纲化，可得

$$
\left\{\frac{\sigma_{\mathrm{T}}}{c}、\frac{H}{D}、\frac{\gamma D}{c}、\frac{h}{D}、\frac{c'}{c}\right\} \tag{4-9}
$$

式中，σ_{T}/c 为隧道极限支护力系数；H/D 为埋深比；$\gamma D/c$ 为无量纲重度参数；h/D 为隧道加固环的平均厚度与隧道直径之比，设为 k_1；c'/c 为加固区域与地层黏聚力的黏聚力比，设为 k_2。加固环的偏心距离 d 为模型正方形中心与隧道圆心的偏离值。注浆压力越低，注浆时间越长，地层渗透系数越大，最大扩散半径与最小扩散半径之差越大，浆体自重对浆体扩散半径的影响更为明显。浆液扩散半径随注浆压力、注浆时间和地层渗透系数的增大而增大。在盾构施工中，增加注浆层厚度的方法通常为延长注浆时间，这也会导致加固环偏心距离增大。因此，在进行参数敏感性研究时，不同的注浆层厚度应选取不同的偏心距。

选取的参数如表 4-10 所示。考虑到浆液在土体中的扩散半径通常为 1～2m，注浆层厚度分别取 0.6m、1.2m、1.8m 三种工况且每种工况对应不同的注浆偏心距离。

表 4-10　敏感性参数

H/D	$\gamma D/c$	k_1	k_2	ϕ'/(°)	ϕ/(°)	d/cm
1	2	0.1	2	30	10	5、10、15
2	4	0.2	4	35	20	10、15、20
3	6	0.3	6	40	30	15、20、25
4	8		8	45	/	/

注：(1) 土体摩擦角为 30°时，为体现注浆层强度的提高，注浆层摩擦角从 35°开始计算。(2) 为符合工程实际，不计算 300kPa 以上注浆层强度。

选取 ϕ =10°和 ϕ'=35°工况下隧道的极限支护力系数如表 4-11 所示。当支护力系数为负值，表明此时支护力以拉力的形式作用于土体，在实际工程中不会发生这种情况，说明此时隧道处于稳定状态，且支护力系数越小，隧道稳定性越强。

表 4-11　极限支护力系数

H/D	k_2	k_1											
		0.1				0.2				0.3			
		$\gamma D/c$											
		2	4	6	8	2	4	6	8	2	4	6	8
1	2	−1.23	−0.12	0.99	2.11	−1.73	−0.97	−0.20	0.57	−2.04	−1.49	−0.93	−0.37
	4	−2.31	−1.20	−0.09	1.03	−3.48	−2.72	−1.95	−1.18	−4.29	−3.75	−3.21	−2.66
	6	/	−2.26	−1.15	−0.06	/	−4.45	−3.68	−2.92	/	−5.99	−5.44	−4.89
	8	/	−3.33	−2.22	−1.11	/	−6.17	−5.41	−4.70	/	−8.21	−7.67	−7.12
2	2	−1.02	0.75	2.52	4.31	−1.50	−0.26	0.95	2.18	−1.91	−1.09	−0.27	0.53
	4	−2.10	−0.33	1.46	3.23	−3.27	−2.03	−0.79	0.44	−4.13	−3.31	−2.49	−1.69
	6	/	−1.39	0.39	2.16	/	−3.78	−2.54	−1.32	/	−5.53	−4.72	−3.90
	8	/	−2.46	−0.69	1.11	/	−5.53	−4.28	−3.09	/	−7.76	−6.94	−6.13
3	2	−0.78	1.54	3.86	6.16	−1.32	0.31	1.94	3.57	−1.78	−0.73	0.33	1.38
	4	−1.85	0.47	2.79	5.11	−3.03	−1.40	0.24	1.86	−4.01	−2.95	−1.90	−0.85
	6	/	−0.60	1.72	4.03	/	−3.10	−1.47	0.15	/	−5.18	−4.12	−3.08
	8	/	−1.65	0.65	2.96	/	−4.81	−3.18	−1.55	/	−7.40	−6.35	−5.30
4	2	−0.52	2.25	5.03	7.82	−1.15	0.79	2.73	4.68	−1.66	−0.41	0.85	2.11
	4	−1.60	1.16	3.94	6.72	−2.86	−0.91	1.03	2.96	−3.89	−2.63	−1.37	−0.11
	6	/	0.07	2.85	5.62	/	−2.61	−0.68	1.26	/	−4.85	−3.59	−2.33
	8	/	−0.99	1.77	4.53	/	−4.31	−2.37	−0.43	/	−7.07	−5.81	−4.55

注浆参数与隧道极限支护力系数的关系曲线如图 4-62 所示。随着 k_1、k_2 增加，隧道的支护力系数减小，隧道的自稳定性增强。此外，在不同的注浆厚度或强度条件下，支护力系数的减小速度不同，注浆层厚度越大，强度越高，相应的减小速度越快。由此可见，提高注浆层厚度和强度可以提高隧道的自稳定性，并对其他参数产生积极影响，从而增加整体支护效果。因此，在设计和施工中需要综合考虑注浆层厚度和强度，以提高隧道的稳定性和支护效果。

图 4-63 为不同注浆层参数下隧道破坏模式示意图。选择工况 H/D=4，$\gamma D/c$=8，ϕ=10°，ϕ'=45°，d=15cm。对比图 4-63(a)和图 4-63(b)的破坏模式变化可以发现，在注浆层低厚度、低强度情况下，隧道上部破坏严重，滑移线从侧壁开始向地表发展，注浆层破坏发生在薄弱区域，圆形区域破坏程度较轻。但随着注浆层厚度

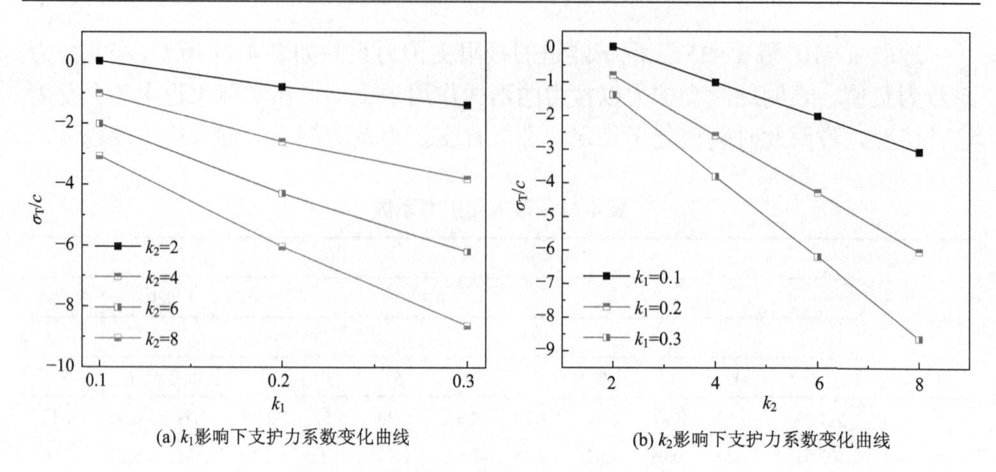

(a) k_1影响下支护力系数变化曲线　　(b) k_2影响下支护力系数变化曲线

图 4-62　注浆参数对支护力系数影响曲线

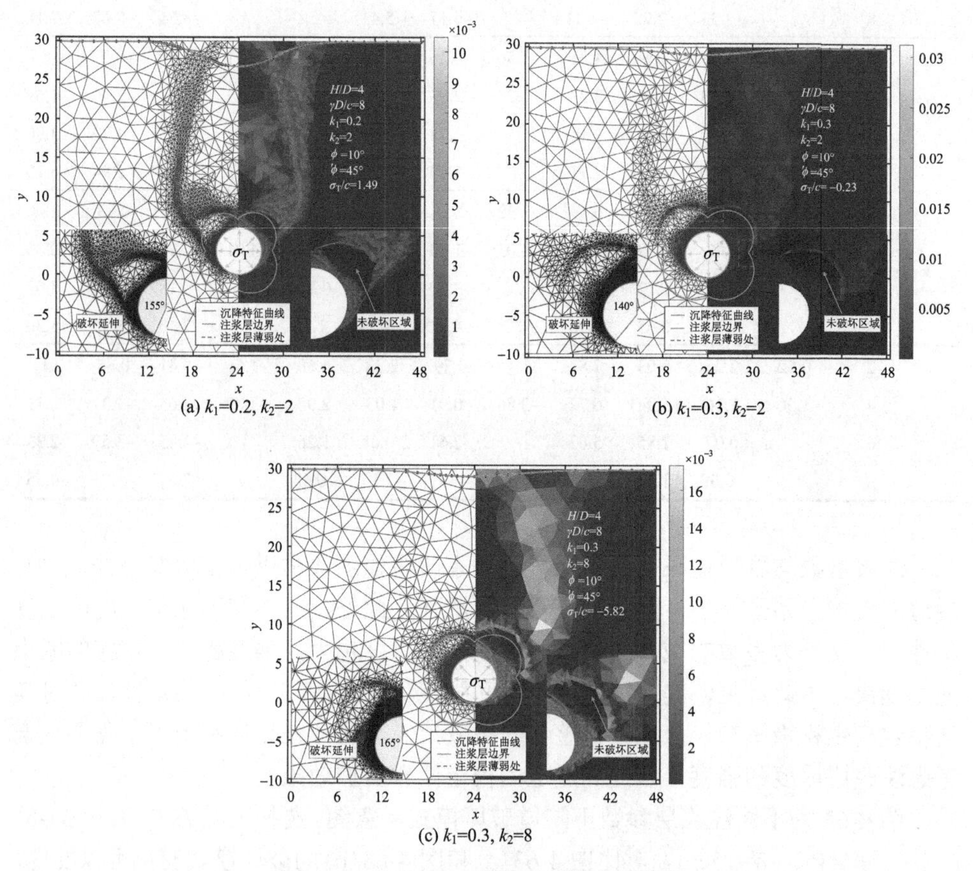

(a) k_1=0.2, k_2=2　　(b) k_1=0.3, k_2=2

(c) k_1=0.3, k_2=8

图 4-63　k_1 和 k_2 对隧道破坏模式的影响

的增加，隧道上部破坏程度减小；注浆层上部薄弱部位损伤加重，并沿着隧道边界逐渐向底板延伸。从图4-63(b)和图4-63(c)可以看出，当注浆层强度增加，隧道上方土体破坏程度再次减小，破坏主要集中在隧道周围。隧道注浆层上方薄弱处的破坏程度相较注浆层强度较小时有所减轻。

图4-64(a)～(f)为σ_T/c在不同k_1、k_2、H/D、$\gamma D/c$下变化曲线。对比图4-64(a)与(b)可知，随着注浆层厚度的增加，σ_T/c随埋深与$\gamma D/c$的变化曲线整体下沉，隧道稳定性增大，同时σ_T/c的增长速度也有所减缓。结果表明，提高加固区厚度可以削弱埋深和重度对隧道稳定性的影响。图4-64(c)、(d)展示了k_2下σ_T/c与埋深和$\gamma D/c$的关系曲线。可以观察到，增加注浆层的强度可以降低隧道所需的支护力，但增长速率基本保持不变，这意味着提高强度难以减轻重度和埋深对稳定性的影响。比较不同埋深下σ_T/c随着$\gamma D/c$变化的曲线，发现支护力随着$\gamma D/c$的增加而增加，这说明土体的黏聚力越低，隧道的自稳性越差。并且斜率随着H/D的增

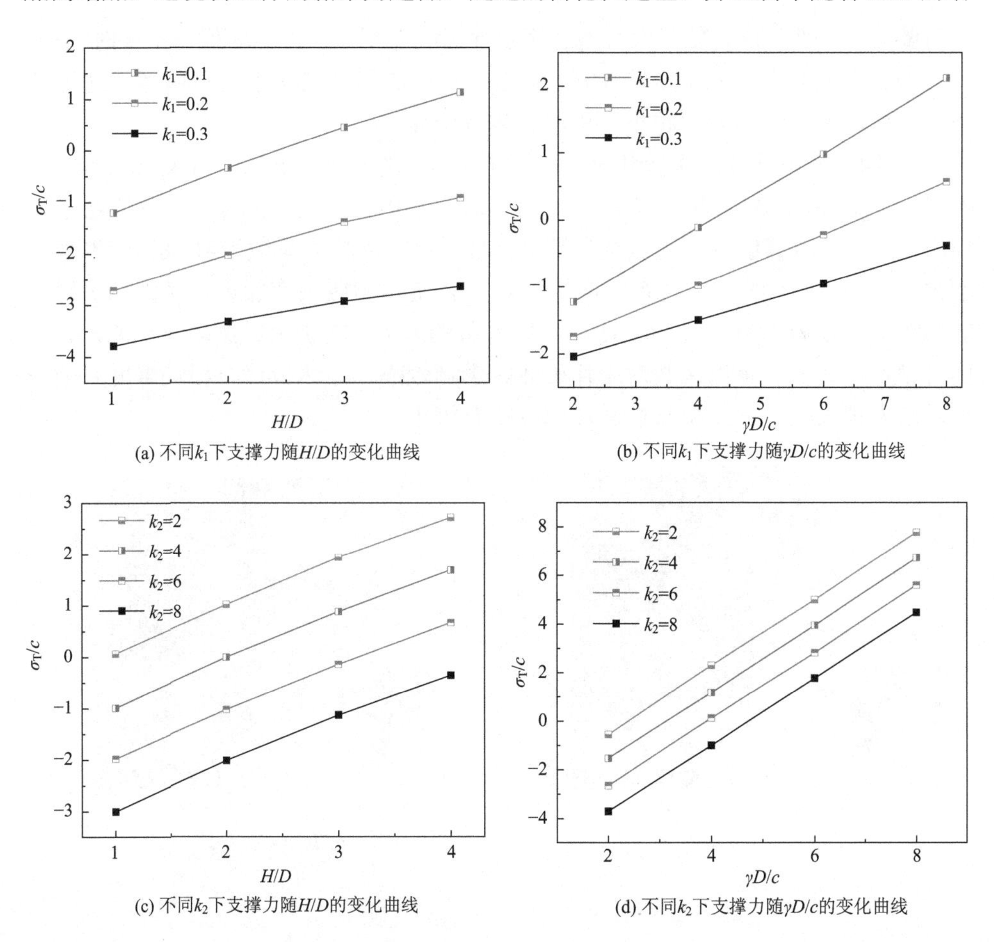

(a) 不同k_1下支撑力随H/D的变化曲线

(b) 不同k_1下支撑力随$\gamma D/c$的变化曲线

(c) 不同k_2下支撑力随H/D的变化曲线

(d) 不同k_2下支撑力随$\gamma D/c$的变化曲线

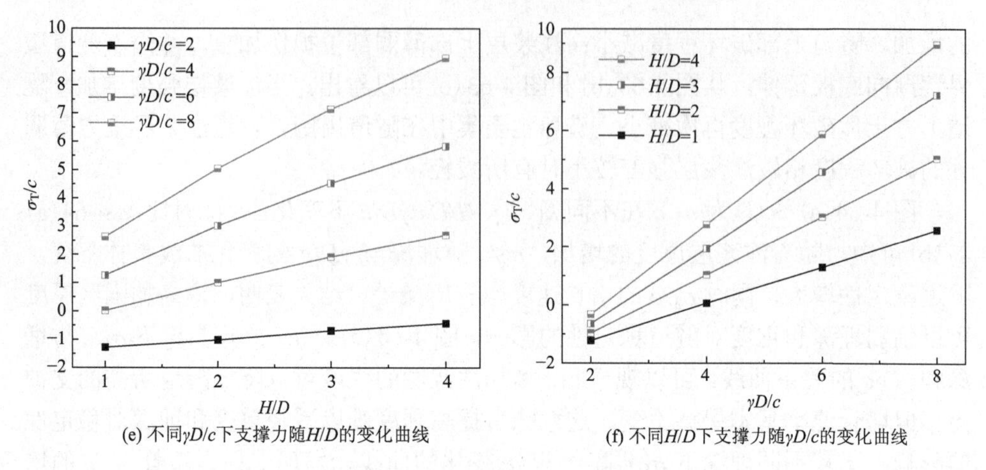

(e) 不同$\gamma D/c$下支撑力随H/D的变化曲线　　(f) 不同H/D下支撑力随$\gamma D/c$的变化曲线

图 4-64　H/D 和 $\gamma D/c$ 对隧道破坏模式的影响

加而增大，即埋深越大黏聚力对隧道稳定性影响越明显。当$\gamma D/c$ 保持不变时，σ_T/c 和 H/D 之间近似呈线性正相关关系，降低土体的黏聚力$\gamma D/c$ 会降低隧道周边地层的稳定性，土体的黏聚力越小，埋深影响越明显。

图 4-65 为不同埋深系数和重度系数下隧道耗散能图。选取工况 k_1=0.2，k_2=2，d=15cm，ϕ=10°，ϕ' = 30°。当 H/D=1 时，破坏对地表影响范围较小，注浆层上部损伤较严重，滑移线从隧道侧壁向地表延伸，极限支护力系数为–1.68。随着埋深增大，当 H/D=4 时支护力系数增长为–1.03，隧道周围损伤加重，且破坏对地表的影响范围较 H/D=1 时扩大。随着重度系数的增大，支护力继续增长至 6.24，土体自稳定性降低。重度系数对土体破坏区影响较小，破坏滑移线相较重度系数较小时向内稍微收敛，地层塑性破坏范围略有缩小。

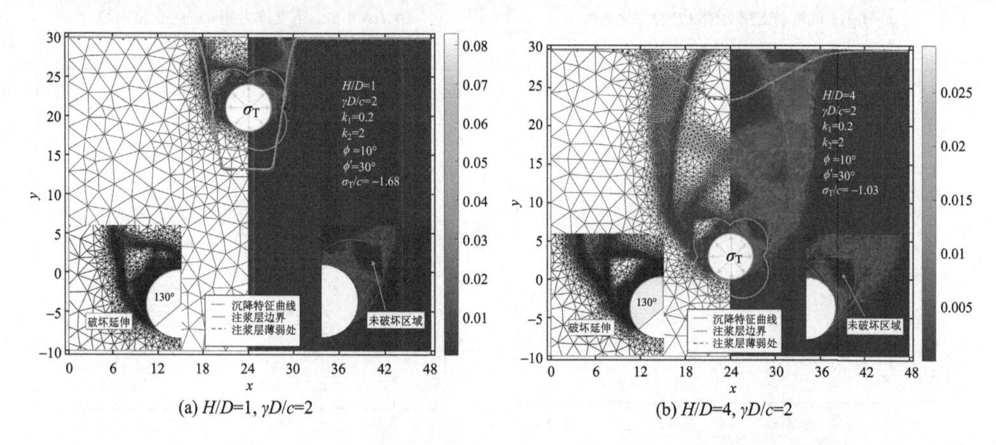

(a) H/D=1, $\gamma D/c$=2　　(b) H/D=4, $\gamma D/c$=2

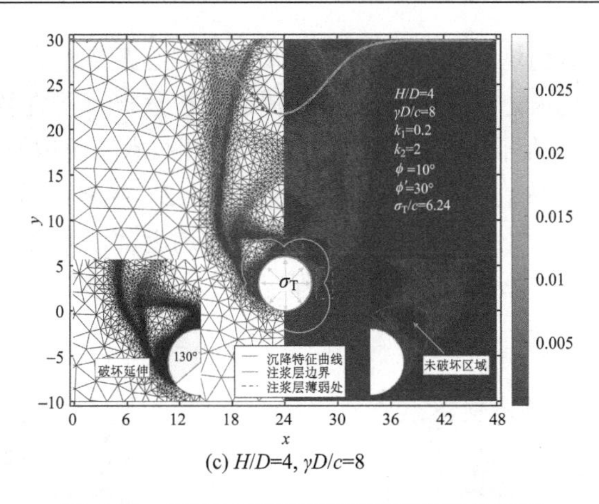

(c) H/D=4, $\gamma D/c$=8

图 4-65　埋深与重度系数对隧道稳定性影响

图 4-66 (a)为隧道极限支护力随注浆层摩擦角的变化曲线，从图中可以看出，支护力随注浆层摩擦角的增大而减小，隧道自稳定性增大。随着原状土摩擦角的增大，隧道的支护力减小，整体稳定性增强。然而，随着土体摩擦角的增大，注浆层摩擦角对隧道稳定性的影响减弱。原状土的摩擦角越大，隧道支护力系数随隧道注浆层的摩擦角增加而减小的幅度也越小。

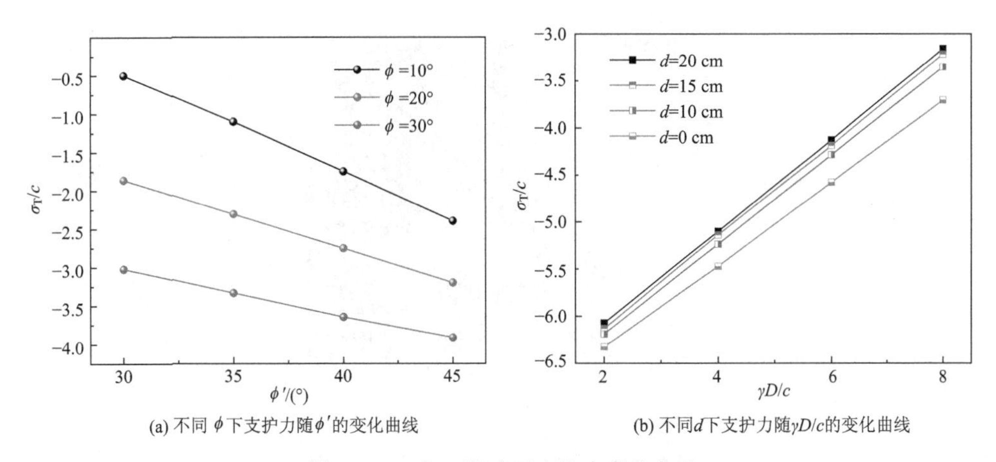

(a) 不同 ϕ 下支护力随 ϕ' 的变化曲线　(b) 不同 d 下支护力随 $\gamma D/c$ 的变化曲线

图 4-66　ϕ' 与 d 影响下支护力变化曲线

图 4-66 (b)为不同隧道偏心值下，重度系数与隧道极限支护力的关系曲线。隧道的极限支护力随重度系数的增大而增大。但考虑重力作用，注浆层有一定偏心，且上方注浆层厚度比下方注浆层薄，可能对隧道稳定性存在威胁。由图 4-66 (b)可以看出，在 $\gamma D/c$=8 的情况下，隧道支护力系数分别为–3.68 (d=0)，–3.33 (d=10)，–3.18 (d=15)，–3.15 (d=20)，此时隧道支护力最大相差 14.47%。同时，不同的偏

心距下，支护力系数的增长速率也会发生改变，偏心距离越大，隧道支护力随重度系数的变化速率越大，证明浆液自重对隧道存在危害且不宜忽略。

图 4-67 (a)～(c)为不同摩擦角下耗散能量云图，本工况取厚度系数为 k_1=0.2，强度系数 k_2=2，埋深系数 H/D=4，重度系数 $\gamma D/c$=2。随着原状土摩擦角的增大，滑移线向内略有收缩，土体破坏的影响仅限于隧道上部，对其他区域影响不大。而随着注浆层摩擦角的增大，土体损伤程度减小，但滑移线有向外扩展的趋势，土体损伤面积增大。

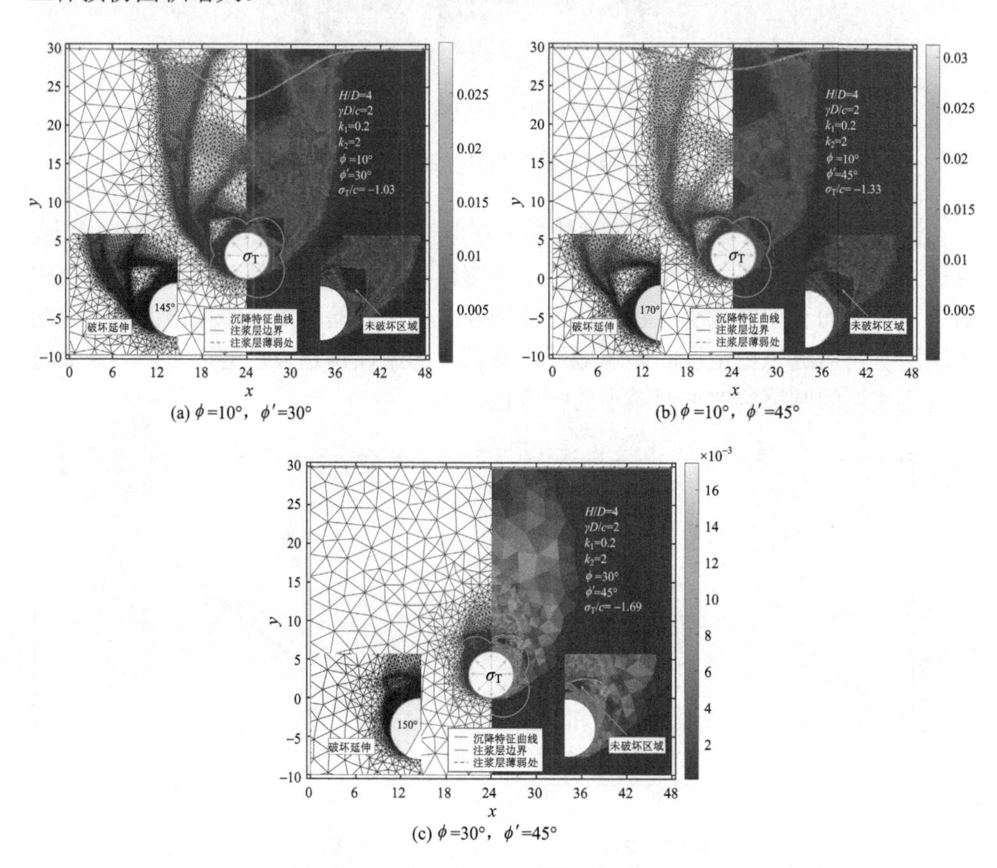

(a) ϕ=10°，ϕ'=30°

(b) ϕ=10°，ϕ'=45°

(c) ϕ=30°，ϕ'=45°

图 4-67　不同 ϕ 与 ϕ' 下隧道破坏模式对比

图 4-68 (a)～(d)分别为 k_2=2，k_2=8 下偏心距 0cm、20cm 下隧道破坏模式对比图。k_2=8 下，极限支护力系数相差 0.64；k_2=2 下，极限支护力系数相差 0.29。说明偏心距对隧道影响受注浆层参数的影响，原状土与注浆层强度相差越大，注浆层偏心对隧道稳定性的影响也越大。

随着偏心距的增大，隧道周围的破坏面积增大，注浆层的破坏程度增大，滑移线更为清晰。证明了偏心对隧道稳定性的危害，不考虑注浆重力偏心的隧道稳

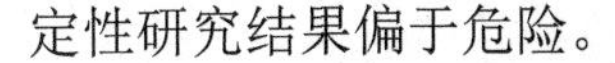
定性研究结果偏于危险。

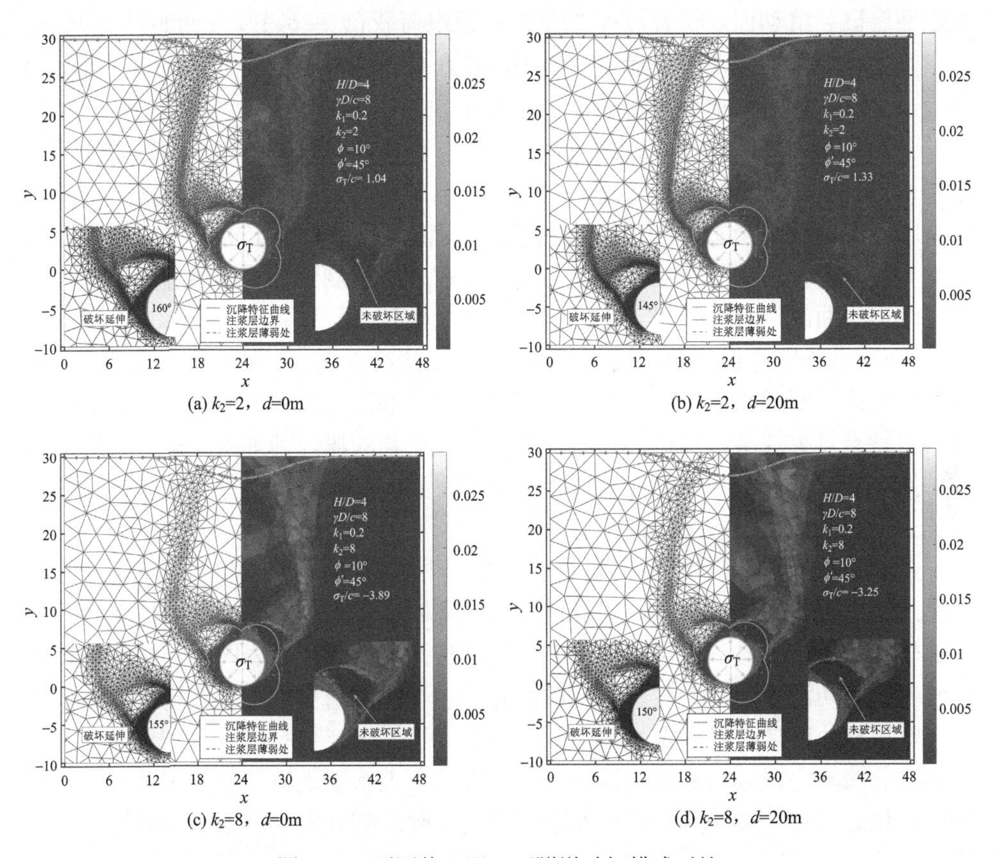

(a) $k_2=2$，$d=0\mathrm{m}$　(b) $k_2=2$，$d=20\mathrm{m}$

(c) $k_2=8$，$d=0\mathrm{m}$　(d) $k_2=8$，$d=20\mathrm{m}$

图 4-68　不同偏心距 d 下隧道破坏模式对比

4.5　本 章 小 结

本章基于自适应加密上限有限元分析方法研究黏土地层、上软下硬地层、山体滑坡、注浆加固情况下的隧道失稳机制，分析了极限荷载上限解及地层破坏模式的演化规律。在此基础上进一步提炼得到临界状态地表沉降形态曲线，并与已有文献结果对比检验，主要研究结论如下：

(1) 针对黏土地层隧道失稳临界地表沉降曲线预测问题，提出了一种评价临界地表沉降形态特征的自适应方法，其分析流程为：首先通过自适应加密上限有限元法分析隧道围岩稳定性，其次对优化后地表速度场进行提炼，最后评价临界地表沉降形态演变特征。

(2) 黏土地层隧道围岩稳定性分析结果表明：采用局部网格自适应加密获取了

精度较高的隧道失稳极限荷载上限解$(\sigma_s-\sigma_T)/c$，并通过最终网格形态精细化描述了地层破坏滑动面。随着$\gamma D/c$的增加，极限荷载$(\sigma_s-\sigma_T)/c$呈近似线性减小，隧道围岩失稳破坏时主要形成贯穿地表的带状分布塑性滑动区，且$\gamma D/c$和C/D越大，破坏范围逐渐增大且滑动面有往隧道下方延伸趋势。

(3) 临界状态地表沉降形态受$\gamma D/c$和C/D的影响，隧道附近上方一定区域发生整体下沉，即沉降槽趋于“平底型”。采用两条高斯曲线叠加的方式可较好地反映临界地表沉降形态，地表沉降槽宽度及“平底型”范围随$\gamma D/c$和C/D的增加而增大。基于拟合结果提出的简化公式，可较好地预测黏土地层浅埋隧道临界地表沉降形态曲线，并方便用于工程中地层稳定性初步判别。

(4) 某铁路隧道山体稳定性分析结果表明：持续降雨、土层松散及顺层产状是山体滑坡的主要原因。而采用抗滑桩+回填+刷坡的防护措施可有效提高边坡稳定性，但需重点关注隧道周边围岩稳定性。通过后期的洞内外观察发现，采用上述预防措施后，山体变形及隧道周边围岩变形得到有效控制，这进一步验证了自适应加密上限有限元法的适用性和有效性。

(5) 上软下硬地层过江隧道稳定性分析结果表明：均质地层和上软下硬地层破坏模式有区别，且上软下硬地层稳定性较全硬岩地层更差，破坏范围也更大。当上部软岩强度较低时，土层破坏时产生的滑移面主要位于软岩区域，并形成延伸至地表的剪切滑移带。当软岩强度增大时，破坏区域由贯通地表逐渐转变为仅发生在隧道周边区域，即形成“拱效应”，且剪切滑移带起始位置向硬岩延伸。某过江隧道北线陆屿段起初施工过程中，未考虑地层上软下硬特性，仅按强风化砾岩和中风化砾岩特性调整盾构掘进参数，因此，软岩部分发生局部失稳破坏，导致地表出现较大沉降。

(6) 注浆层对隧道稳定性的影响主要取决于注浆层的厚度、强度和摩擦角。随着注浆层厚度和强度的增加，支护力系数减小，隧道稳定性不断提高。注浆层的强度和厚度对稳定性的影响比摩擦角的影响更为显著。同时，随着注浆层摩擦角的增大，隧道自稳定性增强。注浆层土摩擦角对隧道稳定性的影响随着土摩擦角的增大而减弱。当k_2由2增加到8，k_1由0.1增加到0.3时，支护力系数由1.49减小到–5.82，当偏心距d=0cm和d=20cm时，最大极限支撑力系数可相差16.5%。

(7) 在低厚度低强度情况下，隧道上部破坏严重，滑移线从侧壁向地表发展。隧道破坏发生在注浆层薄弱区域，圆形区域破坏程度相对较轻。随着注浆层厚度的增加，隧道上部土体的破坏程度减小。注浆层上部软弱部分的破坏加剧，并沿隧道边界逐渐向底板延伸。随着注浆层强度的增加，隧道上方土体的破坏程度再次减小。破坏主要集中在隧道周围。隧道注浆层上方破坏程度小于低强度注浆层破坏程度。

第 5 章　基于隧道失稳机理的简化破坏模式法

5.1　引　　言

极限分析法是应用于求解隧道开挖面稳定性问题中一种传统有效的分析方法，利用极限分析法，可以较为容易地求得隧道开挖面极限支护力荷载及地层失稳破坏模式，在工程实践中具有一定的实用意义。针对隧道稳定性问题研究的极限分析法主要包含假定破坏模式极限分析法和极限分析有限元法两类。其中，基于假定破坏模式极限分析法的刚性滑块极限分析上限法能够较为快速地进行隧道稳定性求解分析，在工程中得到了广泛应用。刚性滑块上限法中假定的破坏模式由若干个刚性滑块组成，各个刚性滑块间有滑块破裂面及速度间断线相互隔开，体系处于极限状态时运动场需满足上限定理要求的速度相容条件和塑性流动条件，根据上限定理构建破坏模式相应的塑性变形位移速度场，从而求解极限荷载，进行隧道稳定性评价。本章节主要介绍刚性滑块假定破坏模式极限分析上限法的基本原理，并基于刚性滑块极限分析上限法构建合理的隧道失稳平面应变破坏模式，研究分析隧道环向开挖面稳定性问题。

5.2　隧道开挖面稳定性分析刚性滑块极限分析上限法

5.2.1　刚性滑块上限法基本概念及假设

1. 理论假设

极限分析理论假定土体为理想刚塑性体或弹塑性体，当作用在土体上的荷载到达了某一数值并且保持不变的情况下，土体会发生“无限”塑性流动，此时就可以认为土体到达极限状态，发生塑性流动对应的荷载即为极限荷载。极限分析法就是基于理想刚塑性体或弹塑性体材料的普遍定理——上限定理与下限定理，将求解定位在塑性状态前的极限状态，求解极限荷载的方法。极限分析理论的基本假设有理想弹塑性假设、小变形假设和 Drucker 公设。

1) 理想弹塑性假设

在求解材料的稳定性问题时，原则上通过建立平衡条件、应变协调条件及材料的应力应变特性确定破坏前的应力应变状态，这种方法在力学模型较为简单时可以获得理论解答，对于应力应变关系十分复杂的岩土体材料求解难度较大。应用塑性力学极限分析方法进行稳定性分析时，将岩土体材料假设为理想弹塑性材料，不考虑岩土体材料实际应力应变关系中的应变硬化或软化特性，假定在应力较小时岩土体材料保持线弹性的应力应变关系，当受到的荷载达到某个数值后，土体发生应变无限增加的塑性流动状态，此时所受荷载就是极限荷载(图 5-1)。

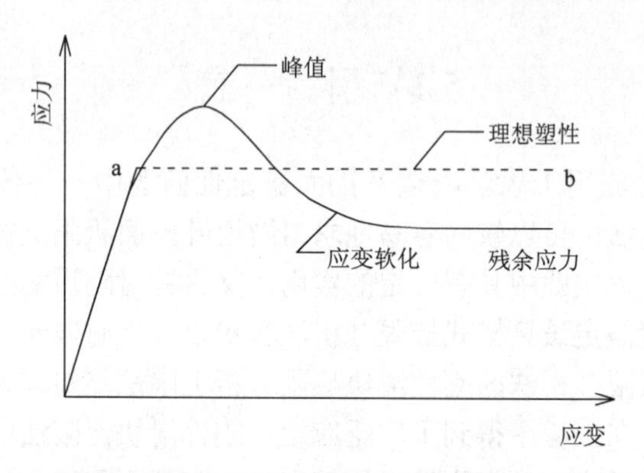

图 5-1　理想弹塑性材料与实际岩土体材料的应力应变关系图

2) 小变形假设

极限分析方法求解稳定性问题时定位于塑性变形前的极限状态，此时材料处于塑性流动临界状态，应变增量处于弹性量级。考虑忽略刚塑性材料的弹性变形，假设材料发生变形前后尺寸变化很小，使岩土体材料满足小变形假设，是基于极限分析方法虚功原理求解极限荷载的基本假设。

3) Drucker 公设

塑性增量理论要求材料在受力过程中符合能量守恒定律或热力学第二定律，即材料稳定性的 Drucker 公设，极限分析法满足 Drucker 公设。

Drucker 将考虑单轴压缩应力应变曲线定义的稳定性材料推广到复杂应力状态下，提出在一个加卸载完整循环中，稳定材料满足：①施加附加荷载过程中，外力做功为正；②在完整加卸载循环中，外力做功为非负值。针对屈服准则和材料流动法则，Drucker 公设要求对于稳定性材料，达到塑性流动状态时，材料屈服面具有外凸性，材料服从正交流动法则。

2. 基本理论

1) 屈服准则

判别塑性变形是否发生的应力状态标准称为屈服准则，常用的屈服准则有 Mohr-Coulomb 屈服准则、Drucke-Prager 屈服准则、Tresca 屈服准则等，本书选用岩土体材料常用的屈服准则，假定材料满足 Mohr-Coulomb 屈服准则，表达式为

$$F=(\sigma_1-\sigma_3)-(\sigma_1+\sigma_3)\sin\phi-2c\cos\phi=0 \tag{5-1}$$

式中，σ_1、σ_3 为大小主应力；c、ϕ 为土体应力强度指标。

2) 流动法则

传统塑性力学极限分析理论应用相关联流动法则，考虑塑性势函数等同于屈服函数，基于塑性应变增量方向与屈服面方向的正交性来确定应变量增加方向。根据相关联流动法则，当岩土体材料内摩擦角 ϕ 不为 0 时，塑性流动的同时土体发生体积膨胀，土体正应变率与剪切应变率间的角度取 ϕ。相关联流动法则的一般形式为

$$\dot{\varepsilon}_{ij}^{p}=\dot{\lambda}\frac{\partial F}{\partial\sigma_{ij}} \tag{5-2}$$

式中，$\dot{\varepsilon}_{ij}^{p}$ 代表塑性应变增量；$\dot{\lambda}$ 为塑性乘子，是一个正值的比例因子；F 是塑性势；σ_{ij} 代表应力。

3) 虚功率方程

虚功率原理为：任意一组与静力容许的应力场 σ_{ij} 平衡的外荷载 T_i 和 F_i，任意运动许可速度场 v_i^* 所作的虚外功率等于静力场 σ_{ij}^* 对虚应变率 ε_{ij}^* 所作的虚内功率。其中 T_i 为变形体所受面力，F_i 为变形体体力，S 为整个体系表面，V 为整个变形体体积。

$$\int_S T_i v_i^*\mathrm{d}S+\int_V F_i v_i^*\mathrm{d}V=\int_V \sigma_{ij}^*\varepsilon_{ij}^*\mathrm{d}V \tag{5-3}$$

应用于求解目标函数上限解的极限分析上限定理表述为：对于任意的运动许可塑性应变率场 ε_{ij}^* 和速度场 v_i^*，由虚功率方程确定的极限荷载大于或等于真实的极限荷载，通过建立虚功率方程求解目标函数上限解。

对于虚功率方程，构建静力容许应力场必须满足：

①材料内应力状态满足平衡方程：

$$\begin{cases}\dfrac{\partial\sigma_{ji}}{\partial x_j}+F_i=0\\ \sigma_{ji}=\sigma_{ij}\end{cases} \tag{5-4}$$

②材料表面满足应力边界条件：

$$T_i=\sigma_{ji}n_j \tag{5-5}$$

③材料内应力状态不违反屈服条件：

$$f\left(\sigma_{ij}^0\right)\leqslant 0 \tag{5-6}$$

式中，n_j 为应力边界表面外法线方向。满足以上条件的应力场为变形体静力容许

应力场，其中包含变形场受荷后的真实应力场。

运动许可速度场应满足：

①材料内部满足连续性；

②满足外力做功非负条件：

$$\int_S T_i v_i^* \mathrm{d}S + \int_V F_i v_i^* \mathrm{d}V \geqslant 0 \tag{5-7}$$

③满足速度位移边界条件。

满足以上条件的速度场为变形体运动许可速度场，真实受荷后的速度场是其中之一。

极限分析中，有时常常通过应力、速度间断方法对计算进行一定程度简化，下面阐述采用间断线方法时对虚功率方程的形式修正。

当变形体内存在速度间断线时，此时间断线上某点正应力 σ_n、剪应力 τ；间断线上的相对速度为 Δv^*，其中 Δv^* 的法向分量为 Δv_n^*、切向分量为 Δv_t^*。如图 5-2 所示。

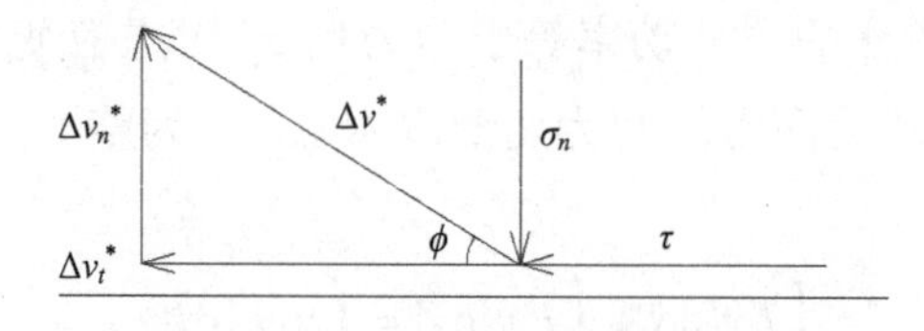

图 5-2 速度间断线示意图

速度间断线上位移速度发生连续变化，因此会有能量耗散，单位长度速度间断线上塑性功率耗散为

$$\mathrm{d}D = \left(\tau \cdot \Delta v_t^* + \sigma_n \cdot \Delta v_n^*\right)\mathrm{d}s = \left(\tau - \sigma_n \tan\phi\right)\Delta v_t^* \mathrm{d}s \tag{5-8}$$

那么，整个速度间断线 S_D 上的塑性功率耗散是

$$D = \int_{S_D} (\tau - \sigma_n \tan\phi)\Delta v_t^* \mathrm{d}s \tag{5-9}$$

将上式(5-9)代入虚功率方程(5-3)即得考虑速度间断线极限分析法虚功率方程：

$$\int_S T_i v_i^* \mathrm{d}S + \int_V F_i v_i^* \mathrm{d}V = \int_V \sigma_{ij}\varepsilon_{ij}^* \mathrm{d}V + \int_{S_D} (\tau - \sigma_n \tan\phi)\Delta v_t^* \mathrm{d}s \tag{5-10}$$

4) 极限分析上下限定理

上限定理中，当材料处于极限状态时，在所有构建的机动许可速度场中，极限荷载是最小荷载，即根据虚功率方程(5-3)求解的荷载 T_i 和 F_i 大于或等于真实的极限荷载。下面通过反证法证明极限分析上限定理，假设求解的荷载T_i和F_i小于极限荷载。那么一定存在与荷载T_i和F_i静力平衡的应力场σ_{ij}^E，在这个应力场中，屈服函数$f\left(\sigma_{ij}^E\right)<0$。根据以上应力场与力系建立虚功率方程：

$$\int_S T_i v_i^* \mathrm{d}S + \int_V F_i v_i^* \mathrm{d}V = \int_V \sigma_{ij}^E \varepsilon_{ij}^* \mathrm{d}V \tag{5-11}$$

将式(5-3)与式(5-11)相减得

$$\int_V \left(\sigma_{ij}^* - \sigma_{ij}^E\right)\varepsilon_{ij}^* \mathrm{d}V = 0 \tag{5-12}$$

根据材料屈服面具有外凸性以及正交流动法则，$\left(\sigma_{ij}^* - \sigma_{ij}^E\right)\varepsilon_{ij}^* > 0$，因此上述假设不成立，从而证明了上限定理。

同样采用反证法对下限定理进行证明，假设求解的极限荷载T_i和F_i大于真实极限荷载，存在与之静力平衡的应力场σ_{ij}^E。材料破坏的真实应力场σ_{ij}^c，塑性应变率场ε_{ij}^c和速度场v_i^c。根据以上两种系统建立虚功率方程：

$$\int_S T_i v_i^c \mathrm{d}S + \int_V F_i v_i^c \mathrm{d}V = \int_V \sigma_{ij}^c \varepsilon_{ij}^c \mathrm{d}V \tag{5-13}$$

$$\int_S T_i v_i^c \mathrm{d}S + \int_V F_i v_i^c \mathrm{d}V = \int_V \sigma_{ij}^E \varepsilon_{ij}^c \mathrm{d}V \tag{5-14}$$

两式相减得

$$\int_V \left(\sigma_{ij}^c - \sigma_{ij}^E\right)\varepsilon_{ij}^c \mathrm{d}V = 0 \tag{5-15}$$

根据材料屈服面具有外凸性以及正交流动法则，$\left(\sigma_{ij}^c - \sigma_{ij}^E\right)\varepsilon_{ij}^c > 0$，因此上述假设不成立，从而证明了下限定理。

综上述，极限分析上限法就是基于虚功原理和最大散逸功原理，构建合理的机动许可速度场求解的方法。根据极限分析上限法求得的最小荷载总是大于真实的极限荷载，称为极限荷载上限解。本书即是基于极限分析上限法的思想，求解隧道开挖地层破坏失稳的极限支护力上限解。

5.2.2　刚性滑块上限法破坏模式假定

构建合理的刚性滑块破坏模式，从而取得上限法的最优上限值，是基于极限分析理论求解极限荷载的关键。根据工程经验同时参考相关极限分析上限有限元方法研究成果及数值模拟结果分析可知，当隧道周边地层发生失稳时，隧道顶板上方一定范围内的围岩由于受到其周围岩土体约束的影响，主要发生竖直方向上的位移；而隧道轴线两侧岩土体则会有一定的水平向及竖向位移。考虑到这些特征在破坏模式中的反应，同时考虑建立模型的对称性，本书基于刚性滑块极限分析上限法提出了一种隧道环向开挖面稳定性平面应变破坏模式(图 5-3)。

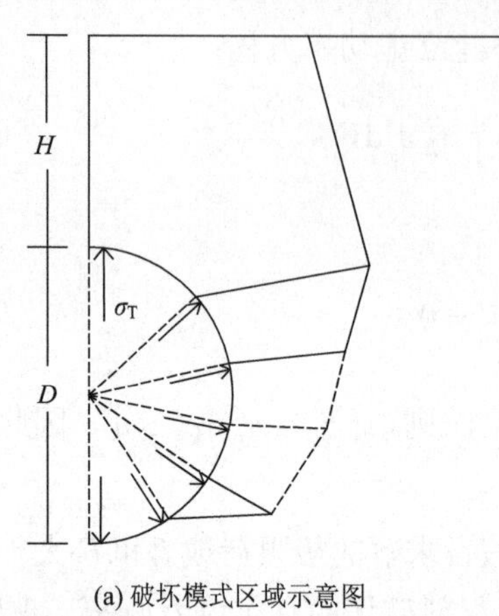

(a) 破坏模式区域示意图

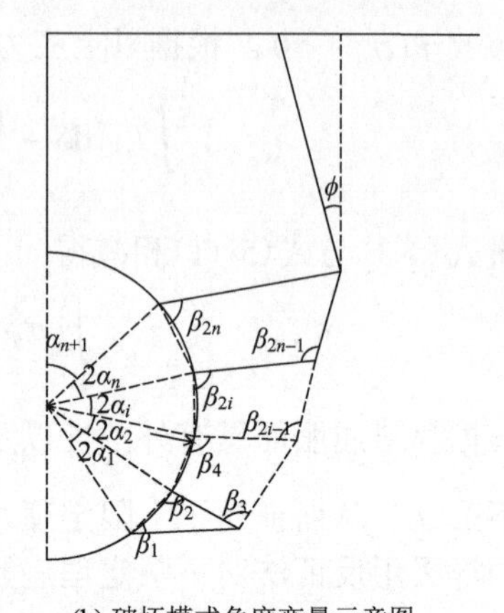

(b) 破坏模式角度变量示意图

图 5-3　刚性滑块假定破坏模式图

如图 5-3 所示，刚性滑块多块体假定破坏模式中，破坏区域分为若干个刚性滑块(其中隧道轴线侧向的滑块由一个底部的三边形滑块和多个凸四边形滑块组成，隧道顶板上方的刚性滑块是一个五边形滑块)。假定破坏模式的优化变量由角度变量 $\alpha_1, \alpha_2, \alpha_3, \cdots, \alpha_{n+1}, \beta_1, \beta_2, \beta_3, \cdots, \beta_{2n}$ 确定，n 为隧道轴线侧向上的滑块数量。其中：①假定破坏模式中隧道直径为 D，埋深 H；②地表水平，考虑地表无超载的工况，因此仅在隧道内轮廓作用均布支护力荷载 σ_T；③土体容重 γ，土体黏聚力取 c，内摩擦角为 ϕ。求解的目标函数就是隧道恰好发生失稳时隧道内施加的环向开挖面极限支护力荷载 σ_T。该假定破坏模式中各个刚性滑块的编号情况如图 5-4 所示。

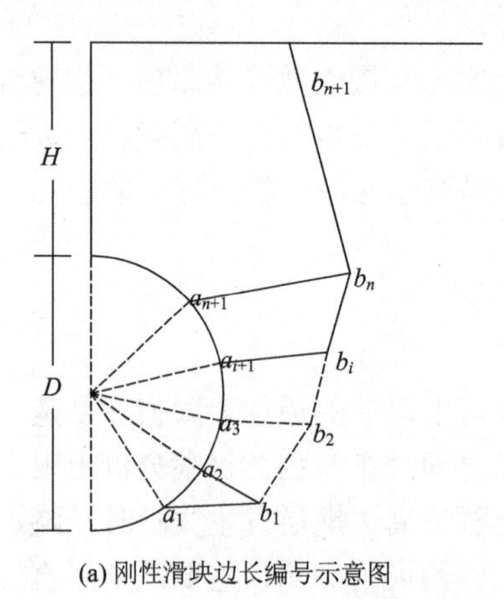

(a) 刚性滑块边长编号示意图

(b) 刚性滑块编号示意图

图 5-4　假定破坏模式刚性滑块编号示意图

上文描述了构建的刚性滑块多块体假定破坏模式形式，下面首先对该假定破坏模式在隧道轴线侧向滑块数 n 取 1 时的破坏模式进行分析，推导此时的隧道失稳极限支护力公式。

1) 破坏模式描述

当 n=1 时，此时假定的刚性滑块破坏模式由隧道轴线侧向的一个底部三边形滑块和隧道顶板上方的五边形滑块构成，破坏模式与吕延豪等[14]针对黏性不排水情况下提出的浅埋隧道失稳破坏模式有一定相似性。此时的假定破坏模式计算模型如图 5-5 所示。

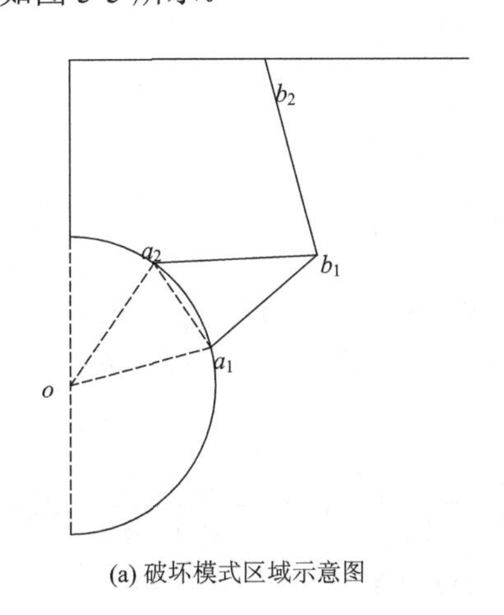

(a) 破坏模式区域示意图

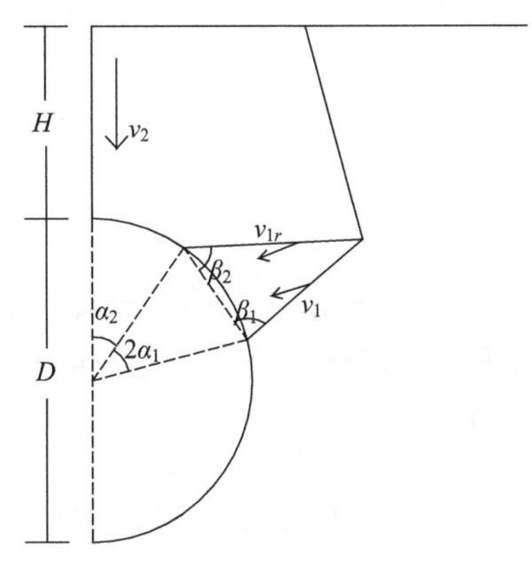

(b) 破坏模式角度变量示意图

图 5-5　n=1 时刚性滑块假定破坏模式图

2) 分析计算过程

针对 n=1 时的刚性滑块假定破坏模式，基于刚性滑块极限分析上限法的计算求解过程为：

(1) 根据几何性质，绘制相应的求解辅助线，根据三角形正弦定理，推得各个刚性滑块的边长公式为

$$a_1b_1=\frac{d\cdot\sin\alpha_1\cdot\sin\beta_2}{\sin\left(\pi-\beta_1-\beta_2\right)} \tag{5-16}$$

$$a_2b_1=a_1b_1\cdot\frac{\sin\beta_1}{\sin\beta_2} \tag{5-17}$$

$$b_1b_2=\left(h+\frac{d}{2}-\frac{d}{2}\cdot\cos\alpha_2-a_2b_1\cdot\sin\left(\beta_2-\alpha_1-\alpha_2\right)\right)/\cos\phi \tag{5-18}$$

式中，d 代表隧道直径；h 代表隧道埋深。

(2) 如图 5-6 所示，根据建立的机动允许速度场，求解的刚性块体间速度变量数值关系的递推公式如下：

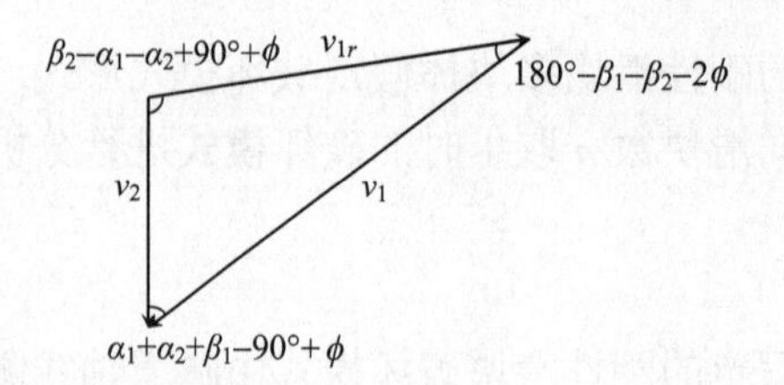

图 5-6　该刚性滑块假定破坏模式下速度场关系图

$$
\begin{aligned}
v_2 &= v_1 \cdot \frac{\sin(\pi - \beta_1 - \beta_2 - 2\phi)}{\left|\sin\left(\beta_2 - \alpha_1 - \alpha_2 + \dfrac{\pi}{2} + \phi\right)\right|} \\
v_{1r} &= v_1 \cdot \left|\frac{\sin\left(\alpha_1 + \alpha_2 + \beta_1 - \dfrac{\pi}{2} + \phi\right)}{\sin\left(\beta_2 - \alpha_1 - \alpha_2 + \dfrac{\pi}{2} + \phi\right)}\right|
\end{aligned} \tag{5-19}
$$

(3) 各个刚性滑块的面积计算公式。对于隧道轴线侧向底部的三边形刚性滑块，其面积为对应的两个三角形面积减去扇形面积，面积计算方法按图 5-7 示意计算，即：

$$
S_1 = S_{CDE} + S_{DEH} - S_{扇CDE} = \frac{1}{2} d \cdot \sin\alpha_1 \cdot a_1 b_1 \cdot \sin\beta_1 + \frac{1}{8} d^2 \cdot \sin 2\alpha_1 - \frac{\alpha_1}{180} \cdot \frac{d^2}{4} \pi \tag{5-20}
$$

隧道顶板上方的五边形面积按图 5-7 所示方法计算：

$$
\begin{aligned}
S_2 &= S_{ACEF} + S_{EHIF} - S_{HIG} - S_{扇CBE} \\
&= \left(2 \cdot h + d - \frac{d}{2} \cdot \cos\alpha_2\right) \cdot d \cdot \sin\alpha_2 / 4 + \frac{1}{2} \cdot \left[2 \cdot b_1 b_2 + a_2 b_1 \cdot \sin\left(\beta_2 - \alpha_1 - \alpha_2\right)\right] \\
&\quad \cdot a_2 b_1 \cdot \cos\left(\beta_2 - \alpha_1 - \alpha_2\right) - \frac{\alpha_2}{360} \cdot \pi \cdot \frac{d^2}{4} - \frac{1}{4} \cdot (b_1 b_2^2) \cdot \sin(2\phi)
\end{aligned} \tag{5-21}
$$

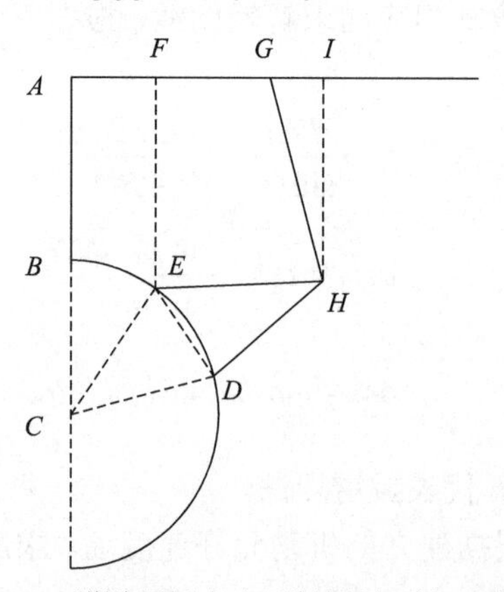

图 5-7　隧道顶板上方刚性滑块面积计算图

3)建立虚功率方程对隧道环向开挖面极限支护力进行分析计算

(1)重力功率计算。

破坏区域的重力所作功率即为各个刚性滑块重力与其绝对速度在重力方向分量乘积的总和，即重力功率如下计算：

$$p_r = r\left[\sum_{i=1}^{2} S_i \cdot v_i \cdot \cos\xi_i\right] = r \cdot S_1 \cdot v_1 \cdot \cos\xi_1 + r \cdot S_2 \cdot v_2 \cdot \cos\xi_2 \tag{5-22}$$

式中，ξ_i为第 i 个刚性滑块速度与竖直方向(重力作用方向)的夹角。

(2)耗散功率计算。

耗散功率是各速度间断线上的耗散功总和，当 n=1 时，此时耗散功率为速度间断线 a_1b_1、a_2b_1、b_1b_2 上的耗散功之和，即：

$$p_c = c \cdot \left[a_1b_1 \cdot v_1 + a_2b_1 \cdot v_{1r} + b_1b_2 \cdot v_2\right] \cdot \cos\phi \tag{5-23}$$

(3)开挖面支护力功率计算。

隧道内轮廓作用均布支护力荷载 σ_{T} 所作功率表示为

$$p_w = \sigma_{\mathrm{T}} \int_S v_n^T \mathrm{d}S = \sigma_{\mathrm{T}} \cdot \left(\int_{\alpha_2}^{\alpha_2+2\alpha_1} v_1 \cos(\xi_1+\phi) \cdot \frac{d}{2}\mathrm{d}\theta + \int_0^{\alpha_2} v_2 \cos(\xi_2+\phi) \cdot \frac{d}{2}\mathrm{d}\theta\right) \tag{5-24}$$

式中，$\int_S v_n^T \mathrm{d}S$ 表示支护力作用下隧道开挖面滑块向隧道内坍塌的速度场，假设隧道内轮廓作用均布支护力荷载 σ_{T}，$\sigma_{\mathrm{T}} \int_S v_n^T \mathrm{d}S$ 即为开挖面支护力所作功率。

(4)目标函数(支护力荷载)计算。

根据虚功率方程，求得隧道环向开挖面极限支护力为

$$\sigma_{\mathrm{T}} = \frac{p_r - p_c}{\int_S v_n^T \mathrm{d}S} = \frac{r\left[\sum_{i=1}^{2} S_i \cdot v_i \cdot \cos\xi_i\right] - c \cdot \left[a_1b_1 \cdot v_1 + a_2b_1 \cdot v_{1r} + b_1b_2 \cdot v_2\right] \cdot \cos\phi}{\sigma_{\mathrm{T}} \cdot \left[\int_{\alpha_2}^{\alpha_2+2\alpha_1} v_1 \cos(\xi_1+\phi) \cdot \frac{d}{2}\mathrm{d}\theta + \int_0^{\alpha_2} v_2 \cos(\xi_2+\phi) \cdot \frac{d}{2}\mathrm{d}\theta\right]} \tag{5-25}$$

下面对假定破坏模式在隧道轴线侧向滑块数 $n \geqslant 2$ 时的破坏模式进行分析，推导此时的隧道失稳极限支护力公式。

1. 破坏模式描述

当 $n \geqslant 2$ 时，此时假定的刚性滑块破坏模式由一个隧道轴线侧向三边形滑块、$n-1$ 个隧道轴线侧向四边形滑块及一个隧道顶部五边形滑块构成，计算理论与该假定破坏模式下 n=1 时(即两个刚性滑块)的破坏模式相同，由于增加了刚性滑块的数量，提高了假定破坏模式的适配性，提高了计算精度。图 5-8 为 $n \geqslant 2$ 时的假定破坏模式计算模型示意图。

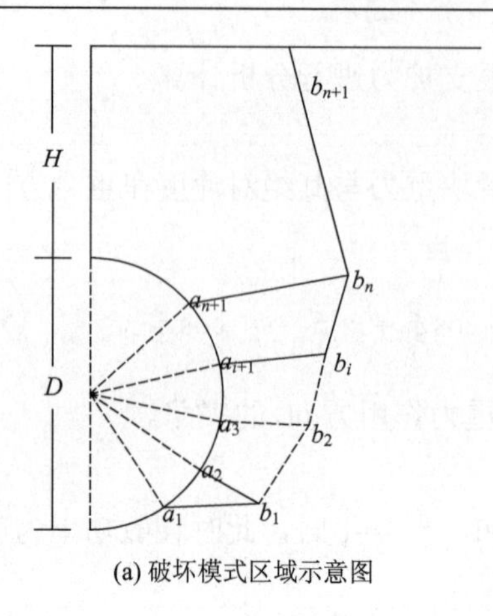

(a) 破坏模式区域示意图

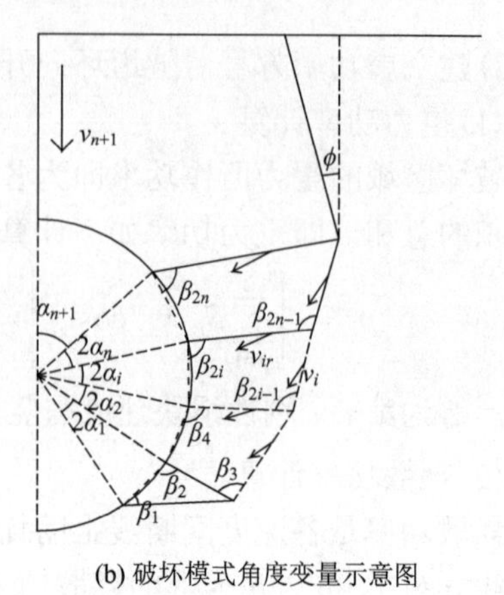

(b) 破坏模式角度变量示意图

图 5-8　$n \geqslant 2$ 时刚性滑块假定破坏模式图

2. 分析计算过程

(1) 求解刚性滑块几何参数及速度场递推关系。

①各个刚性滑块的边长变化如图 5-9 所示，根据多边形的性质，有以下刚性滑块各边长的递推关系：

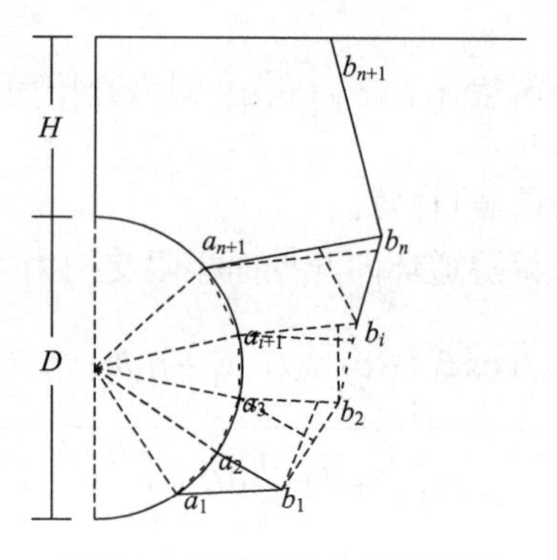

图 5-9　刚性滑块边长递推图

对于隧道轴线侧向底部三边形刚性滑块边长的递推公式为

$$a_1b_1 = \frac{d \cdot \sin\alpha_1 \cdot \sin\beta_2}{\sin\left(\pi - \beta_1 - \beta_2\right)}$$

$$a_2b_1 = a_1b_1 \cdot \frac{\sin\beta_1}{\sin\beta_2} \tag{5-26}$$

隧道轴线侧向四边形刚性滑块边长按图示方式计算，递推公式为

$$
\begin{aligned}
a_{i+1}b_i = a_ib_{i-1} \cdot & \frac{\sin\beta_{2i-1}}{\sin(\pi+\beta_{2i-2}-\beta_{2i-1}-\beta_{2i}-\alpha_i-\alpha_{i-1})} \\
& - d\cdot\sin\alpha_i \cdot \frac{\sin(\beta_{2i-2}-\beta_{2i-1}-\alpha_i-\alpha_{i-1})}{\sin(\beta_{2i-1}+\beta_{2i}+\alpha_i+\alpha_{i-1}-\beta_{2i-2})} \quad (i=2,3,4,\cdots,n)
\end{aligned} \tag{5-27}
$$

$$
\begin{aligned}
b_ib_{i+1} = & \left[d\cdot\sin\alpha_{i+1} + a_{i+1}b_i \cdot \frac{\sin(\alpha_i+\alpha_{i+1}+\beta_{2i+2}-\beta_{2i})}{\sin(\pi-\beta_{2i+2})}\right] \\
& \cdot \frac{\sin(\pi-\beta_{2i+2})}{\sin(\alpha_i+\alpha_{i+1}+\beta_{2i+1}+\beta_{2i+2}-\beta_{2i})} \quad (i=1,2,3,4,\cdots,n-1)
\end{aligned} \tag{5-28}
$$

式中，$a_{i+1}b_i$ 为第 i 个刚性滑块的上边；b_ib_{i+1} 为第 i+1 个刚性滑块的侧边。

隧道顶部五边形刚性滑块边长的递推公式为

$$
b_nb_{n+1} = \left[h+\frac{d}{2}-\frac{d}{2}\cdot\cos\alpha_{n+1} - a_{n+1}b_n\cdot\sin(\beta_{2n}-\alpha_n-\alpha_{n+1})\right]/\cos\phi \tag{5-29}
$$

②刚性块体速度变量之间的递推关系如下：

隧道轴线侧向底部三边形刚性滑块速度变量的递推公式为

$$
\begin{aligned}
v_2 &= v_1\cdot\frac{\sin(\pi-\beta_1-\beta_2-2\phi)}{\sin(\beta_3+2\phi)} \\
v_{1r} &= v_1\cdot\frac{\left|\sin(\beta_1+\beta_2-\beta_3)\right|}{\sin(\beta_3+2\phi)}
\end{aligned} \tag{5-30}
$$

该刚性滑块假定破坏模式下隧道轴线侧向滑块的速度场关系如图 5-10 所示，则隧道轴线侧向四边形刚性滑块速度变量的递推公式为

$$
\begin{aligned}
v_{i+1} &= v_i\cdot\frac{\sin(\pi-\alpha_{i-1}-\alpha_i+\beta_{2i-2}-\beta_{2i-1}-\beta_{2i}-2\phi)}{\sin(\beta_{2i+1}+2\phi)} \\
v_{ir} &= v_i\cdot\frac{\left|\sin(\alpha_{i-1}+\alpha_i-\beta_{2i-2}+\beta_{2i-1}+\beta_{2i}-\beta_{2i+1})\right|}{\sin(\beta_{2i+1}+2\phi)} \quad (i=2,3,4,\cdots,n-1)
\end{aligned} \tag{5-31}
$$

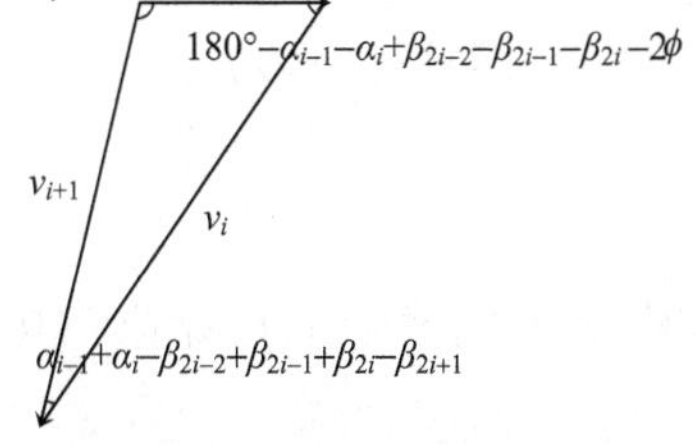

图 5-10　该刚性滑块假定破坏模式下四边形滑块速度场关系图

隧道顶部上方五边形刚性滑块速度场关系如图 5-11 所示，其速度变量递推公式为

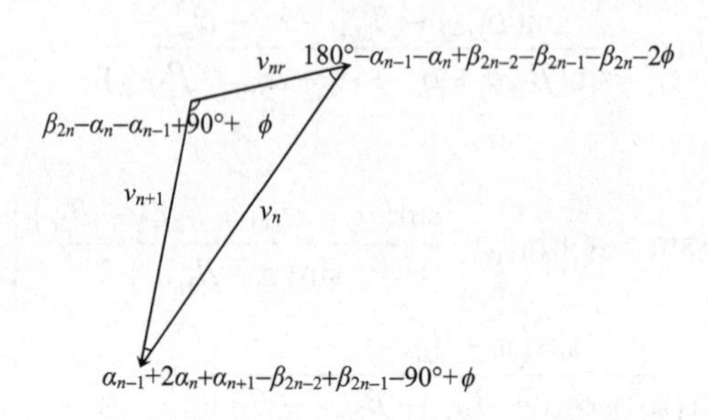

图 5-11　该刚性滑块假定破坏模式下顶部滑块速度场关系图

$$v_{n+1}=v_n\cdot\frac{\sin(\pi-\alpha_{n-1}-\alpha_n+\beta_{2n-2}-\beta_{2n-1}-\beta_{2n}-2\phi)}{\left|\sin\left(\dfrac{\pi}{2}+\beta_{2n}-\alpha_{n-1}-\alpha_n+\phi\right)\right|}$$

$$v_{nr}=v_n\cdot\left|\frac{\sin\left(\alpha_{n-1}+2\alpha_n+\alpha_{n+1}-\beta_{2n-2}+\beta_{2n-1}-\dfrac{\pi}{2}+\phi\right)}{\sin\left(\dfrac{\pi}{2}+\beta_{2n}-\alpha_{n-1}-\alpha_n+\phi\right)}\right| \tag{5-32}$$

③各个刚性滑块的面积按照如下方法进行计算：

参考上述计算公式，隧道侧向底部三角形刚性滑块的面积计算公式为

$$S_1=\frac{1}{2}d\cdot\sin\alpha_1\cdot a_1b_1\cdot\sin\beta_1+\frac{1}{8}d^2\cdot\sin 2\alpha_1-\frac{\alpha_1}{180}\cdot\frac{d^2}{4}\pi \tag{5-33}$$

对于隧道侧向四边形刚性滑块的面积对应为三个三角形面积减去扇形面积，其面积计算公式为

$$\begin{aligned}S_i=&\frac{1}{2}d\cdot\sin\alpha_i\cdot a_{i+1}b_i\cdot\sin\beta_{2i}+\frac{1}{2}\cdot a_ib_{i-1}\cdot b_ib_{i-1}\cdot\sin\beta_{2i-1}\\&+\frac{1}{8}d^2\cdot\sin 2\alpha_i-\frac{\alpha_i}{180}\cdot\frac{d^2}{4}\pi\quad(i=2,3,4,\cdots,n)\end{aligned} \tag{5-34}$$

隧道顶部上方五边形刚性滑块面积公式为

$$\begin{aligned}S_{n+1}=&\left(2\cdot h+d-\frac{d}{2}\cdot\cos\alpha_{n+1}\right)\cdot d\cdot\sin\alpha_{n+1}/4+\frac{1}{2}\\&\cdot\left(2\cdot b_nb_{n+1}+a_{n+1}b_n\cdot\sin\left(\beta_{2n}-\alpha_n-\alpha_{n+1}\right)\right)\cdot a_{n+1}b_n\cdot\cos\left(\beta_{2n}-\alpha_n-\alpha_{n+1}\right)\\&-\frac{\alpha_{n+1}}{360}\cdot\pi\cdot\frac{d^2}{4}-\frac{1}{4}\cdot\left(b_{n-1}b_n^2\right)\cdot\sin\left(2\phi\right)\end{aligned} \tag{5-35}$$

(2) 根据虚功率方程对隧道环向极限支护力进行分析计算。

①重力功率计算

重力功率为各个刚性滑块重力功率之和，分析各个刚性滑块力与速率的关系，得体系重力功率公式为

$$p_r = r\left[\sum_{i=1}^{n+1} S_i \cdot v_i \cdot \cos\xi_i\right] \tag{5-36}$$

式中，ξ_i 为第 i 个刚性滑块速度与竖直方向(重力作用方向)的夹角。

②耗散功率计算

各个速度间断线上的耗散功率总和为

$$p_c = c\left[\sum_{i=1}^{n}(a_{i+1}b_i \cdot v_{ir} + b_i b_{i+1} \cdot v_{i+1}) + a_1 b_1 \cdot v_1\right]\cos\phi \tag{5-37}$$

③开挖面支护力功率计算

隧道内轮廓作用均布支护力荷载 σ_{T} 做功表示为

$$p_w = \sigma_{\mathrm{T}} \int_S v_n^T \mathrm{d}S \tag{5-38}$$

式中，$\int_S v_n^T \mathrm{d}S$ 表示支护力作用下隧道开挖面滑块向隧道内坍塌的速度场，假设隧道内轮廓作用均布支护力荷载 σ_{T}，$\sigma_{\mathrm{T}}\int_S v_n^T \mathrm{d}S$ 即为开挖面支护力所作功率。

④支护反力计算

根据虚功率方程，求得隧道环向开挖面极限支护力为

$$\sigma_{\mathrm{T}} = \frac{p_c - p_r}{\int_S v_n^T \mathrm{d}S} \tag{5-39}$$

针对隧道失稳地层破坏范围未延伸至地表的隧道失稳破坏工况，构建合理的刚性滑块破坏模式，是基于刚性滑块极限分析理论求解该工况下极限荷载的关键。本节针对此种工况，提出的修正隧道环向开挖面失稳平面应变破坏模式如图 5-12 所示。

如图所示破坏模式中，破坏区域分为若干个刚性滑块(隧道轴线侧向的滑块由一个三边形和多个凸四边形组成，隧道顶板上方的刚性滑块是一个四边形滑块)，将隧道顶板上方破坏区域修正为不延伸至地表的四边形刚性滑块。各个滑块参数由角度变量 $\alpha_1, \alpha_2, \alpha_3, \cdots, \alpha_{n+1}, \beta_1, \beta_2, \beta_3, \cdots, \beta_{2n}$ 确定，n 为隧道轴线侧向的滑块数量。其中：①模型中隧道直径为 D，埋深 H；②地表水平，仅考虑隧道内轮廓作用均布支护荷载 σ_{T}；③土体容重 γ，有效黏聚力为 c，土体内摩擦角为 ϕ。修正破坏模

式的各个刚性滑块编号情况如图 5-13 所示。

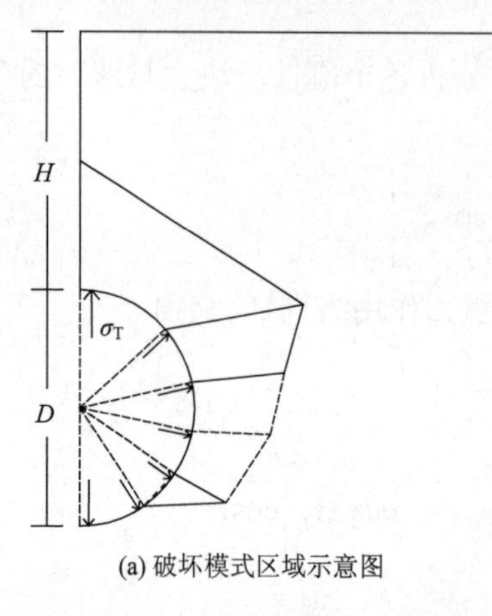

(a) 破坏模式区域示意图

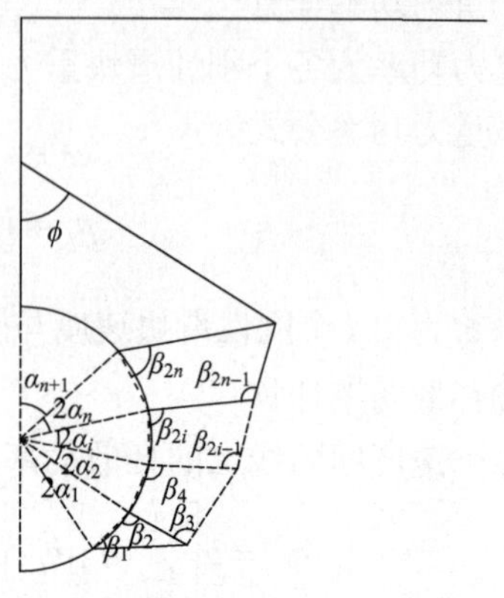

(b) 破坏模式角度变量示意图

图 5-12　修正的刚性滑块假定破坏模式图

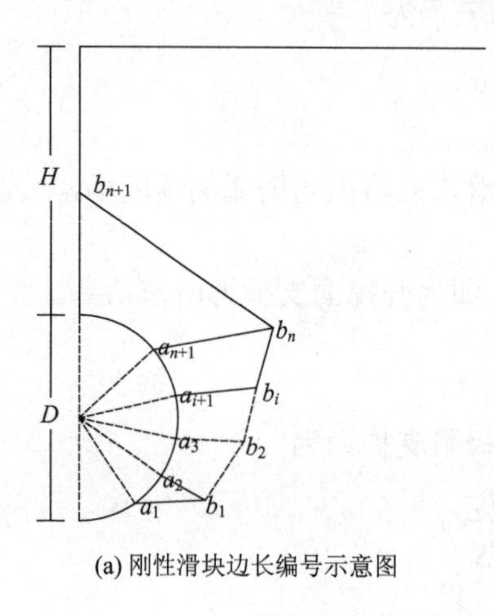

(a) 刚性滑块边长编号示意图

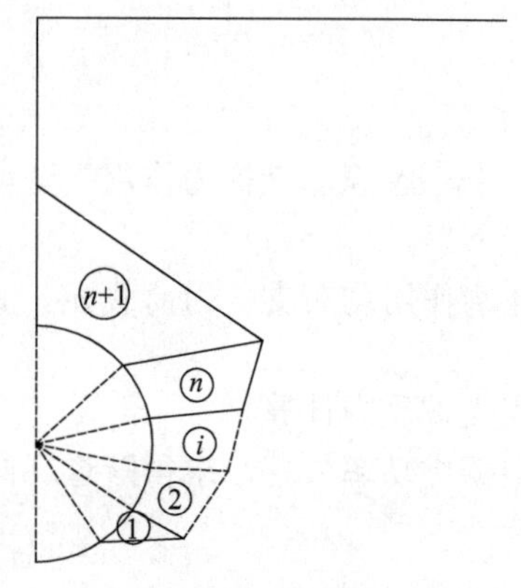

(b) 刚性滑块编号示意图

图 5-13　修正的刚性滑块假定破坏模式编号图

下面首先对该修正假定破坏模式在隧道轴线侧向滑块数 n 取 1 时的破坏模式进行分析，推导此时的隧道失稳极限支护力公式。

1. *破坏模式描述*

当 n=1 时，此时假定的刚性滑块破坏模式由隧道轴线侧三边形滑块及未延伸至地表的隧道顶部上方四边形滑块构成，该破坏模式如图 5-14 所示。

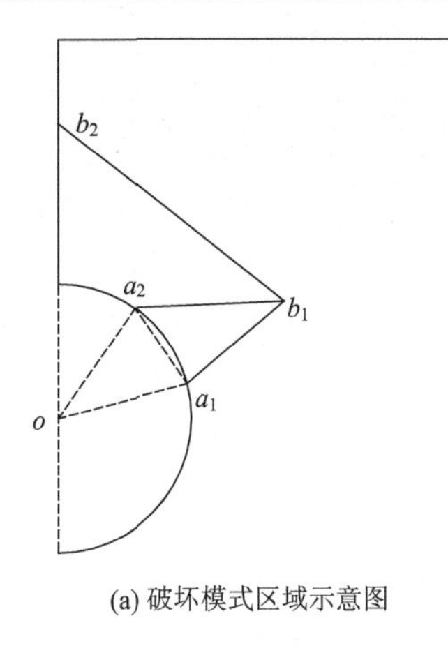

(a) 破坏模式区域示意图

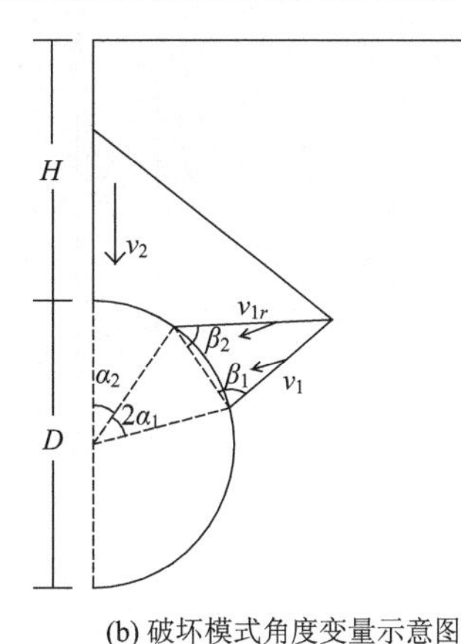

(b) 破坏模式角度变量示意图

图 5-14　n=1 时修正刚性滑块假定破坏模式图

2. 分析计算过程

针对 n=1 的刚性滑块假定破坏模式，刚性滑块法的计算求解过程为

(1) 各个刚性滑块边长及速度场递推。

①根据几何性质，绘制相应辅助线，推得刚性滑块的边长公式为

$$a_1b_1 = \frac{d \cdot \sin\alpha_1 \cdot \sin\beta_2}{\sin(\pi - \beta_1 - \beta_2)}$$
$$a_2b_1 = a_1b_1 \cdot \frac{\sin\beta_1}{\sin\beta_2} \tag{5-40}$$

$$b_1b_2 = \left(\frac{d}{2} \cdot \sin\alpha_2 + a_2b_1 \cdot \cos(\alpha_1 + \alpha_2 - \beta_2)\right) / \sin\phi \tag{5-41}$$

②刚性块体速度变量数值之间的递推关系

根据分析，修正前后的刚性滑块破坏模式刚性块体速度变量间递推关系不变，修正后破坏模式的刚性滑块速度变量关系按前述所示进行计算。

③刚性滑块的面积计算公式

对于隧道轴线侧向底部的三边形，计算方法与前述滑块面积计算方法相同，即其滑块面积为对应的两个三角形面积减去扇形面积，即：

$$s_1 = \frac{1}{2}d \cdot \sin\alpha_1 \cdot a_1b_1 \cdot \sin\beta_1 + \frac{1}{8}d^2 \cdot \sin 2\alpha_1 - \frac{\alpha_1}{180} \cdot \frac{d^2}{4}\pi \tag{5-42}$$

隧道顶板上方未延伸至地表的四边形滑块面积按图 5-15 所示方法计算。

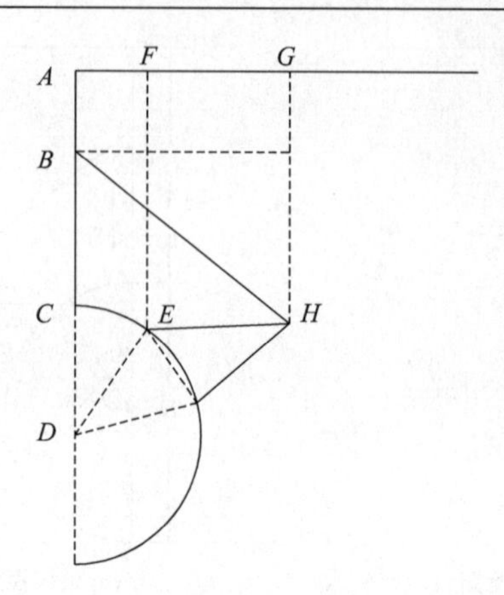

图 5-15　隧道顶部四边形滑块面积求解图示

因此，求解四边形滑块的面积转化为求解梯形 $ADEF$ 加梯形 $EFGH$ 的面积减去梯形 $ABHG$ 及扇形 DCE 的面积。

(2) 建立虚功率方程对隧道环向开挖面极限支护力进行分析计算。

同理，建立虚功率方程求解目标函数(隧道环向开挖面极限支护力)。

下面对假定破坏模式在隧道轴线侧向滑块数 $n\geqslant 2$ 时的破坏模式进行分析，推导此时的隧道失稳极限支护力公式。

1. 破坏模式描述

当 $n\geqslant 2$ 时，此时假定的刚性滑块破坏模式由隧道轴线侧向三角形滑块、轴线侧向四边形滑块及隧道顶部四边形滑块构成，计算理论与两个刚性滑块破坏模式相同，由于增加了刚性滑块的数量，提高了假定破坏模式的适配性，提高了计算精度。图 5-16 为 $n\geqslant 2$ 时的假定破坏模式计算模型示意图。

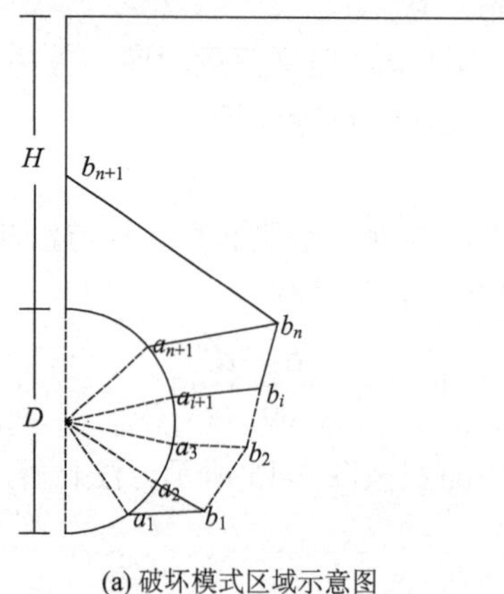

(a) 破坏模式区域示意图

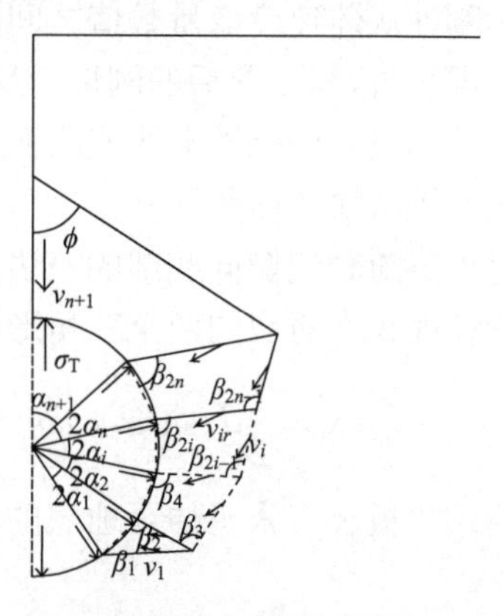

(b) 破坏模式角度变量示意图

图 5-16　$n\geqslant 2$ 时修正刚性滑块假定破坏模式图

2. 分析计算过程

(1) 求解刚性滑块边长及速度场几何递推关系。

①针对修正后的刚性滑块假定破坏模式，隧道轴线侧向底部三边形滑块及轴线侧向四边形刚性滑块的边长递推关系，与前述刚性滑块的递推关系相同。因此，修正后的刚性滑块假定破坏模式轴线侧向滑块边长递推公式与前述刚性滑块递推公式相同。

修正刚性滑块破坏模式的隧道顶部上方四边形刚性滑块边长的递推公式为

$$b_n b_{n+1} = \left(\frac{d}{2} \cdot \sin\alpha_{n+1} + a_{n+1} b_n \cdot \sin\left(\beta_{2n} - \alpha_n - \alpha_{n+1}\right) \right) / \sin\phi \tag{5-43}$$

②刚性块体速度变量之间的递推关系。根据分析，修正前后的刚性滑块破坏模式刚性块体速度变量间递推关系不变，修正后破坏模式的刚性滑块速度变量关系使用式(5-43)进行计算。

③各个刚性滑块的面积按照如下方法进行计算。对于修正后的刚性滑块假定破坏模式，隧道侧向底部三角形刚性滑块与隧道侧向四边形刚性滑块的面积计算公式与前述相同，按前述面积递推公式进行计算。

隧道顶部上方四边形刚性滑块面积计算公式参考图 5-15 建立。

(2) 建立虚功率方程对隧道环向极限支护力进行分析计算。

虚功率方程与前述相同，此处不再赘述。

5.2.3　隧道环向开挖面支护力上限求解

在 5.2.1 节中，基于极限分析上限理论，提出了两种应用于隧道失稳环向开挖面破坏求解的刚性滑块假定破坏模式，并推导了相应目标函数的求解公式。本节主要根据 5.2.1 节中推导的公式，利用 Matlab 软件中求解非线性规划问题约束最优化问题的 fmincon 函数，建立非线性规划极限分析程序，进行变量优化，从而求解隧道环向开挖面极限支护力最优解及对应破坏模式。首先编制隧道环向开挖面稳定性问题极限分析非线性规划程序，然后选取典型隧道及地层参数进行计算，并与数值模拟和相关文献计算结果对比分析，验证提出的假定破坏模式的合理性和本书编制程序的可行性。

当目标函数或约束条件中存在一个或几个非线性函数时，非线性规划是求解最优解的一种数学规划方法。非线性规划理论提出以来，在工程界得到了广泛的应用，为实现最优设计提供了一种有效的方案。非线性规划问题的求解是基于迭代法的算法思想，从假定的满足约束条件的初始值出发，采用一定的迭代规律找寻满足目标函数最优的解答，不断迭代直到寻找到最优解。

与线性规划问题不同，对于非线性规划问题的求解中，针对不同类型问题有不同的算法求解，因此非线性规划问题主要分为以下几类：①二次规划。相对简单的非线性规划问题，二次规划的目标函数是二次函数，约束条件为线性约束。②一般非线性规划。最普遍形式的非线性规划问题，其约束条件或目标函数中存在一个或多个非线性函数。③0～1 规划。一种特殊的非线性规划问题，求解难度较高。本书利用 Matlab 软件中求解一般非线性规划问题的 fmincon 函数求解隧道稳定性问题盾构隧道环向开挖面极限支护力上限解。

fmincon 函数是一种用于求解非线性多元函数最小值的 Matlab 函数，fmincon 函数求解非线性规划问题的标准数学模型形式如下：

$$\min f(x)$$
$$\text{s.t.}\begin{cases} Ax \leqslant B \\ A_{eq} \cdot x = B_{eq} \\ C(x) \leqslant 0 \\ C_{eq}(x) = 0 \\ \text{lb} < x < \text{ub} \end{cases} \tag{5-44}$$

式中，$f(x)$ 是需要求解最优解的目标函数；A、B、A_{eq}、B_{eq} 是相应维度的向量及矩阵，用于建立线性等式及不等式约束条件；$C(x)$、$C_{eq}(x)$ 是非线性向量函数，用于建立非线性约束条件；ub、lb 是变量 x 的上、下界约束。

Matlab 软件箱中利用 fmincon 函数求解非线性规划问题的求解步骤为：

(1) 目标函数定义。

$$\begin{aligned} &\text{function } f = \text{fun}(x); \\ &f = f(x) \end{aligned} \tag{5-45}$$

(2) 约束条件函数定义。

通过定义相应维度的向量及矩阵建立线性约束，对于非线性约束条件，通过建立 M 文件 nonlcon.m 定义函数 $C(x)$ 和 $C_{eq}(x)$：

$$\text{function}[C, C_{eq}] = \text{nonlcon}(x) \tag{5-46}$$

本书通过假定刚性滑块破坏模式求解隧道环向开挖面稳定性问题，考虑到假定破坏模式的几何特性，为防止多边形滑块出现凹部，由各滑块边长推导公式[式(5-26)～式(5-29)]中角度变量递推关系可以得出，程序求解的目标函数线性约束条件为

$$\begin{cases} \alpha_{i+1}+\alpha_i-\beta_{2i}<0°,\ i=1,2,3,\cdots,n-1 \\ \beta_{2i}-\beta_{2i+1}-\beta_{2i+2}-\alpha_{i+1}-\alpha_i<0°,\ i=1,2,3,\cdots,n-1 \\ \beta_{2i+1}+\beta_{2i+2}+\alpha_{i+1}+\alpha_i-\beta_{2i}>180°,\ i=1,2,3,\cdots,n-1 \\ 2\sum_{i=1}^{n}\alpha_i+\alpha_{n+1}<180° \\ \beta_1+\beta_2<180° \\ \alpha_i\in(0°,180°),\ i=1,2,3,\cdots,n+1 \\ \beta_i\in(0°,180°),\ i=1,2,3,\cdots,2n \end{cases} \tag{5-47}$$

对于考虑破坏范围延伸至地表的第一种刚性滑块假定破坏模式，为构造合理的顶部五边形滑块，根据滑块边长推导公式[式(5-26)～式(5-29)]可得，程序求解的非线性约束条件为

$$\begin{cases} \dfrac{d}{2}\cdot\sin\alpha_{2n}+a_{n+1}b_n\cdot\cos(\beta_{2n}-\alpha_n-\alpha_{n+1})-b_{n+1}b_n\cdot\sin\phi>0 \\ h+\dfrac{d}{2}-\dfrac{d}{2}\cdot\cos\alpha_{n+1}-a_{n+1}b_n\cdot\sin(\beta_{2n}-\alpha_n-\alpha_{n+1})>0 \end{cases} \tag{5-48}$$

对于塑性破坏仅发生在隧道周边范围的刚性滑块破坏模式，根据顶部四边形滑块边长推导公式(5-43)可以得出，非线性约束条件为

$$\begin{cases} \dfrac{d}{2}\cdot\sin\alpha_{2n}+a_{n+1}b_n\cdot\cos(\beta_{2n}-\alpha_n-\alpha_{n+1})>0 \\ h+\dfrac{d}{2}-\dfrac{d}{2}\cdot\cos\alpha_{n+1}-a_{n+1}b_n\cdot\sin(\beta_{2n}-\alpha_n-\alpha_{n+1})-b_{n+1}b_n\cdot\cos\phi>0 \end{cases} \tag{5-49}$$

综上所述，根据上节假定破坏模式求解隧道稳定问题的计算公式(5-39)输入目标函数及确定的模型优化变量约束条件公式[式(5-47)～式(5-49)]计算文件，利用 Matlab 中的 fmincon 函数编写非线性极限分析程序，程序计算输出结果即为刚性滑块假定破坏模式优化变量值及目标函数值(隧道失稳极限支护力)。

5.3　不排水条件下隧道稳定性分析

为了便于分析，下文对计算参数进行无量纲化处理，将极限支护力求解转化为求解不同土体重度与黏聚力参数 $\gamma D/c$、隧道埋深与直径比 H/D 工况下的隧道极限支护力系数 σ_T/c，利用编制的刚性滑块极限分析程序进行求解。本节选取隧道埋深比 H/D=1～4，土体重度黏聚力参数 $\gamma D/c$=0～4 的工况，求解隧道失稳极限支护力系数 σ_T/c 及对应的地层失稳破坏模式，根据求解结果对不排水条件下隧道失稳破坏问题进行分析。

需要注意的是，计算中当σ_T/c为正数时，表示隧道周边地层自稳能力差，需要施加一定的支护反力保证隧道不发生塌陷、阻止围岩发生变形，支护反力做负功；当σ_T/c为负值时，表示隧道周边地层自稳能力较强，需要在隧道周边施加向内的拉力诱发隧道塌陷，此时支护反力做正功，不符合工程实际，仅做理论上规律性探讨。表 5-1 为不排水条件下隧道失稳环向开挖面极限支护力系数值。

表 5-1　不排水条件下隧道极限支护力系数表

$\gamma D/c$	H/D=1	H/D=2	H/D=3	H/D=4
0	–2.52	–3.62	–4.40	–5.01
1	–1.34	–1.33	–1.03	–0.59
2	–0.11	1.03	2.40	3.89
3	1.20	3.46	5.90	8.43
4	2.61	5.96	9.44	12.98

值得说明的是，目前针对不考虑地表超载工况下隧道环向极限支护力的研究极少，而在不排水条件(ϕ=0)考虑地表超载σ_S的工况下，根据相关联流动法则可知此时土体不发生体积变化，外荷载所作功率$p_w=(\sigma_S-\sigma_T)\int_S v_n^T \mathrm{d}S$与不考虑地表超载工况外力功率等效，因此选取不排水条件下本书方法与现有考虑地表超载工况的研究方法进行对比验证。

图 5-17 绘制了基于本书假定刚性滑块破坏模式求解的隧道极限支护力系数结果及有关文献的计算结果。由图可以看出，本书假定破坏模式求解的计算结果优于 Wilson 等[182]基于刚性滑块破坏模式考虑地表超载工况所得上限解，本书求解精度更高，同时，验证了本书刚性滑块假定破坏模式的合理性。

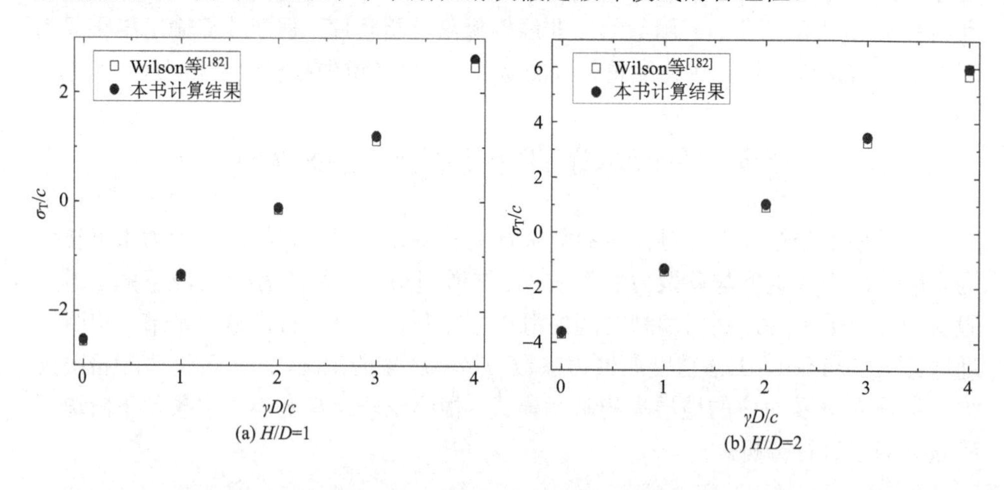

(a) H/D=1　　(b) H/D=2

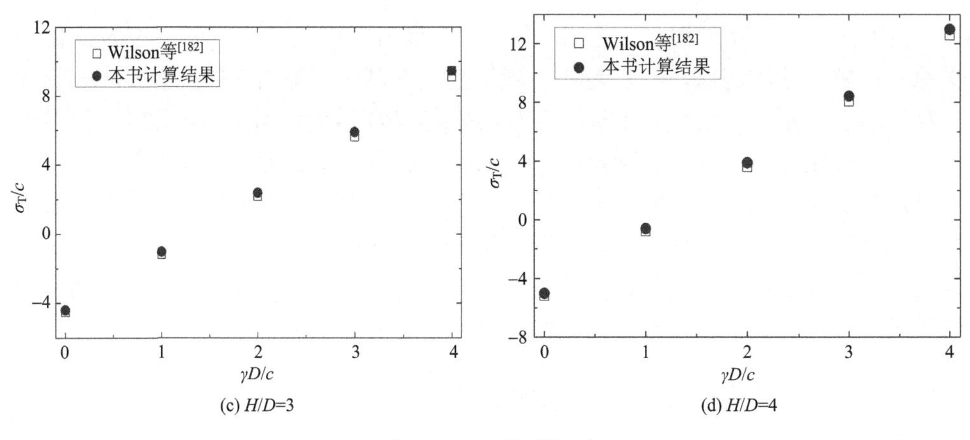

图 5-17　文献对比图

5.3.1　不排水条件下隧道失稳极限支护力分析

图 5-18 为不同隧道埋深与直径比 H/D 工况下极限支护力系数 σ_T/c 与土体重度黏聚力系数 $\gamma D/c$ 的关系图。

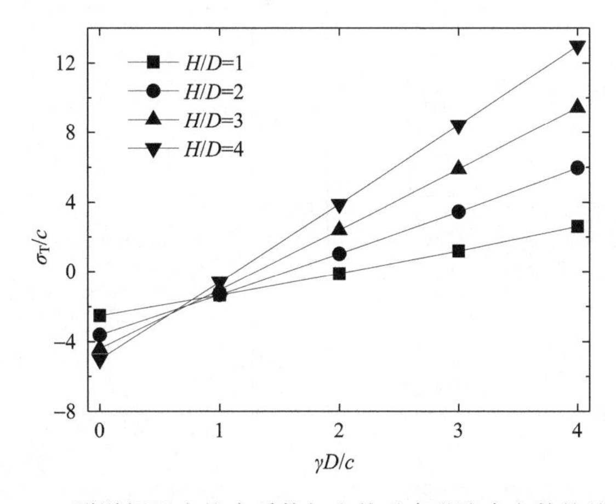

图 5-18　隧道极限支护力系数与土体重度黏聚力参数的关系图

由图可以看出，随着土体重度黏聚力参数 $\gamma D/c$ 的增大，隧道极限支护力系数 σ_T/c 近似线性增大(即重度越大、黏聚力越小的地层隧道稳定性越差)，且 σ_T/c 的斜率随着 H/D 的增加而增大。这表明，提高土体的黏聚力 c 能够提高隧道周边地层稳定性，隧道埋深越深，提高土体黏聚力对隧道周边地层稳定性的作用越大越有效。

分析探讨隧道极限支护力系数 σ_T/c 与隧道埋深比 H/D 的关系，由图 5-18 可知，当土体重度黏聚参数 $\gamma D/c$ 较小(即土体黏聚力 c 较大)时，σ_T/c 与 H/D 之间的关系为：隧道埋深越深，σ_T/c 越小，隧道稳定性越好；随着 $\gamma D/c$ 增大，σ_T/c 与 H/D 的增长关系发生变化，逐渐转变为 σ_T/c 随 H/D 增加而增大，即此时埋深越深隧道稳定性越差。考虑这种现象的原因为：隧道极限支护力受土体黏聚力 c 及隧道埋深的影响，当 c 较大时，土体黏聚力对隧道稳定性起主要作用，此时当隧道埋深越深，隧道上部土体自稳能力发挥越充分，维持隧道稳定所需的极限支护力就越小；随着 c 减小，地层自稳能力变差，隧道埋深越深，周边地层越容易发生塑性破坏，隧道稳定性就越差，维持隧道稳定需要的支护力就越大。

5.3.2 不排水条件下隧道失稳破坏模式分析

选取典型数据绘制了不同隧道埋深比工况下隧道破坏模式图（图 5-19），当隧道埋深比 H/D 较小时，隧道周边破坏区域主要集中在隧道中上部。随着 H/D 的增加，塑性破坏区域沿着隧道轮廓逐渐向隧道底部扩展，局部可能引起隧道底板隆起破坏。此外，破坏区域在水平方向影响范围也随 H/D 的增加而增大，最大水平方向影响范围由 0.80D 增大到 1.96D。

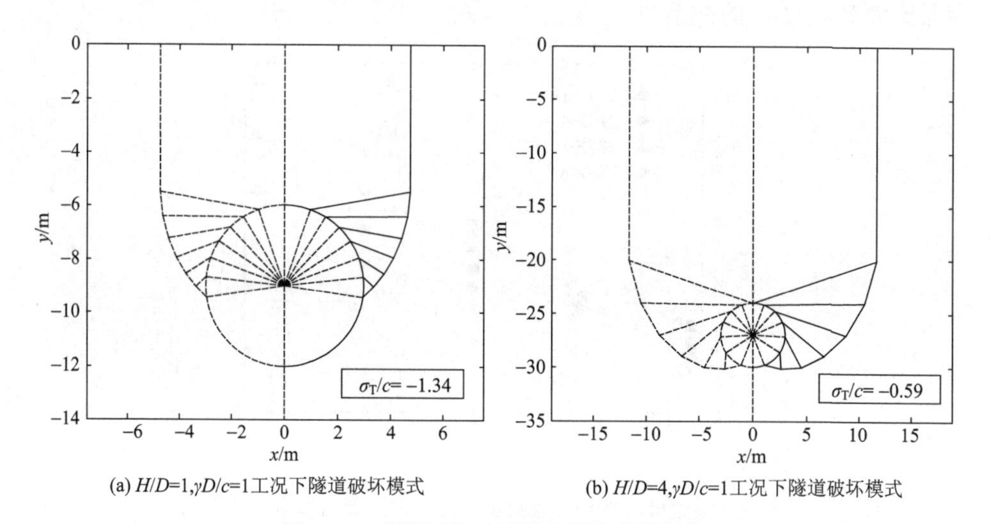

(a) H/D=1,$\gamma D/c$=1工况下隧道破坏模式　　(b) H/D=4,$\gamma D/c$=1工况下隧道破坏模式

图 5-19　隧道埋深对地层破坏模式的影响

选取典型数据绘制了不同土体重度黏聚力工况下隧道破坏模式图（图 5-20），图 5-20 表明，当土体重度黏聚力参数 $\gamma D/c$ 较小时，隧道周边塑性破坏区域集中在隧道中上部。随着 $\gamma D/c$ 逐渐增大(即土体黏聚力 c 减小)，可以看出，破坏区域向隧道底部扩展，同时可能引起隧道底板隆起破坏。水平方向上的土体塑性破坏区域也随 $\gamma D/c$ 增大逐渐扩大，最大水平方向影响范围由 0.72D 增大到 1.33D。

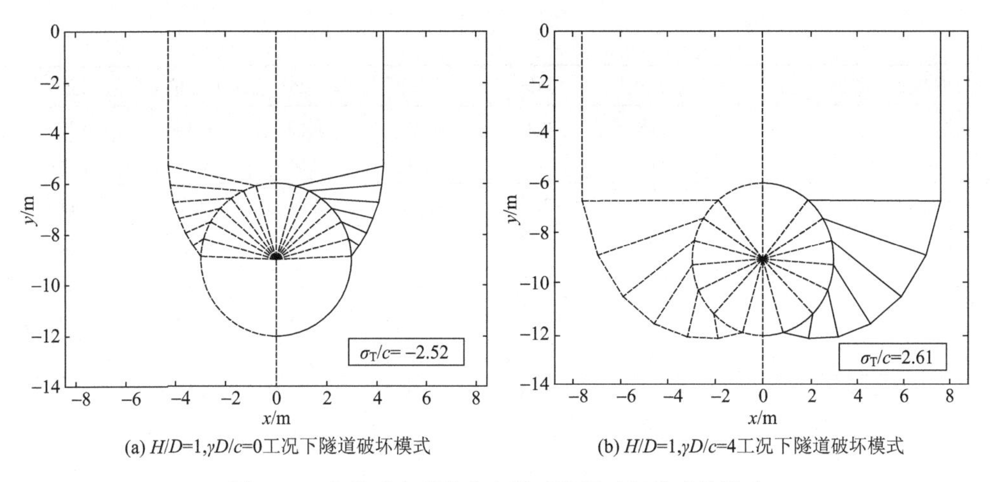

(a) $H/D=1,\gamma D/c=0$工况下隧道破坏模式 (b) $H/D=1,\gamma D/c=4$工况下隧道破坏模式

图 5-20 土体重度黏聚力参数对地层破坏模式的影响

5.4 排水条件下隧道环向开挖面破坏机制

5.4.1 排水条件下隧道失稳极限支护力分析

5.3 节中利用 Matlab 中求解非线性规划问题的 fmincon 函数编制极限分析程序，求解了假定刚性滑块破坏模式下不排水条件下的隧道失稳破坏问题，数值模拟及对比文献结果验证了本书假定的刚性滑块破坏模式的合理性。实际工程中，排水条件下施工(即土体内摩擦角 $\phi\neq0$)也是常见的工况。目前，关于排水条件下隧道极限支护力的研究较少，因此本章针对排水条件下仅施加隧道环向开挖面支护力的施工工况求解隧道失稳破坏问题，选取的计算参数为：隧道埋深比 $H/D=1\sim4$，土体重度参数 $\gamma D/c=0\sim4$，土层内摩擦角 $\phi=5°\sim35°$。根据前述章节，当 σ_T/c 为正数时，表示隧道周边地层自稳能力差，需要施加一定的支护反力保证隧道不发生塌陷、阻止围岩发生变形，支护反力做负功；σ_T/c 为负数时，表示隧道周边地层自稳能力较强，需要在隧道周边施加向内的拉力诱发隧道塌陷，此时支护反力做正功，不符合工程实际，仅做理论上规律性探讨。

表 5-2 为利用极限分析程序求解的排水条件下不同工况隧道失稳环向开挖面极限支护力系数值。

表 5-2 排水条件下隧道极限支护力系数

H/D	$\gamma D/c$	$\phi=5°$	$\phi=10°$	$\phi=15°$	$\phi=20°$	$\phi=25°$	$\phi=30°$	$\phi=35°$
	0	−2.42	−2.30	−2.15	−1.99	−1.81	−1.61	−1.40
1	1	−1.41	−1.44	−1.45	−1.42	−1.37	−1.30	−1.20
	2	−0.38	−0.58	−0.74	−0.86	−0.94	−0.98	−0.98

续表

H/D	$\gamma D/c$	$\phi=5°$	$\phi=10°$	$\phi=15°$	$\phi=20°$	$\phi=25°$	$\phi=30°$	$\phi=35°$
1	3	0.68	0.28	–0.03	–0.30	–0.50	–0.64	–0.76
	4	1.75	1.15	0.68	0.29	–0.04	–0.29	–0.53
2	0	–3.35	–3.04	–2.72	–2.38	**–2.04**	**–1.72**	**–1.43**
	1	–1.54	–1.67	–1.72	–1.70	–1.63	*–1.43*	*–1.22*
	2	0.28	–0.28	–0.70	–0.99	–1.16	*–1.13*	*–1.01*
	3	2.11	1.11	0.33	–0.26	–0.68	*–0.83*	*–0.80*
	4	3.94	2.50	1.37	0.48	–0.19	*–0.53*	*–0.59*
3	0	–3.96	–3.49	**–3.02**	**–2.55**	**–2.11**	**–1.73**	*–1.43*
	1	–1.47	–1.74	–1.87	–1.87	*–1.69*	*–1.43*	*–1.22*
	2	1.04	0.04	–0.67	–1.13	*–1.24*	*–1.13*	*–1.01*
	3	3.54	1.83	0.55	0.36	*–0.79*	*–0.83*	*–0.80*
	4	6.05	3.63	1.77	0.41	*–0.34*	*–0.53*	*–0.59*
4	0	**–4.41**	**–3.80**	**–3.20**	**–2.63**	**–2.13**	**–1.73**	*–1.43*
	1	**–1.31**	**–1.75**	**–1.97**	**–2.00**	*–1.69*	*–1.43*	*–1.22*
	2	**1.81**	0.34	–0.67	*–1.28*	*–1.24*	*–1.13*	*–1.01*
	3	**4.94**	2.45	0.65	*–0.54*	*–0.79*	*–0.83*	*–0.80*
	4	**8.07**	4.57	1.99	*0.19*	*–0.34*	*–0.53*	*–0.59*

注：常规字体表示隧道周边土体破坏范围起始于隧道边墙，延伸至地表；字体加粗表示隧道周边土体破坏范围起始于隧道底板位置并延伸至地表；字体斜体表示隧道周边土体破坏范围沿隧道周边发生，未延伸至地表的地层破坏形式，此种破坏形式求解采用的假定破坏模式为修正后的刚性滑块破坏模式。

1. 隧道埋深直径比对极限支护力的影响

选取典型数据探讨隧道埋深直径比 H/D 对隧道失稳极限支护力的影响，绘制了影响分析图(图 5-21)。通过分析可以发现，当土体重度黏聚力参数 $\gamma D/c$ 的取值

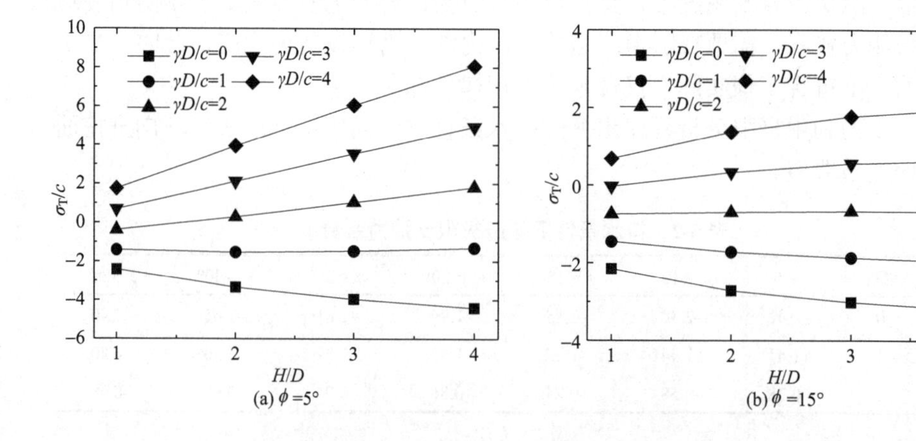

(a) $\phi=5°$　　(b) $\phi=15°$

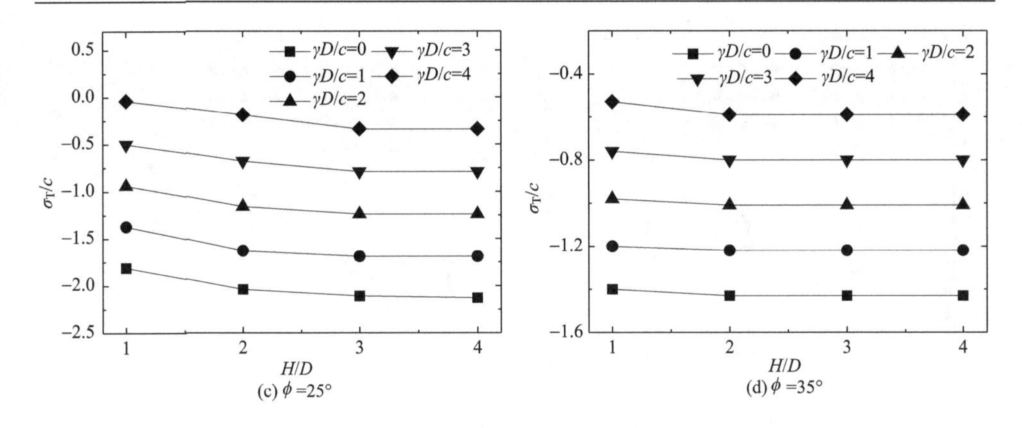

图 5-21　隧道埋深比对隧道极限支护力系数的影响分析图

为 0 或 1 时(即土体黏聚力 c 较大时)，此时隧道极限支护力系数 σ_T/c 随埋深比 H/D 的增加而减小。随着 $\gamma D/c$ 逐渐增大，土体内摩擦角 ϕ 较小工况下，σ_T/c 随 H/D 的增加而增大，而当 ϕ 较大时，σ_T/c 先随 H/D 的增加而减小，后趋于稳定。

考虑这种现象的主要原因是，当 $\gamma D/c$ 较小时，即土体黏聚力 c 较大，此时隧道稳定性主要受黏聚力 c 的影响，随着隧道埋深增加，隧道上部土体自稳能力发挥越强，隧道越稳定，维持隧道稳定性需要的极限支护力越小。随着 $\gamma D/c$ 逐渐增大，即土体黏聚力 c 不断减小，地层的自稳能力变差，此时隧道埋深比 H/D 对隧道稳定性影响较大，当 H/D 逐渐增大时，地层更容易发生塑性破坏隧道维持稳定需要更大的支护力；此时，当内摩擦角 ϕ 较大时，在隧道埋深达到一定深度后，隧道周边地层破坏范围仅局限于隧道周边，不会影响到地表，此时再增加隧道埋深对隧道极限支护力影响较小。

2. 土体重度黏聚力参数对极限支护力的影响

图 5-22 为隧道埋深直径比 H/D 不变下土体重度黏聚力参数 $\gamma D/c$ 与隧道极限支护力系数 σ_T/c 关系图，由图可以看出，σ_T/c 随着 $\gamma D/c$ 增大而呈现近似线性增加(即维持隧道稳定需要更大的支护力)，且随着 ϕ 的增大，σ_T/c 与 $\gamma D/c$ 关系曲线的斜率减小(即隧道极限支护力系数的增加幅度随 ϕ 增加而降低)，这说明当土体内摩擦角 ϕ 较大时，土体黏聚力 c 对隧道稳定性的影响程度逐渐降低。当 $\gamma D/c$ 由 0 增加到 4 时：①H/D=1 时，σ_T/c 增大了 4.17(ϕ=5°)，2.83(ϕ=15°)，1.77(ϕ=25°)，0.87(ϕ=35°)；②H/D=2 时，σ_T/c 增大了 7.29(ϕ=5°)，4.09(ϕ=15°)，1.85(ϕ=25°)，0.84(ϕ=35°)；③H/D=3 时，σ_T/c 增大了 10.01(ϕ=5°)，4.79(ϕ=15°)，1.77(ϕ=25°)，0.84(ϕ=35°)；④ H/D=4 时，σ_T/c 增大了 12.48(ϕ=5°)，5.19(ϕ=15°)，1.79(ϕ=25°)，0.84(ϕ=35°)。

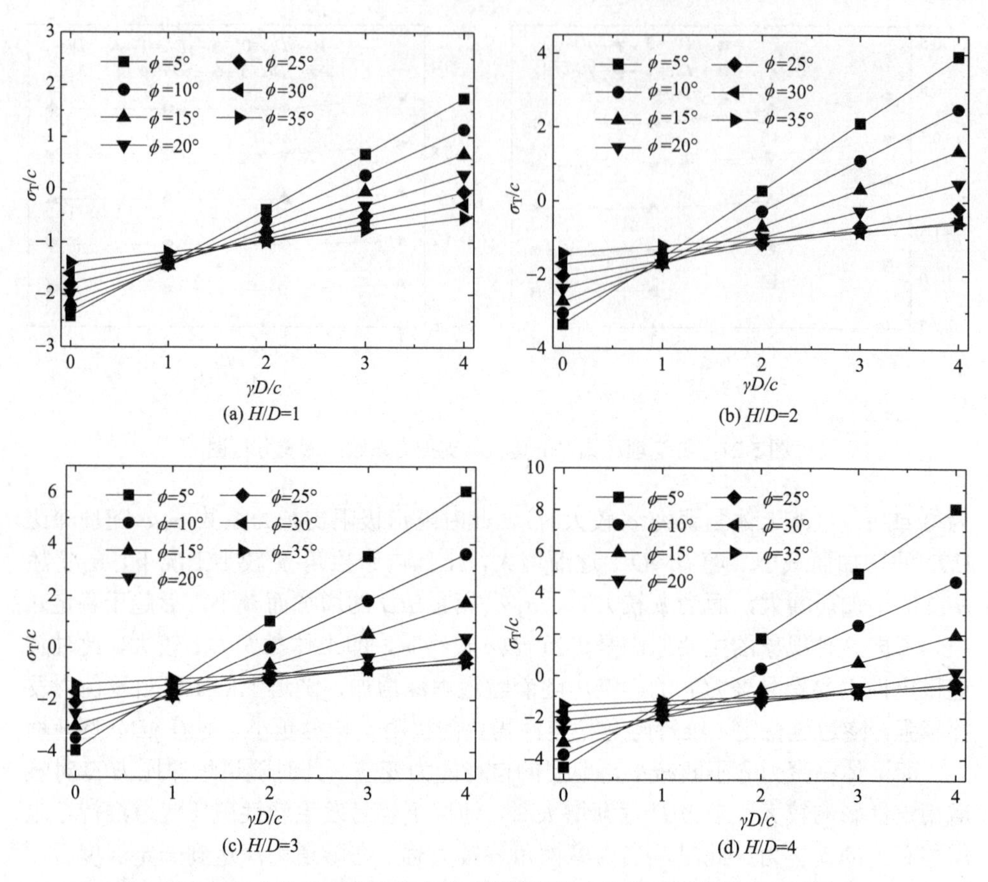

图 5-22　土体重度黏聚力参数对隧道极限支护力系数的影响分析图

3. 土体内摩擦角对极限支护力的影响

为分析土体内摩擦角 ϕ 对隧道失稳极限支护力系数 σ_T/c 的影响，图 5-23 给出隧道埋深比 H/D 不变时 ϕ 与 σ_T/c 的关系曲线。由图 5-23 分析可知，土体内摩擦角 ϕ 对隧道失稳极限支护力的影响较为复杂。

当 $\gamma D/c$=0 时(即土体黏聚力无穷大时)，此时 σ_T/c 随 ϕ 的增大而增大(即隧道更容易发生失稳破坏)。当 $\gamma D/c$=1 时，σ_T/c 随 ϕ 的增大先减小后增大；之后随 $\gamma D/c$ 逐渐增加(即土体黏聚力参数 c 逐渐减小)，隧道极限支护力系数 σ_T/c 随着 ϕ 增大而减小。

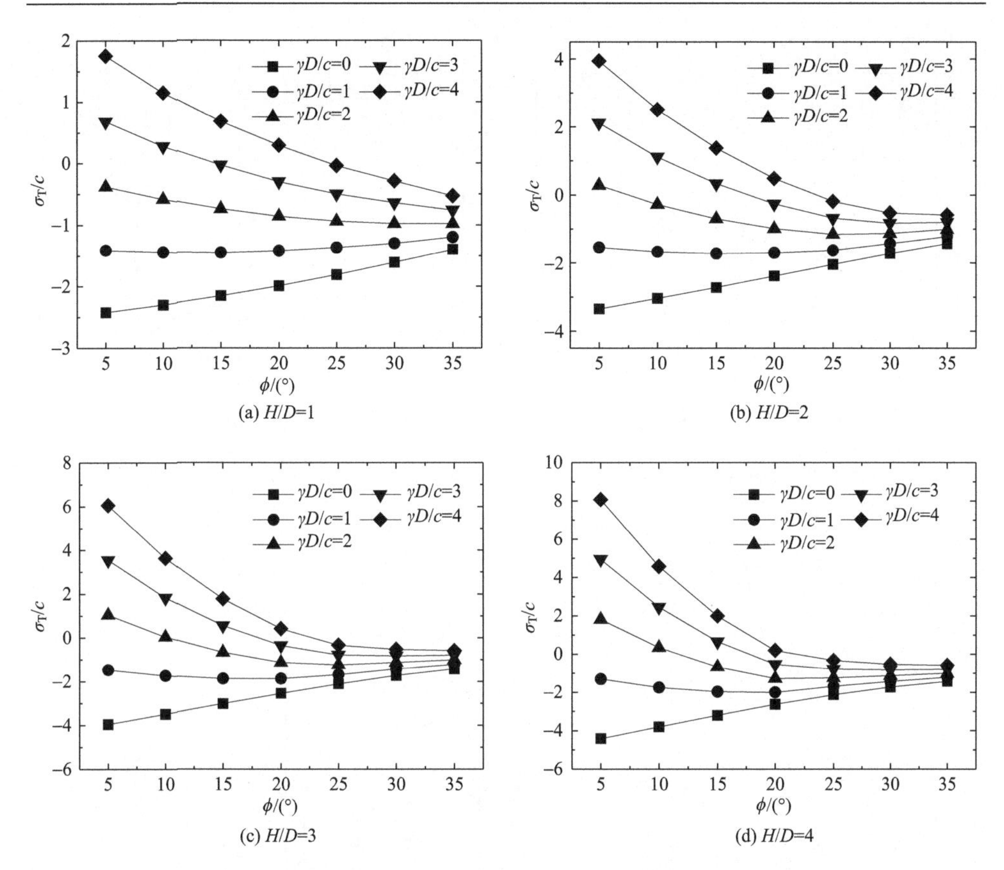

(a) H/D=1　(b) H/D=2　(c) H/D=3　(d) H/D=4

图 5-23　土体内摩擦角对隧道极限支护力系数的影响分析图

5.4.2　排水条件下隧道失稳地层破坏模式分析

根据上文程序计算结果绘制隧道埋深比 H/D=1～4，土体重度参数 $\gamma D/c$=0～4，土层内摩擦角 ϕ=5°～35°时各工况下相应的隧道失稳地层破坏模式图(图 5-24)。通过分析发现，排水条件下隧道失稳地层破坏形式应主要分为①第一种破坏模式：隧道周边土体破坏范围起始于隧道边墙，延伸至地表，破坏发生在隧道边墙两侧及顶板上方。②第二种破坏模式：隧道周边土体破坏范围起始于隧道底板位置，延伸至地表，破坏基本围绕隧道周边区域(底板、边墙及顶板)发生。③第三种破坏模式：隧道周边土体破坏范围集中在隧道边墙及顶板上方，未延伸至地表。

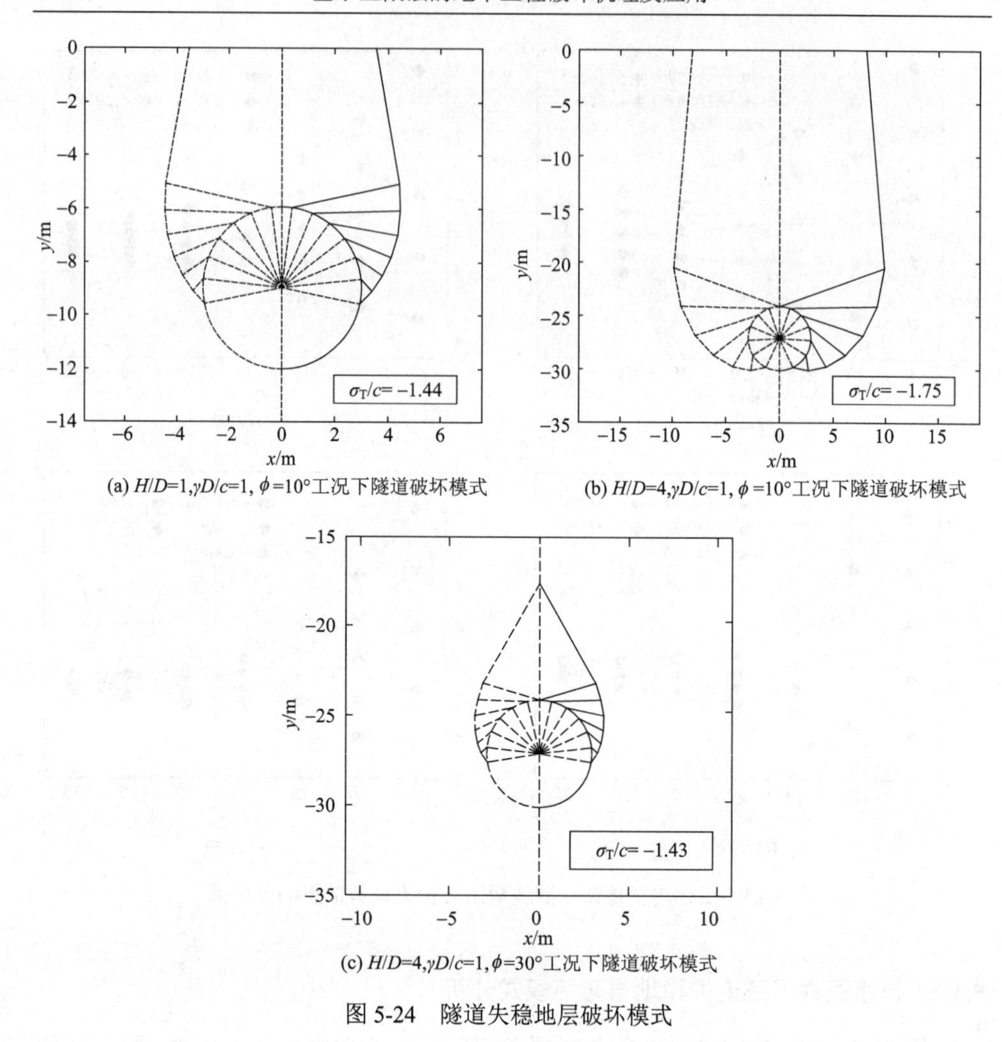

(a) H/D=1,$\gamma D/c$=1, ϕ=10°工况下隧道破坏模式

(b) H/D=4,$\gamma D/c$=1, ϕ=10°工况下隧道破坏模式

(c) H/D=4,$\gamma D/c$=1, ϕ=30°工况下隧道破坏模式

图 5-24　隧道失稳地层破坏模式

1. 隧道埋深直径比对地层破坏模式的影响

图 5-25 显示了不同隧道埋深直径比时的地层破坏模式，通过对不同工况下隧道失稳地层破坏模式的分析可知，隧道埋深与直径比 H/D 对地层破坏形式有一定影响。当隧道埋深 H/D 较小时，隧道失稳地层破坏模式以周边土体破坏范围起始于隧道边墙延伸至地表的第一种破坏模式为主要破坏形式；而随着 H/D 的增加，隧道周边塑性破坏区域也逐渐扩大，土体破坏范围发展为由隧道底板处开始延伸至地表，逐渐发展为第二种隧道失稳地层破坏模式；当隧道埋深比 H/D 较大且土体内摩擦角 ϕ 也较大时，破坏模式转变为不延伸至地表的第三种隧道失稳地层破坏模式。

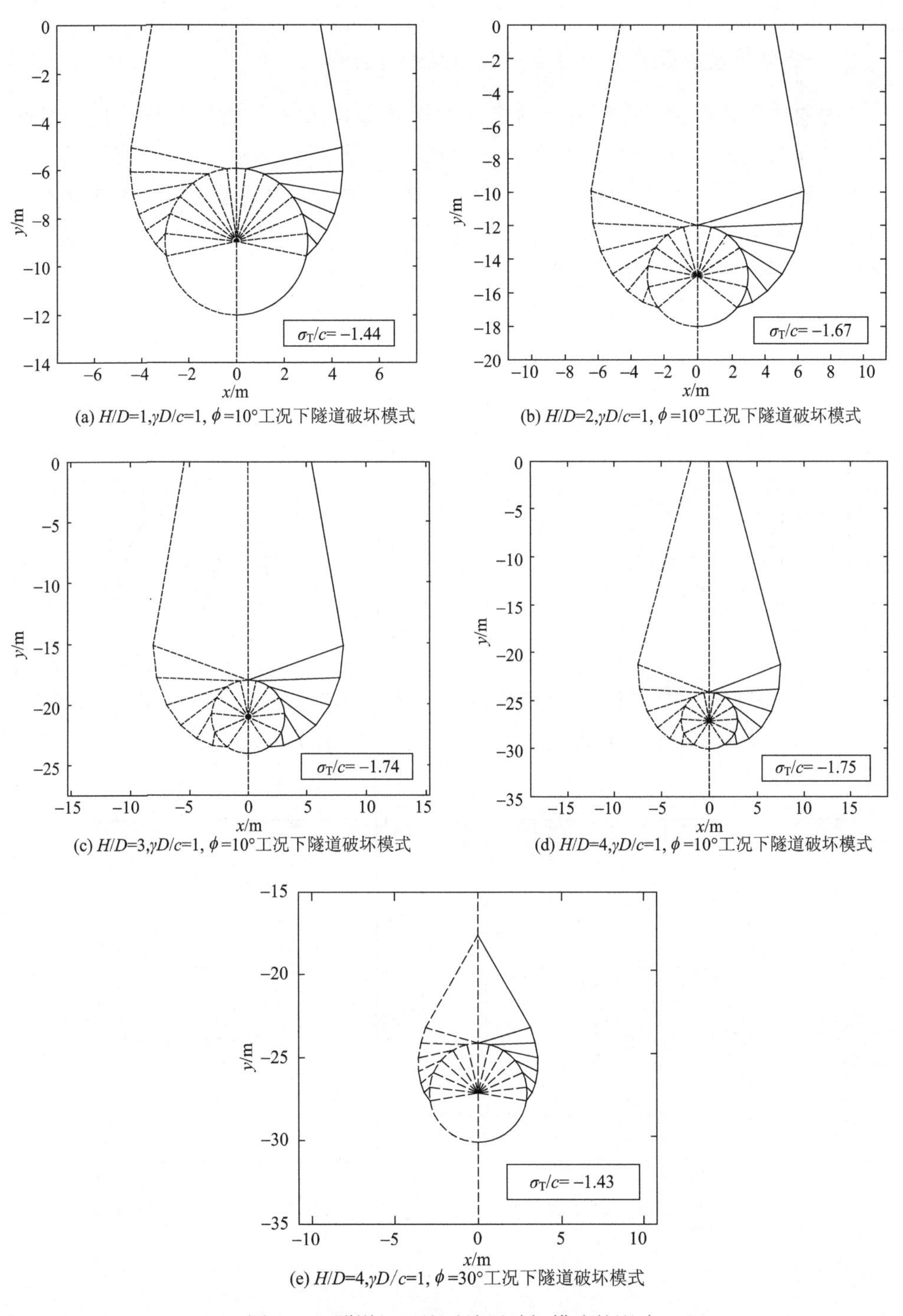

(a) H/D=1,$\gamma D/c$=1, ϕ=10°工况下隧道破坏模式

(b) H/D=2,$\gamma D/c$=1, ϕ=10°工况下隧道破坏模式

(c) H/D=3,$\gamma D/c$=1, ϕ=10°工况下隧道破坏模式

(d) H/D=4,$\gamma D/c$=1, ϕ=10°工况下隧道破坏模式

(e) H/D=4,$\gamma D/c$=1, ϕ=30°工况下隧道破坏模式

图 5-25　隧道埋深比对地层破坏模式的影响

2. 土体重度黏聚力参数对地层破坏模式的影响

选取典型数据讨论土体重度黏聚力参数 $\gamma D/c$ 对地层破坏模式的影响，本节选取隧道埋深比 H/D=1，土体内摩擦角 ϕ=20°工况下地层破坏模式进行分析。图 5-26 为不同重度黏聚力参数 $\gamma D/c$ 工况下隧道失稳地层破坏模式图，根据图像分析可知，土体重度黏聚力参数 $\gamma D/c$ 变化对地层塑性破坏模式的影响较小。随 $\gamma D/c$ 的增加，地层塑性破坏范围略有缩小。

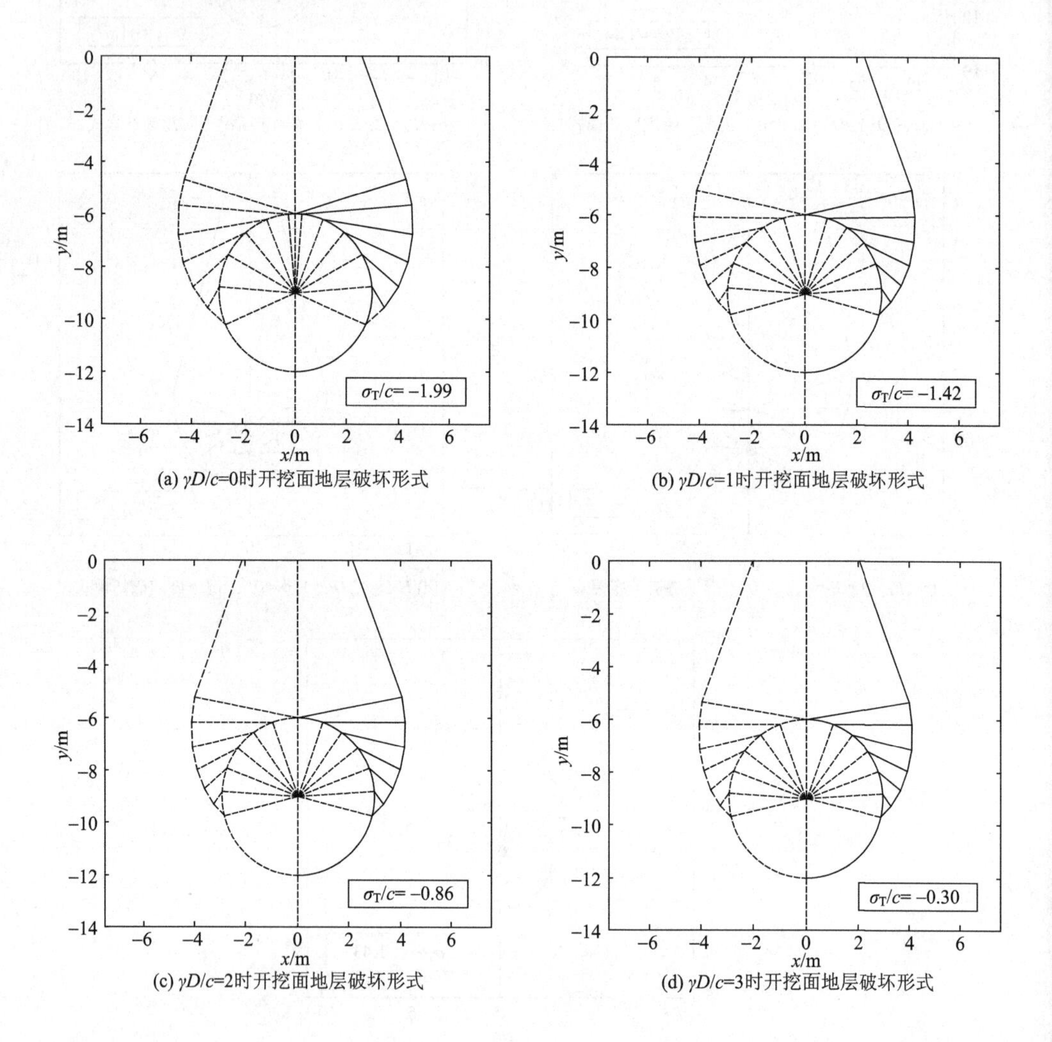

(a) $\gamma D/c$=0时开挖面地层破坏形式　(b) $\gamma D/c$=1时开挖面地层破坏形式

(c) $\gamma D/c$=2时开挖面地层破坏形式　(d) $\gamma D/c$=3时开挖面地层破坏形式

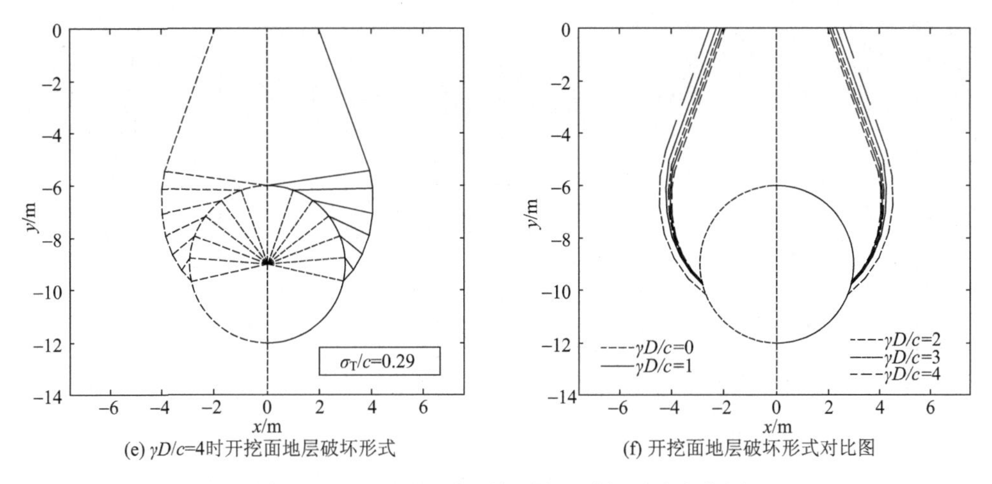

(e) $\gamma D/c$=4时开挖面地层破坏形式　　(f) 开挖面地层破坏形式对比图

图 5-26　$\gamma D/c$ 不同时开挖面地层破坏形式变化图

3. 土体内摩擦角对地层破坏模式的影响

选取了典型数据讨论土体内摩擦角 ϕ 对地层破坏模式的影响(图 5-27)，由图 5-27 可知，当 $\gamma D/c$=0 时，即土体黏聚力较大时，随土体内摩擦角 ϕ 的增加，隧道周边土体破坏范围向隧道底板延伸。

而当 γD/c 较大时，如图 5-28 所示，随土体内摩擦角 ϕ 的增加，隧道周边土体破坏范围有一定程度的缩小，此时当隧道埋深比 H/D 较大时，地层破坏模式可能会发生变化。

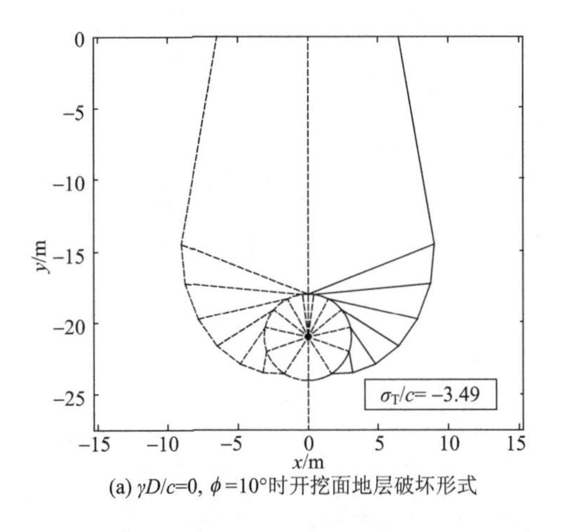

(a) $\gamma D/c$=0, ϕ=10°时开挖面地层破坏形式

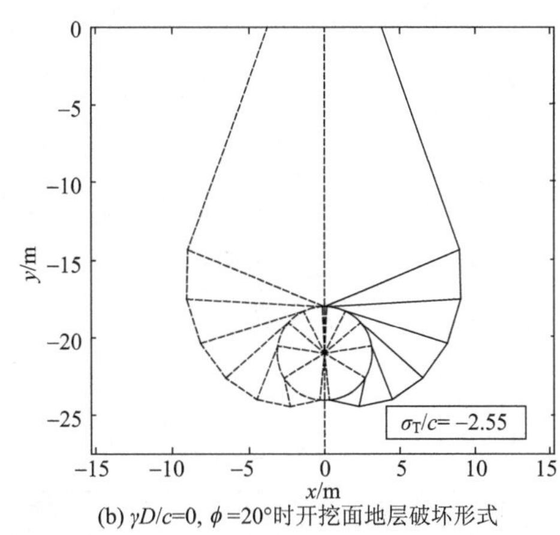

(b) $\gamma D/c$=0, ϕ=20°时开挖面地层破坏形式

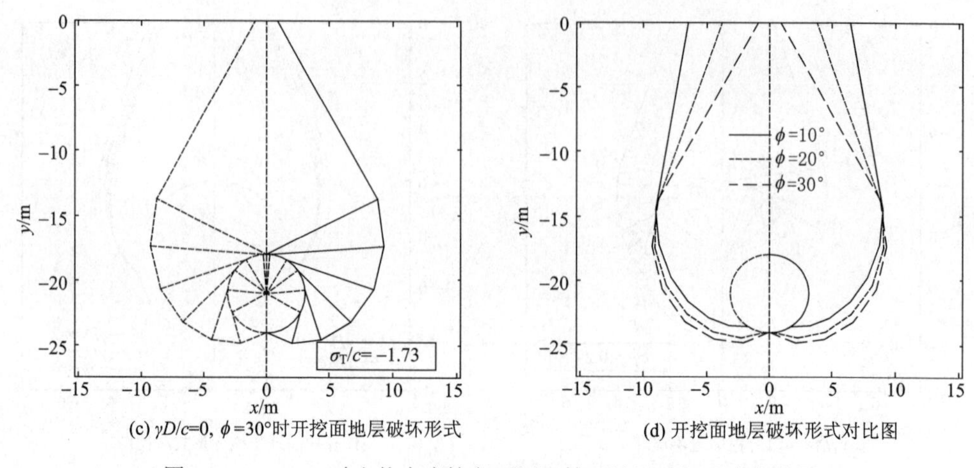

(c) $\gamma D/c$=0, ϕ=30°时开挖面地层破坏形式　　(d) 开挖面地层破坏形式对比图

图 5-27　$\gamma D/c$=0 时土体内摩擦角不同开挖面地层破坏形式变化图

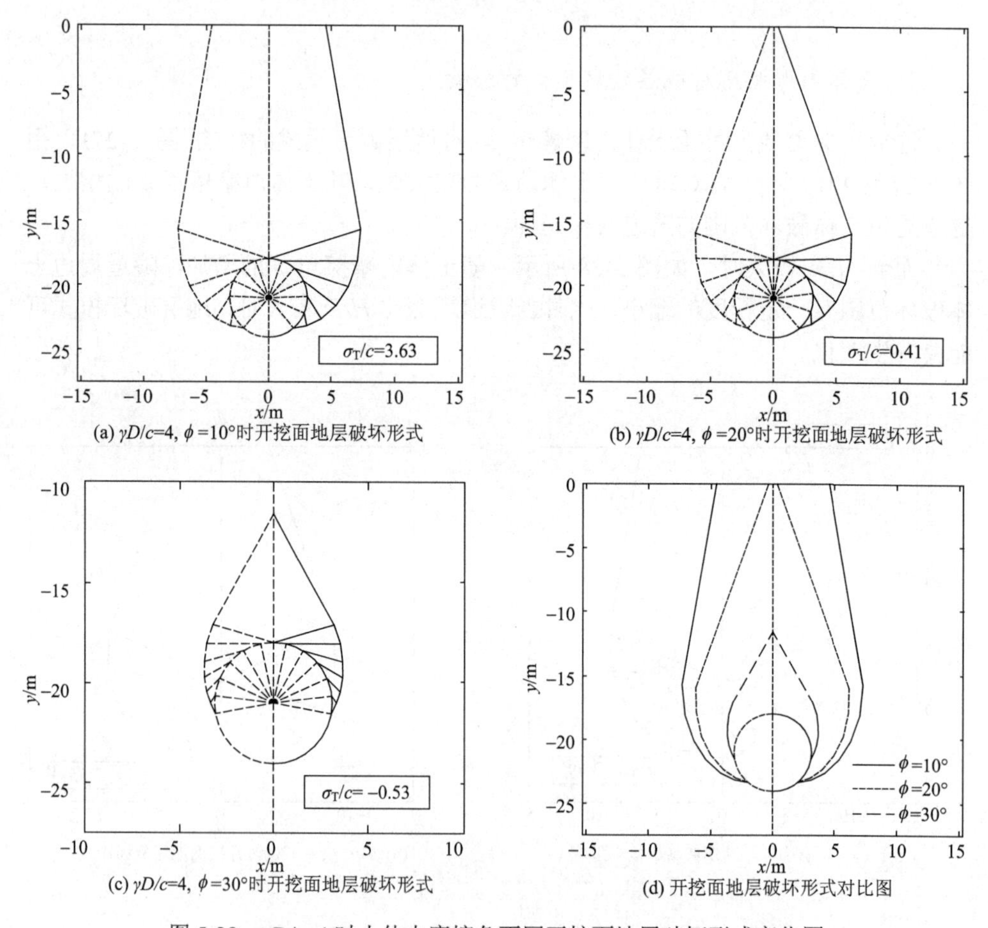

(a) $\gamma D/c$=4, ϕ=10°时开挖面地层破坏形式　　(b) $\gamma D/c$=4, ϕ=20°时开挖面地层破坏形式

(c) $\gamma D/c$=4, ϕ=30°时开挖面地层破坏形式　　(d) 开挖面地层破坏形式对比图

图 5-28　$\gamma D/c$=4 时土体内摩擦角不同开挖面地层破坏形式变化图

结合土体内摩擦角 ϕ 对地层破坏模式的影响进行分析，考虑 ϕ 对隧道极限支护力影响的主要原因为：当土体重度黏聚力参数 $\gamma D/c$ 较小时，随着 ϕ 增加，隧道周边土体破坏范围向隧道底板延伸，因而需要更大的支护力来维持隧道稳定。随着 $\gamma D/c$ 的增大，土体内摩擦角 ϕ 对隧道周边土体破坏范围的影响逐渐增大。此时，土体破坏范围随 ϕ 增大逐渐减小，因此，隧道极限支护力逐渐减小。

5.5　考虑注浆层的刚性滑块上限法

根据上限有限元法所得隧道破坏模式图，可建立注浆加固隧道刚性滑块法模型(图 5-29)。在已有的隧道简化破坏模式基础上，本书基于刚性滑块法，用多个刚性滑块表征假定的土体塑性流动区域，根据各个刚性滑块的几何关系及速度关系建立刚性滑块法模型，以各个滑块中的角度为优化变量推导模型中各滑块之间的几何、速度关系，最终调用 Matlab 求解器求解极限支护力的最优上限解，并与上限有限元法的结果进行对比。

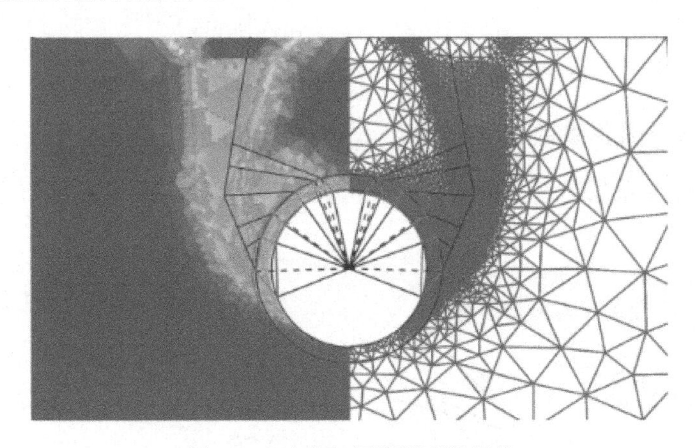

图 5-29　注浆加固隧道刚性滑块

由图 5-30 可知，破坏模式由内部多个四边形以及外部一个三角形滑块和多个四边形滑块组成，隧道直径为 D，注浆层厚度 d，埋深为 H；假设地表水平无荷载，仅考虑隧道内部作用均布支护力 σ_T；土体重度为 γ，土体黏聚力为 c，土体内摩擦角为 ϕ，注浆层黏聚力为 c'，注浆层内摩擦角为 ϕ'；破坏模式中刚性滑块与隧道的接触边为圆弧边。各个滑块参数由变量 $\alpha_1, \alpha_2, \cdots, \alpha_n, \beta_1, \beta_2, \cdots, \beta_{2n}, \gamma_1, \gamma_2, \cdots, \gamma_{n+1}$ 确定，n 为隧道轴线侧向滑块数量，$a_1, a_2, \cdots, a_{n+1}$、$b_1, b_2, \cdots, b_{n+1}$ 与 $c_1, c_2, \cdots, c_{n+1}$ 为节点编号，v_i 为注浆层滑块 i 与土体滑块的相对速度，vr_i 为注浆层滑块与土体滑块间的相对速度，pv_i 为土体滑块 i 的绝对速度，pvr_i 为土体滑块间的相对速度。

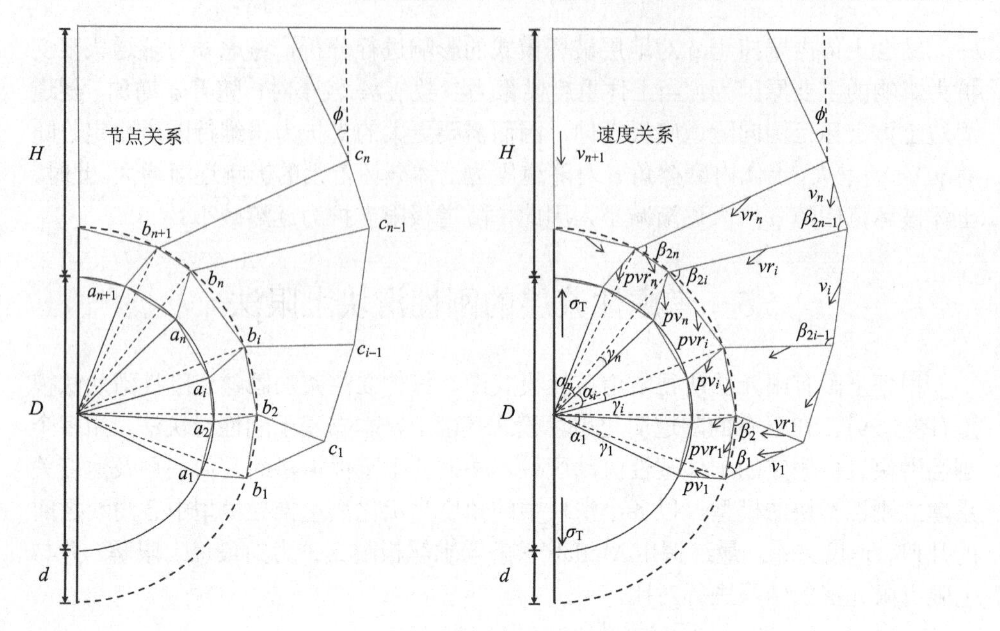

图 5-30　刚性滑块假定破坏模式

5.5.1　刚性滑块几何参数递推

滑块角度关系如图 5-31 所示。

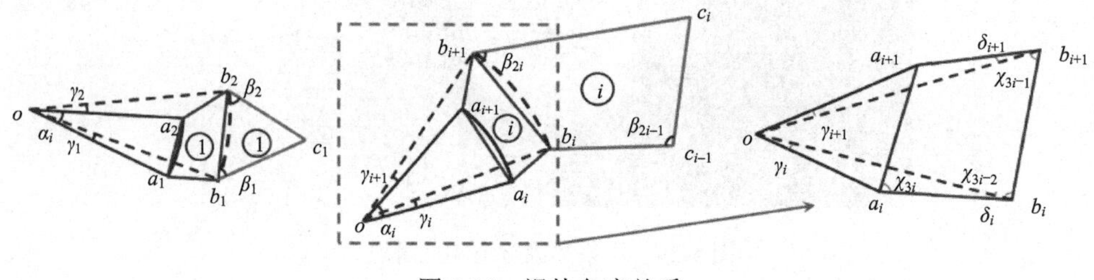

图 5-31　滑块角度关系

注浆层刚性滑块中部分角度递推公式为

$$\delta_i = \arcsin\left(\frac{(2d+D)\cdot\sin\gamma_i}{2d}\right) \tag{5-50}$$

$$\chi_{3i-2} = \frac{\pi-(\alpha_i+\gamma_i-\gamma_{i+1})}{2} + \arcsin\left(\frac{D\cdot\sin\gamma_i}{2d}\right) \tag{5-51}$$

$$\chi_{3i-1} = \frac{\pi-(\alpha_i+\gamma_i-\gamma_{i+1})}{2} + \arcsin\left(\frac{D\cdot\sin\gamma_{i+1}}{2d}\right) \tag{5-52}$$

$$\chi_{3i} = 2\pi - \left(\frac{\pi - \alpha_i}{2}\right) - \delta_{i+1} \tag{5-53}$$

圆形注浆层内速度间断线递推公式：

$$a_i a_{i+1} = D \cdot \sin\frac{\alpha_i}{2} \tag{5-54}$$

$$b_i b_{i+1} = (D + 2d) \cdot \sin\left(\frac{\alpha_i + \gamma_i - \gamma_{i+1}}{2}\right) \tag{5-55}$$

$$a_i b_i = \sqrt{(d^2 + \left(d + \frac{D}{2}\right)^2 - 2d \cdot \left(d + \frac{D}{2}\right) \cdot \cos\gamma_i} \tag{5-56}$$

土体侧向底部三角形刚性滑块边长为

$$b_1 c_1 = \frac{d \cdot \sin\dfrac{(\alpha_1 + \gamma_1 - \gamma_2)}{2} \cdot \sin\beta_2}{\sin(\pi - \beta_1 - \beta_2)} \tag{5-57}$$

$$b_2 c_1 = b_1 c_1 \cdot \frac{\sin\beta_1}{\sin\beta_2} \tag{5-58}$$

土体外侧四边形滑块边长递推公式为

$$\begin{aligned} b_{i+1}c_i = {} & b_i c_{i-1} \cdot \frac{\sin\beta_{2i-1}}{\sin(\pi + \beta_{2i-1} - \beta_{2i-1} - \beta_{2i-1} - \dfrac{(\alpha_i + \gamma_i - \gamma_{i+1})}{2} - \dfrac{(\alpha_{i-1} + \gamma_{i-1} - \gamma_i)}{2})} \\ & -(d + \frac{D}{2}) \cdot \sin(\alpha_i) \cdot \frac{\sin(\beta_{2i-1} - \beta_{2i-1} - \beta_{2i-1} - \dfrac{(\alpha_i + \gamma_i - \gamma_{i+1})}{2} - \dfrac{(\alpha_{i-1} + \gamma_{i-1} - \gamma_i)}{2})}{\sin(\beta_{2i-1} + \beta_{2i} - \beta_{2i-2} + \dfrac{(\alpha_i + \gamma_i - \gamma_{i+1})}{2} + \dfrac{(\alpha_{i-1} + \gamma_{i-1} - \gamma_i)}{2})} \end{aligned} \tag{5-59}$$

$$\begin{aligned} c_{i+1}c_i = {} & \left[(d + \frac{D}{2}) \cdot \sin\frac{(\alpha_{i+1} + \gamma_{i+1} - \gamma_{i+2})}{2} + b_{i+1}c_i \cdot \frac{\sin(\dfrac{(\alpha_{i+1} + \gamma_{i+1} - \gamma_{i+2})}{2} + \dfrac{(\alpha_i + \gamma_i - \gamma_{i+1})}{2} + \beta_{2i+2} - \beta_{2i})}{\sin(\pi - \beta_{2i+2})} \right] \\ & \cdot \frac{\sin(\pi - \beta_{2i+2})}{\sin(\dfrac{(\alpha_{i+1} + \gamma_{i+1} - \gamma_{i+2})}{2} + \dfrac{(\alpha_i + \gamma_i - \gamma_{i+1})}{2} + \beta_{2i+1} + \beta_{2i+2} - \beta_{2i})} \end{aligned} \tag{5-60}$$

隧道顶部多边形边 $c_{n+1}c_n$ 的递推公式为

$$c_{n+1}c_n = \frac{\left(h + \dfrac{D}{2} - (d + \dfrac{D}{2}) \cdot \cos(\alpha_{n+1} + \gamma_{n+1}) - b_{n+1}c_n \cdot \sin(\beta_{2n} - \dfrac{(\alpha_n + \gamma_n - \gamma_{n+1})}{2} - (\alpha_{n+1} + \gamma_{n+1}))\right)}{\cos\phi} \tag{5-61}$$

5.5.2　刚性块体速度变量递推

根据图 5-32 所示速度矢量分布机制，假设若干个土体滑块中任意一个的绝对速度为 v_i，任意两个相邻的滑块间存在相对速度 vr_i，根据如图所示速度矢量分布机制，可推导绝对速度与相对速度的数值关系有

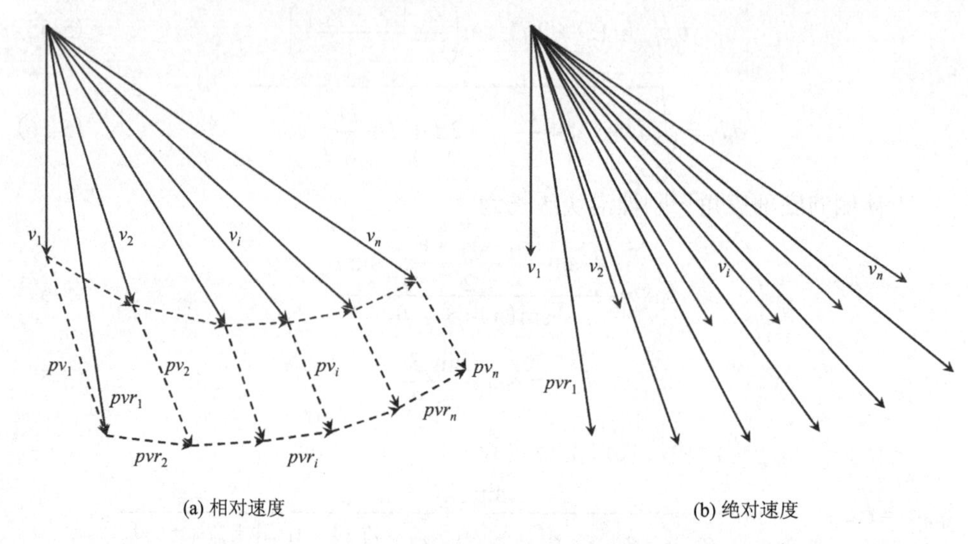

(a) 相对速度　　(b) 绝对速度

图 5-32　注浆加固隧道破坏模式对应速度场

$$v_2 = v_1 \cdot \frac{\sin(\pi - \beta_1 - \beta_2 - 2\phi)}{\sin\left(\beta_3 + 2\phi\right)} \tag{5-62}$$

$$vr_1 = v_1 \cdot \frac{\left|\sin(\beta_1 + \beta_2 - \beta_3)\right|}{\sin\left(\beta_3 + 2\phi\right)} \tag{5-63}$$

$$v_{i+1} = v_i \cdot \frac{\sin(\pi - \dfrac{(\alpha_{i-1} + \gamma_{i-1} - \gamma_i)}{2} - \dfrac{(\alpha_i + \gamma_i - \gamma_{i+1})}{2} + \beta_{2i-2} - \beta_{2i-1} - \beta_{2i} - 2\phi)}{\sin\left(\beta_{2i+1} + 2\phi\right)} \tag{5-64}$$

$$vr_i = v_i \cdot \frac{\left|\sin(\dfrac{(\alpha_{i-1} + \gamma_{i-1} - \gamma_i)}{2} + \dfrac{(\alpha_i + \gamma_i - \gamma_{i+1})}{2} - \beta_{2i-2} + \beta_{2i-1} + \beta_{2i} - \beta_{2i+1})\right|}{\sin\left(\beta_{2i+1} + 2\phi\right)} \tag{5-65}$$

$$v_{n+1} = v_n \cdot \frac{\sin(\pi - \dfrac{(\alpha_{n-1} + \gamma_{n-1} - \gamma_n)}{2} - \dfrac{(\alpha_n + \gamma_n - \gamma_{n+1})}{2} + \beta_{2n-2} - \beta_{2n-1} - \beta_{2n} - 2\phi)}{\sin\left(\dfrac{\pi}{2} + \beta_{2n} - \dfrac{(\alpha_{n-1} + \gamma_{n-1} - \gamma_n)}{2} - \dfrac{(\alpha_n + \gamma_n - \gamma_{n+1})}{2} + \phi\right)}$$

(5-66)

$$vr_i = v_i \cdot \frac{\left|\sin\left[\frac{(\alpha_{n-1}+\gamma_{n-1}-\gamma_n)}{2}+(\alpha_n+\gamma_n-\gamma_{n+1})+(\alpha_{n+1}+\gamma_{n+1})-\beta_{2n-2}+\beta_{2n-1}-\frac{\pi}{2}+\phi\right]\right|}{\sin\left(\frac{\pi}{2}+\beta_{2n}-\frac{(\alpha_{n-1}+\gamma_{n-1}-\gamma_n)}{2}-\frac{(\alpha_n+\gamma_n-\gamma_{n+1})}{2}+\phi\right)} \tag{5-67}$$

假设若干个注浆层滑块中任意一个滑块与对应的绝对速度为 pvr_i，任意两个相邻的注浆层滑块间存在相对速度 pv_{i+1}，其速度关系有

$$pv_1 = v_1 \cdot \frac{\sin(\beta_1-\phi'+\phi)}{\sin\chi_{3i-2}} \tag{5-68}$$

$$pvr_1 = v_1 \cdot \frac{|\sin(\chi_{3i-2}+\beta_1-\phi'+\phi)|}{\sin\chi_{3i-2}} \tag{5-69}$$

$$pvr_i = \frac{pvr_{i-1}\cdot\sin\chi_{3i-1}+vr_{i-1}\cdot|\sin(\pi-\chi_{3i-1}-\beta_{2i-2})|}{\sin\left(\frac{\pi-\alpha_i-\gamma_i+\gamma_{i+1}}{2}\right)} \tag{5-70}$$

$$pv_i = \frac{pvr_{i-1}\cdot\sin(\pi-\frac{\alpha_{i-1}+\alpha_i}{2})+vr_{i-1}\cdot\sin(2\pi-\chi_{3i-1}-\beta_{2i-2}-\chi_{3i+1})}{\sin(\frac{\pi-\alpha_i-\gamma_i+\gamma_{i+1}}{2})} \tag{5-71}$$

注浆层滑块的竖向绝对速度为

$$pv_i^y = v_i\cos\xi_i + pvr_i\cos\xi_i' \tag{5-72}$$

式中，ξ_i 为第 i 个土体刚性滑块速度与竖直方向(重力作用方向)的夹角；ξ_i' 为第 i 个注浆层与土体相对速度与竖直方向(重力作用方向)的夹角。

5.5.3　支护力上限解

1. 重力功率计算

隧道整体重力功率可视为各个刚性滑块的重力功率之和，由前文可知注浆层滑块与土体滑块间滑块绝对速度推导关系，可得体系重力功率计算公式如下：

$$P_r = r[\sum_{i=1}^{n+1} S\text{-soil}_i\cdot v_i\cdot\cos\xi_i+\sum_{i=1}^{n+1} S\text{-grout}_i\cdot pv_i^y] \tag{5-73}$$

式中，S-soil$_i$ 为第 i 个土体刚性滑块的面积；S-grout$_i$ 为第 i 个注浆层滑块的面积。

2. 耗散功率计算

各个速度间断线上的耗散功率总和为

$$p_c = c[\sum_{i=1}^{n}(b_{i+1}c_i \cdot vr_i + c_i c_{i+1} \cdot v_{i+1}) + b_1 c_1 \cdot v_1]\cos\phi + c'[\sum_{i=1}^{n}(a_i b_i \cdot pv_i + b_i b_{i+1} \cdot pvr_i)]\cos\phi' \tag{5-74}$$

3. 开挖面支护力功率计算

隧道环向极限支护力 σ_{T} 做功可表示为

$$p_w = \sigma_{\mathrm{T}} \int_S v_n^T \mathrm{d}S \tag{5-75}$$

$\int_S v_n^T \mathrm{d}S$ 表示支护力作用下隧道开挖面滑块向隧道内坍塌的速度场，假设隧道内轮廓作用均布支护力荷载 σ_{T}，$\sigma_{\mathrm{T}} \int_S v_n^T \mathrm{d}S$ 即为开挖面支护力所作功率。根据虚功率方程，求得隧道环向开挖面极限支护力为

$$\sigma_{\mathrm{T}} = \frac{p_c - p_r}{\int_S v_n^T \mathrm{d}S} \tag{5-76}$$

5.5.4 计算结果验证

由刚性滑块法和上限有限元法得到的极限支护力对比如图 5-33、图 5-34 所示，工况信息见表 5-3。结果表明，刚性滑块法所得结果相较上限有限元结果，误差最大约 26%，并将刚性滑块法所得破坏模式与上限有限元破坏模式比较，结果吻合良好。证明基于上述注浆加固隧道失效模型的刚性滑块上限解精度是可以接受的。

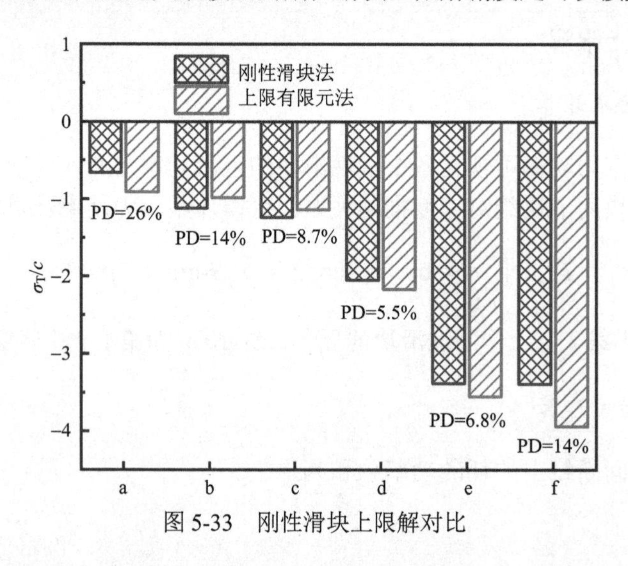

图 5-33 刚性滑块上限解对比

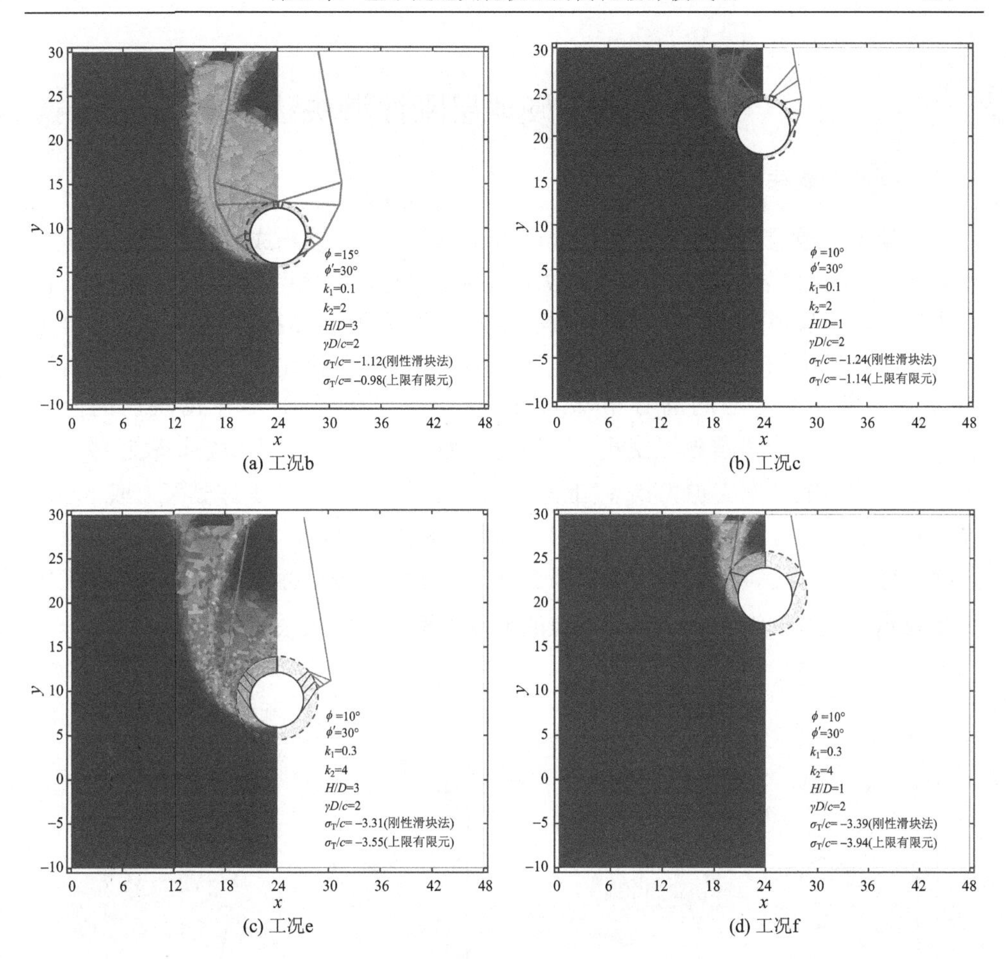

(a) 工况b　(b) 工况c　(c) 工况e　(d) 工况f

图 5-34　刚性滑块破坏模式对比

表 5-3　工况表

工况序号	参数选取
a	H/D=1　$\gamma D/c$=4　k_1=0.1　k_2=4　ϕ'=30°　ϕ=10°
b	H/D=3　$\gamma D/c$=2　k_1=0.1　k_2=2　ϕ'=30°　ϕ=15°
c	H/D=1　$\gamma D/c$=2　k_1=0.1　k_2=2　ϕ'=30°　ϕ=10°
d	H/D=3　$\gamma D/c$=2　k_1=0.1　k_2=4　ϕ'=30°　ϕ=15°
e	H/D=3　$\gamma D/c$=2　k_1=0.3　k_2=4　ϕ'=30°　ϕ=10°
f	H/D=1　$\gamma D/c$=2　k_1=0.3　k_2=4　ϕ'=30°　ϕ=10°

5.6　上软下硬地层刚性滑块法

5.6.1　刚性滑块法公式递推

上软下硬地层隧道失稳破坏机制可由若干个刚性滑块构成。破坏模式假定滑块数量 n，下方硬岩层滑块数量 p。数学规划选定滑块的角度变量为优化变量：包括土体滑块与隧道交界边所对应的圆心角。上软下硬地层隧道失稳破坏机制可由若干个刚性滑块构成。数学规划选定滑块的角度变量为优化变量：包括土体滑块与隧道交界边所对应的圆心角 $\alpha_1,\alpha_2,\alpha_3,\cdots,\alpha_{n+1}$，以及前 n 个滑块内的内角 $\beta_1,\beta_2,\beta_3,\cdots,\beta_{2n}$，假定破坏模式中隧道直径为 D，埋深 H；不考虑地表超载，隧道内设置均布的环向支护力 σ_{T}；上方软土的土体容重为 γ，土体黏聚力取 c，内摩擦角为 ϕ，下方硬岩层土体容重为 γ'，土体黏聚力取 c'，内摩擦角为 ϕ'。通过几何与速度关系可推导目标函数极限支护力荷载 σ_{T}，该目标函数均可由角度优化变量表示。该刚性滑块法中各个滑块的节点关系与速度关系如图 5-35 所示。

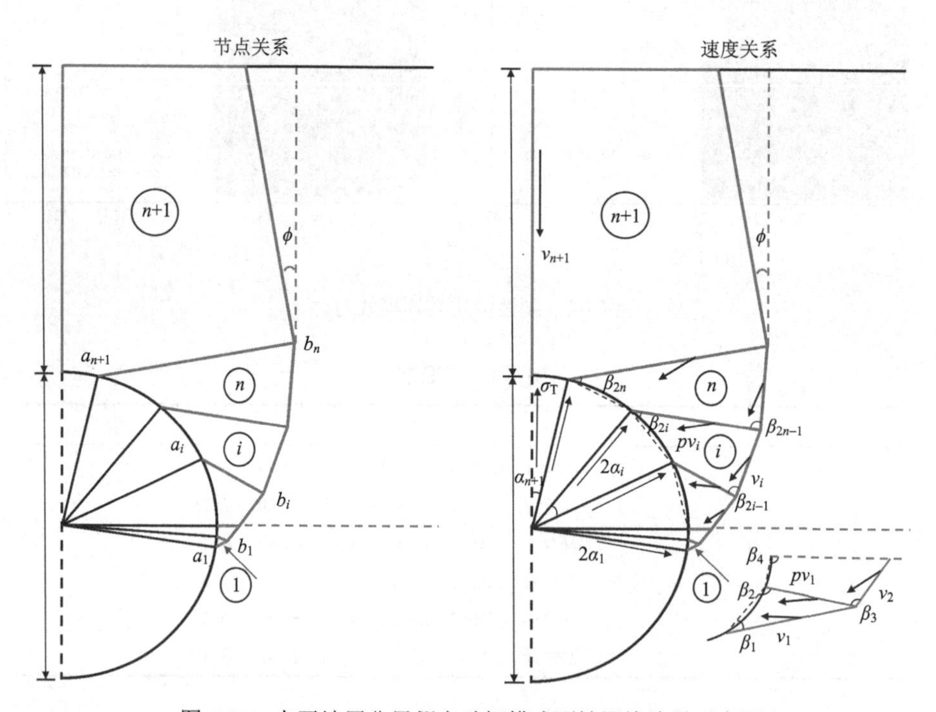

图 5-35　水平地层分界假定破坏模式刚性滑块编号示意图

针对倾斜地层分界情况下的假定破坏模式上限法，因其地层分界不对称，计算过程中需要考虑左右两侧滑块，其节点与速度关系如图 5-36 所示。

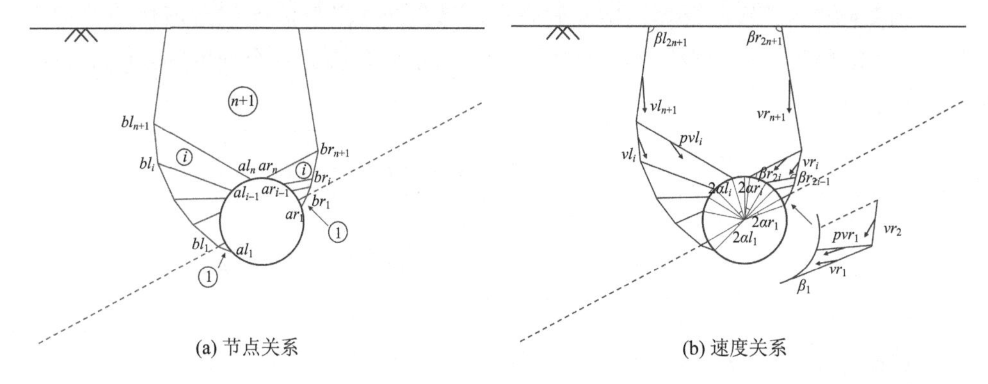

(a) 节点关系　　(b) 速度关系

图 5-36　倾斜地层分界假定破坏模式刚性滑块编号示意图

对假定的侧向滑块的几何、速度关系进行分析并推导各个滑块边长以及速度矢量的过程可参考均质地层刚性滑块法。

水平地层速度推导在上软下硬地层分界处推导公式为

$$v_{i+1}=v_i\cdot\frac{\sin(\pi-\alpha_{i-1}-\alpha_i+\beta_{2i-2}-\beta_{2i-1}-\beta_{2i}-2\phi)}{\sin(\beta_{2i+1}+\phi+\phi')} \tag{5-77}$$

$$v_{ir}=v_i\cdot\frac{\left|\sin(\alpha_{i-1}+\alpha_i-\beta_{2i-2}+\beta_{2i-1}+\beta_{2i}-\beta_{2i+1}+\phi-\phi')\right|}{\sin(\beta_{2i+1}+\phi+\phi')} \tag{5-78}$$

倾斜地层因其不对称性，顶部滑块速度方向不竖直，其推导公式为

$$v_{n+1}=v_n\cdot\frac{\sin(\pi-\alpha r_{n-1}-\alpha r_n+\beta r_{2n-2}-\beta r_{2n-1}-\beta r_{2n}-2\phi)}{\left|\sin(\pi+\beta r_{2n}-\alpha r_{n-1}-\alpha r_n-\beta r_{2n+1}+2\phi)\right|} \tag{5-79}$$

$$v_{nr}=v_n\cdot\left|\frac{\sin(\alpha_{n-1}+2\alpha_n+\alpha_{n+1}-\beta_{2n-2}+\beta_{2n-1}-\pi+\beta r_{2n+1})}{\sin(\pi+\beta r_{2n}-\alpha r_{n-1}-\alpha r_n-\beta r_{2n+1}+2\phi)}\right| \tag{5-80}$$

1. 重力功率计算

体系的重力功率为所有土体滑块的重力功率相加，根据所有刚性滑块绝对速度矢量的大小以及竖向分量可推导总重力功率公式如下：

$$p_r=r\sum_{i=p+1}^{n+1}S_i\cdot v_i\cdot\cos\xi_i+r'\sum_{i=1}^{p-1}S_i\cdot v_i\cdot\cos\xi_i \tag{5-81}$$

式中，ξ_i 为第 i 个刚性滑块速度与竖直方向(重力作用方向)的夹角。

2. 耗散功率计算

考虑上软下硬地层分界，定义硬岩地层数量为 p，前 p 个滑块所对应的黏聚力与摩擦角和后 $n-p$ 个滑块的黏聚力与摩擦角不同。因此各个速度间断线上的耗散功率总和为

$$p_c = c'\left[\sum_{i=1}^{p}(a_{i+1}b_i \cdot v_{ir} + b_i b_{i+1} \cdot v_{i+1}) + a_1 b_1 \cdot v_1\right]\cos\phi' + c\left[\sum_{i=p+1}^{n}(a_{i+1}b_i \cdot v_{ir} + b_i b_{i+1} \cdot v_{i+1}) + a_1 b_1 \cdot v_1\right]\cos\phi \tag{5-82}$$

3. 开挖面支护力功率计算

隧道内轮廓作用均布支护力荷载 σ_{T} 做功表示为

$$p_w = \sigma_{\mathrm{T}}\int_S v_n^T \mathrm{d}S \tag{5-83}$$

$\int_S v_n^T \mathrm{d}S$ 表示支护力作用下隧道开挖面滑块向隧道内坍塌的速度场，假设隧道内轮廓作用均布支护力荷载 σ_{T}，$\sigma_{\mathrm{T}}\int_S v_n^T \mathrm{d}S$ 即为开挖面支护力所做功率。

4. 支护反力计算

根据虚功率方程，求得隧道环向开挖面极限支护力为

$$\sigma_{\mathrm{T}} = \frac{p_c - p_r}{\int_S v_n^T \mathrm{d}S} \tag{5-84}$$

通过假定刚性滑块破坏模式求解上软下硬地层的隧道稳定性问题，根据上限有限元法的破坏模式以及速度场递推关系，除隧道周边的多边形滑块不应出现畸形外，还需要通过等式约束条件区分滑块所处地层，约束条件为

$$\begin{cases} 2\sum_{i=p+1}^{n}\alpha_i + \alpha_{n+1} = 90° \pm a \\ \beta_{2p} - \alpha_p = 90° \end{cases} \tag{5-85}$$

式中，a 为地层分界线倾斜角度。

5.6.2　计算结果验证

由刚性滑块法和上限有限元法得到的极限支护力对比如图 5-37、图 5-38 所示，工况信息见表 5-4。结果表明，刚性滑块法所得结果相较上限有限元结果，误差最大约 26%，并将刚性滑块法所得破坏模式与上限有限元破坏模式比较，结果吻合良好。证明基于上述注浆加固隧道失效模型的刚性滑块上限解精度是可以接受的。

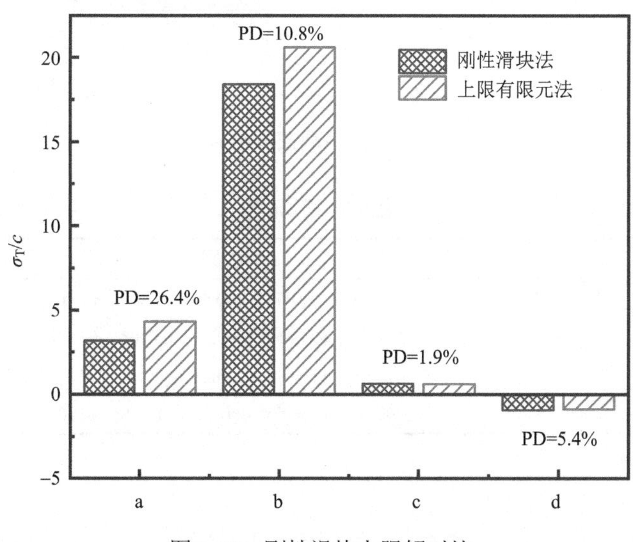

图 5-37　刚性滑块上限解对比

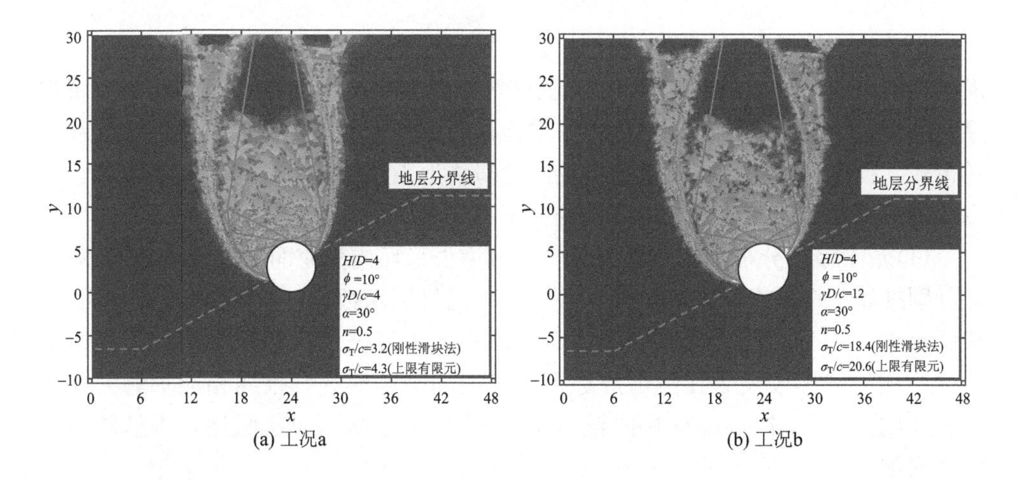

(a) 工况a　(b) 工况b

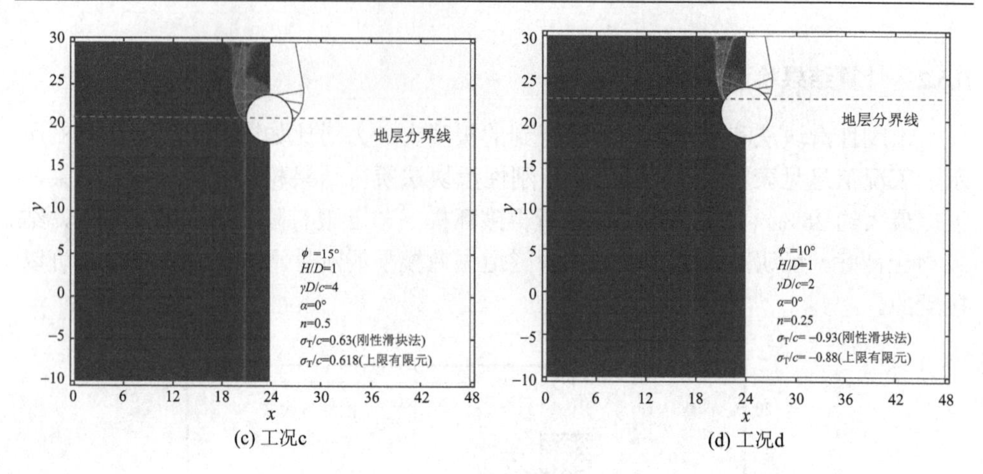

图 5-38　刚性滑块破坏模式对比

表 5-4　工况表

工况序号	参数选取
a	H/D=4　$\gamma D/c$=4　n=0.5　α=30°　ϕ=10°
b	H/D=4　$\gamma D/c$=12　n=0.5　α=30°　ϕ=10°
c	H/D=1　$\gamma D/c$=4　n=0.5　α=0°　ϕ=15°
d	H/D=1　$\gamma D/c$=2　n=0.25　α=0°　ϕ=10°

5.7　本 章 小 结

本章基于极限分析上限法思想，首先提出了均质地层两种隧道失稳环向开挖面刚性滑块破坏模式；随后根据提出的破坏模式利用 Matlab 软件编制极限分析程序，求解了不同条件下隧道稳定性问题；最后，基于第 4 章注浆加固隧道失稳破坏模式，推导了注浆加固隧道稳定性刚性滑块上限法公式，并编制相应程序。本章做出的主要工作及获得的主要结论如下：

(1)基于极限分析理论，提出了一种隧道失稳环向开挖面刚性滑块破坏模式，并分别推导了在两个滑块和多个滑块模式下的目标函数(隧道失稳极限支护力)的求解公式。随后，基于已提出的假定破坏模式进行修正，构建了另一种描述地层失稳塑性破坏仅发生在隧道周边范围工况的破坏模式，推导相应求解公式。在此基础上，利用 Matlab 中的 fmincon 函数编制了极限分析程序，求解隧道稳定性问题。

(2)应用编制的极限分析程序求解了不同条件下的隧道稳定性问题。分析表明，在不排水条件下，隧道失稳极限支护力系数 σ_T/c 随土体重度黏聚力参数 $\gamma D/c$

增大而近似呈线性增大；随着埋深比 H/D 和土体重度黏聚力参数 $\gamma D/c$ 的增大，隧道周边地层塑性破坏区域逐渐扩大，向周边延伸。排水条件下 σ_T/c 随着 $\gamma D/c$ 增大而呈现近似线性增加，且随着 ϕ 的增大，σ_T/c 与 $\gamma D/c$ 关系曲线斜率减小；H/D 和 ϕ 对 σ_T/c 的影响较为复杂。

(3) 基于上限有限元法所得破坏模式，分别提出适用于注浆加固隧道与上软下硬地层的失效机制。破坏模式将土体划分为内部注浆层滑块、外部土体滑块或软土滑块、硬岩滑块，并结合刚性滑块方法导出隧道失稳时的支护力上限公式。通过优化算法得出了对应支护力与破坏模式，上限解与上限有限元解误差最大约 26%，结果吻合良好，进一步验证刚性滑块计算方法可行性。

第 6 章　考虑非关联流动法则盾构隧道失稳研究

6.1　引　言

前文所述章节主要建立在 Mohr-Coulomb 屈服准则上，该屈服准则考虑岩土体的相关联流动法则，模型构建时假设土体的塑性流动方向与屈服面正交，采用的土体剪胀角与内摩擦角相等。然而实际上，岩土体在发生剪切破坏时会产生一定的剪胀现象，剪胀角不再等于内摩擦角，而是发生一定程度的折减，使用相关联流动法则将导致岩土体产生较大剪胀效应，高估了其自稳能力，不利于隧道稳定性评价，因而有必要考虑基于非关联流动法则下的隧道开挖面破坏模式，研究相应参数对隧道开挖稳定性的影响。本章引入岩土体非关联流动法则，应用上述章节建立的极限分析上限法及编制的非线性规划极限分析程序，修正土体强度参数，求解考虑岩土体非关联流动特性的隧道失稳破坏问题，讨论岩土体非关联流动法则对隧道环向开挖面极限支护力及隧道失稳地层破坏模式的影响，揭示相应的地层塑性破坏特征。

6.2　基于非关联流动法则隧道稳定性上限有限元分析

6.2.1　非关联流动法则的嵌入

当岩土体材料满足 Mohr-Coulomb 屈服准则，并同时遵从相关联流动法则，则其剪胀角 ψ 等于内摩擦角 ϕ。若假定岩土体材料满足非关联流动法则，则此时剪胀角不再等于内摩擦角，可通过引入剪胀系数计算剪胀角，如下式所示：

$$\delta = \psi / \phi \tag{6-1}$$

根据 Davis 等[47]的研究成果，可采用下式对岩土体强度参数进行修正：

$$\begin{cases} c^* = c\dfrac{\cos\phi\cos\psi}{1-\sin\phi\sin\psi} \\ \tan\phi^* = \tan\phi\dfrac{\cos\phi\cos\psi}{1-\sin\phi\sin\psi} \end{cases} \tag{6-2}$$

式中，c 和 ϕ 是岩土体黏聚力和内摩擦角；c^*和 ϕ^*是修正后的岩土体黏聚力和内摩擦角。采用 ϕ^*构造破坏机构，并采用 c^*计算内外功率，便将非关联流动法则的影响引入岩土极限分析。

6.2.2　隧道稳定性分析模型构建

基于非关联流动法则的隧道稳定性分析模型构建过程和前文相似。此时岩土体满足 Mohr-Coulomb 屈服准则，内摩擦角不为 0°。为了便于分析，将计算参数无量纲化，即求解一临界值 σ_T/c，使得隧道恰好处于失稳破坏的临界状态，此时临界值 σ_T/c 为参数 $\gamma D/c$、ϕ、H/D 的函数。这里主要采用三节点三角形单元离散模型，选取屈服准则线性化参数 p=48，通过试算确定网格自适应加密参数 η 值取 0.3，相对误差 Δ 取 0.5%。选取的计算参数为 H/D=1～5，$\gamma D/c$=0～3，ϕ=5°～35°。为便于计算，定义 γ=20kN/m^3，D=6m，通过变化 c 调整 $\gamma D/c$ 的数值(通过令 γ=0 实现 $\gamma D/c$=0)。此时，根据式(6-2)计算的修正后的黏聚力和内摩擦角如表 6-1 和表 6-2 所示。

表 6-1　岩土体强度修正值(δ=1～0.6)

δ	ϕ /(°)	ψ /(°)	ϕ^* /(°)	c /kPa	c^* /kPa	δ	ϕ /(°)	ψ /(°)	ϕ^* /(°)	c /kPa	c^* /kPa	δ	ϕ /(°)	ψ /(°)	ϕ^* /(°)	c /kPa	c^* /kPa
				40	40					40	39.994					40	39.976
	5	5	5	60	60		5	4	4.999	60	59.991		5	3	4.997	60	59.963
				120	120					120	119.982					120	119.927
				40	40					40	39.975					40	39.901
	10	10	10	60	60		10	8	9.994	60	59.963		10	6	9.976	60	59.851
				120	120					120	119.925					120	119.702
				40	40					40	39.942					40	39.772
	15	15	15	60	60		15	12	14.979	60	59.913		15	9	14.918	60	59.657
				120	120					120	119.826					120	119.315
				40	40					40	39.892					40	39.581
1.0	20	20	20	60	60	0.8	20	16	19.950	60	59.839	0.6	20	12	19.807	60	59.371
				120	120					120	119.677					120	118.743
				40	40					40	39.822					40	39.318
	25	25	25	60	60		25	20	24.902	60	59.733		25	15	24.625	60	58.977
				120	120					120	119.466					120	117.953
				40	40					40	39.725					40	38.966
	30	30	30	60	60		30	24	29.829	60	59.587		30	18	29.355	60	58.449
				120	120					120	119.175					120	116.899
				40	40					40	39.592					40	38.504
	35	35	35	60	60		35	28	34.724	60	59.388		35	21	33.981	60	57.757
				120	120					120	118.776					120	115.513

表 6-2　岩土体强度修正值（δ=0.4～0）

δ	ϕ /(°)	ψ /(°)	ϕ^* /(°)	c /kPa	c^* /kPa	δ	ϕ /(°)	ψ /(°)	ϕ^* /(°)	c /kPa	c^* /kPa	δ	ϕ /(°)	ψ /(°)	ϕ^* /(°)	c /kPa	c^* /kPa
				40	39.945					40	39.902					40	39.848
	5	2	4.993	60	59.918		5	1	4.988	60	59.854		5	0	4.981	60	59.772
				120	119.835					120	119.707					120	119.543
				40	39.778					40	39.608					40	39.392
	10	4	9.946	60	59.667		10	2	9.904	60	59.413		10	0	9.851	60	59.088
				120	119.335					120	118.825					120	118.177
				40	39.4949					40	39.114					40	38.637
	15	6	14.819	60	59.241		15	3	14.682	60	58.671		15	0	14.511	60	57.956
				120	118.481					120	117.342					120	115.911
				40	39.082					40	38.413					40	37.588
0.4	20	8	19.576	60	58.623	0.2	20	4	19.266	60	57.619	0	20	0	18.882	60	56.382
				120	117.247					120	115.238					120	112.763
				40	38.529					40	37.495					40	36.252
	25	10	24.188	60	57.794		25	5	23.611	60	56.243		25	0	22.910	60	54.378
				120	115.587					120	112.486					120	108.757
				40	37.815					40	36.351					40	34.641
	30	12	28.626	60	56.723		30	6	27.685	60	54.527		30	0	26.565	60	51.962
				120	113.445					120	109.053					120	103.923
				40	36.915					40	34.966					40	32.766
	35	14	32.871	60	55.373		35	7	31.470	60	52.449		35	0	29.838	60	49.149
				120	110.745					120	104.898					120	98.298

由表 6-1 和表 6-2 可知，剪胀系数 δ 越小，剪胀角越小。修正后的黏聚力 c^* 和内摩擦角 ϕ^*都随着剪胀系数的减小而减小，且内摩擦角越大，内摩擦角 ϕ^*和黏聚力 c^*减小的幅度越大。当 δ 由 1 减小到 0：① 内摩擦角减小了约 0.019°（ϕ=5°），0.489°（ϕ=15°），2.09°（ϕ=25°），5.162°（ϕ=35°）；② 黏聚力减小了约 0.457kPa（c=120kPa, ϕ=5°），4.089 kPa（c=120kPa, ϕ=15°），11.243 kPa（c=120kPa, ϕ=25°），21.702 kPa（c=120kPa, ϕ=35°）。

6.2.3　隧道失稳极限支护力上限解

将修正过的强度参数代入编制的自适应加密上限有限元程序计算 σ_T/c，为了方便分析，表达式 σ_T/c 中的 c 为修正前的数值。表 6-3 和表 6-4 为不同工况下计算的临界支护力系数。

表 6-3　隧道极限支护力上限解(δ=1～0.6)

H/D	ϕ /(°)	δ=1.0				δ=0.8				δ=0.6			
		$\gamma D/c$=0	$\gamma D/c$=1	$\gamma D/c$=2	$\gamma D/c$=3	$\gamma D/c$=0	$\gamma D/c$=1	$\gamma D/c$=2	$\gamma D/c$=3	$\gamma D/c$=0	$\gamma D/c$=1	$\gamma D/c$=2	$\gamma D/c$=3
1	5	−2.36	−1.35	−0.32	0.73	−2.36	−1.35	−0.32	0.73	−2.36	−1.35	−0.32	0.73
	10	−2.24	−1.39	−0.55	0.31	−2.24	−1.39	−0.54	0.31	−2.23	−1.39	−0.54	0.32
	15	−2.10	−1.41	−0.72	−0.03	−2.09	−1.41	−0.72	−0.03	−2.09	−1.40	−0.71	−0.02
	20	−1.93	−1.40	−0.85	−0.31	−1.93	−1.39	−0.85	−0.30	−1.92	−1.38	−0.83	−0.28
	25	−1.75	−1.35	−0.93	−0.52	−1.75	−1.34	−0.92	−0.51	−1.74	−1.32	−0.90	−0.48
	30	−1.56	−1.27	−0.96	−0.66	−1.56	−1.26	−0.95	−0.64	−1.54	−1.24	−0.92	−0.60
	35	−1.37	−1.16	−0.94	−0.72	−1.36	−1.15	−0.93	−0.71	−1.35	−1.13	−0.90	−0.66
2	5	−3.20	−1.42	0.39	2.20	−3.20	−1.41	0.39	2.20	−3.20	−1.41	0.39	2.21
	10	−2.90	−1.54	−0.17	1.20	−2.90	−1.54	−0.17	1.21	−2.90	−1.53	−0.16	1.22
	15	−2.59	−1.59	−0.57	0.45	−2.59	−1.58	−0.57	0.45	−2.58	−1.57	−0.55	0.47
	20	**−2.27**	−1.56	−0.84	−0.11	**−2.27**	−1.56	−0.83	−0.10	**−2.26**	−1.54	−0.81	−0.06
	25	**−1.96**	−1.48	−0.97	−0.46	**−1.96**	−1.47	−0.96	−0.45	**−1.95**	−1.45	−0.93	−0.41
	30	**−1.67**	−1.34	−1.00	−0.65	**−1.67**	−1.34	−0.99	−0.64	**−1.66**	−1.32	−0.96	−0.59
	35	***−1.41***	*−1.19*	*−0.95*	*−0.72*	***−1.41***	*−1.18*	*−0.94*	*−0.70*	***−1.41***	*−1.17*	*−0.91*	*−0.66*
3	5	−3.72	−1.25	**1.24**	**3.73**	−3.72	−1.25	1.24	3.74	−3.71	−1.24	1.24	3.74
	10	**−3.27**	−1.50	0.29	2.08	**−3.27**	−1.50	0.29	2.09	**−3.26**	−1.49	0.30	2.10
	15	**−2.83**	−1.61	−0.37	0.88	**−2.83**	−1.61	−0.36	0.89	**−2.82**	−1.59	−0.34	0.92
	20	**−2.41**	−1.61	−0.77	0.07	**−2.41**	−1.60	−0.76	0.08	**−2.40**	−1.58	−0.73	0.12
	25	**−2.03**	−1.51	−0.97	−0.42	**−2.03**	−1.51	−0.96	−0.40	**−2.03**	−1.49	−0.92	−0.35
	30	***−1.70***	*−1.36*	*−1.00*	*−0.65*	***−1.70***	*−1.36*	*−0.99*	*−0.63*	***−1.70***	*−1.34*	*−0.96*	*−0.58*
	35	***−1.42***	*−1.19*	*−0.96*	*−0.72*	***−1.42***	*−1.19*	*−0.95*	*−0.71*	***−1.42***	*−1.17*	*−0.92*	*−0.66*
4	5	**−4.08**	**−0.97**	**2.15**	**5.28**	**−4.08**	**−0.97**	**2.15**	**5.28**	**−4.08**	**−0.97**	**2.15**	**5.29**
	10	**−3.51**	**−1.39**	**0.78**	**2.94**	**−3.51**	**−1.38**	**0.78**	**2.95**	**−3.50**	**−1.37**	**0.79**	**2.96**
	15	**−2.98**	**−1.58**	**−0.15**	**1.29**	**−2.97**	**−1.58**	**−0.14**	**1.30**	**−2.97**	**−1.56**	**−0.12**	**1.33**
	20	**−2.49**	**−1.61**	**−0.69**	0.22	**−2.49**	**−1.60**	**−0.68**	0.24	**−2.48**	**−1.58**	**−0.65**	0.28
	25	***−2.07***	*−1.52*	*−0.95*	*−0.38*	***−2.07***	*−1.51*	*−0.94*	*−0.36*	***−2.06***	*−1.49*	*−0.90*	*−0.31*
	30	***−1.71***	*−1.37*	*−1.01*	*−0.65*	***−1.71***	*−1.36*	*−1.00*	*−0.63*	***−1.71***	*−1.34*	*−0.96*	*−0.58*
	35	***−1.43***	*−1.20*	*−0.97*	*−0.73*	***−1.43***	*−1.19*	*−0.95*	*−0.72*	***−1.42***	*−1.18*	*−0.92*	*−0.67*
5	5	**−4.36**	**−0.65**	**3.08**	**6.82**	**−4.35**	**−0.65**	**3.08**	**6.82**	**−4.35**	**−0.65**	**3.08**	**6.82**
	10	**−3.68**	**−1.24**	**1.25**	**3.75**	**−3.68**	**−1.24**	**1.25**	**3.75**	**−3.68**	**−1.23**	**1.27**	**3.77**
	15	**−3.07**	**−1.53**	**0.05**	**1.64**	**−3.07**	**−1.53**	**0.06**	**1.66**	**−3.06**	**−1.51**	**0.09**	**1.69**
	20	**−2.54**	**−1.60**	**−0.63**	0.34	**−2.54**	**−1.60**	**−0.62**	0.36	**−2.53**	**−1.57**	**−0.59**	0.40
	25	***−2.09***	*−1.53*	*−0.94*	*−0.35*	***−2.09***	*−1.52*	*−0.93*	*−0.34*	***−2.08***	*−1.50*	*−0.89*	*−0.28*
	30	***−1.72***	*−1.37*	*−1.01*	*−0.65*	***−1.72***	*−1.36*	*−1.00*	*−0.63*	***−1.72***	*−1.35*	*−0.96*	*−0.58*
	35	***−1.43***	*−1.20*	*−0.97*	*−0.74*	***−1.43***	*−1.19*	*−0.96*	*−0.72*	***−1.43***	*−1.18*	*−0.92*	*−0.67*

注：常规字体表示滑移线延伸至地表(Mechanism 1)；字体加粗表示滑移线延伸至地表，且引起隧道底部隆起破坏(Mechanism 2)；字体斜体表示破坏局限在隧道周边(Mechanism 3)；字体加粗并斜体表示破坏局限在隧道周边，且引起隧道底部隆起破坏(Mechanism 4)。

表 6-4　隧道极限支护力上限解（δ=0.4～0）

H/D	ϕ/(°)	δ=0.4				δ=0.2				δ=0			
		$\gamma D/c$=0	$\gamma D/c$=1	$\gamma D/c$=2	$\gamma D/c$=3	$\gamma D/c$=0	$\gamma D/c$=1	$\gamma D/c$=2	$\gamma D/c$=3	$\gamma D/c$=0	$\gamma D/c$=1	$\gamma D/c$=2	$\gamma D/c$=3
1	5	−2.36	−1.35	−0.32	0.73	−2.35	−1.34	−0.31	0.74	−2.35	−1.34	−0.31	0.74
	10	−2.22	−1.38	−0.53	0.33	−2.22	−1.37	−0.52	0.34	−2.21	−1.36	−0.50	0.35
	15	−2.07	−1.39	−0.69	0.00	−2.06	−1.36	−0.67	0.03	−2.04	−1.34	−0.64	0.07
	20	−1.90	−1.35	−0.80	−0.24	−1.88	−1.32	−0.76	−0.19	−1.85	−1.28	−0.71	−0.13
	25	−1.72	−1.29	−0.86	−0.42	−1.69	−1.25	−0.80	−0.35	−1.66	−1.20	−0.73	−0.27
	30	−1.52	−1.20	−0.87	−0.54	−1.50	−1.15	−0.80	−0.45	−1.47	−1.10	−0.72	−0.34
	35	−1.34	−1.09	−0.84	−0.59	−1.31	−1.05	−0.77	−0.49	−1.28	−0.98	−0.68	−0.37
2	5	−3.20	−1.41	0.39	2.21	−3.19	−1.41	0.40	2.22	−3.19	−1.40	0.40	2.22
	10	−2.89	−1.52	−0.15	1.23	−2.88	−1.51	−0.13	1.25	−2.87	−1.49	−0.11	1.28
	15	−2.57	−1.55	−0.53	0.50	−2.55	−1.53	−0.49	0.55	−2.53	−1.50	−0.45	0.60
	20	**−2.24**	−1.51	−0.77	−0.01	**−2.22**	−1.48	−0.71	0.06	**−2.20**	−1.43	−0.65	0.14
	25	**−1.94**	−1.42	−0.88	−0.34	**−1.92**	−1.38	−0.82	−0.25	**−1.89**	−1.32	−0.73	−0.14
	30	**−1.65**	−1.29	−0.90	−0.52	**−1.64**	−1.24	−0.83	−0.41	**−1.62**	−1.19	−0.74	−0.28
	35	*−1.40*	*−1.14*	*−0.86*	*−0.58*	**−1.39**	*−1.10*	*−0.79*	*−0.48*	**−1.38**	−1.04	−0.69	−0.34
3	5	−3.71	−1.24	**1.24**	**3.74**	−3.71	−1.24	**1.25**	**3.75**	−3.70	−1.23	**1.26**	**3.76**
	10	**−3.25**	−1.48	0.32	2.12	**−3.24**	−1.46	0.34	2.14	**−3.23**	−1.44	0.37	2.18
	15	**−2.81**	−1.57	−0.31	0.96	**−2.79**	−1.54	−0.27	1.01	**−2.77**	−1.50	−0.21	1.09
	20	**−2.39**	−1.55	−0.69	0.19	**−2.37**	−1.51	−0.63	0.27	**−2.35**	−1.46	−0.54	0.38
	25	**−2.01**	−1.45	−0.87	−0.28	**−1.99**	−1.41	−0.80	−0.17	**−1.98**	−1.35	−0.70	−0.04
	30	**−1.69**	*−1.31*	*−0.91*	*−0.50*	**−1.68**	*−1.27*	−0.83	−0.39	**−1.67**	−1.21	−0.73	−0.25
	35	**−1.42**	*−1.15*	*−0.87*	*−0.59*	***−1.41***	*−1.11*	*−0.79*	*−0.48*	**−1.40**	*−1.05*	*−0.69*	*−0.33*
4	5	**−4.07**	**−0.97**	**2.16**	**5.29**	**−4.07**	**−0.96**	**2.16**	**5.30**	**−4.06**	**−0.95**	**2.17**	**5.31**
	10	**−3.50**	**−1.36**	**0.81**	**2.98**	**−3.49**	**−1.35**	**0.83**	**3.02**	**−3.47**	**−1.32**	**0.87**	**3.06**
	15	**−2.96**	**−1.54**	**−0.08**	**1.38**	**−2.94**	**−1.51**	**−0.03**	**1.45**	**−2.92**	**−1.46**	**0.03**	**1.53**
	20	**−2.47**	**−1.55**	**−0.60**	0.35	**−2.45**	**−1.51**	**−0.53**	0.45	**−2.44**	**−1.45**	**−0.44**	0.58
	25	**−2.05**	*−1.46*	*−0.85*	*−0.23*	**−2.04**	−1.41	−0.77	−0.11	**−2.03**	**−1.35**	−0.66	0.04
	30	***−1.71***	*−1.31*	*−0.90*	*−0.50*	***−1.70***	*−1.27*	*−0.83*	*−0.38*	***−1.69***	*−1.21*	*−0.72*	*−0.22*
	35	***−1.42***	*−1.15*	*−0.87*	*−0.59*	***−1.42***	*−1.11*	*−0.80*	*−0.48*	***−1.41***	*−1.06*	*−0.69*	*−0.32*
5	5	**−4.35**	**−0.64**	**3.09**	**6.83**	**−4.35**	**−0.64**	**3.10**	**6.84**	**−4.34**	**−0.63**	**3.10**	**6.85**
	10	**−3.67**	**−1.21**	**1.29**	**3.80**	**−3.66**	**−1.19**	**1.32**	**3.84**	**−3.65**	**−1.17**	**1.35**	**3.88**
	15	**−3.05**	**−1.49**	**0.13**	**1.75**	**−3.04**	**−1.45**	**0.19**	**1.83**	**−3.02**	**−1.41**	**0.25**	**1.92**
	20	**−2.52**	**−1.54**	**−0.53**	0.48	**−2.51**	**−1.50**	**−0.45**	0.60	**−2.49**	**−1.44**	**−0.35**	0.74
	25	**−2.08**	*−1.47*	−0.83	−0.19	***−2.07***	−1.42	−0.74	−0.06	***−2.05***	−1.35	−0.63	0.10
	30	***−1.71***	*−1.32*	*−0.91*	*−0.49*	***−1.71***	*−1.27*	*−0.82*	*−0.37*	***−1.70***	*−1.21*	*−0.71*	*−0.20*
	35	***−1.43***	*−1.15*	*−0.87*	*−0.59*	***−1.42***	*−1.11*	*−0.79*	*−0.48*	***−1.42***	*−1.06*	*−0.69*	*−0.32*

注：常规字体表示滑移线延伸至地表(Mechanism 1)；字体加粗表示滑移线延伸至地表，且引起隧道底部隆起破坏(Mechanism 2)；字体斜体表示破坏局限在隧道周边(Mechanism 3)；字体加粗并斜体表示破坏局限在隧道周边，且引起隧道底部隆起破坏(Mechanism 4)。

为了清晰分析各影响因素对临界支护力系数影响，选取典型数据绘制临界支护力系数变化曲线，如图 6-1 和图 6-2 所示。由图 6-1 和图 6-2 可知，当内摩擦角 ϕ=5°时，剪胀系数 δ 的变化对临界支护力系数 σ_T/c 影响不大，随着 ϕ 的逐渐增大，σ_T/c 随着 δ 的增加而逐渐减小（即需要更小的支护力以维持隧道的稳定），且重度系数 $\gamma D/c$ 越大，σ_T/c 减小幅度越大。当 δ 由 1 减小到 0：① H/D=1 时，σ_T/c 增大了 0.01(ϕ=5°，$\gamma D/c$=0)，0.01(ϕ=5°，$\gamma D/c$=3)；0.06(ϕ=15°，$\gamma D/c$=0)，0.10(ϕ=15°，$\gamma D/c$=3)；0.09(ϕ=25°，$\gamma D/c$=0)，0.25(ϕ=25°，$\gamma D/c$=3)；0.09(ϕ=35°，$\gamma D/c$=0)，0.35(ϕ=35°，$\gamma D/c$=3)；② H/D=5 时，σ_T/c 增大了 0.02(ϕ=5°，$\gamma D/c$=0)，0.03(ϕ=5°，$\gamma D/c$=3)；0.05(ϕ=15°，$\gamma D/c$=0)，0.28(ϕ=15°，$\gamma D/c$=3)；0.04(ϕ=25°，$\gamma D/c$=0)，0.45(ϕ=25°，$\gamma D/c$=3)；0.01(ϕ=35°，$\gamma D/c$=0)，0.42(ϕ=35°，$\gamma D/c$=3)。

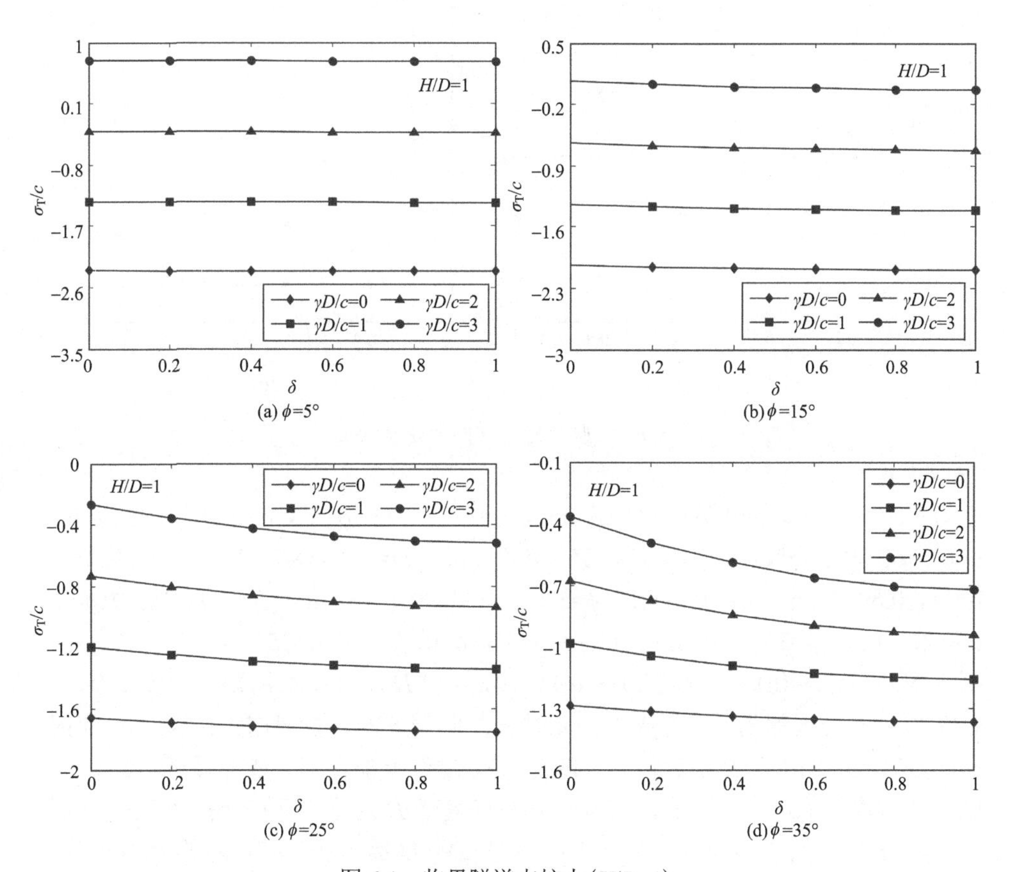

(a) ϕ=5°　(b) ϕ=15°　(c) ϕ=25°　(d) ϕ=35°

图 6-1　临界隧道支护力(H/D=1)

此外，由图还可看出，σ_T/c 随着 $\gamma D/c$ 的增加而增大，且 ϕ 越小，增大的幅度越大。当 $\gamma D/c$ 由 0 增加到 3：① H/D=1 时，σ_T/c 增大了 3.09(ϕ=5°，δ=1)，0.65(ϕ=35°，

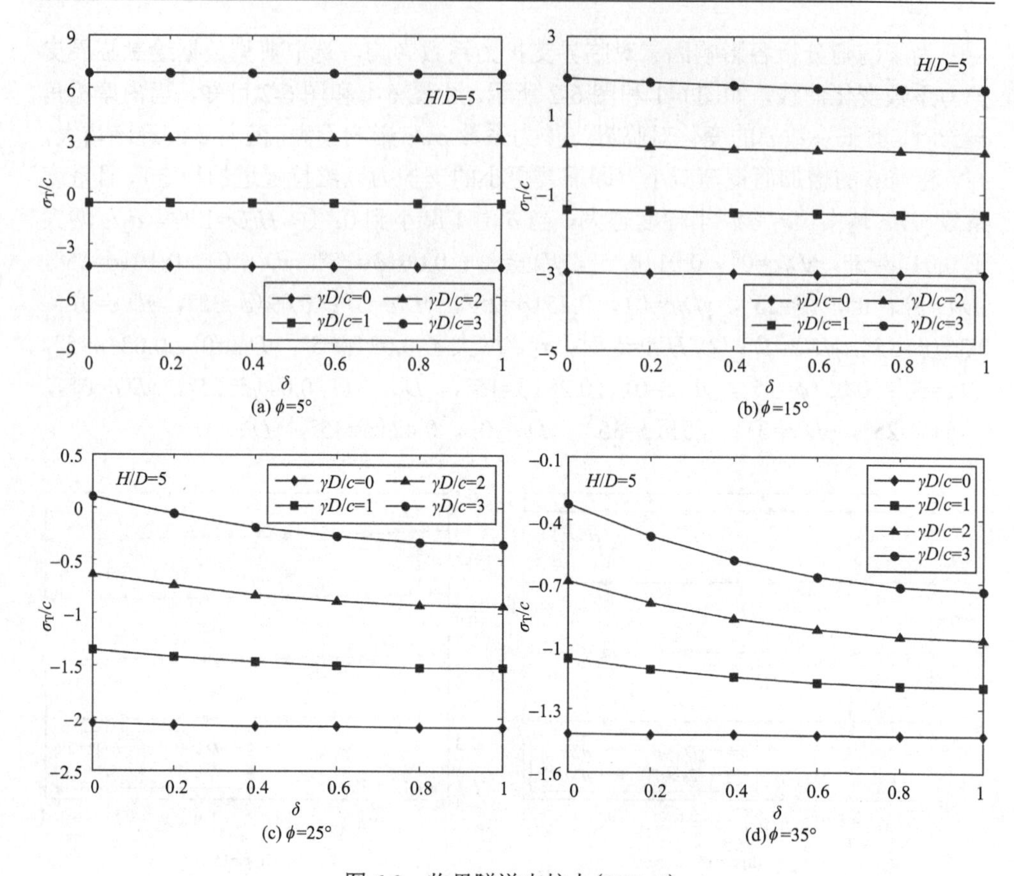

图 6-2　临界隧道支护力(H/D=5)

δ=1)；3.09(ϕ=5°，δ=0.6)，0.69(ϕ=35°，δ=0.6)；3.09(ϕ=5°，δ=0.2)，0.82(ϕ=35°，δ=0.2)；3.09(ϕ=5°，δ=0)，0.91(ϕ=35°，δ=0)；②H/D=5 时，σ_T/c 增大了 11.18(ϕ=5°，δ=1)，0.69(ϕ=35°，δ=1)；11.17(ϕ=5°，δ=0.6)，0.76(ϕ=35°，δ=0.6)；11.19(ϕ=5°，δ=0.2)，0.94(ϕ=35°，δ=0.2)；11.19(ϕ=5°，δ=0)，1.10(ϕ=35°，δ=0)。对比图 6-1(a)～(d)、图 6-2(a)～(d)可知，ϕ 和 H/D 对 σ_T/c 的影响较为复杂。当 $\gamma D/c$=0 时，可理解为 c 为无限大，此时 σ_T/c 随着 ϕ 的增加而增大；当 $\gamma D/c$=1 时，σ_T/c 随着 ϕ 的增加先减小后增大；随着 $\gamma D/c$ 继续增加，即 c 逐渐减小，此时 σ_T/c 随着 ϕ 的增加而减小。当 $\gamma D/c$=0 时，σ_T/c 随着 H/D 的增加而减小；当 $\gamma D/c$=1 时，σ_T/c 随着 H/D 的增加先减小后增大；随着 $\gamma D/c$ 继续增加，σ_T/c 随着 H/D 的增加而增加。

由上述分析可知，当内摩擦角 ϕ 较小时，剪胀角对临界支护力系数 σ_T/c 影响较小，即剪胀效应不明显；但随着 ϕ 的增加，剪胀效应不可忽视，尤其是当 c 较小($\gamma D/c$ 较大)时，影响更大。当 ϕ=35°，$\gamma D/c$=3 时，δ 由 1 减小到 0，σ_T/c 增大了约 49%(H/D=1)，54%(H/D=3)，56%(H/D=5)。

6.2.4　隧道失稳地层破坏模式

通过计算发现，隧道失稳地层破坏模式主要分为四种，如图 6-3 所示，①Mechanism 1：滑移线起始于隧道边墙处，延伸至地表，并在地表附近分支成两条滑移线，同时滑移线起始位置至隧道顶部轮廓周边楔形区域发生塑性变化破坏；②Mechanism 2：滑移线起始于隧道底板处(诱发底板隆起破坏)，延伸至地表，并在地表附近分支成两条滑移线，同时滑移线起始位置至隧道顶部轮廓周边楔形区域发生塑性变化破坏；③Mechanism 3：地层塑性变形区域集中在隧道周边楔形区域，未延伸至地表；④Mechanism 4：地层塑性变形区域集中在隧道周边区域，未延伸至地表，且隧道底部发生塑性变形破坏。为了清晰揭示不同工况下地层破坏机制，表 6-3 和表 6-4 采用不同的字体标准表示不同的地层破坏模式，具体见表下方的备注说明。

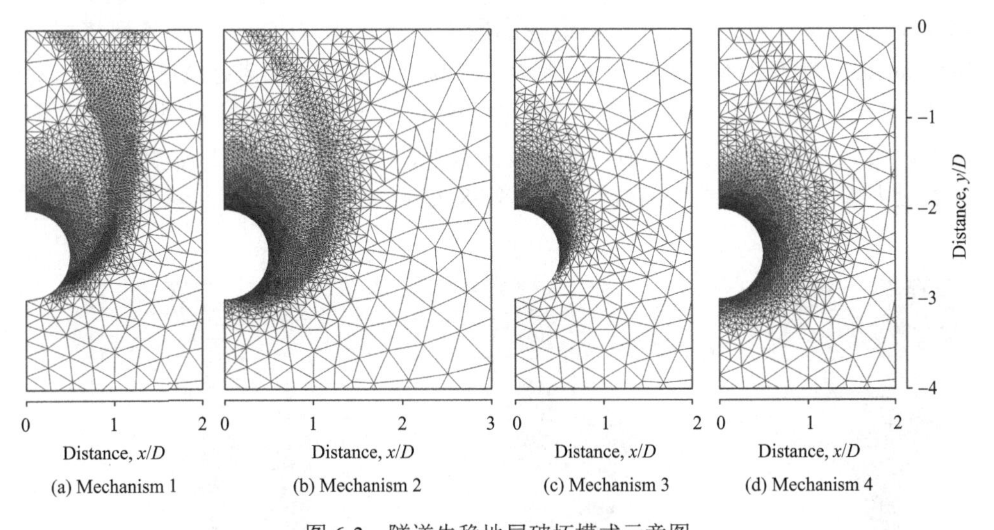

(a) Mechanism 1　(b) Mechanism 2　(c) Mechanism 3　(d) Mechanism 4

图 6-3　隧道失稳地层破坏模式示意图

图 6-4 为不同重度系数 $\gamma D/c$ 工况下隧道失稳地层破坏模式图(δ=1, H/D=2, ϕ=10°)。由图可知，此时，隧道失稳地层主要发生 Mechanism 1 的破坏，重度系数 $\gamma D/c$ 对地层破坏模式影响不大。然而，随着 $\gamma D/c$ 的增加，起始于隧道边墙的主滑移区宽度减小，且其在地中和地表水平影响范围逐渐减小。当 $\gamma D/c$ 由 0 增大到 3 时，地中最大水平影响范围由 1.67D 减小到 1.31D，地表最大水平影响范围由 2.01D 减小到 1.48D。

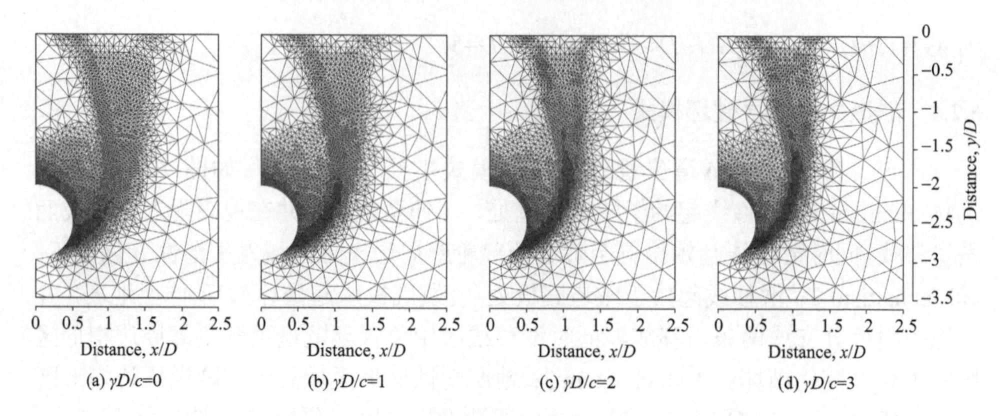

(a) $\gamma D/c$=0　(b) $\gamma D/c$=1　(c) $\gamma D/c$=2　(d) $\gamma D/c$=3

图 6-4　隧道失稳地层破坏模式随重度系数变化图

图 6-5 为不同埋深下隧道失稳地层破坏变化图(δ=1，$\gamma D/c$=3，ϕ=10°)。由图可看出，当隧道埋深较浅时，主要发生 Mechanism 1 的破坏。随着埋深的增加，起始于隧道边墙的滑移线沿着隧道轮廓向下移动，当 H/D=5 时，破坏模式由 Mechanism 1 转变为 Mechanism 2，此时，容易引起隧道底部隆起破坏。此外，对比图 6-5(a)～(c)可知，地层破坏区域地中和地表水平影响范围随着埋深的增加而增大。当 H/D 由 1 增大到 5 时，地中最大水平影响范围由 1.02D 增大到 2.60D，地表最大水平影响范围由 1.18D 增大到 2.98D。

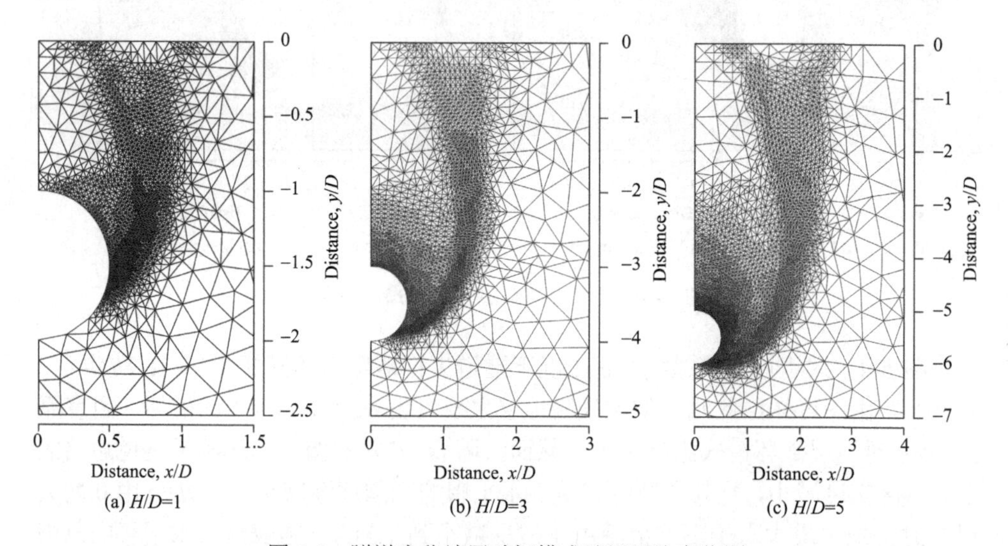

(a) H/D=1　(b) H/D=3　(c) H/D=5

图 6-5　隧道失稳地层破坏模式随埋深比变化图

图 6-6 为不同内摩擦角下隧道失稳地层破坏变化图(δ=0.2，$\gamma D/c$=2，H/D=3)。由图可看出，当内摩擦角 ϕ=5°时，隧道失稳地层发生 Mechanism 2 的破坏。随着 ϕ 的增加，破坏模式由 Mechanism 2 转变为 Mechanism 1，再由 Mechanism 1 转变为 Mechanism 3。此时，滑移线的起始位置沿着隧道轮廓逐渐上移，不会诱发隧道底板隆起破坏。此外，滑移线逐渐向隧道中心处偏移，即地层塑性破坏区域范围逐渐减小。当 ϕ=35°时，滑移线末端由延伸至地表转变为延伸至隧道中心线上，此时，地层塑性滑动区域主要集中在隧道周边区域。当 ϕ 由 5°增大到 35°时，地中最大水平影响范围由 2.26D 减小到 1.01D。

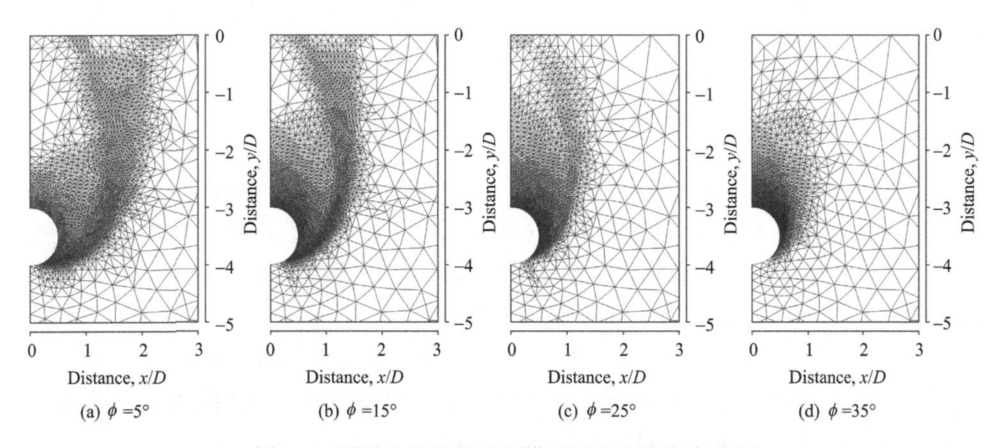

(a) ϕ =5°　(b) ϕ =15°　(c) ϕ =25°　(d) ϕ =35°

图 6-6　隧道失稳地层破坏模式随内摩擦角变化图

图 6-7 和图 6-8 为不同剪胀系数下隧道失稳地层破坏变化图(ϕ=35°，$\gamma D/c$=0 和 1，H/D=2)。由图 6-7 可看出，当剪胀角等于内摩擦角时(δ=1)，隧道失稳地层

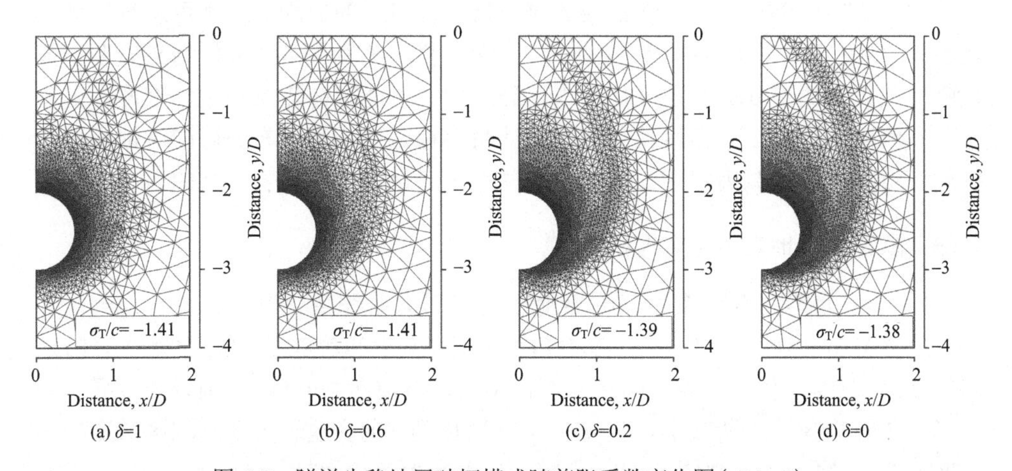

(a) δ=1　(b) δ=0.6　(c) δ=0.2　(d) δ=0

图 6-7　隧道失稳地层破坏模式随剪胀系数变化图($\gamma D/c$=0)

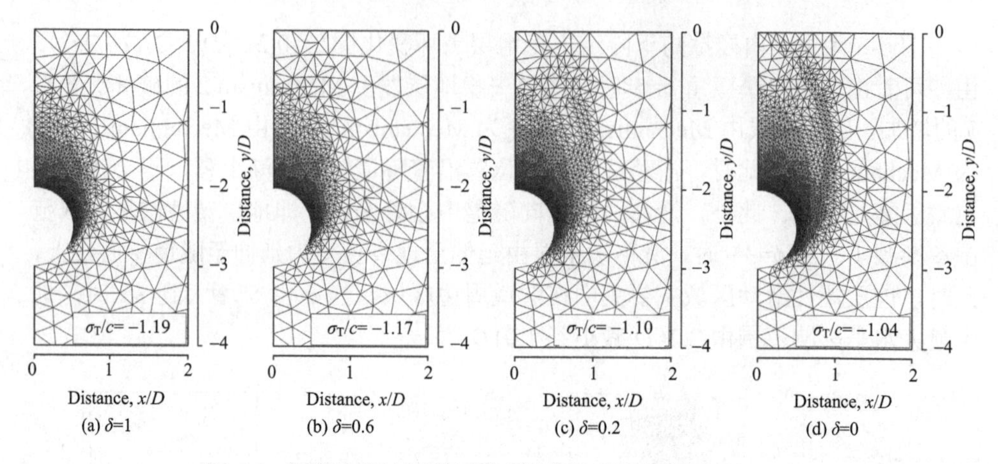

图 6-8　隧道失稳地层破坏模式随剪胀系数变化图($\gamma D/c$=1)

主要发生 Mechanism 4 的破坏。当剪胀角逐渐减小时，地层逐渐产生一条起始于隧道底部的滑动区域，地层破坏区域在地中和地表的影响范围逐渐增大。当剪胀角为 0°(δ=0)时，此时的破坏模式属于 Mechanism 2。然而，对比分析 δ=1 和 δ=0 两种工况可知，临界支护力系数仅变化了 0.03。

由图 6-8 可看出，当 δ=1 时，隧道失稳地层主要发生 Mechanism 3 的破坏，此时，地层塑性破坏区域主要集中在隧道上半部周边区域。当剪胀系数逐渐减小时，一方面隧道周边楔形破坏区域逐渐增大，另一方面地层逐渐产生一条起始于隧道边墙的滑动区域，且地层破坏区域在地中和地表的影响范围逐渐增大。当 δ=0 时，此时的破坏模式属于 Mechanism 1。然而，对比分析 δ=1 和 δ=0 两种工况可知，临界支护力系数仅变化了 0.15。

由 6.2.3 节分析可知，当 ϕ 较大时，岩土体材料的剪胀效应不可忽视，尤其是当 c 较小($\gamma D/c$ 较大)时，影响更大。此外，图 6-7 和图 6-8 分析结果表明，即使临界支护力随着 δ 的减小变化不大，破坏模式可能存在较大差别。因此，若基于关联流动法则，一方面可能高估岩土体材料稳定性，另一方面可能对地层破坏机制评价和影响区域确定存在偏差，这些都是对保证工程安全不利的。

6.2.5　隧道失稳地表塑性变形机制

图 6-9 为不同重度系数下临界地表沉降形态曲线图(δ=1，H/D=2，ϕ=10°和 30°)。由图 6-9(a)可看出，当内摩擦角较小时，随着重度系数 $\gamma D/c$ 的增加，隧道两侧 0.5D 范围内临界地表沉降形态变化不大，隧道两侧 0.5D 范围以外临界地表沉降主要影响区域逐渐减小。当 $\gamma D/c$ 由 0 增加到 3 时，地表主要影响区域宽度由 1.78D 减小到 1.39D。由图 6-9(b)可知，当内摩擦角较大时，$\gamma D/c$ 由 3 减小到 1，临界地表沉降形态曲线变化不大；当 $\gamma D/c$ 由 1 减小到 0 时，影响区域随着重度系

数的减小而增大。

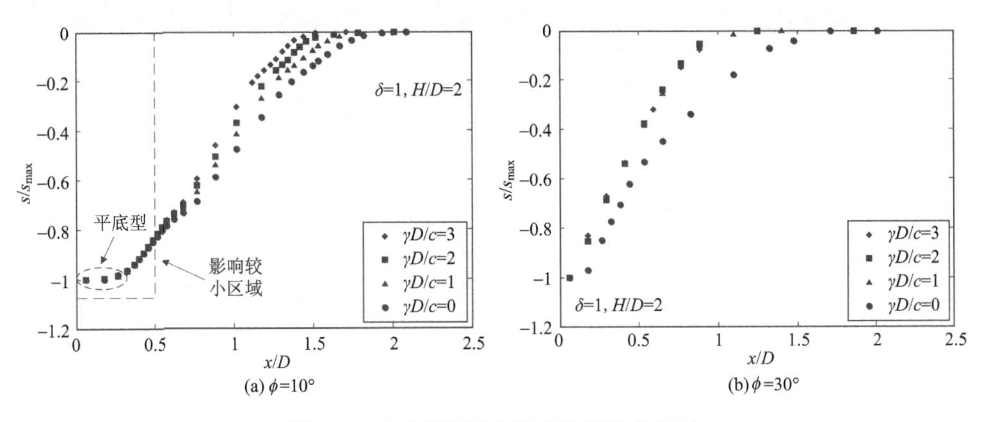

(a) ϕ=10°　(b) ϕ=30°

图 6-9　地表沉降形态随重度系数变化图

图 6-10 为不同内摩擦角工况下临界地表沉降形态曲线图(δ=0.2，$\gamma D/c$=2，H/D=3)。由图可看出，当 ϕ=5°时，与纯黏土工况相似，临界地表沉降槽形态更趋于“平底型”，即隧道附近上方一定区域发生整体下沉。当 $\phi \leqslant 25°$，随着 ϕ 的增加，隧道上方周边区域“平底型”范围逐渐减小，临界地表沉降主要影响区域逐渐减小。当 ϕ 由 5°增加到 25°时，地表主要影响区域宽度由 2.45D 减小到 1.55D；当 ϕ>25°，随着 ϕ 的增加，临界地表沉降主要影响区域逐渐增大。

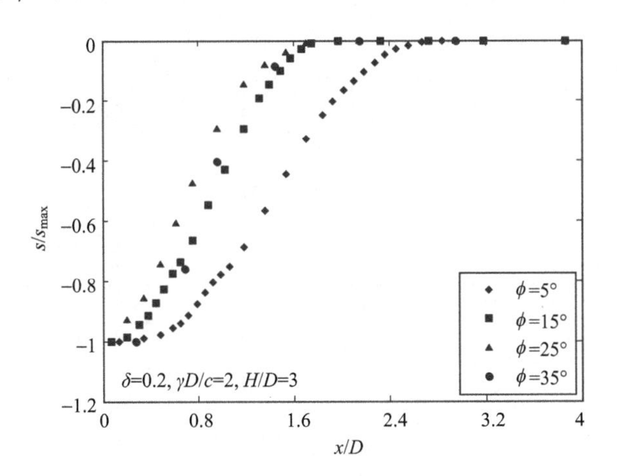

图 6-10　地表沉降形态随内摩擦角变化图

图 6-11 为不同隧道埋深下临界地表沉降形态曲线图(δ=1，$\gamma D/c$=3，ϕ=10°)。由图可看出，随着隧道埋深的增加，临界地表沉降主要影响区域逐渐增大。当 H/D 由 1 增加到 5 时，地表主要影响区域宽度由 1.14D 增加到 2.75D。

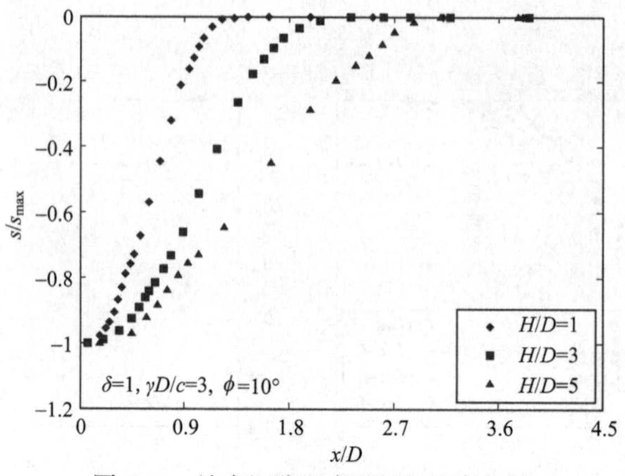

图 6-11　地表沉降形态随埋深比变化图

图 6-12 为不同剪胀系数下临界地表沉降形态曲线图(H/D=2，$\gamma D/c$=0、3，ϕ=10°、35°)。由图 6-12(a)和(b)可看出，当内摩擦角较小时，剪胀系数变化对临界地表沉降曲线形态和主要影响区域几乎没有影响。由图 6-12(c)可知，当内摩擦角较大且重度系数较小时，随着 δ 的减小，临界地表沉降曲线形态变化不大，

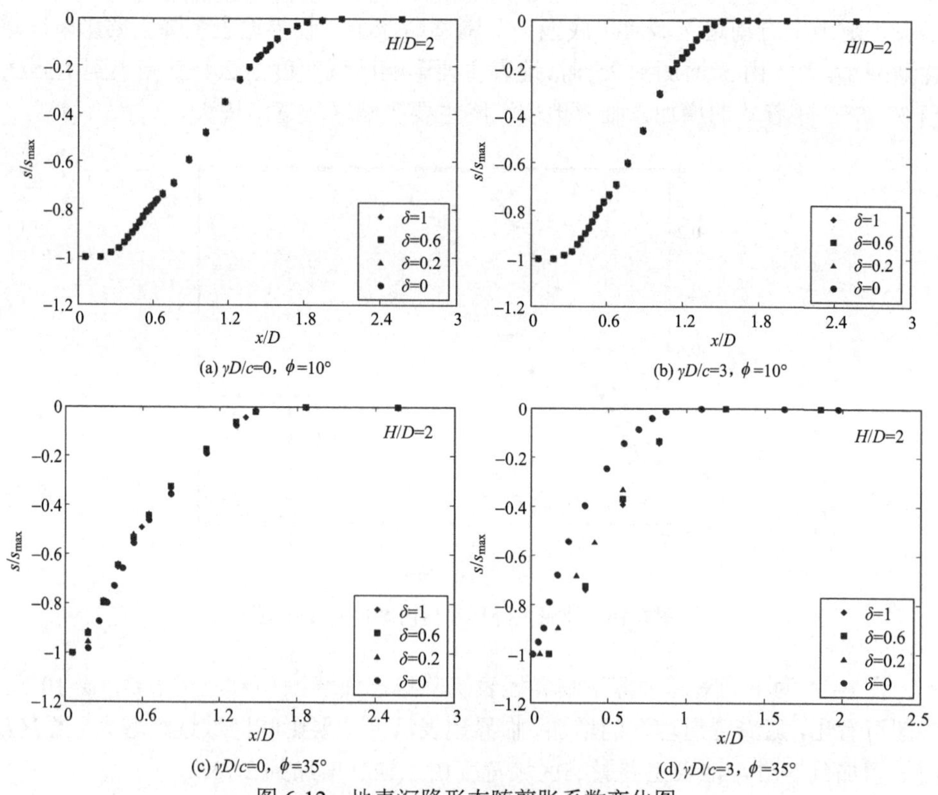

(a) $\gamma D/c$=0，ϕ=10°　　(b) $\gamma D/c$=3，ϕ=10°

(c) $\gamma D/c$=0，ϕ=35°　　(d) $\gamma D/c$=3，ϕ=35°

图 6-12　地表沉降形态随剪胀系数变化图

主要影响区域在隧道周边略有增加。由图 6-12（d）可知，当内摩擦角较大且重度系数较大时，δ 由 1 减小到 0.6，临界地表沉降曲线形态和主要影响区域变化均不大；而当 δ 由 0.6 减小到 0 的过程中，地表主要影响区域变化不大，但隧道中心线两侧 1D 范围内地表沉降比（s/s_{max}）逐渐减小。

6.3　基于非关联流动法则的破坏模式优化

6.3.1　非关联流动法则嵌入

参照岩土体强度参数修正公式，对岩土体黏聚力和土体内摩擦角进行修正，修正后的土体强度参数取值如表 6-5～表 6-7 所示。

表 6-5　岩土体强度修正值（δ=1.0～0.8）

δ	ϕ /(°)	ψ /(°)	ϕ^* /(°)	c /kPa	c^* /kPa	δ	ϕ /(°)	ψ /(°)	ϕ^* /(°)	c /kPa	c^* /kPa
1.0	5	5	5	30	30	0.8	5	4	4.999	30	29.995
				40	40					40	39.994
				60	60					60	59.991
				120	120					120	119.982
	10	10	10	30	30		10	8	9.994	30	29.981
				40	40					40	39.975
				60	60					60	59.963
				120	120					120	119.925
	15	15	15	30	30		15	12	14.979	30	29.957
				40	40					40	39.942
				60	60					60	59.913
				120	120					120	119.826
	20	20	20	30	30		20	16	19.950	30	29.919
				40	40					40	39.892
				60	60					60	59.839
				120	120					120	119.677
	25	25	25	30	30		25	20	24.902	30	29.867
				40	40					40	39.822
				60	60					60	59.733
				120	120					120	119.466
	30	30	30	30	30		30	24	29.829	30	29.794
				40	40					40	39.725
				60	60					60	59.587
				120	120					120	119.175
	35	35	35	30	30		35	28	34.724	30	29.694
				40	40					40	39.592
				60	60					60	59.388
				120	120					120	118.776

表 6-6　岩土体强度修正值(δ=0.6～0.4)

δ	ϕ /(°)	ψ /(°)	ϕ^* /(°)	c /kPa	c^* /kPa	δ	ϕ /(°)	ψ /(°)	ϕ^* /(°)	c /kPa	c^* /kPa
0.6	5	3	4.997	30	29.982	0.4	5	2	4.993	30	29.959
				40	39.976					40	39.945
				60	59.963					60	59.918
				120	119.927					120	119.835
	10	6	9.976	30	29.926		10	4	9.946	30	29.834
				40	39.901					40	39.778
				60	59.851					60	59.667
				120	119.702					120	119.335
	15	9	14.918	30	29.829		15	6	14.819	30	29.62
				40	39.772					40	39.494
				60	59.657					60	59.241
				120	119.315					120	118.481
	20	12	19.807	30	29.686		20	8	19.576	30	29.312
				40	39.581					40	39.082
				60	59.371					60	58.623
				120	118.743					120	117.247
	25	15	24.625	30	29.488		25	10	24.188	30	28.897
				40	39.318					40	38.529
				60	58.977					60	57.794
				120	117.953					120	115.587
	30	18	29.355	30	29.225		30	12	28.626	30	28.361
				40	38.966					40	37.815
				60	58.449					60	56.723
				120	116.899					120	113.445
	35	21	33.981	30	28.878		35	14	32.871	30	27.686
				40	38.504					40	36.915
				60	57.757					60	55.373
				120	115.513					120	110.745

表 6-7　岩土体强度修正值(δ=0.2～0)

δ	ϕ /(°)	ψ /(°)	ϕ^* /(°)	c /kPa	c^* /kPa	δ	ϕ /(°)	ψ /(°)	ϕ^* /(°)	c /kPa	c^* /kPa
0.2	5	1	4.988	30	29.927	0	5	0	4.981	30	29.886
				40	39.902					40	39.848
				60	59.854					60	59.772
				120	119.707					120	119.543
	10	2	9.904	30	29.706		10	0	9.851	30	29.544
				40	39.608					40	39.392
				60	59.413					60	59.088
				120	118.825					120	118.177
	15	3	14.682	30	29.335		15	0	14.511	30	28.978
				40	39.114					40	38.637
				60	58.671					60	57.956
				120	117.342					120	115.911
	20	4	19.266	30	28.809		20	0	18.882	30	28.191
				40	38.413					40	37.588
				60	57.619					60	56.382
				120	115.238					120	112.763
	25	5	23.611	30	28.121		25	0	22.910	30	27.189
				40	37.495					40	36.252
				60	56.243					60	54.378
				120	112.486					120	108.757
	30	6	27.685	30	27.263		30	0	26.565	30	25.981
				40	36.351					40	34.641
				60	54.527					60	51.962
				120	109.053					120	103.923
	35	7	31.470	30	26.225		35	0	29.838	30	24.575
				40	34.966					40	32.766
				60	52.449					60	49.149
				120	104.898					120	98.298

根据表 6-5～表 6-7 中计算的岩土体参数修正后的数值可知，剪胀角随剪胀系数 δ 减小而减小。随着剪胀系数 δ 的减小，岩土体黏聚力 c 和内摩擦角 ϕ 都有一定程度的减小。当 δ 由 1 减小到 0 时，黏聚力 c 减小了约 0.457kPa(c=120kPa，ϕ=5°)，1.823kPa(c=120kPa，ϕ=10°)，4.089kPa(c=120kPa，ϕ=15°)，7.237 kPa(c=120kPa，ϕ=20°)，11.243kPa(c=120kPa，ϕ=25°)，16.077 kPa(c=120kPa，ϕ=30°)，21.702kPa(c=120kPa，ϕ=35°)；内摩擦角 ϕ 减小了约 0.019°(ϕ=5°)，0.149°(ϕ=10°)，0.489°(ϕ=15°)，1.118°(ϕ=20°)，2.09°(ϕ=25°)，3.435°(ϕ=30°)，5.162°(ϕ=35°)。

6.3.2　隧道失稳极限支护力上限解分析

应用 5.2 节建立的刚性滑块隧道失稳破坏模式及编制的非线性规划数学模型极限分析程序，将修正后的土体强度参数代入 5.2 节编制的隧道失稳极限分析程序中求解相应的隧道极限支护力系数 σ_T/c 及隧道失稳地层破坏形式。表 6-8～表 6-10 为引入非关联流动法则修正后不同工况下的隧道失稳开挖面极限支护力上限解，其中，为了便于分析，无量纲处理计算中的 c 仍使用修正前的数值。

表 6-8　隧道失稳极限支护力系数上限解（δ=1～0.8）

H/D	ϕ /(°)	δ=1.0					δ=0.8				
		$\gamma D/c$=0	$\gamma D/c$=1	$\gamma D/c$=2	$\gamma D/c$=3	$\gamma D/c$=4	$\gamma D/c$=0	$\gamma D/c$=1	$\gamma D/c$=2	$\gamma D/c$=3	$\gamma D/c$=4
1	5	–2.42	–1.41	–0.38	0.68	1.75	–2.42	–1.41	–0.38	0.68	1.75
	10	–2.30	–1.44	–0.58	0.28	1.15	–2.30	–1.44	–0.58	0.28	1.15
	15	–2.15	–1.45	–0.74	–0.03	0.68	–2.15	–1.45	–0.74	–0.02	0.69
	20	–1.99	–1.42	–0.86	–0.30	0.29	–1.99	–1.42	–0.86	–0.28	0.30
	25	–1.81	–1.37	–0.94	–0.49	–0.04	–1.80	–1.36	–0.93	–0.48	–0.02
	30	–1.61	–1.30	–0.98	–0.64	–0.29	–1.61	–1.29	–0.97	–0.63	–0.27
	35	–1.40	–1.20	–0.98	–0.76	–0.53	–1.40	–1.19	–0.96	–0.73	–0.50
2	5	–3.35	–1.54	0.28	2.11	3.94	–3.35	–1.54	0.28	2.11	3.94
	10	–3.04	–1.67	–0.28	1.11	2.50	–3.04	–1.67	–0.28	1.11	2.51
	15	–2.72	–1.72	–0.70	0.33	1.37	–2.72	–1.71	–0.69	0.34	1.38
	20	–2.38	–1.70	–0.99	–0.26	0.48	–2.38	–1.70	–0.99	–0.25	0.49
	25	**–2.04**	–1.63	–1.16	–0.68	–0.19	**–2.04**	–1.63	–1.16	–0.66	–0.17
	30	**–1.72**	*–1.43*	*–1.13*	*–0.83*	*–0.53*	**–1.72**	*–1.43*	*–1.12*	*–0.82*	*–0.51*
	35	**–1.43**	*–1.22*	*–1.01*	*–0.80*	*–0.59*	**–1.43**	*–1.21*	*–1.00*	*–0.78*	*–0.58*
3	5	–3.96	–1.47	1.04	3.54	6.05	–3.96	–1.46	1.04	3.54	6.05
	10	–3.49	–1.74	0.04	1.83	3.63	–3.49	–1.73	0.05	1.83	3.63
	15	**–3.02**	–1.87	–0.67	0.55	1.77	**–3.02**	–1.86	–0.66	0.56	1.79
	20	**–2.55**	–1.87	–1.13	–0.36	0.41	**–2.55**	–1.87	–1.12	–0.35	0.43
	25	**–2.11**	*–1.69*	*–1.24*	*–0.79*	*–0.34*	**–2.11**	*–1.69*	*–1.23*	*–0.78*	*–0.32*
	30	**–1.73**	*–1.43*	*–1.13*	*–0.83*	*–0.53*	**–1.73**	*–1.43*	*–1.12*	*–0.82*	*–0.51*
	35	*–1.43*	*–1.22*	*–1.01*	*–0.80*	*–0.59*	*–1.43*	*–1.21*	*–1.00*	*–0.78*	*–0.58*
4	5	**–4.41**	**–1.31**	**1.81**	**4.94**	**8.07**	**–4.41**	**–1.31**	**1.81**	**4.94**	**8.07**
	10	**–3.80**	**–1.75**	0.34	2.45	4.57	**–3.80**	**–1.75**	0.34	2.46	4.57
	15	**–3.20**	**–1.97**	–0.67	0.65	1.99	**–3.20**	**–1.97**	–0.66	0.66	2.00
	20	**–2.63**	**–2.00**	*–1.28*	*–0.54*	*0.19*	**–2.63**	**–1.99**	*–1.27*	*–0.53*	*0.21*
	25	**–2.13**	*–1.69*	*–1.24*	*–0.79*	*–0.34*	**–2.13**	*–1.69*	*–1.23*	*–0.78*	*–0.32*
	30	**–1.73**	*–1.43*	*–1.13*	*–0.83*	*–0.53*	**–1.73**	*–1.43*	*–1.12*	*–0.82*	*–0.51*
	35	*–1.43*	*–1.22*	*–1.01*	*–0.80*	*–0.59*	*–1.43*	*–1.21*	*–1.00*	*–0.78*	*–0.58*

表 6-9　隧道失稳极限支护力系数上限解(δ=0.6～0.4)

H/D	ϕ /(°)	δ=0.6					δ=0.4				
		$\gamma D/c$=0	$\gamma D/c$=1	$\gamma D/c$=2	$\gamma D/c$=3	$\gamma D/c$=4	$\gamma D/c$=0	$\gamma D/c$=1	$\gamma D/c$=2	$\gamma D/c$=3	$\gamma D/c$=4
1	5	–2.42	–1.41	–0.37	0.68	1.75	–2.42	–1.40	–0.37	0.68	1.75
	10	–2.30	–1.44	–0.58	0.29	1.16	–2.29	–1.43	–0.57	0.30	1.17
	15	–2.15	–1.44	–0.73	0.01	0.71	–2.14	–1.43	–0.71	0.03	0.73
	20	–1.99	–1.41	–0.84	–0.26	0.32	–1.98	–1.39	–0.81	–0.22	0.36
	25	–1.79	–1.35	–0.90	–0.44	0.02	–1.77	–1.32	–0.86	–0.39	0.08
	30	–1.59	–1.27	–0.93	–0.58	–0.22	–1.58	–1.23	–0.89	–0.50	–0.11
	35	–1.39	–1.17	–0.92	–0.67	–0.42	–1.38	–1.12	–0.87	–0.58	–0.30
2	5	–3.35	–1.54	0.28	2.11	3.94	–3.35	–1.53	0.29	2.11	3.95
	10	–3.04	–1.66	–0.27	1.12	2.52	–3.03	–1.65	–0.26	1.14	2.53
	15	–2.72	–1.70	–0.68	0.36	1.40	–2.71	–1.68	–0.65	0.39	1.44
	20	–2.38	–1.68	–0.95	–0.21	0.54	–2.37	–1.65	–0.91	–0.16	0.60
	25	**–2.03**	–1.60	–1.12	–0.61	–0.08	**–2.02**	–1.57	–1.06	–0.54	0.02
	30	**–1.71**	*–1.42*	*–1.10*	*–0.78*	*–0.46*	**–1.70**	*–1.40*	*–1.06*	*–0.73*	*–0.39*
	35	**–1.43**	*–1.20*	*–0.98*	*–0.75*	*–0.53*	**–1.42**	*–1.18*	*–0.94*	*–0.70*	*–0.45*
3	5	–3.96	–1.46	1.04	3.54	6.05	–3.96	–1.46	1.04	3.55	6.06
	10	–3.49	–1.73	0.06	1.85	3.65	–3.48	–1.71	0.07	1.87	3.67
	15	**–3.01**	–1.85	–0.64	0.59	1.83	**–3.00**	–1.83	–0.61	0.63	1.87
	20	**–2.54**	–1.85	–1.09	–0.30	0.50	**–2.53**	–1.82	–1.04	–0.24	0.57
	25	**–2.11**	*–1.68*	*–1.21*	*–0.74*	*–0.28*	**–2.10**	*–1.66*	*–1.17*	*–0.69*	*–0.20*
	30	**–1.72**	*–1.42*	*–1.10*	*–0.78*	*–0.46*	**–1.72**	*–1.40*	*–1.06*	*–0.73*	*–0.39*
	35	*–1.43*	*–1.20*	*–0.98*	*–0.75*	*–0.53*	*–1.43*	*–1.18*	*–0.94*	*–0.70*	*–0.45*
4	5	**–4.41**	**–1.30**	**1.82**	**4.94**	**8.07**	**–4.41**	**–1.30**	**1.82**	**4.95**	**8.08**
	10	**–3.79**	**–1.74**	0.36	2.47	4.58	**–3.79**	**–1.73**	0.38	2.49	4.62
	15	**–3.19**	**–1.95**	–0.64	0.70	2.05	**–3.18**	**–1.93**	–0.60	0.75	2.11
	20	**–2.62**	**–1.97**	–1.23	*–0.51*	*0.24*	**–2.61**	**–1.94**	–1.18	*–0.45*	*0.32*
	25	**–2.13**	*–1.68*	*–1.21*	*–0.74*	*–0.28*	**–2.12**	*–1.66*	*–1.17*	*–0.69*	*–0.20*
	30	**–1.73**	*–1.42*	*–1.10*	*–0.78*	*–0.46*	**–1.73**	*–1.40*	*–1.06*	*–0.73*	*–0.39*
	35	*–1.43*	*–1.20*	*–0.98*	*–0.75*	*–0.53*	*–1.43*	*–1.18*	*–0.94*	*–0.70*	*–0.45*

表 6-10　隧道失稳极限支护力系数上限解(δ=0.2～0)

H/D	ϕ /(°)	δ=0.2					δ=0				
		$\gamma D/c$=0	$\gamma D/c$=1	$\gamma D/c$=2	$\gamma D/c$=3	$\gamma D/c$=4	$\gamma D/c$=0	$\gamma D/c$=1	$\gamma D/c$=2	$\gamma D/c$=3	$\gamma D/c$=4
1	5	−2.41	−1.40	−0.37	0.68	1.76	−2.41	−1.40	−0.37	0.69	1.76
	10	−2.28	−1.42	−0.56	0.31	1.18	−2.27	−1.41	−0.54	0.33	1.20
	15	−2.12	−1.41	−0.69	0.03	0.76	−2.10	−1.38	−0.66	0.06	0.81
	20	−1.96	−1.36	−0.77	−0.17	0.45	−1.94	−1.31	−0.71	−0.11	0.53
	25	−1.74	−1.28	−0.80	−0.32	0.13	−1.71	−1.23	−0.73	−0.23	0.27
	30	−1.55	−1.19	−0.80	−0.41	−0.02	−1.51	−1.12	−0.72	−0.30	0.12
	35	−1.36	−1.08	−0.80	−0.47	−0.15	−1.32	−1.01	−0.68	−0.33	0.02
2	5	−3.34	−1.53	0.29	2.12	3.95	−3.33	−1.53	0.29	2.12	3.96
	10	−3.02	−1.63	−0.24	1.16	2.57	−3.01	−1.62	−0.22	1.18	2.59
	15	−2.68	−1.66	−0.61	0.44	1.49	−2.66	−1.62	−0.57	0.50	1.57
	20	−2.34	−1.62	−0.85	−0.08	0.70	−2.31	−1.56	−0.78	0.01	0.81
	25	**−2.00**	−1.52	−0.99	−0.44	0.13	**−1.98**	−1.46	−0.89	−0.31	0.28
	30	**−1.69**	*−1.37*	*−1.01*	*−0.65*	*−0.29*	**−1.67**	*−1.33*	*−0.94*	*−0.54*	*−0.15*
	35	**−1.42**	*−1.16*	*−0.89*	*−0.62*	*−0.35*	**−1.40**	*−1.12*	*−0.82*	*−0.51*	*−0.21*
3	5	−3.95	−1.45	1.05	3.55	6.06	−3.94	−1.45	1.05	3.56	6.07
	10	−3.47	−1.70	0.09	1.90	3.70	−3.45	−1.68	0.12	1.93	3.74
	15	**−2.98**	−1.79	−0.56	0.69	1.94	**−2.96**	−1.75	−0.50	0.77	2.04
	20	**−2.51**	−1.77	−0.97	−0.14	0.69	**−2.49**	−1.72	−0.88	−0.02	0.84
	25	**−2.09**	*−1.63*	*−1.12*	*−0.61*	*−0.10*	**−2.07**	−1.61	*−1.05*	*−0.51*	*0.04*
	30	**−1.72**	*−1.37*	*−1.01*	*−0.65*	*−0.29*	**−1.72**	*−1.33*	*−0.94*	*−0.54*	*−0.15*
	35	*−1.43*	*−1.16*	*−0.89*	*−0.62*	*−0.35*	*−1.43*	*−1.12*	*−0.82*	*−0.51*	*−0.21*
4	5	**−4.40**	**−1.29**	**1.83**	**4.96**	**8.09**	**−4.39**	**−1.29**	**1.83**	**4.97**	**8.10**
	10	**−3.78**	**−1.71**	0.40	2.52	4.66	**−3.76**	**−1.68**	0.44	2.57	4.72
	15	**−3.16**	**−1.89**	−0.55	0.82	2.19	**−3.14**	**−1.85**	−0.48	0.92	2.32
	20	**−2.60**	**−1.90**	−1.10	−0.28	*0.42*	**−2.58**	**−1.84**	−1.00	−0.14	*0.56*
	25	**−2.12**	*−1.63*	*−1.12*	*−0.61*	*−0.10*	**−2.11**	*−1.60*	*−1.05*	*−0.51*	*0.04*
	30	**−1.73**	*−1.37*	*−1.01*	*−0.65*	*−0.29*	**−1.73**	*−1.33*	*−0.94*	*−0.54*	*−0.15*
	35	*−1.43*	*−1.16*	*−0.89*	*−0.62*	*−0.35*	*−1.43*	*−1.12*	*−0.82*	*−0.51*	*−0.21*

注：常规字体表示隧道周边土体破坏范围起始于隧道边墙，延伸至地表；字体加粗表示隧道周边土体破坏范围起始于隧道底板位置并延伸至地表；字体斜体表示隧道周边土体破坏范围沿隧道周边发生，未延伸至地表的地层破坏形式。

为了清晰地分析引入非关联流动法则对隧道失稳极限支护力系数的影响，下面选取典型数据绘制了极限支护力系数 σ_T/c 变化曲线。由图 6-13 可知，当土体内摩擦角 ϕ=5°，剪胀系数 δ 的变化对极限支护力系数 σ_T/c 影响不大，极限支护力系

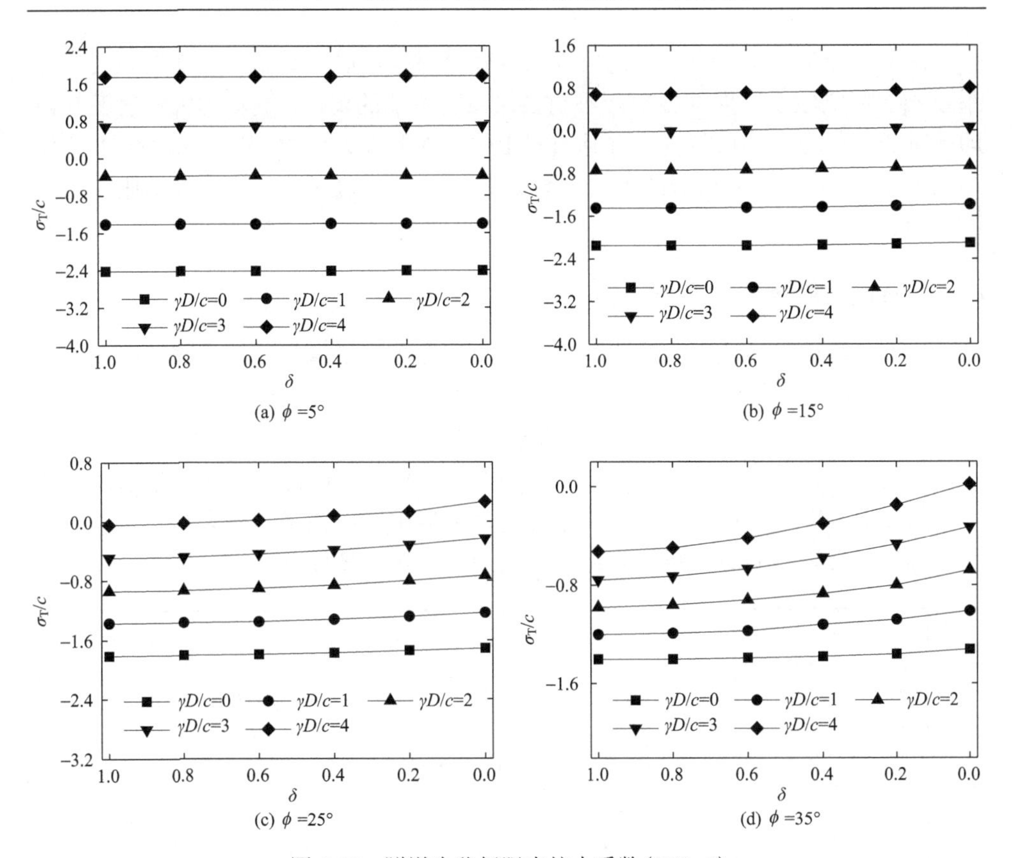

(a) ϕ =5°　(b) ϕ =15°　(c) ϕ =25°　(d) ϕ =35°

图 6-13　隧道失稳极限支护力系数(H/D=1)

数略微增加(即需要更大的支护力以维持隧道的稳定)；而随着 ϕ 的增大，同一假定破坏模式下的 σ_T/c 随着 δ 减小的增加幅度不断增大。当 δ 由 1 减小到 0 时，①H/D=1，$\gamma D/c$=1 时，σ_T/c 增大了 0.01(ϕ=5°)，0.07(ϕ=15°)，0.14(ϕ=25°)，0.19(c=120kPa，ϕ=35°)；②H/D=2，$\gamma D/c$=1 时，σ_T/c 增大了 0.01(c=120kPa，ϕ=5°)，0.10(ϕ=15°)，0.17(ϕ=25°)，0.10(ϕ=35°)；③H/D=3，$\gamma D/c$=1 时，σ_T/c 增大了 0.02(ϕ=5°)，0.12(ϕ=15°)，0.09(ϕ=25°)，0.10(ϕ=35°)；④H/D=4，$\gamma D/c$=1 时，σ_T/c 增大了 0.02(ϕ=5°)，0.12(ϕ=15°)，0.09(ϕ=25°)，0.10(ϕ=35°)。

当 ϕ 相同时，随土体重度黏聚力参数 $\gamma D/c$ 增大，σ_T/c 随着 δ 减小而增大，其增长幅度随 $\gamma D/c$ 增大不断增大。当 δ 由 1 减小到 0 时，①H/D=1，ϕ=20°时，σ_T/c 增大了 0.11($\gamma D/c$=1)，0.15($\gamma D/c$=2)，0.18($\gamma D/c$=3)，0.24($\gamma D/c$=4)；②H/D=2，ϕ=20°时，σ_T/c 增大了 0.14($\gamma D/c$=1)，0.21($\gamma D/c$=2)，0.27($\gamma D/c$=3)，0.33($\gamma D/c$=4)；③H/D=3，ϕ=20°时，σ_T/c 增大了 0.15($\gamma D/c$=1)，0.25($\gamma D/c$=2)，0.34($\gamma D/c$=3)，0.43($\gamma D/c$=4)；④H/D=4，ϕ=20°时，σ_T/c 增大了 0.16($\gamma D/c$=1)，0.18($\gamma D/c$=2)，0.27($\gamma D/c$=3)，0.27($\gamma D/c$=4)。

由上述分析可知，当土体内摩擦角 ϕ 较小时，剪胀系数 δ 对隧道极限支护力系数 σ_T/c 影响较小，即剪胀效应不明显；但随着 ϕ 的增加，σ_T/c 增大幅度变大，即此时的剪胀效应不可忽视。并且随着土体重度黏聚力参数 $\gamma D/c$ 的增大(即土体黏聚力 c 减小)时，隧道极限支护力系数 σ_T/c 增大幅度变大，岩土体剪胀效应的影响增大。

6.3.3 隧道失稳地层破坏模式分析

选取典型数据讨论引入岩土体非关联流动法则对隧道失稳地层破坏模式的影响，图 6-14 为隧道埋深比 H/D=4，土体重度黏聚力参数 $\gamma D/c$=2，土体内摩擦角 ϕ=20°工况下不同剪胀系数的隧道失稳地层破坏形式变化图，由图可知，随着剪胀系数 δ 的减小，隧道周边塑性破坏区域(水平及竖直方向)逐渐扩大，隧道周边破坏范围逐渐向隧道底板处延伸，在 δ=0 时，地层破坏已完全转变为第一种破坏模式，隧道周边塑性破坏区域集中在隧道周边，破坏未延伸至地表。

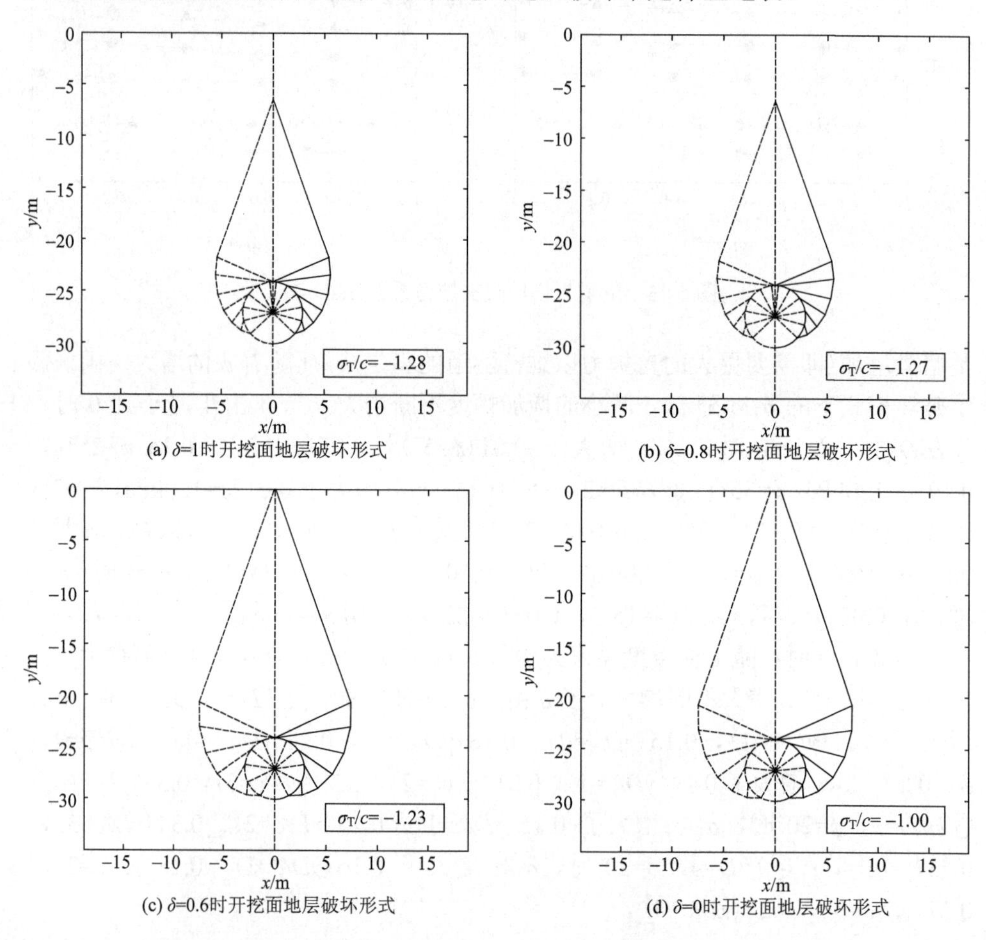

(a) δ=1时开挖面地层破坏形式　(b) δ=0.8时开挖面地层破坏形式

(c) δ=0.6时开挖面地层破坏形式　(d) δ=0时开挖面地层破坏形式

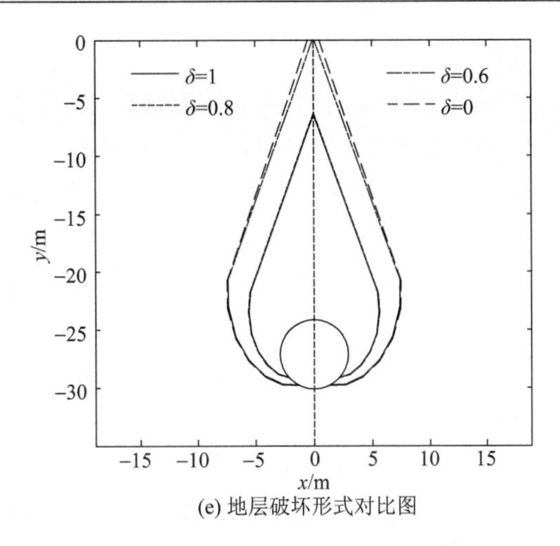

(e) 地层破坏形式对比图

图 6-14　引入非关联流动法则前后地层破坏形式变化图

分析可知，引入岩土体非关联流动法则，随剪胀系数 δ 的减小，隧道周边塑性破坏区域不断扩大，在地层破坏模式类型判定交界处，有可能引起隧道破坏模式发生改变，考虑岩土体非关联流动法则对隧道失稳地层塑性破坏模式有一定程度的影响。

结合表 6-8～表 6-10 可知，在剪胀系数 δ 取 0.4～0 时，在土体内摩擦角 ϕ 及土体黏聚力 c 较大的情况下，分析可知即当土体内摩擦角 ϕ 取 20°～35°，土体重度黏聚力参数 $\gamma D/c$=2～4 时，岩土体材料的剪胀效应对隧道稳定性有较大影响，极限支护力系数及周边地层破坏范围变化幅度较大，甚至可能引起隧道失稳破坏模式的改变，此时，研究隧道稳定性问题不能忽略岩土体剪胀效应的影响。

6.4　本 章 小 结

本章在第 3 章、第 4 章的基础上考虑非关联流动法则对极限分析上限法的影响，提出评价隧道失稳临界支护力特性、地层塑性流动机制的自适应加密上限有限元分析方法与刚性滑块上限法，在考虑非关联流动法则基础上揭示了临界状态地表沉降形态曲线特征，主要研究结论如下：

(1) 黏土地层中，随着 $\gamma D/c$ 的增加，极限支护力 σ_T/c 呈近似线性增加，隧道失稳破坏时主要形成贯穿地表的带状分布塑性滑动区，且 $\gamma D/c$ 和 H/D 越大，破坏范围逐渐增大且滑动面有往隧道下方延伸趋势。采用两条高斯曲线叠加的方式可较好地拟合临界地表沉降形态，且地表沉降宽度及“平底型”范围随 $\gamma D/c$ 和 H/D 的增加而增大。基于拟合结果提出的失稳临界状态下地表沉降形态曲线简化公式，可直接用于工程中地层稳定性初步判别及地表变形机制分析，是预测黏土地层浅埋隧道临界地表沉降的实用公式。

(2)通过对土体强度参数进行修正引入非关联流动法则，构建了隧道稳定性自适应加密上限有限元数学规划模型。当内摩擦角 ϕ 较小时，剪胀系数 δ 对临界支护力系数 σ_T/c 影响较小，即剪胀效应不明显；但随着 ϕ 的增加，剪胀效应不可忽视，尤其是当 c 较小($\gamma D/c$ 较大)时，影响更大。当 ϕ=35°，$\gamma D/c$=3 时，δ 由 1 减小到 0，修正后内摩擦角减小了约 5.162°，修正后黏聚力减小了约 21.702 kPa，此时，σ_T/c 增大了约 49%(H/D=1)、54%(H/D=3)、56%(H/D=5)。

(3)隧道失稳地层主要发生四种破坏模式，即：①Mechanism 1，滑移线起始于隧道边墙处，延伸至地表，并在地表附近分支成两条滑移线，同时滑移线起始位置至隧道顶部轮廓周边楔形区域发生塑性变化破坏；②Mechanism 2，滑移线起始于隧道底板处(诱发底板隆起破坏)，延伸至地表，并在地表附近分支成两条滑移线，同时滑移线起始位置至隧道顶部轮廓周边楔形区域发生塑性变化破坏；③Mechanism 3，地层塑性变形区域集中在隧道周边楔形区域，未延伸至地表；④Mechanism 4，地层塑性变形区域集中在隧道周边区域，未延伸至地表，且隧道底部发生塑性变形破坏。$\gamma D/c$ 和 H/D 对地层破坏模式影响不大，塑性区范围随着 $\gamma D/c$ 减小和 H/D 增大而逐渐增大。ϕ 对地层破坏模式影响较大，随着 ϕ 的增加，破坏模式由贯通至地表转变为集中在隧道周边区域。此外，当 ϕ 较大时，随着 δ 的减小，地层破坏模式发生改变，尤其是当 $\gamma D/c$ 较大时，影响更大。即使临界支护力随着 δ 的减小变化不大，破坏模式可能存在较大差别。

(4)当 ϕ 较小($\phi \leqslant 10°$)时，临界地表沉降槽形态更趋于“平底型”；随着 ϕ 的增加，“平底型”范围逐渐减小，其临界地表沉降主要影响区域逐渐减小；当 ϕ>25°，随着 ϕ 的增加，临界地表沉降主要影响区域逐渐增大。H/D 的增加和 $\gamma D/c$ 的减小会增大临界地表沉降主要影响范围。当 ϕ 较小时，剪胀系数变化对临界地表沉降曲线形态和主要影响区域几乎没有影响；当内摩擦角较大且重度系数较大时，δ 由 1 减小到 0.6，临界地表沉降曲线形态和主要影响区域变化均不大，而当 δ 由 0.6 减小到 0，虽然地表主要影响区域变化不大，但隧道中心线两侧 1D 范围内地表沉降比(s/s_{max})逐渐减小。

(5)求解了考虑岩土体非关联流动特性的隧道失稳破坏问题。对于隧道失稳极限支护力来说，当土体内摩擦角 ϕ 较小时，剪胀角对隧道极限支护力系数 σ_T/c 影响较小；但随着 ϕ 的增加，σ_T/c 的增加幅度变大，岩土体剪胀效应不可忽视，且随土体重度黏聚力参数 $\gamma D/c$ 增大，剪胀效应也有所增大。对于考虑岩土体非关联流动特性的隧道周边地层破坏模式，随着剪胀系数 δ 减小，隧道周边塑性破坏区域(水平及竖直方向)逐渐扩大，在土体内摩擦角 ϕ 及土体黏聚力 c 较大时的某些工况下，甚至可能引起隧道破坏模式改变。

参 考 文 献

[1] 中华人民共和国交通运输部，国家铁路局，等. 加快建设交通强国五年行动计划(2023—2027 年)[Z]. 2023,21 号.

[2] 袁盛杰，李涛，陈建平，等. 基于关键块体理论的大跨径隧道连续塌方发生机理研究[J]. 湖南交通科技, 2023, 49(3): 109-114.

[3] 周智军. 广东某高速公路隧道拱部隆起病害成因分析及整治措施[J]. 交通世界, 2023(7): 124-126, 135.

[4] 田娇，苟德明，曾晓辉，等.富水岩溶地层隧道仰拱隆起原因分析及控制研究[J].施工技术(中英文), 2023, 52(1): 65-68, 79.

[5] 代仲宇，寇昊，扶亲强，等. 高地应力软岩隧道仰拱隆起处治措施研究[J].施工技术(中英文), 2023, 52(1): 69-73.

[6] 吴学智，代成良，刘庆舒，等. 隧道塌方"三段四步法"安全处治技术应用研究[J]. 公路交通科技, 2022, 39(10): 123-131.

[7] 刘家奇，李文杰，张浩，等.玉磨铁路软岩浅埋隧道冒顶机理分析及防治措施[J].河南大学学报(自然科学版),2022,52(3):348-357.

[8] 钱文. 松软地层浅埋大断面隧道塌方成因分析及处治技术[J]. 建筑技术开发, 2022, 49(8): 107-110.

[9] 代成良，王斌元，程朝博. 老虎嘴隧道塌方应急抢险处理方案研究[J]. 黑龙江交通科技, 2022, 45(1): 106-108, 112.

[10] 赵兵，许立，张栋，等. 周家窊黄土隧道冒顶塌方分析与处治技术[J].中外公路, 2021, 41(5): 207-211.

[11] 陈喜兵. 某隧道 LK34+358 段塌方冒顶处治探析[J]. 交通世界, 2021, (17): 100-101, 114.

[12] 吕建乐，吕祎博. 盾构隧道事故风险分析与识别[J].建筑机械化, 2022, 43(10): 16-19, 60.

[13] 柳献，孙齐昊. 基于事故案例的盾构隧道连续性破坏过程分析[J]. 现代隧道技术, 2020, 57(S1): 255-263.

[14] 吕延豪，孙雪兵，王金龙. 长江一级阶地隧道盾构施工岩溶塌陷防治措施研究[J].人民长江, 2020, 51(10): 133-137.

[15] Ding W T, Huang X H, Dai Z Y, et al. Analysis of the collapse mechanism and stabilization optimization of the composite stratum at the boundary between prereinforced and unreinforced areas near a shield launching area[J]. International Journal of Geomechanics, 2023, 23(5): 1-22.

[16] Peng S G, Huang W R, Luo G Y, et al. Failure mechanisms of ground collapse caused by shield tunnelling in water-rich composite sandy stratum: A case study[J]. Engineering Failure Analysis,

2023, 146: 107100.

[17] Yao Q Y, Di H G, Ji C, et al. Ground collapse caused by shield tunneling in sandy cobble stratum and its control measures[J]. Bulletin of Engineering Geology and the Environment, 2020, 79 (10): 5599-5614.

[18] Seol H, Won D, Jang J, et al. Ground collapse in EPB shield TBM site: A case study of railway tunnels in the deltaic region near Nak-Dong River in Korea[J]. Tunnelling and Underground Space Technology, 2022, 120: 104274.

[19] 陈帆，王迎超，郑顺华. 地铁隧道涌水涌砂诱发地面塌陷的大型模型试验研究[J]. 土木工程学报, 2023,56(11): 174-183.

[20] 周胜利. 软弱泥岩大直径盾构姿态失稳与处理措施研究[J].现代隧道技术, 2022, 59(6): 208-215.

[21] 张严，朱武，赵超英，等. 佛山地铁塌陷 InSAR 时序监测及机理分析[J].工程地质学报, 2021, 29(4): 1167-1177.

[22] Coulomb C A. Note on an Application of the Rules of Maximum and Minimum to Some Statical Problems, Relevant to Architecture[M]//Heyman, J. Coulomb's Memoir on Statics: An Essay on the History of Civil Engineering. Cambridge, UK: Cambridge University Press, 1972.

[23] Janbu N. Application of composite slip surface for stability analysis. Proceedings of the European conference on stability of earth slopes[J]. Stockholm, 1954, 3: 43-49.

[24] Bishop A W. The use of the slip circle in the stability analysis of slopes[J]. Géotechnique, 1955, 5(1): 7-17.

[25] Spencer E. A method of analysis of the stability of embankments assuming parallel inter-slice forces[J]. Géotechnique, 1967, 17(1): 11-26.

[26] 陈祖煜. 土质边坡稳定分析: 原理·方法·程序[M]. 北京: 中国水利水电出版社, 2003.

[27] Karl T. Theoretical Soil Mechanics[M].New York: John Wiley & Sons, Inc., 1943.

[28] 中华人民共和国行业规范.铁路隧道设计规范(TB10003-2006)[S]. 北京: 中国铁道出版社, 2006.

[29] Nomikos P P, Sofianos A I, Tsoutrelis C E. Symmetric wedge in the roof of a tunnel excavated in an inclined stress field[J]. International Journal of Rock Mechanics and Mining Sciences, 2002, 39(1): 59-67.

[30] 重庆交通科研设计院.公路隧道设计规范(JTG D70-2004)[S]. 北京: 人民交通出版社, 2004.

[31] 吕玺琳，王浩然，黄茂松. 盾构隧道开挖面稳定极限理论研究[J].岩土工程学报, 2011, 33(1): 57-62.

[32] Liu W P, Wan S F, Fu M F. Limit support pressure on tunnel face at different construction line slopes by slip line method[J]. Tunnelling and Underground Space Technology, 2020, 106: 103619.

[33] 白维仕，李荣建，赵学勐，等.基于滑移线网络法的黄土隧道坍塌拱分析及其承载评价[J]. 防灾减灾工程学报, 2020, 40(1): 132-138.

[34] Zienkiewicz O C, Valliappan S, King I P. Stress analysis of rock as a 'No tension' material[J]. Géotechnique, 1968, 18(1): 56-66.

[35] Zienkiewicz O C, Humpheson C, Lewis R W. Associated and non-associated visco-plasticity and plasticity in soil mechanics[J]. Géotechnique, 1975, 25(4): 671-689.

[36] William S S. Numerical analysis of incompressible and plastic solids using finite elements[D]. Cambridge, East of England, UK: University of Cambridge, 1982.

[37] Dawson E M, Roth W H, Drescher A. Slope stability analysis by strength reduction[J]. Géotechnique, 1999, 49(6): 835-840.

[38] 赵尚毅，郑颖人，时卫民，等. 用有限元强度折减法求边坡稳定安全系数[J]. 岩土工程学报, 2002, 24(3): 343-346.

[39] 唐春安，李连崇，李常文，等. 岩土工程稳定性分析 RFPA 强度折减法[J]. 岩石力学与工程学报, 2006, 25(8): 1522-1530.

[40] Lee J S. An application of three-dimensional analysis around a tunnel portal under construction[J]. Tunnelling and Underground Space Technology, 2009, 24(6): 731-738.

[41] Geniş M. Assessment of the dynamic stability of the portals of the Dorukhan tunnel using numerical analysis[J]. International Journal of Rock Mechanics and Mining Sciences, 2010, 47(8): 1231-1241.

[42] Liu H L, Li P, Liu J Y. Numerical investigation of underlying tunnel heave during a new tunnel construction[J]. Tunnelling and Underground Space Technology, 2011, 26(2): 276-283.

[43] Drucker D C, Greenberg H J, Prager W. The safety factor of an elastic-plastic body in plane strain[J]. Journal of Applied Mechanics, 1951, 18(4): 371-378.

[44] Drucker D C, Prager W, Greenberg H J. Extended limit design theorems for continuous media[J]. Quarterly of Applied Mathematics, 1952, 9(4): 381-389.

[45] Chen W F. Limit Analysis in Soil Mechanics[M].New York: Elsevier Scientific Publishing Company, 1975.

[46] Atkinson J H, Potts D M. Stability of a shallow circular tunnel in cohesionless soil[J]. Géotechnique, 1977, 27(2): 203-215.

[47] Davis E H, Gunn M J, Mair R J, et al. The stability of shallow tunnels and underground openings in cohesive material[J]. Géotechnique, 1980, 30(4): 397-416.

[48] Sloan S W, Assadi A. Stability of shallow tunnels in soft ground[C]//Houlsby G T, Schofield A N. Predictive soil mechanics, Proceedings of the Wroth Memorial Symposium. London: Thomas Telford. 1993.

[49] 杨峰，阳军生. 浅埋隧道围岩压力确定的极限分析方法[J]. 工程力学, 2008, 25(7): 179-184.

[50] 王成洋，傅鹤林，张佳华. 非饱和浅埋隧道稳定性的上限分析[J]. 采矿与安全工程学报, 2019, 36(6): 1161-1167.

[51] 黄茂松，宋春霞，吕玺琳. 非均质黏土地基隧道环向开挖面稳定上限分析[J]. 岩土工程学报, 2013, 35(8): 1504-1512.

[52] 于丽，吕城，夏鹏曦，等. 考虑孔隙水压力作用下浅埋黄土隧道稳定性的上限分析[J]. 铁道学报, 2021, 43(11): 153-159.

[53] Fraldi M, Guarracino F. Limit analysis of collapse mechanisms in cavities and tunnels according to the Hoek-Brown failure criterion[J]. International Journal of Rock Mechanics and Mining Sciences, 2009, 46(4): 665-673.

[54] Fraldi M, Guarracino F. Analytical solutions for collapse mechanisms in tunnels with arbitrary cross sections[J]. International Journal of Solids and Structures, 2010, 47(2): 216-223.

[55] Huang F, Yang X L. Upper bound limit analysis of collapse shape for circular tunnel subjected to pore pressure based on the Hoek–Brown failure criterion[J]. Tunnelling and Underground Space Technology, 2011, 26(5): 614-618.

[56] Huang F, Zhang D B, Sun Z B, et al. Influence of pore water pressure on upper bound analysis of collapse shape for square tunnel in Hoek-Brown media[J]. Journal of Central South University, 2011, 18(2): 530-535.

[57] 孙闯，兰思琦，陶琦，等. 深埋隧道软弱围岩拱顶三维渐进性塌落机制上限分析[J]. 岩土力学, 2023, 44(9): 2471-2484.

[58] 何瑞冰，谢玲丽，吴立. 深埋矩形隧道三维塌落机制的上限分析[J]. 河北地质大学学报, 2023, 46(1): 45-52.

[59] Osman A S, Mair R J, Bolton M D. On the kinematics of 2D tunnel collapse in undrained clay[J]. Géotechnique, 2006, 56(9): 585-595.

[60] Osman A S. Stability of unlined twin tunnels in undrained clay[J]. Tunnelling and Underground Space Technology, 2010, 25(3): 290-296.

[61] Mair R J. Centrifugal modelling of tunnel construction in soft clay[D]. Cambridge, East of England, UK: University of Cambridge, 1980.

[62] Klar A, Osman A S, Bolton M. 2D and 3D upper bound solutions for tunnel excavation using 'elastic' flow fields[J]. International Journal for Numerical and Analytical Methods in Geomechanics, 2007, 31(12): 1367-1374.

[63] Verruijt A, Booker J R. Surface settlements due to deformation of a tunnel in an elastic half plane[J]. Géotechnique, 1996, 46(4): 753-756.

[64] Leca E, Dormieux L. Upper and lower bound solutions for the face stability of shallow circular tunnels in frictional material[J]. Géotechnique, 1990, 40(4): 581-606.

[65] Lee I M, Nam S W, Ahn J H. Effect of seepage forces on tunnel face stability[J]. Canadian Geotechnical Journal, 2003, 40(2): 342-350.

[66] Lee I M, Lee J S, Nam S W. Effect of seepage force on tunnel face stability reinforced with multi-step pipe grouting[J]. Tunnelling and Underground Space Technology, 2004, 19(6): 551-565.

[67] Soubra A H. Three-dimensional face stability analysis of shallow circular tunnels[C]. International Conference on Geotechnical and Geological Engineering, 19-24 November 2000. Melbourne, Australia.

[68] Soubra A H. Kinematical approach to the face stability analysis of shallow circular tunnels[C]. 8th International Symposium on Plasticity, 443-445. Canada, British Columbia.

[69] 张箭，杨峰，刘志，等. 浅覆盾构隧道开挖面挤出刚性锥体破坏模式极限分析[J]. 岩土工程学报, 2014, 36(7): 1344-1349.

[70] Mollon G, Dias D, Soubra A H. Probabilistic analysis and design of circular tunnels against face stability[J]. International Journal of Geomechanics, 2009, 9(6): 237-249.

[71] Mollon G, Dias D, Soubra A H. Probabilistic analysis of circular tunnels in homogeneous soil using response surface methodology[J]. Journal of Geotechnical and Geoenvironmental Engineering, 2009, 135(9): 1314-1325.

[72] Mollon G, Dias D, Soubra A H. Face stability analysis of circular tunnels driven by a pressurized shield[J]. Journal of Geotechnical and Geoenvironmental Engineering, 2010, 136(1): 215-229.

[73] Subrin D, Wong H. Tunnel face stability in frictional material: a new 3D failure mechanism[J]. C. R. Mecanique, 2002, 330: 513-519.

[74] Subrin D, Branque D, Berthoz N, et al. Kinematic 3D approaches to evaluate TBM face stability: Comparison with experimental laboratory observations[C]. 2th International conference on computational methods in tunneling, Ruhr University Bochum, 9-11 September 2009, Aedificatio Publishers, 801-808.

[75] Li W, Zhang C P, Tan Z B, et al. Effect of the seepage flow on the face stability of a shield tunnel[J]. Tunnelling and Underground Space Technology, 2021, 112: 103900.

[76] Ye Y L, Lu Z W, Sun Y Z, et al. Upper bound solution of passive instability on the face of longitudinal inclined shallow buried shield tunnel based on rotation-translation mechanism[J]. Computers and Geotechnics, 2023, 159: 105473.

[77] Li Y X, Yang Z H, Zhong J H, et al. Revisiting the face stability of circular tunnels driven in strength nonlinearity soils[J]. Computers and Geotechnics, 2024, 165: 105856.

[78] Lysmer J. Limit analysis of plane problems in soil mechanics[J]. Journal of the Soil Mechanics and Foundations Division, 1970, 96(4): 1311-1334.

[79] Anderheggen E, Knöpfel H. Finite element limit analysis using linear programming[J]. International Journal of Solids and Structures, 1972, 8(12): 1413-1431.

[80] Pastor J, Turgeman S. Mise en oeuvre numerique des methodes de l'analyse limite pour les materiaux de von mises et de Coulomb standards en deformation plane[J]. Mechanics Research Communications, 1976, 3(6): 469-474.

[81] Bottero A, Negre R, Pastor J, et al. Finite element method and limit analysis theory for soil mechanics problems[J]. Computer Methods in Applied Mechanics and Engineering, 1980, 22(1): 131-149.

[82] Sloan S W. A steepest edge active set algorithm for solving sparse linear programming problems[J]. International Journal for Numerical Methods in Engineering, 1988, 26(12): 2671-2685.

[83] Sloan S W. Upper bound limit analysis using finite elements and linear programming[J]. International Journal for Numerical and Analytical Methods in Geomechanics, 1989, 13(3): 263-282.

[84] Ukritchon B, Whittle A J, Sloan S W. Undrained limit analyses for combined loading of strip footings on clay[J]. Journal of Geotechnical and Geoenvironmental Engineering, 1998, 124(3): 265-276.

[85] Merifield R S, Sloan S W, Yu H S. Rigorous plasticity solutions for the bearing capacity of two-layered clays[J]. Géotechnique, 1999, 49(4): 471-490.

[86] Hjiaj M, Lyamin A V, Sloan S W. Bearing capacity of a cohesive-frictional soil under non-eccentric inclined loading[J]. Computers and Geotechnics, 2004, 31(6): 491-516.

[87] Augarde C E, Lyamin A V, Sloan S W. Prediction of undrained sinkhole collapse[J]. Journal of Geotechnical and Geoenvironmental Engineering, 2003, 129(3): 197-205.

[88] Shiau J S, Lyamin A V, Sloan S W. Bearing capacity of a sand layer on clay by finite element limit analysis[J]. Canadian Geotechnical Journal, 2003, 40(5): 900-915.

[89] Zhang J, Gao Y F, Feng T G, et al. Upper-bound finite-element analysis of axisymmetric problems using a mesh adaptive strategy[J]. Computers and Geotechnics, 2018, 102: 148-154.

[90] Krabbenhøft K, Lyamin A V, Sloan S W. Three-dimensional Mohr-Coulomb limit analysis using semidefinite programming[J]. Communications in Numerical Methods in Engineering, 2008, 24(11): 1107-1119.

[91] Zhang J, Feng T G, Yang J S, et al. Upper-bound finite-element analysis of characteristics of critical settlement induced by tunneling in undrained clay[J]. International Journal of Geomechanics, 2018, 18(9).

[92] Tang C, Toh K C, Phoon K K. Axisymmetric lower-bound limit analysis using finite elements and second-order cone programming[J]. Journal of Engineering Mechanics, 2014, 140(2): 268-278.

[93] Hambleton J P, Sloan S W. A perturbation method for optimization of rigid block mechanisms in the kinematic method of limit analysis[J]. Computers and Geotechnics, 2013, 48: 260-271.

[94] Zhang J, Liang Y, Feng T G. Investigation of the cause of shield-driven tunnel instability in soil with a soft upper layer and hard lower layer[J]. Engineering Failure Analysis, 2020, 118: 104832.

[95] Habumuremyi P, Xiang Y Y. A 3-D analytical continuous upper bound limit analysis for face stability of shallow shield tunneling in undrained clays[J]. Computers and Geotechnics, 2023, 164: 105779.

[96] 杨峰，阳军生，李昌友，等. 基于六节点三角形单元和线性规划模型的上限有限元研究[J]. 岩石力学与工程学报, 2012, 31(12): 2556-2563.

[97] 杨昕光，迟世春. 基于非线性破坏准则的土坡稳定有限元上限分析[J]. 岩土工程学报, 2013, 35(9): 1759-1764.

[98] 杨昕光，迟世春. 土石坝坡极限抗震能力的下限有限元法[J]. 岩土工程学报, 2013, 35(7):

1202-1209.

[99] Yamamoto K, Lyamin A V, Wilson D W, et al. Stability of a circular tunnel in cohesive-frictional soil subjected to surcharge loading[J]. Computers and Geotechnics, 2011, 38(4): 504-514.

[100] Yamamoto K, Lyamin A V, Wilson D W, et al. Stability of dual circular tunnels in cohesive-frictional soil subjected to surcharge loading[J]. Computers and Geotechnics, 2013, 50: 41-54.

[101] Vo-Minh T, Nguyen-Son L. A stable node-based smoothed finite element method for stability analysis of two circular tunnels at different depths in cohesive-frictional soils[J]. Computers and Geotechnics, 2021, 129: 103865.

[102] Zhang R, Xiao Y, Zhao M H, et al. Stability of dual circular tunnels in a rock mass subjected to surcharge loading[J]. Computers and Geotechnics, 2019, 108: 257-268.

[103] Sahoo J P, Kumar J. Stability of a long unsupported circular tunnel in clayey soil by using upper bound finite element limit analysis[J]. Proceedings of the Indian National Science Academy, 2013, 79(4): 807.

[104] Sahoo J P, Kumar J. Stability of long unsupported twin circular tunnels in soils[J]. Tunnelling and Underground Space Technology, 2013, 38: 326-335.

[105] Sahoo J P, Kumar J. Seismic stability of a long unsupported circular tunnel[J]. Computers and Geotechnics, 2012, 44: 109-115.

[106] Sahoo J P, Kumar J. Stability of a circular tunnel in presence of pseudostatic seismic body forces[J]. Tunnelling and Underground Space Technology, 2014, 42: 264-276.

[107] Sloan S W, Assadi A. Undrained stability of a square tunnel in a soil whose strength increases linearly with depth[J]. Computers and Geotechnics, 1991, 12(4): 321-346.

[108] Bhattacharya P, Sriharsha P. Stability of horseshoe tunnel in cohesive-frictional soil[J]. International Journal of Geomechanics, 2020, 20(9).

[109] Shiau J, Keawsawasvong S. Producing undrained stability factors for various tunnel shapes[J]. International Journal of Geomechanics, 2022, 22(8).

[110] Shiau J, Keawsawasvong S, Seehavong S. Stability of unlined elliptical tunnels in rock masses[J]. Rock Mechanics and Rock Engineering, 2022, 55(11): 7307-7330.

[111] Zhang J, Hang Z B, Feng T G, et al. Assessment of the stability of an unlined rectangular tunnel with an overload on the ground surface[J]. Advances in Civil Engineering, 2020, 2020(1).

[112] Yang F, Yang J S. Stability of shallow tunnel using rigid blocks and finite-element upper bound solutions[J]. International Journal of Geomechanics, 2010, 10(6): 242-247.

[113] Yamamoto K, Lyamin A V, Wilson D W, et al. Stability of a single tunnel in cohesive–frictional soil subjected to surcharge loading[J]. Canadian Geotechnical Journal, 2011, 48(12): 1841-1854.

[114] Sloan S W, Assadi A. Undrained stability of a plane strain heading[J]. Canadian Geotechnical

Journal, 1994, 31(3): 443-450.

[115] Augarde C E, Lyamin A V, Sloan S W. Stability of an undrained plane strain heading revisited[J]. Computers and Geotechnics, 2003, 30(5): 419-430.

[116] 杨峰，阳军生，张学民，等. 黏土不排水条件下浅埋隧道稳定性上限有限元分析[J]. 岩石力学与工程学报, 2010, 29(S2): 3952-3959.

[117] 杨峰，阳军生，张学民. 基于线性规划模型的极限分析上限有限元的实现[J]. 岩土力学, 2011, 32(3): 914-921.

[118] 孙锐，杨峰，阳军生，等. 基于二阶锥规划与高阶单元的自适应上限有限元研究[J]. 岩土力学, 2020, 41(2): 687-694.

[119] Borges L, Zouain N, Costa C, et al. An adaptive approach to limit analysis[J]. International Journal of Solids and Structures, 2001, 38(10/11/12/13): 1707-1720.

[120] Lyamin A V, Sloan S W, Krabbenhøft K, et al. Lower bound limit analysis with adaptive remeshing[J]. International Journal for Numerical Methods in Engineering, 2005, 63(14): 1961-1974.

[121] Ciria H. Computation of upper and lower bounds in limit analysis using second-order cone programming and mesh adaptivity[D]. Cambridge: Massachusetts Institute of Rechnology, 2002.

[122] Ciria H, Peraire J, Bonet J. Mesh adaptive computation of upper and lower bounds in limit analysis[J]. International Journal for Numerical Methods in Engineering, 2008, 75(8): 899-944.

[123] Munoz J J, Bonet J, Huerta A, et al. Upper and lower bounds in limit analysis: Adaptive meshing strategies and discontinuous loading[J]. International Journal for Numerical Methods in Engineering, 2009, 77(4): 471-501.

[124] Lyamin A V, Krabbenhøft K, Sloan S W. Adaptive limit analysis using deviatoric fields[C]. VI International Conference on Adaptive Modeling and Simulation, ADMOS 2013.

[125] Sloan S W, Lyamin A V, Krabbenhoft K. Adaptive finite element limit analysis incorporating steady state pore pressures[C]. V International Conference on Computational Methods for Coupled Problems in Science and Engineering, COUPLED PROBLEMS, 2013.

[126] 李大钟，郑榕明，王金安，等. 自适应有限元极限分析及岩土工程中的应用[J]. 岩土工程学报, 2013, 35(5): 922-929.

[127] Yamamoto K, Lyamin A V, Wilson D W, et al. Stability of dual square tunnels in cohesive-frictional soil subjected to surcharge loading[J]. Canadian Geotechnical Journal, 2014, 51(8): 829-843.

[128] Wilson D, Abbo A, Sloan S. Undrained Stability of Tall Tunnels[M]//Computer Methods and Recent Advances in Geomechanics, 2014: 447-452.

[129] Sloan S W. Geotechnical stability analysis[J]. Géotechnique, 2013, 63(7): 531-571.

[130] Chen J, Yin J H, Lee C F. Upper bound limit analysis of slope stability using rigid finite elements and nonlinear programming[J]. Canadian Geotechnical Journal, 2003, 40(4):

742-752.

[131] 殷建华，陈健，李焯芬. 考虑孔隙水压力的土坡稳定性的刚体有限元上限分析[J]. 岩土工程学报, 2003, 25(3): 273-277.

[132] Milani G, Lourenço P B. A discontinuous quasi-upper bound limit analysis approach with sequential linear programming mesh adaptation[J]. International Journal of Mechanical Sciences, 2009, 51(1): 89-104.

[133] Hambleton J P, Sloan S W. A perturbation method for optimization of rigid block mechanisms in the kinematic method of limit analysis[J]. Computers and Geotechnics, 2013, 48: 260-271.

[134] Booker J R. Applications of theories of plasticity to cohesive frictional soils[D]. Sydney University, 1969.

[135] Hansen J B. A revised and extended formula for bearing capacity[J]. Danish Geotechnical Institute, Copenhagen, Bulletin, 1970, 28: 5-11.

[136] Vesić A S. Analysis of ultimate loads of shallow foundations[J]. Journal of the Soil Mechanics and Foundations Division, 1973, 99(1): 45-73.

[137] Meyerhof G G. Some recent research on the bearing capacity of foundations[J]. Canadian Geotechnical Journal, 1963, 1(1): 16-26.

[138] Michalowski R L. An estimate of the influence of soil weight on bearing capacity using limit analysis[J]. Soils and Foundations, 1997, 37(4): 57-64.

[139] Kumar J. Nγ for rough strip footing using the method of characteristics[J]. Canadian Geotechnical Journal, 2003, 40(3): 669-674.

[140] Zhao L H, Yang F. Construction of improved rigid blocks failure mechanism for ultimate bearing capacity calculation based on slip-line field theory[J]. Journal of Central South University, 2013, 20(4): 1047-1057.

[141] Martin C M. Exact bearing capacity calculations using the method of characteristics[C]. In: Proceedings of the 11th International Conference of IACMAG, Turin, 2005, 4: 441-450.

[142] Soliman E, Duddeck H, Ahrens H. Two- and three-dimensional analysis of closely spaced double-tube tunnels[J]. Tunnelling and Underground Space Technology, 1993, 8(1): 13-18.

[143] Addenbrooke T I, Potts D M. Twin tunnel interaction: surface and subsurface effects[J]. International Journal of Geomechanics, 2001, 1(2): 249-271.

[144] Ww Ng C, Lee K M, Kw Tang D. Three-dimensional numerical investigations of new Austrian tunnelling method (NATM) twin tunnel interactions[J]. Canadian Geotechnical Journal, 2004, 41(3): 523-539.

[145] Hage Chehade F, Shahrour I. Numerical analysis of the interaction between twin-tunnels: influence of the relative position and construction procedure[J]. Tunnelling and Underground Space Technology, 2008, 23(2): 210-214.

[146] Chakeri H, Hasanpour R, Ali Hindistan M, et al. Analysis of interaction between tunnels in soft ground by 3D numerical modeling[J]. Bulletin of Engineering Geology and the Environment, 2011, 70(3): 439-448.

[147] Mirhabibi A, Soroush A. Effects of surface buildings on twin tunnelling-induced ground settlements[J]. Tunnelling and Underground Space Technology, 2012, 29: 40-51.

[148] Kim S H, Burd H J, Milligan G W E. Model testing of closely spaced tunnels in clay[J]. Géotechnique, 1998, 48 (3) : 375-388.

[149] Wu B R, Lee C J. Ground movements and collapse mechanisms induced by tunneling in clayey soil[J]. International Journal of Physical Modelling in Geotechnics, 2003, 3 (4) : 15-29.

[150] Lee C J, Wu B R, Chen H T, et al. Tunnel stability and arching effects during tunneling in soft clayey soil[J]. Tunnelling and Underground Space Technology, 2006, 21 (2) : 119-132.

[151] Ng C W W, Lu H. Effects of the construction sequence of twin tunnels at different depths on an existing pile[J]. Canadian Geotechnical Journal, 2014, 51 (2) : 173-183.

[152] Wilson D W, Abbo A J, Sloan S W, et al. Undrained stability of dual circular tunnels[J]. International Journal of Geomechanics, 2014, 14 (1) : 69-79.

[153] Wilson D W, Abbo A J, Sloan S W, et al. Undrained Stability of Dual Square Tunnels[C]. 12th Int. Conference of International Association for Computer Methods and Recent Advances in Geomechanics, 1-6 October 2008, 4284-4291.

[154] Yu H S, Sloan S W, Kleeman P W. A quadratic element for upper bound limit analysis[J]. Engineering Computations, 1994, 11 (3) : 195-212.

[155] Makrodimopoulos A, Martin C M. Upper bound limit analysis using simplex strain elements and second-order cone programming[J]. International Journal for Numerical and Analytical Methods in Geomechanics, 2007, 31 (6) : 835-865.

[156] Makrodimopoulos A, Martin C M. Upper bound limit analysis using discontinuous quadratic displacement fields[J]. Communications in Numerical Methods in Engineering, 2008, 24 (11) : 911-927.

[157] Lyamin A V, Sloan S W. Upper bound limit analysis using linear finite elements and non-linear programming[J]. International Journal for Numerical and Analytical Methods in Geomechanics, 2002, 26 (2) : 181-216.

[158] Lyamin A V, Sloan S W. Lower bound limit analysis using non-linear programming[J]. International Journal for Numerical Methods in Engineering, 2002, 55 (5) : 573-611.

[159] Lyamin A V, Salgado R, Sloan S W, et al. Two-and three-dimensional bearing capacity of footings in sand[J]. Géotechnique, 2007, 57 (8) : 647-662.

[160] Martin C M, Makrodimopoulos A. Finite-element limit analysis of mohr–coulomb materials in 3D using semidefinite programming[J]. Journal of Engineering Mechanics, 2008, 134 (4) : 339-347.

[161] Krabbenhøft K, Lyamin A V, Sloan S W. Conic representations of Mohr–Coulomb plasticity[C]. Proceedings of the Second International Conference on Nonsmooth/Nonconvex Mechanics, Thessaloniki, Greece, 2006.

[162] Krabbenhøft K, Lyamin A V, Sloan S W. Formulation and solution of some plasticity problems as conic programs[J]. International Journal of Solids and Structures, 2007, 44 (5) :

1533-1549.

[163] Krabbenhøft K, Lyamin A V, Sloan S W. Three-dimensional Mohr–Coulomb limit analysis using semidefinite programming[J]. Communications in Numerical Methods in Engineering, 2008, 24(11): 1107-1119.

[164] Shield R T. On the plastic flow of metals under conditions of axial symmetry[J]. Proceedings of the Royal Society of London Series A Mathematical and Physical Sciences, 1955, 233(1193): 267-287.

[165] Cox A D, Eason G, Hopkins H G. Axially symmetric plastic deformation in soils[C]. Philos. Trans. R. Soc. London, Ser. A, 1961, 254(1036): 1-45.

[166] Houlsby G T, Wroth C P. Direct solution of plasticity problems in soils by the method of characteristics[C]. Proc., 4th Int. Conf. on Numerical Methods in Geomechanics, Edmonton, AB, Canada, 1982, 3: 1059-1071.

[167] Yang F, Zhang J, Zhao L H, et al. Upper-bound finite element analysis of stability of tunnel face subjected to surcharge loading in cohesive-frictional soil[J]. KSCE Journal of Civil Engineering, 2016, 20(6): 2270-2279.

[168] Martin C M. ABC—Analysis of bearing capacity[Z]. 2004.

[169] Turgeman S, Pastor J. Limit analysis: A linear formulation of the kinematic approach for axisymmetric mechanic problems[J]. International Journal for Numerical and Analytical Methods in Geomechanics, 1982, 6(1): 109-128.

[170] Kumar J, Chakraborty M. Upper-bound axisymmetric limit analysis using the mohr-coulomb yield criterion, finite elements, and linear optimization[J]. Journal of Engineering Mechanics, 2014, 140(12): 06014012.

[171] Kumar J, Khatri V N. Bearing capacity factors of circular foundations for a general c–ϕ soil using lower bound finite elements limit analysis[J]. International Journal for Numerical and Analytical Methods in Geomechanics, 2011, 35(3): 393-405.

[172] Lyamin A V, Salgado R, Sloan S W, et al. Two- and three-dimensional bearing capacity of footings in sand[J]. Géotechnique, 2007, 57(8): 647-662.

[173] Erickson H L, Drescher A. Bearing capacity of circular footings[J]. Journal of Geotechnical and Geoenvironmental Engineering, 2002, 128(1): 38-43.

[174] Mabrouki A, Benmeddour D, Mellas M. Numerical study of bearing capacity for a circular footing[J]. Australian Geomechanics, 2009, 44(1): 91-99.

[175] Cox A D, Eason G, Hopkins H G. Axially symmetric plastic deformation in soils[C]. Philos. Trans. R. Soc. London, Ser. A, 1961, 254(1036): 1-45.

[176] Britto A M, Kusakabe O. Stability of unsupported axisymmetric excavations in soft clay[J]. Géotechnique, 1982, 32(3): 261-270.

[177] Kumar J, Chakraborty M, Sahoo J P. Stability of unsupported vertical circular excavations[J]. Journal of Geotechnical and Geoenvironmental Engineering, 2014, 140(7): 04014028-04014028.

[178] Yang F, Zheng X C, Zhang J, et al. Upper bound analysis of stability of dual circular tunnels subjected to surcharge loading in cohesive-frictional soils[J]. Tunnelling and Underground Space Technology, 2017, 61: 150-160.

[179] 宋春霞，黄茂松，吕玺琳. 非均质地基中平面应变隧道开挖面稳定上限分析[J]. 岩土力学, 2011, 32(9): 2645-2650+ 2662.

[180] Yang F, Zhang J, Zhao L H, et al. Upper-bound finite element analysis of stability of tunnel face subjected to surcharge loading in cohesive-frictional soil[J]. KSCE Journal of Civil Engineering, 2016, 20(6): 2270-2279.

[181] Osman A S, Mair R J, Bolton M D. On the kinematics of 2D tunnel collapse in undrained clay[J]. Géotechnique, 2006, 56(9): 585-595.

[182] Wilson D W, Abbo A J, Sloan S W, et al. Undrained stability of a circular tunnel where the shear strength increases linearly with depth[J]. Canadian Geotechnical Journal, 2011, 48(9): 1328-1342.

[183] Mair R J, Gunn M J, O'Reilly M P. Ground movements around shallow tunnels in soft clay[C]//Proceedings of the 10th International Conference on Soil Mechanics and Foundation Engineering, 1981: 323-328.

[184] Celestino T B, Gomes R A M P, Bortolucci A A. Errors in ground distortions due to settlement trough adjustment[J]. Tunnelling and Underground Space Technology, 2000, 15(1): 97-100.

[185] Wu B R, Lee C J. Ground movements and collapse mechanisms induced by tunneling in clayey soil[J]. International Journal of Physical Modelling in Geotechnics, 2003, 3(4): 15-29.

[186] Lee C J, Wu B R, Chen H T, et al. Tunnel stability and arching effects during tunneling in soft clayey soil[J]. Tunnelling and Underground Space Technology, 2006, 21(2): 119-132.

[187] Qin Z G, Wang Y, Song Y, et al. The analysis on seepage field of grouted and shotcrete lined underwater tunnel[J]. Mathematical Problems in Engineering, 2020, 2020(1): 7319054.

[188] Wang Z Z, Jin D L, Shi C H. Spatial variability of grouting layer of shield tunnel and its effect on ground settlement[J]. Applied Sciences, 2020, 10(14): 5002.

[189] Liang J X, Tang X W, Wang T Q, et al. Analysis for ground deformation induced by undercrossed shield tunnels at a small proximity based on equivalent layer method[J]. Sustainability, 2022, 14(16): 9972.

[190] 韩鑫, 叶飞, 应凯臣, 等. 考虑自重的盾构壁后注浆浆液驱替渗透扩散[J]. 华中科技大学学报(自然科学版), 2020, 48(04): 37-42.

[191] 叶飞，陈治，孙昌海，等. 考虑浆液自重的盾构隧道管片注浆浆液渗透扩散模型[J]. 岩土工程学报, 2016, 38(12): 2175-2183.

[192] 李文涛. 基于人工合成透明土盾构隧道壁后同步注浆模型试验研究[D]. 北京: 北京交通大学, 2015.

后　记

本书针对传统极限分析上限法的不足，依次提出了刚体平动运动单元自适应上限有限元法、塑性单元自适应加密上限有限元法、基于二阶锥规划上限有限元法，可在计算过程中自动搜索出最优滑动面，获得较为精确的上限解和精细化的破坏模式。基于上述方法，本书获得了一些有意义的研究成果，但仍然存在一些有待进一步研究的地方：

(1) 本书主要基于 Mohr-Coulomb 屈服准则，对浅覆隧道稳定性问题进行系统地研究。然而，深埋隧道发生失稳破坏时往往形成有效塌落拱，其破坏机理与浅覆隧道不同。如何将更合理的屈服准则(如 Hoek-Brown 屈服准则)嵌入自适应加密上限有限元法，以研究深埋隧道稳定性是值得进一步研究的问题。

(2) Mohr-Coulomb 屈服准则在描述三向应力作用下材料的屈服特性时，不能反映中间主应力的影响，本书通过引入 Haar-Karman 假定考虑环向应力。后续可直接采用反映三向应力的屈服准则(如 Drucker-Prager 屈服准则)进行空间轴对称问题的研究。

(3) 本书采用自适应加密上限有限元平面等效法开展了轴对称问题研究，其本质仍然是平面问题。如何构建隧道稳定性上限有限元三维分析模型也是值得进一步探讨的问题。

(4) 本书针对均质地层以及注浆加固隧道情况下的稳定性问题建立了刚性滑块上限法并编制相应程序用于求解，然而基于 Fmincon 的非线性规划方法求解效率较低，且结果受初值影响较大，有待进一步完善。

后 记